Müller/Krauß

Handbuch für die Schiffsführung

Fortgeführt von

Martin Berger † · Walter Helmers
Karl Terheyden

Achte, neubearbeitete und erweiterte Auflage
in 3 Bänden

Springer-Verlag Berlin Heidelberg GmbH 1980

Band 3

Seemannschaft und Schiffstechnik

Teil A: Schiffssicherheit, Ladungswesen, Tankschiffahrt

Herausgegeben von

Walter Helmers

Unter Mitarbeit von

Rainald Amersdorffer, Dietrich Ebert, Jens Froese, Werner Huth, Hans Jacobi, Hermann Kaps und Hans-Joachim Schaade

Mit 83 Bildern

Springer-Verlag Berlin Heidelberg GmbH 1980

Walter Helmers
Kapitän, Geschäftsführer des Vereins Bremer Seeversicherer i.R.
2805 Stuhr 1/Heiligenrode

CIP-Kurztitelaufnahme der Deutschen Bibliothek
Müller, Johannes:
Handbuch für die Schiffsführung : in 3 Bd. / Müller-Krauss. Fortgef. von Martin Berger . . . - Berlin, Heidelberg, New York : Springer.
NE: Krauss, Joseph; Berger, Martin [Bearb.] ; Müller-Krauss, . . .
Bd. 3 → Seemannschaft und Schiffstechnik
Seemannschaft und Schiffstechnik / hrsg. von Walter Helmers. - Berlin, Heidelberg, New York : Springer.
NE: Helmers, Walter [Hrsg.]
Teil A. Schiffssicherheit, Ladungswesen, Tankschiffahrt / unter Mitarb. von Rainald Amersdorffer . . . - 8., neubearb. u. erw. Aufl. - 1980.
(Handbuch für die Schiffsführung / Müller-Krauss ; Bd. 3)

ISBN 978-3-662-42774-3 ISBN 978-3-662-43051-4 (eBook)
DOI 10.1007/978-3-662-43051-4

NE: Amersdorffer, Rainald [Mitverf.]

Ursprünglich erschienen bei Springer-Verlag Berlin Heidelberg New York 1980.

Gesamtherstellung: Beltz Offsetdruck, Hemsbach
2061/3020/543210

Vorwort zu Band 3 A

Das unter dem Namen MÜLLER/KRAUSS bekannte Handbuch für die Schiffsführung wurde im Jahre 1911 von Johannes Müller begründet. Bei der 2. Auflage (1925) wurde Joseph Krauß Mitherausgeber. Beiden zu Ehren soll das Werk weiterhin ihre Namen tragen.

Bei der 3. Auflage (1938) trat Martin Berger als Mitherausgeber hinzu und war jahrelang der Motor des Werkes. Er ist am 19. Januar 1978 verstorben.

Während der Arbeit an der 8. Auflage wurde klar, daß es angesichts der Weiterentwicklung auf allen Gebieten der Seeschiffahrt nicht mehr möglich war, die bis dahin in Band II behandelten Gebiete – Schiffahrtsrecht, Seemannschaft, Schiffstechnik u.a. – in dem für die Praxis erforderlichen Umfang in *einem* Band unterzubringen. Deshalb enthält der im November 1978 erschienene Band 2 der 8. Auflage außer dem Schiffahrtsrecht nur das Manövrieren, weil dieses mit der Anwendung des Seeverkehrsrechts weitgehend zusammenhängt.

Wie sich weiter zeigte, erforderten auch die übrigen, früher in Band II behandelten Gebiete der Seemannschaft (einschließlich Ladungswesen, Trimm, Stabilität etc.) und der Schiffstechnik eine völlige Neubearbeitung, auch mußten zusätzliche Teilgebiete aufgenommen werden. Um das Werk wegen des dadurch erhöhten Umfangs nicht unhandlich werden zu lassen, mußte Band 3 nochmals geteilt werden. Der vorliegende Band 3 A umfaßt die Themen Schiffssicherheit, Ladungswesen (einschließlich Transport gefährlicher Güter), Tankschiffahrt und einiges aus der Chemie für Nautiker. Band 3 B behandelt die Stabilität sowie Trimm und Festigkeit, die Schiffstechnik und einige Sondergebiete.

Mit besonderer Befriedigung und Dankbarkeit ist zu vermerken, daß sich mehrere Autoren bereit gefunden haben, die Neubearbeitung durchzuführen; die meisten von ihnen sind an den Nautischen Ausbildungsstätten in Bremen, Bremerhaven und Hamburg tätig. Es haben in Band 3 A übernommen (siehe auch das Inhaltsverzeichnis):

Rainald Amersdorffer	Kap. 2.5
Dietrich Ebert	Kap. 2.8 und 4
Jens Froese	Kap. 2.9
Werner Huth	Kap. 2.11
Hans Jacobi	Kap. 1.1 bis 1.3
Hermann Kaps	Kap. 1.4 bis 1.7, 2.1 bis 2.4, 2.6, 2.7, 2.10, 3.2 und 3.3
Hans-Joachim Schaade	Kap. 3.1

Allen Autoren gebührt Dank für die aufopferungsvolle Freizeitarbeit. Ebenso gebührt Dank allen Reedereien, anderen Firmen und Institutionen, die die Autoren mit Rat und Material unterstützt haben.

Das Werk befindet sich auf dem neuesten Stand des Wissens, der Technik sowie der Gesetze, Verordnungen und Verträge. Erstmalig ist jetzt auch die Tankschiffahrt (Öl, Chemikalien, Gas) aufgenommen und damit eine oft vorgebrachte Forderung erfüllt. Auf das umfangreiche Sachverzeichnis am Ende des Bandes wird besonders hingewiesen. Darin sind zur Erleichterung des Gebrauchs viele der von den Autoren im Text verwendeten Begriffe auch durch andere, in der Praxis ebenfalls übliche Ausdrücke bezeichnet, z.B. wird auf „Schiffsbrand“ auch unter „Brand“ sowie unter „Feuer“ hingewiesen usw.

Das Buch soll in erster Linie der Bordpraxis in allen Fahrtbereichen dienen, insbesondere dem Neuling an Bord eines speziellen Schiffes. Es wird aber auch an Land Nutzen bringen, in den Büros der Reedereien, der Makler und Agenten, der Versicherungswirtschaft, der Schiffahrtsbehörden usw., nicht zuletzt aber auch den Dozenten und Studenten an den Nautischen Ausbildungsstätten.

Bremen, im Juli 1980 Walter Helmers

Inhaltsverzeichnis

Inhalt der Bände 1, 2 und 3B

Band 1 Navigation

Band 2 Schiffahrtsrecht und Manövrieren

Band 3 Seemannschaft und Schiffstechnik

Teil B: Stabilität, Schiffstechnik, Sondergebiete

1 Schiffssicherheit*

Die traditionelle Bezeichnung „Schiffssicherheit“ sollte dem englischen Wortgebrauch entsprechend als „Sicherheit des menschlichen Lebens auf See“ verstanden werden. Dabei bedeutet Sicherheit zunächst die Abwesenheit von Gefährdungen für den Menschen. Solche Gefährdungen können z.B. von Umwelteinflüssen wie Wind und Seeschlag ausgehen oder von Maschinen und Geräten, an oder mit denen gearbeitet wird, oder von Arbeitsstoffen bzw. Ladungen, die gefährliche Eigenschaften haben.

Die Abwesenheit von Gefährdungen bedeutet, daß durch ein vorbeugendes System der Abwehr alle denkbaren Gefahren für den Menschen beseitigt sind. Dieser ideale Zustand der Sicherheit wird in der Praxis allerdings nie erreicht, und es ist erforderlich, bei akuten Gefahren durch gezielte Maßnahmen die Gefährdung von Menschen einzugrenzen. Für derartige Einsätze muß die Besatzung geschult werden sowohl in der Fertigkeit im Umgang mit den technischen Einrichtungen wie auch in der Taktik der Gefahrenabwehr.

Im folgenden werden drei Sicherheitsbereiche unterschieden:

1. Sicherheit in einem Notfall, das heißt Seenotfall und Schiffsbrand,
2. Sicherheit am Arbeitsplatz oder Arbeitssicherheit und
3. Verkehrssicherheit, allerdings beschränkt auf die „Aufgaben des Wachoffiziers“ (siehe Bd. 2, Kap. 1 und 2).

---

* In diesem Kapitel werden – überwiegend als Marginalien – folgende Abkürzungen verwendet:

BMV/SeeBG	Bekanntmachung über Reflexstoffe an Rettungsmitteln der SeeBG im Auftrage des BMV v. 28.2.1979
FP	Unterausschuß der IMCO für Feuerschutz (Fire Protection)
GL – DAVITS	Grundsätze für die Ausführung und Prüfung der Aussetzvorrichtungen für Rettungsmittel des Germanischen Lloyd von 1978
GL – HALON	Richtlinien für Halon-Feuerlöschanlagen des Germanischen Lloyd von 1977
GT – CODE	Gas Tanker Code (Code for the Construction and Equipment of Ships Carrying Liquefied Gases in Bulk sowie Code for Existing Ships Carrying Liquefied Gases in Bulk)
LSA	Unterausschuß der IMCO für Rettungsmittel (Life Saving Appliances)
MERSAR	Merchant Ship Search and Rescue Manual, Ausgabe 1977 (Deutsche Fassung: Suche und Rettung)
PROTOCOL 1978	Protocol to SOLAS 1974 und Protocol to Marine Pollution Convention 1973 der internationalen Konferenz von 1978 über Tanker Safety and Pollution Prevention (TSPP)
SeeBG B4	Merkblatt über Atemschutzgeräte auf Seeschiffen der SeeBG v. 20.12.1963
SeeBG B5	Merkblatt der SeeBG v. 18.8.1970 über Hitzeschutzanzüge
SeeBG B7	Merkblatt der SeeBG v. 30.6.1971 über den Schutzhelm
SeeBG C1	Richtlinien der SeeBG v. 18.8.1970 über Notsignale, Nachtlichter und Leinenwurfgeräte

(Fortsetzung siehe S. 2 und 3.)

1.1 Sicherheit in einem Notfall

Die Sicherheit in einem Notfall wird durch die Bereitstellung von technischen Mitteln und durch die Schulung der Besatzung erzielt. Für beides sind Vorschriften und Regeln zu beachten.

1.1.1 Sicherheitsbestimmungen

Wegen des internationalen Charakters der Seeschiffahrt beruhen viele nationale Bestimmungen auf internationalen Vereinbarungen. Diese sind das Ergebnis von Beratungen in der „Zwischenstaatlichen beratenden Schiffahrtsorganisation" (IMCO), einer Fachorganisation der Vereinten Nationen, die sich ausschließlich mit Schiffahrtsfragen beschäftigt. Dem Organisationsplan können die einzelnen Tätigkeitsbereiche dieser Organisation entnommen werden.

Organisationsplan der IMCO
(Inter-Governmental Maritime Consultative Organization)

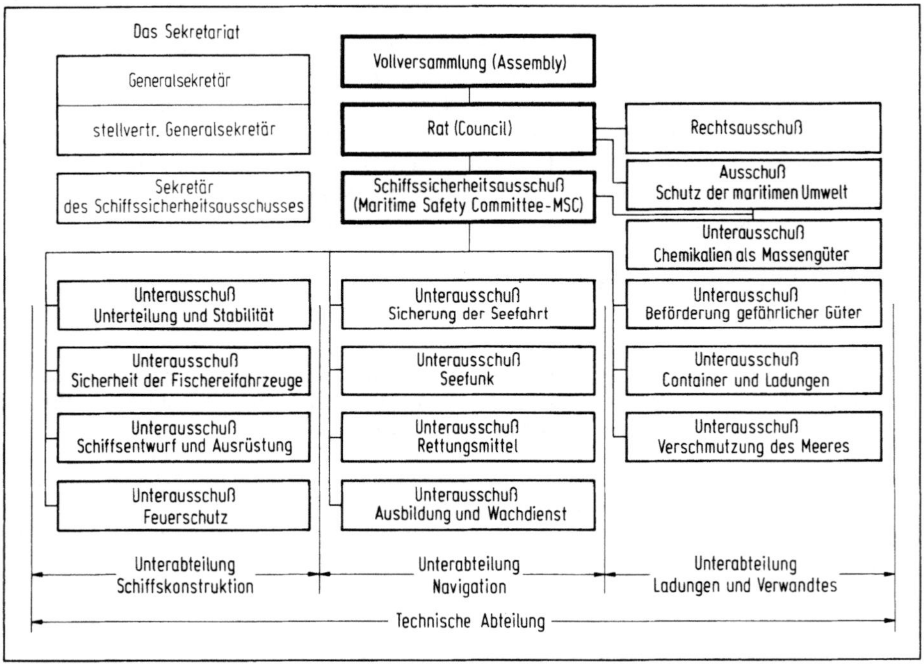

SeeBG C3	Merkblatt der SeeBG v. 26.6.1974 zu den Funksicherheitsvorschriften, Handhabung und Aufstellung der Seenotfunkboje an Bord
SeeBG ER	Bekanntmachung der SeeBG v. 9.3.1978 über die Zulassung eines „gleichwertigen Ersatzes" für Rettungsboote auf Seeschiffen
SeeBG F3	Merkblatt der SeeBG v. 18.10.1966 über Schweißarbeiten auf Seeschiffen
SeeBG PZ	Prüfungs- und Zulassungsbedingungen der SeeBG v. 25.10.1977 für Rettungswesten
SOLAS I	Internationales Übereinkommen zum Schutz des menschlichen Lebens auf See von 1974, Kapitel I
SOLAS II	wie vor, Kapitel II
SOLAS III	wie vor, Kapitel III

(1) Internationale Vereinbarungen

- Übereinkommen zur Verhütung der Meeresverschmutzung (MARPOL 1973) (s. Bd. 2, Kap. 3),
- Freibord-Übereinkommen (Load Line Rules 1966) (siehe Bd. 4, Kap. 2),
- Schiffsvermessungs-Übereinkommen (Tonnage Measurement 1969) (siehe Bd. 4, Kap. 2),
- CODE für den Transport von Holzdeckslast (siehe 2.7.1),
- CODE für den Transport gefährlicher Güter (IMDG-CODE) (siehe 2.8),
- CODE für den Transport von Schüttladungen (siehe 2.10),
- CODE für den Transport von Getreide (siehe 2.10.3),
- CODE für Schiffe, die gefährliche Chemikalien in Bulk transportieren (siehe 3.2),
- CODE für Gastanker (siehe 3.3).

Von besonderer Bedeutung ist das **Übereinkommen zum Schutz des menschlichen Lebens auf See** — SOLAS — (Safety of Life at Sea, SOLAS 1960, ist gegenwärtig anzuwenden, SOLAS 1974 ab 25.5.1980, nachstehend jedoch schon zugrundegelegt).

Dieses Übereinkommen ist die Grundlage der wichtigsten nationalen Sicherheitsbestimmungen wie auch einiger der o.g. Codes. Es besteht im wesentlichen aus folgenden Teilen:

Kapitel I:	Allgemeine Bestimmungen (Anwendung, Definitionen, Besichtigungen, Zeugnisse, Unfälle).
Kapitel II-1:	Bauart der Schiffe (Unterteilung und Stabilität, Maschinen und elektrische Anlagen).
Kapitel II-2:	Konstruktiver Brandschutz (vorbeugender Brandschutz, Brandentdeckung, Brandabwehr).
Kapitel III:	Rettungsmittel (Allgemeines, Fahrgastschiffe, Frachtschiffe).
Kapitel IV:	Telegraphiefunk und Sprechfunk (Anwendung, Wachen, techn. Anforderungen).
Kapitel V:	Sicherung der Seefahrt (Gefahrmeldung, meteorologischer Dienst, Eiswarnungen, Notmeldungen).
Kapitel VI:	Beförderung von Getreide (Allgemeine Regeln, Krängungsmomente, Getreideschotte und Sicherungen).
Kapitel VII:	Beförderung gefährlicher Güter (Klassen, Kennzeichnung, Stauvorschriften u.a.).
Kapitel VIII:	Reaktorschiffe (Anwendung, Genehmigungen und Eignung der Anlage, Strahlenschutz u.a.).

(2) Die Schiffssicherheitsverordnung 1972 (SSV) ist als Ergänzung zu SOLAS 60 konzipiert und daher nur zusammen mit dem Übereinkommen Kap. I bis III verständlich. Außerdem enthält die Verordnung in Teil C Vorschriften für Schiffe, auf die das Übereinkommen keine Anwendung findet, d.h. für Frachtschiffe von weniger als 500 BRT und Schiffe in der nationalen Fahrt. Für die Durchführung der SSV und für die damit zusammenhängenden Überwachungen, Prüfungen und Bewilligungen sind nach dem Bundesaufgabengesetz die See-Berufsgenossenschaft (SeeBG) und das Deutsche Hydrographische Institut (DHI) zuständig. Die SeeBG untersteht hierbei der Fachaufsicht des Bundesministers für Verkehr (BMV) und bedient sich bei Angelegenheiten der Schiffstechnik der Beratung durch den Germanischen Lloyd (GL) (siehe Bd. 2, Kap. 12).

(3) Die Unfallverhütungsvorschriften der SeeBG sind zusammen mit den Richtlinien und Merkblättern für die Sicherheitsarbeit an Bord bestimmt und in allen Fällen anzuwenden,

---

SSV	Schiffssicherheitsverordnung v. 8.10.1972. Die mit Inkrafttreten von SOLAS 74 erforderliche Novellierung der SSV wird einige Änderungen der im Text erwähnten Vorschriften mit sich bringen. Nach Vorliegen der SSV 1980 ist dies zu berücksichtigen
STCW	Internationales Übereinkommen über Standards of Training, Certifikation and Watchkeeping von 1978
S und R	Suche und Rettung, Handbuch für Handelsschiffe von 1971
UVV	Die seit vielen Jahren in Arbeit befindliche Neufassung der Unfallverhütungsvorschriften für Kauffahrteischiffe (UVV) der SeeBG lag bei Drucklegung noch nicht vor, so daß auf genauere Hinweise verzichtet werden muß.

die nicht durch die SSV oder Arbeitsschutzgesetze geregelt sind. Bestehen z.B. Sicherheitsvorschriften für denselben Sachverhalt sowohl in der SSV wie auch in den UVV, so gelten nur die Vorschriften der SSV.

1.1.2 Rettungsmittel

Rettungsmittel müssen jederzeit einsatzbereit, so verteilt und so konstruiert sein, daß auch unter ungünstigen Bedingungen alle an Bord befindlichen Personen versorgt werden können.

Zu einem Rettungsmittelsystem gehören individuelle Rettungsmittel, Gruppenrettungsmittel und sonstige Rettungsmittel. Jedes System enthält passive und aktive Rettungsmittel. Passive Rettungsmittel schwimmen im Falle des schnellen Sinkens des Schiffes automatisch auf, während aktive Rettungsmittel ausreichende Bewegungsmöglichkeit haben, um andere Personen zu retten. Als Gruppenrettungsmittel müssen passive und aktive Rettungsmittel in allen Lagen ausreichende Stabilität haben und Schutz gegen ungünstige Klima- und Umweltbedingungen bieten. Außerdem müssen genügend Vorräte für die Bedürfnisse der Schiffbrüchigen und Hilfsmittel zum Lokalisieren und Auffinden durch Suchflugzeuge vorhanden sein.

Während die passiven Gruppenrettungsmittel für die Rettung der eigenen Besatzung und Passagiere im Falle eines Schiffbruches (Eigenrettung) auch noch unter sehr erschwerten Bedingungen besetzt werden können, werden die aktiven Rettungsmittel außer für die Eigenrettung auch für die Rettung von im Wasser schwimmenden oder auf einem anderen Fahrzeug befindlichen Personen eingesetzt (Fremdrettung).

BMV/SeeBG Nach den Empfehlungen des Bundesministers für Verkehr und der Bekanntmachung der SeeBG vom 28.2.1979 sollen alle Rettungsmittel an der Oberfläche mit reflektierendem Material versehen sein, und zwar mit folgenden Flächen:

- Rettungsringe 50 × 100 mm auf beiden Seiten an mindestens 4 Stellen,
- Rettungswesten 50 × 100 mm jeweils vorn und hinten an mindestens 6 Stellen,
- Rettungsboote 50 × 300 mm in Reihen jeweils auf und dicht am Schandeckel außen in Abständen von 500 mm,
- Rettungsflöße 50 × 300 mm unten am Dach mit einem Zwischenraum von 500 mm, 4 solcher Rechtecke sind am Boden mit gleichen Abständen und 2 in Kreuzform oben am Dach vorzusehen.

(1) Einzelrettungsmittel sind Rettungsringe und Rettungswesten, die als Schwimmkörper dem Menschen (individuelles Rettungsmittel) nach dem Verlassen des Schiffes Hilfe bieten, bis er von einem Rettungsfahrzeug geborgen wird. Außerdem sind Schutzanzüge oder Folien mitzuführen, die es einer Person mit durchnäßter Kleidung ermöglicht, eine Temperatur zu entwickeln, die ein Überleben gewährleistet.

Rettungsringe müssen den technischen Anforderungen der SSV § 32 entsprechen und dürfen an den Aufbewahrungsstellen nicht so befestigt sein, daß sie nicht schnell losgeworfen werden können. Zwei Ringe mit selbsttätigen Licht-Rauch-Signalen (Mann-über-Bord-Boje) müssen von der Brücke ausgeklinkt werden können. Diese Ringe sind schwerer als die normalen Rettungsringe, da sie durch ihr Gewicht auch die Lösung des Licht-Rauch-Signales bewirken müssen.

SOLAS III Reg. 21 Jeder **Rettungsring** muß mit einer Sicherheitsleine versehen sein, deren Durchmesser mindestens 9,5 mm und deren Länge mindestens von dem vierfachen äußeren Durchmesser des Ringes ist. Die Leine muß am Ring mit vier Bändern in gleichen Abständen befestigt sein. Jeder Ring muß auf einer Seite mit dem Namen des Schiffes und des Heimathafens versehen sein.

Mindestens ein Rettungsring an jeder Schiffsseite muß mit einer schwimmfähigen Rettungsleine von 30 m Länge oder einer Länge gleich der doppelten Höhe von der Stauposition bis zur Ballastwasserlinie versehen sein. Mindestens die Hälfte, aber nicht weniger als 6 Ringe müssen mit selbstzündenden Lichtern und zwei davon außerdem mit selbsttätigem Rauchsignal versehen sein. Rettungsringe mit Lichtern sind gleichmäßig auf beiden Schiffsseiten zu verteilen. Ein Rettungsring muß in der Nähe des Hecks angebracht sein. Die Mindestzahl der Rettungsringe an Bord ergibt sich aus folgender Tabelle:

Schiffslänge in m	Frachtschiffe	Schiffslänge in m	Fahrgastschiffe
unter 100	8	unter 60	8
100 bis unter 150	10	60 bis unter 120	12
150 bis unter 200	12	120 bis unter 180	18
200 und mehr	14	180 bis unter 240	24
		240 und mehr	30

Die **selbstzündenden Lichter** müssen so beschaffen sein, daß sie nicht durch Wasser gelöscht werden können, eine Brenndauer von mindestens 45 min und eine Lichtstärke von mindestens 2 Cd in alle Richtungen haben. Sie müssen wie der dazugehörige Ring ohne Beschädigung aus 25 m geworfen werden können. Auf Tankschiffen müssen die Lichter mit elektrischen Batterien betrieben sein. SeeBG C1

Das **Licht-Rauch-Signal** muß außerdem mindestens 15 min lang einen Rauch von orangener Farbe erzeugen. Das Signal darf weder Funken bilden noch explosible Gasgemische zünden.

Rettungswesten müssen für alle an Bord befindlichen Personen an Bord sein, zusätzlich eine ausreichende Zahl von Kinderschwimmwesten. Auf Fahrgastschiffen sind außerdem Rettungswesten für 5% aller an Bord befindlicher Personen an einer auffälligen Stelle an Deck aufzubewahren. Es werden Westen mit festen und mit aufblasbaren Auftriebskörpern unterschieden. Beide müssen die international festgelegten Anforderungen erfüllen.

Die **Rettungsweste** muß die Atmungsöffnungen der im Wasser liegenden erschöpften Person so schnell wie möglich, jedoch innerhalb von höchstens 5 s aus dem Wasser bringen. Der Kopf muß dann in eine rückwärtige, ohnmachtssichere Lage gebracht und dort stabil gehalten werden. Die Weste muß mit einer durch eine Schnur fest mit ihr verbundenen, nichtmetallischen Doppelpfeife versehen sein. Kinderwesten sind beidseitig mit der Aufschrift KIND zu kennzeichnen. SOLAS III Reg. 22

Eine aufblasbare Rettungsweste muß aus einem getrennt aufblasbaren Zweikammersystem bestehen. Eine Kammer muß mit einer vollautomatisch wasseraktivierbaren, die andere mit einer handbetätigten Druckgasaufblasvorrichtung ausgerüstet sein. Beide Kammern müssen außerdem mit dem Mund aufzublasen sein. Die allgemeinen Anforderungen an Rettungswesten sind auch dann voll zu erfüllen, wenn nur eine Kammer aufgeblasen ist. SeeBG PZ

(2) Gruppenrettungsmittel für Eigenrettung sind Rettungsboote, Doppelschlauchboote, Rettungsflöße oder andere Schwimmkörper, die für alle Personen ausreichenden Schutz und Ausrüstung bis zur Bergung durch Rettungsfahrzeuge bieten. Sie müssen auch unter ungünstigen Schiffs- und Umweltbedingungen sicher bemannt und zu Wasser gelassen werden können und möglichst vor Brandeinwirkung an Bord und im Wasser geschützt sein. Da diese Rettungsmittel beim Sinken des Schiffes zum Einsatz kommen, müssen sie nicht notwendigerweise Vorrichtungen zur Wiederaufnahme an Bord haben. Die Rettungsflöße müssen von ihrer Stauposition beim Sinken des Schiffes spätestens bei einer Tiefe von 5 m selbsttätig aufschwimmen. Aussetzbare Flöße müssen vollbesetzt in einer angemessenen Zeit ausgesetzt werden können, so daß die Räumung des Schiffes in höchstens 30 min durchgeführt werden kann.

(3) Gruppenrettungsmittel für Fremdrettung sind Rettungsboote oder Doppelschlauchboote, die auch bei ungünstigen Wetterbedingungen schnell zu Wasser gelassen und manövriert werden können, um Menschen im Wasser oder an Bord von in Seenoot befindlichen Fahrzeugen zu bergen. Diese Fahrzeuge müssen innerhalb von 3 min bemannt und auch bei einer geringen Schiffsgeschwindigkeit sicher zu Wasser gelassen werden können. Sie müssen sichere Stabilität in allen Lagen haben und auch schnell wieder an Bord aufgenommen werden können (Bild 1.1).

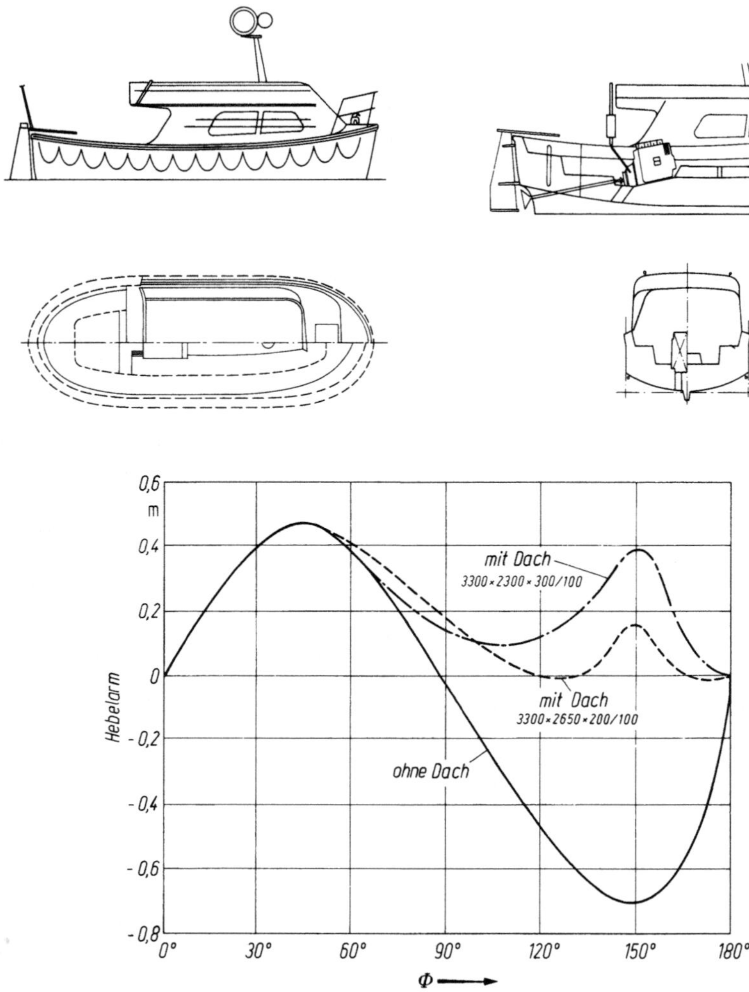

Bild 1.1. Selbstaufrichtendes und selbstlenzendes Rettungsboot. (Quelle: Dipl.-Ing. B. Arndt, Schiffko GmbH, Hamburg)

Gruppenrettungsmittel wie Rettungsboote werden in der Regel sowohl für Eigenrettung wie für Fremdrettung vorgesehen, sie müssen deshalb bis auf das selbsttätige Aufschwimmen die Anforderungen für beide Einsatzarten erfüllen. Für die Konstruktion, Ausrüstung und Aufstellung der Rettungsboote sind SOLAS III, Reg. 4–13 zu beachten.

LSA Der Unterausschuß ist der Ansicht, daß alle **Rettungsboote** Motorrettungsboote sein sollten, die in der Lage sind, voll besetzt bei ruhiger See eine Geschwindigkeit von mindestens 6 kn für die Dauer von 24 h zu entwickeln. Außerdem sollten alle Gruppenrettungsmittel entweder ein festes Schutzdach haben oder eine Abdeckung, die von 2 Mann in 2 min errichtet werden kann. Ferner wird angestrebt, daß alle Boote mit einer zentralen Auslösevorrichtung versehen werden, die beide Heißhaken gleichzeitig freigibt.

Für Schiffe mit giftigen Flüssigkeiten oder Gasen in Bulk werden gasgeschützte Rettungsboote und für Schiffe, die entzündbare Flüssigkeiten oder Gase in Bulk transportieren, feuergeschützte Boote entwickelt. Solche Boote sollen gasdicht verschlossen sein und für ca. 10 min eine sichere Versorgung der Insassen und der Maschine mit Luft haben. Die feuergeschützten Boote sollen außerdem mit einer Wassersprühanlage versehen sein, die einen Schutz des Bootes und der Insassen für mindestens 5 min gewährleistet, wenn das Boot vollständig in Flammen eingehüllt ist.

Rettungsflöße sind passive Rettungsmittel; sie sind entweder in Behältern verpackt und müssen zur Benutzung aufgeblasen werden oder sie sind als starre Rettungsflöße an Deck gelagert. In beiden Fällen müssen die Rettungsflöße so untergebracht werden, daß sie beim Sinken des Schiffes frei aufschwimmen und für die Aufnahme der Schiffbrüchigen bereit sind. Die Flöße müssen ein Schutzdach haben und mit einem isolierenden Boden versehen sein, um den Insassen Schutz zu bieten. Während die aufblasbaren Flöße so konstruiert sind, daß sie von einer Person aufgerichtet werden können, falls sie in umgekehrter Lage aufgeblasen sind, müssen die starren Rettungsflöße immer einsetzbar sein, gleich, auf welcher Seite sie schwimmen. Im übrigen gelten für die Anforderungen an Rettungsflöße, ihre Ausrüstung und die Ausbildung in ihrer Handhabung SOLAS III, Reg. 15–18.

Nach dem Grundsatz, daß die Schiffbrüchigen möglichst trocken in die Rettungsmittel gelangen LSA
sollen, wird angestrebt, nur noch fierbare Rettungsflöße vorzusehen, die sich beim Aufsetzen auf das Wasser automatisch von der Fiervorrichtung lösen, wobei ein vorzeitiges Ausklinken sicher verhindert werden muß (Bild 1.2).

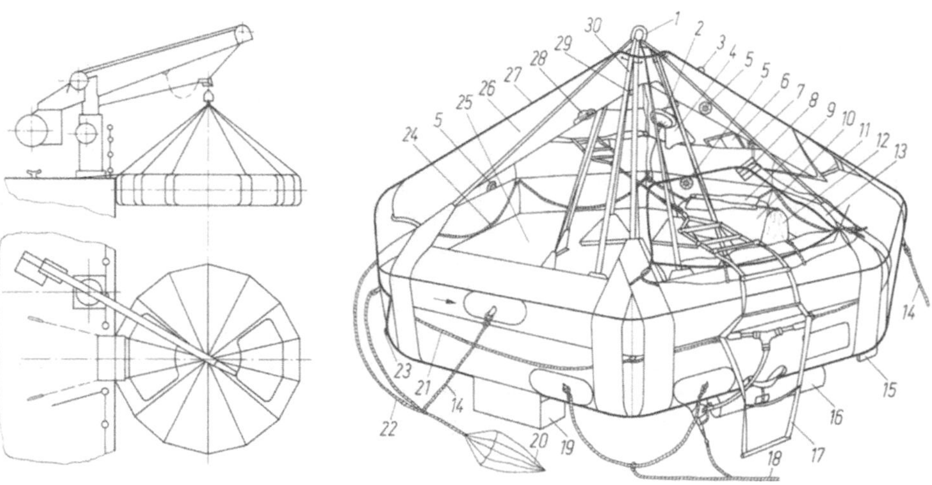

Bild 1.2. Aufblasbares und fierbares Rettungsfloß. (Quelle: Deutsche Schlauchbootfabrik Hans Scheibert, Eschershausen). *1* Fierschäkel; *2* Rettungswurfring mit Leine; *3* Außenbeleuchtung; *4* Belüftungsöffnung; *5* Nachblas-Entlüftungsventil; *6* Instruktionsschild; *7* Regenwasser-Zapfstelle; *8* Verhaltensmaßregeln; *9* Paddel; *10* Seenotausrüstung; *11* Regenwasser-Auffangvorrichtung; *12* Blasebalgbeutel und Reparaturzeug; *13* Eingangsverschlußplanen; *14* Beiholeleine; *15* Wasseraktivbatterie; *16* Druckgasflasche mit Reißventil; *17* Einsteigeleiter; *18* Reißfangleine; *19* Kenterschutzbeutel; *20* Treibanker; *21* äußere Griffleine; *22* Treibanker-Beiholeleine; *23* Überdruckventil; *24* innere Griffleine; *25* aufblasbarer Doppelboden; *26* Dachwulst; *27* aufblasbares Doppeldach; *28* Kappmesser; *29* Innenbeleuchtung; *30* Fiergurte

(4) Aussetzvorrichtungen für Rettungsboote und Rettungsflöße müssen ein Einbooten und Aussetzen direkt von oder neben der Stauposition, möglichst im Bereich der senkrechten Bordwände, ermöglichen. Sie müssen für jedes Rettungsboot vorgesehen werden und für den Fall der Wiederaufnahme eine ständige Beobachtung des Vorganges durch den Bedienungsmann gestatten. Die Handhabung der Anlage darf das Klarmachen und Aussetzen anderer Rettungsmittel nicht behindern. Eine Notbeleuchtung für die Einbootungsstation und die Wasserfläche sowie eine Leiter ist für jede Station vorzusehen.

GL-DAVITS Nach den Grundsätzen des Germanischen Lloyd müssen die Aussetzvorrichtungen für Rettungsboote mit Beiholvorrichtungen versehen sein, die sicherstellen, daß das Boot auch bei eintauchender Schlagseite von 15° in der Höhe des Einbootungsdecks an die Bordwand herangeholt wird. Die Beiholstander sind mit einem Sliphaken zu versehen, der sich leicht auch unter Last auslösen läßt. Der bootsseitige Block der Beiholtalje muß mit einer Wirbelhakenaufhängung und einer Belegmöglichkeit für den Taljenläufer ausgerüstet sein.

Die Rettungsmittel dürfen erst bei voll ausgeschwungenen Davitarmen vom Einbootungsdeck aus voll besetzt werden. Zum Aufhieven dürfen Boote unter 8 m Länge mit 2 Mann, darüber mit 4 Mann und Bereitschaftsboote mit der vollen Bootsbesatzung besetzt werden.

(5) Sonstige Rettungsmittel sind Kommunikationsmittel und Leinenwurfgerät. Zu ersteren gehören Anlagen für die Alarmierung aller Personen in einem Notfall, Notsignale und Seenotfunkanlagen. Sie müssen die Forderungen der Kap. III und IV SOLAS erfüllen.

Anmerkung: Die **Alarmanlage** zum Sammeln aller Personen auf den Sammelplätzen zur Einleitung von Abwehrmaßnahmen besteht aus den vom Schiffs- und Notstromnetz gespeisten elektrischen Alarmgebern wie Klingeln, Hörnern oder Heulern und dem Alarmauslöser auf der Brücke. Die Geber sind so im Schiff zu verteilen, daß der Alarm überall gehört werden kann. Zusätzlich ist auch Alarm mit der Pfeife, dem Typhon oder der Sirene zu geben.

SeeBG C1 **Notsignale** sind Fallschirmsignale rot, Handfackeln rot und Rauchsignale orange. Die Fallschirmsignalraketen müssen aus der Hand abgeschossen werden können und dürfen nur einen ganz unbedeutenden Rückstoß haben. Die Steighöhe ist 300 m, die Leuchtdauer 40 s. Werden Pistolen zum Abfeuern der Fallschirmsignalpatronen verwendet, sind die doppelte Anzahl von Signalen vorgeschrieben. Die Handfackeln müssen auch unter Wasser zünden und dürfen, wenn sie in 30 cm Höhe über einem Rettungsfloß abgebrannt werden, dessen Außenhaut nicht beschädigen. Die schwimmfähigen Rauchsignale müssen 4 min lang dichten orangefarbenen Rauch abgeben.

SeeBG C3 Die **Seenotfunkboje** (Emergency Position Indicating Radio Beacon EPIRB) muß so aufgestellt sein, daß sie sich beim Untergang oder Kentern des Schiffes selbsttätig aus ihrer Halterung lösen kann. Sobald die Boje aufschwimmt, strahlt sie ein Signal auf der Sprechfunk-Seenotfrequenz 2182 kHz in einem kontinuierlichen Rhythmus von 1 s Sendung und 1 s Pause aus.

SOLAS III und IV Reg. 13, 14 Die tragbare oder im Motorrettungsboot fest eingebaute **Seenotfunkanlage** besteht aus Sender, Empfänger, Antenne und Energiequelle. Sie muß so beschaffen sein, daß sie auch von unkundigen Personen bedient werden kann. Die Anlage muß auf der Seenotfrequenz arbeiten und Sprechfunkverkehr zwischen den Rettungsmitteln und dem Schiff erlauben. Die tragbare Anlage muß wasserdicht, schwimmfähig und von geringem Gewicht sein.

SeeBG C1 Das **Leinenwurfgerät** darf nur einen geringen Rückstoß haben und niemanden durch Flammenrückschlag gefährden. Die Reichweite muß mindestens 230 m betragen.

(6) Die Ausrüstung der Schiffe mit Gruppenrettungsmitteln besteht aus einer Kombination von Rettungsbooten und Rettungsflößen, um alle Anforderungen für die Eigenrettung und die Fremdrettung erfüllen zu können. Die Rettungsboote müssen auf Frachtschiffen an jeder Seite oder am Heck Platz für alle an Bord befindlichen Personen bieten. Auf Fahrgastschiffen muß Platz für alle Personen in Booten und Flößen auf beiden Seiten sein. Auf Frachtschiffen unter 1600 BRT muß mindestens ein Rettungsboot an Bord sein. Rettungsflöße mit Platz für alle an Bord befindlichen Personen müssen auf beiden Seiten des Schiffes sein, falls die Rettungsboote am Heck angeordnet sind. Auf

Frachtschiffen unter 1600 BRT müssen Flöße für alle Personen auf jeder Seite vorgesehen werden.

Entsprechend der Bekanntmachung vom 9.3.1978 gilt als **gleichwertiger Ersatz** für Frachtschiffe von 500 bis 1600 BRT mit Ausnahme von Tankschiffen folgende Ausrüstung mit Rettungsmitteln: SeeBG ER

1. Ein Motorrettungsboot für alle Personen, das die Anforderungen an Bereitschaftsboote erfüllt auf einer Seite und
2. auf der anderen Seite ein oder mehrere fierbare Rettungsflöße für alle Personen und
3. frei aufschwimmende Rettungsflöße für alle Personen.

Auf jedem Frachtschiff müssen Rettungsmittel, die frei aufschwimmen können, mit einem Fassungsvermögen für alle an Bord befindlichen Personen angeordnet sein, ferner für jede Rettungsfloß-Aussetzstation ein Rettungsboot. Auf Schiffen ohne Mittschiffsaufbauten und mit mehr als 150 m Länge muß eines der Flöße so weit vorn wie möglich untergebracht sein. Auf Fahrgastschiffen sind zusätzlich Rettungsflöße mit einem Fassungsvermögen von 10% der an Bord befindlichen Personen und für jeweils sechs Flöße ein Rettungsboot vorzusehen. Alle Flöße auf Fahrgastschiffen müssen frei aufschwimmen können.

1.1.3 Verhalten in Notfällen

Alle Notfälle erfordern den Einsatz der gesamten Besatzung, deshalb wird auch nur ein Signal (siehe 1.1.6 (3)) gegeben, welches die Besatzung zu den Sammelplätzen ruft. Von dort erfolgt der Einsatz der verschiedenen Trupps.

(1) Bei **„Mann-über-Bord“** müssen alle Maßnahmen koordiniert und schnell ablaufen. Einmal muß durch ein Manöver das Schiff zurück zur Unfallstelle gebracht und zum anderen müssen die für diesen Fall vorgesehenen Rettungsmittel klargemacht werden. Jeder an Bord muß wissen, daß bei „Mann-über-Bord“ sofort ein Ring geworfen und die Brücke alarmiert werden muß. Bei langsamen Schiffen und wenn der Unfall auf dem Vorschiff erfolgt, soll auch die Unfallseite gemeldet werden. Entscheidend für den Erfolg ist die sofortige Einleitung des Manövers und der folgenden Maßnahmen durch den Wachoffizier:

- Hartruder zur Unfallseite legen oder zu der Seite, nach der das Schiff schneller dreht;
- Mann-über-Bord-Boje auslösen;
- Generalalarm geben;
- Maschinentelegraf auf „Achtung“ legen;
- falls andere Schiffe in der Nähe sind, das Signal „Mann-über-Bord“ mit Typhon oder Sirene (— — —) geben und Signalflagge „0“ setzen.

Das Ruder bleibt zunächst liegen, bis die Kursänderung etwa 60° ist, dann wird hart Gegenruder gelegt und das Schiff auf den Gegenkurs des ursprünglichen Kurses eingesteuert. Durch diesen **Williamson-Turn** (siehe Bd. 2, 27.1) soll das Schiff in das ursprüngliche Kielwasser zurückgebracht werden. Jeder Wachoffizier muß sich mit den Manövriereigenschaften des Schiffes bei verschiedenen Beladungszuständen und Wetterverhältnissen vertraut machen und muß wissen, um wieviel Grad jeweils abgewichen werden muß, um diesem Ziel möglichst nahe zu kommen.

Falls bei gutem Wetter und am Tage sichergestellt ist, daß der im Wasser Schwimmende nicht aus den Augen verloren wird, kann auch mit der ursprünglichen Drehrichtung weiter bis etwa 270° Kursabweichung gedreht und der Verunglückte angesteuert werden. Dieses Manöver bringt das Schiff zwar schneller zur Unfallstelle zurück setzt aber voraus, daß diese einwandfrei zu erkennen ist.

In beiden Fällen wird das Schiff dicht bei dem Verunglückten und meistens in Luv von ihm aufgestoppt, um ihn direkt vom Schiff oder mit Hilfe eines Rettungsbootes oder Doppelschlauchbootes aufzunehmen.

Durch den Alarm werden entsprechend der Sicherheitsrolle (siehe 1.1.6) Brücke und Maschine besetzt. Die übrige Besatzung steht für das Klarmachen der Rettungsmittel auf dem Bootsdeck und an Deck und für zusätzlichen Ausguck auf der Brücke und dem Peildeck zur Verfügung. Wird jemand an Bord vermißt, so ist sofort die Suche einzuleiten, indem gedreht und im Kielwasser zurückgelaufen wird, das Schiff durchsucht und durch Funk andere Fahrzeuge und die nächste Küstenfunkstelle alarmiert werden. Die Suche ist entlang der Kurslinie und gegebenenfalls von dem vermutlichen Unfallort aus nach dem unter (4) beschriebenen Verfahren durchzuführen.

(2) Die Handhabung der Rettungsmittel für die Fremdrettung erfordert Umsicht und Erfahrung; die verschiedenen Einsatzarten müssen eingeübt werden.

Sollen im Wasser schwimmende Personen unmittelbar vom Schiff aus gerettet werden, so sind unter Berücksichtigung der Höhe des Decks über Wasser Leitern, Ringe mit Leine, Netzbrooken an der Bordwand oder ein mit einem Netz bespannter Rahmen an einem Baum oder Kran zu verwenden. Gegebenenfalls können auch Seitenpforten geöffnet, Rettungsschwimmer an Leinen oder Rettungsflöße eingesetzt werden. In allen Fällen muß damit gerechnet werden, daß die Verunglückten zu erschöpft sind, um sich an Leitern oder Netzbrooken festzuhalten oder daran hochzuklettern, deshalb ist vorsorglich ein Baum oder Kran aufzubringen und der Rettungsrahmen klarzumachen.

Bei dem Einsatz eines Rettungsbootes, Bereitschaftsbootes oder Doppelschlauchbootes ist das Aussetzen die schwierigste Phase. Das Boot wird mit laufendem Motor und mit mindestens 4 Mann besetzt ausgesetzt. Die Bootsbesatzung trägt Rettungswesten, die Wurfringe mit Leine sind klarzuhalten, und evtl. sind Decken und heißes Getränk mitzunehmen.

In Abhängigkeit von der Art der Aussetzvorrichtung sind für das Bemannen zunächst Beiholstander zu verwenden, in die das Boot eingefiert wird, dann wird die Fangleine voraus an Deck belegt, die Beiholtaljen eingepickt und durchgesetzt und die Beiholstander gelöst. Wenn die Schiffsgeschwindigkeit nur noch gering ist, können die Beiholer losgeworfen und das Boot gefiert werden. Das Auspicken der Bootsläufer erfolgt gleichzeitig vorn und hinten, nachdem das Boot aufgesetzt hat. Dabei ist auch bei einer zentralen Auslösung je ein Mann vorn und hinten im Boot zu postieren, um ein Lösen der Blöcke bzw. Läufer vom Boot sicherzustellen und sie frei vom Boot zu halten. Es ist zweckmäßig, die Läufer nach dem Auspicken sofort aus dem Gefahrenbereich hochzuholen.

Der Bootsführer kann jetzt vom Schiff abscheren, den Motor hochfahren und die Fangleine loswerfen lassen. Falls er die im Wasser Treibenden nicht sieht, muß er vom Schiff aus eingewiesen werden.

Das Wiederaufnehmen des Bootes erfolgt in umgekehrter Reihenfolge, d.h., es wird zunächst die Fangleine wahrgenommen und das Boot unter die Läufer manövriert, um sie aufzunehmen und einzupicken. Außerdem sollte eine Achterleine in das Boot gegeben werden, damit es während des Aufhievens ruhiggehalten werden kann. Ist der Seegang und das Arbeiten des Schiffes zu stark und das Einsetzen des Bootes deshalb zu gefährlich, müssen die Bootsinsassen wie oben beschrieben an Bord geholt werden, und das Boot muß entweder mit dem Ladegeschirr übernommen oder aufgegeben werden.

(3) Das Verhalten in Seenot wird davon bestimmt, inwieweit die geregelten und für diesen Notfall vorgesehenen Maßnahmen durchgeführt werden können. Grundsätzlich sollte die Position des Schiffes auf der Brücke griffbereit sein und ständig auf den neuesten Stand gebracht werden.

Allgemeine Regeln, die vor allem die medizinische Seite der Gefährdung betreffen, sind in **Anhang F der UVV** als „Verhalten in Seenot“ zusammengestellt. Außerdem befindet sich auf der Brücke aller deutschen Schiffe die **Merktafel der SeeBG** „Verhalten beim Verlassen des Schiffes im Seenotfall" und in allen Gruppenrettungsmitteln der Wortlaut der **IMCO-Entschließung 216** „Verhalten in Rettungsfahrzeugen". Diese Unterlagen sind der Schulung der Besatzung zugrundezulegen.

Die größten Gefährdungen für das menschliche Leben bei Seenot sind Ertrinken, Unterkühlung und Verdursten. Dementsprechend sollten, wenn irgend möglich, die Schiffbrüchigen voll bekleidet sein, die Rettungswesten anlegen und möglichst trocken in das Rettungsmittel gelangen. Da der Verlust an Körperflüssigkeit durch Seekrankheit erheblich ist, sollten frühzeitig Medikamente gegen diese eingenommen werden.

Bietet das Schiff keinen Schutz mehr, so werden die Rettungsmittel besetzt. Dabei sind Boote den Flößen vorzuziehen; Flöße sollten wegen der besseren Stabilität möglichst voll besetzt werden. Überzählige leere Flöße können gegebenenfalls in Schlepp genommen werden. Die passiven Rettungsmittel haben im allgemeinen nur eine geringe Manövrierfähigkeit. Man sollte daher bestrebt sein, durch Ausbringen von Treibankern an der Unglücksstelle zu bleiben, damit ein schnelles Auffinden durch Suchfahrzeuge ermöglicht wird. Dafür ist es erforderlich, daß die mit der Seenotmeldung abgegebene Position möglichst genau ist. Auch sollte alles getan werden, daß die Rettungsmittel beieinander bleiben.

Der Bootsführer oder die mit der Leitung im Rettungsmittel betraute Person sorgt für eine gleichmäßige Aufgabenverteilung der Boots- bzw. Floßbesatzung. Dazu gehören Ausguck, Bestandsaufnahme und Verwaltung der Ausrüstung, Betreuung und Bedienung der Seenotfunkanlage, Bedienung des Treibankers und gegebenenfalls des Ölgefäßes, Verwahrung der Erste-Hilfe-Ausrüstung und Versorgung der Besatzung, Verteilung von Proviant und Wasser, Verwahrung und Einsatz von Seenotsignalen, Führung des Tagebuches u.a. Die Seenotfunkanlage ist in Betrieb zu nehmen. Vor allem während der Funkstille sollte auf den Notfrequenzen für Telegraphie und Telefonie gesendet werden, d.h., jeweils für 3 min von 15 bis 18 und 45 bis 48 nach jeder vollen Stunde auf 500 kHz (Telegraphie) und von 00 bis 03 und 30 bis 33 nach jeder vollen Stunde auf 2182 kHz (Telefonie). Ergibt der Empfang auf 500 oder 2182 kHz keine Antwort auf die Notmeldung, kann auch noch auf 8364 kHz (Telegraphie Kurzwelle) gesendet werden. (Näheres über den Seenotfunkverkehr siehe Bd. 3B, Kap. 4.4.)

Erfahrungsgemäß wirken sich bei längerem Aufenthalt in Rettungsmitteln nasse Kleidungsstücke besonders nachteilig aus, da die Haut durch das Salzwasser schnell wund wird, ferner Sonnenstrahlung und Hitze. Das Rettungsmittel muß deshalb ständig trocken gehalten werden und abgedeckt bleiben.

Hauptaufgabe des Ausgucks ist es, auf Suchfahrzeuge oder Geräusche zu achten, welche diese ankündigen, ferner auf Gefahren wie z.B. besonders hohe Wellen. Die Notsignale, wie Fallschirmnotsignal oder Handfackeln, dürfen erst eingesetzt werden, wenn die Fahrzeuge so nahe sind, daß sie gut erkannt werden können. Bei Sonnenschein können Spiegel oder andere blanke Flächen, bei Tage sonst auch Rauchsignale verwendet werden, um die Aufmerksamkeit zu erregen.

(4) Die **Suche und Rettung** (Search and Rescue — **SAR**) wird nach den Internationalen Übereinkommen durchgeführt. Nach SOLAS, Kap. V, Regel 15, muß jeder Vertragsstaat Vorkehrungen treffen, die ein Beobachten der Küste und die Rettung von Menschen in Not auf See entlang den Küsten des Staates ermöglichen. **Dieser Küstenwach- und Seenotdienst** besteht aus Schiffen, Flugzeugen, Hubschraubern und Landeeinrichtungen. Er wird in der Bundesrepublik von der „Deutschen Gesellschaft zur Rettung Schiffbrüchiger" (DGzRS) in Zusammenarbeit mit Seenotluftfahrzeugen der Bundeswehr wahrgenommen. Wird eine Notmeldung empfangen oder ein Notsignal beobachtet, so erfolgt die Alarmierung der Küstenfunkstelle und der SAR-Leitstelle (in der Bundesrepublik Deutschland die Zentrale der DGzRS in Bremen). Die Küstenfunkstellen versuchen, die Sendung der Notmeldung einzupeilen, um eine möglichst genaue Position zu ermitteln.

In Küstennähe kommen für die Rettung vornehmlich Seenotrettungskreuzer bzw. -boote in Frage. Zusätzlich werden bei Bedarf Suchflugzeuge und Rettungshubschrauber eingesetzt. Je nach Art des Fahrzeuges und des Einsatzes ist der Aktionsradius der Rettungsfahrzeuge maximal 250 sm. Zur Information der Schiffahrt über den Rettungsdienst an der deutschen Küste liegt dem auf jedem deutschen Schiff vorhandenen **Handbuch „Suche und Rettung"** ein Merkblatt bei.

Der **Einsatz von Rettungshubschraubern** ist manchmal die einzige oder letzte Möglichkeit, um Menschen zu retten. Auch bei der Evakuierung von Schwerkranken werden sie eingesetzt. Die Besatzung ist über diesen besonderen Rettungseinsatz zu unterrichten.

Ein Hubschrauber nähert sich dem Fahrzeug oder Wrack immer gegen den Wind und so, daß er unbehindert durch Aufbauten, Masten, Stagen oder Antennen über einer freien Decksfläche von etwa 10 m Durchmesser stehend, die Personen an Bord nehmen kann. Während der Übernahme ist der Hubschrauber, vor allem bei schwerer See, gefährdet und kann sich deshalb nur wenige Minuten in dieser Position halten. Entscheidend für den Erfolg ist die gute Zusammenarbeit zwischen Schiff und Hubschrauber. Folgende Regeln sind zu beachten:

- Ständigen Sprechfunkkontakt auf 2182 kHz sicherstellen;
- MERSAR Decksfläche möglichst achtern an Backbordseite markieren und beleuchten, alle Hindernisse und losen Teile entfernen;
- im Bereich des Hubschrauberabwindes wird eine Verständigung nicht möglich sein, daher Handzeichen vereinbaren;
- bei Annäherung des Hubschraubers, wenn möglich, Kurs und Fahrt so ändern, daß der Wind 30° von Bb vorn kommt und die Geschwindigkeit 10 bis 15 kn beträgt, Flaggen für die Anzeige der Windrichtung anbringen;
- der Pilot kann einen anderen Platz für die Bergung bestimmen, wenn er das Schiff und den vorgesehenen Platz sieht, er wird dann das Rettungsgerät an der von ihm gewählten Stelle wegfieren (die Rettungswinde ist an Stb und wird von dem Bordmechaniker bedient, während der Pilot an Bb sitzt);
- gute Beleuchtung nachts an Deck ist wichtig, aber Blendung der Hubschrauberbesatzung unbedingt vermeiden;
- das vom Hubschrauber gefierte Rettungsgerät muß sich durch Berührung mit Schiffsteilen zunächst elektrisch entladen und darf erst nach Aufforderung durch den Piloten ergriffen werden;
- Rettungsseil und Rettungsgerät danach klar von Schiffsteilen halten;
- für die Evakuierung eines Kranken wird ein Korb oder eine Krankentrage benutzt, Papiere und Krankengeschichte mit bisheriger Behandlung sind mitzugeben, der Kranke ist möglichst schnell einzupacken und mit dem Gesicht nach oben festzuschnallen;
- ist das schnelle Verstauen des Kranken nicht möglich, muß das Rettungsgerät vom Rettungsseil abgehakt werden, damit es eingeholt werden kann; der Pilot wird abdrehen und erneut anfliegen, wenn er sieht, daß der Kranke in der Trage klar zum Aufholen ist;
- zwischen Deck und Hubschrauber werden Handzeichen für Fieren, Stopp und Hieven in der üblichen Form angewendet;
- bei dem Bergen von Schiffbrüchigen werden ca. 12 cm breite, gepolsterte und orangefarbene Gurte (*3*) verwendet, die mit mehreren Bügeln (*2*) am Ende mit einem Karabinerhaken (*5*) und einem Griff (*4*) auf der Rückseite versehen sind; diese Gurte sind mit dem anderen Ende (*1*) am Rettungsseil eingepickt und dürfen nicht abgehakt werden, sie sind von vorn unter dem linken Arm, über den Rücken und unter dem rechten Arm wieder nach vorn durchzuziehen und so eng wie möglich zu einer Schlaufe zu schließen, indem der Karabinerhaken in den passendsten Bügel eingeklinkt wird; der Griff auf dem Rücken erleichtert es dem Bordmechaniker, den Schiffbrüchigen durch die Luke in den Hubschrauber zu ziehen (Bild 1.3).

Durch die Seenotmeldung eines Fahrzeuges wird nicht nur die SAR-Organisation eines Küstenstaates alarmiert, sondern auch alle Schiffe, welche die Notmeldung empfangen. Nach SOLAS, Kap. V, Regel 10, ist der Kapitän eines solchen Schiffes verpflichtet, mit größter Geschwindigkeit den in Not befindlichen Personen zu Hilfe zu eilen. Dies gilt besonders für Fahrzeuge in der Nähe der Unfallstelle und außerhalb des Bereichs eines

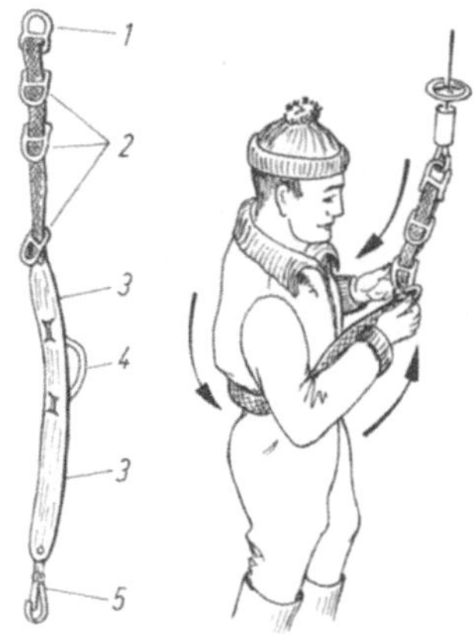

Bild 1.3. Hubschrauber-Rettungsschlinge. (Nach Krieger/Göllner: Überleben in Seenot. Sozialwerk für Seeleute e.V. (Up to date Nr. 5))

Küsten-Seenotrettungsdienstes. Die Einleitung der Rettungsaktionen werden durch das AMVER-System (automated mutual assistance vessel rescue system) oder ein anderes Standortmeldesystem erleichtert. Derartige Systeme bestehen im wesentlichen aus einer Datenverarbeitungsanlage, die mit den Standort- und Reisedaten aller beteiligten Schiffe versehen wird und es gestattet, jederzeit ein Situationsbild (surface picture) für jeden Standort innerhalb des Systems abzurufen. Solche Situationsbilder enthalten alle Schiffe mit ihren Daten in einem Umkreis von z.B. 100 sm (siehe auch die IMCO-Veröffentlichung „Merchant Ship Position-Reporting System"). (Zum AMVER-Funkverkehr siehe Bd. 3B, Kap. 4.7.)

Das schon oben erwähnte Handbuch **„Suche und Rettung" (SAR)** enthält die wichtigsten Regeln für die Durchführung der Hilfsmaßnahmen und die Zusammenarbeit bei Such- und Rettungsaktionen. Insbesondere ist auf die verschiedenen Suchsysteme hinzuweisen und auf die wichtigsten Grundbegriffe wie Bezugspunkt, Suchgeschwindigkeit, Suchbreite und Suchlänge.

Die Suche beginnt bei dem Bezugspunkt (Datum), das ist die wahrscheinlichste Position des Suchzieles unter Berücksichtigung der Abtrift. S und R

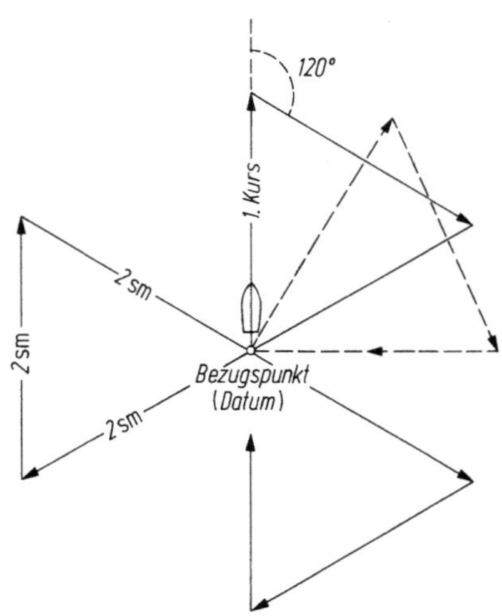

Bild 1.4. Suchsystem: Sektorenweise Suche. (Quelle: Bundesminister für Verkehr: Suche und Rettung)

Ist es sicher, daß sich das Ziel in der unmittelbaren Nähe dieses Bezugspunktes befindet, wie z. B. bei Mann-über-Bord oder wenn das Ziel gesichtet, aber wieder verloren wurde, wird die **Sektorenweise Suche** (Bild 1.4) durchgeführt. Dieses System ist nur für ein Suchfahrzeug geeignet.

Die **Suchgeschwindigkeit** soll unter Berücksichtigung der Sichtverhältnisse und der Art des Zieles so groß wie möglich sein.

Die **Suchbreite** (track spacing) ist der Abstand der einzelnen Schiffswege (tracks) und entspricht etwa der 1,5fachen Sichtweite bzw. Radarreichweite. Sie kann 3 bis 4 sm, aber auch weniger sein.

Ist der Bezugspunkt nicht so sicher, daß die sektorenweise Suche sinnvoll erscheint, beginnt ein Schiff mit der Suche in sich erweiternden Quadraten (Bild 1.5).

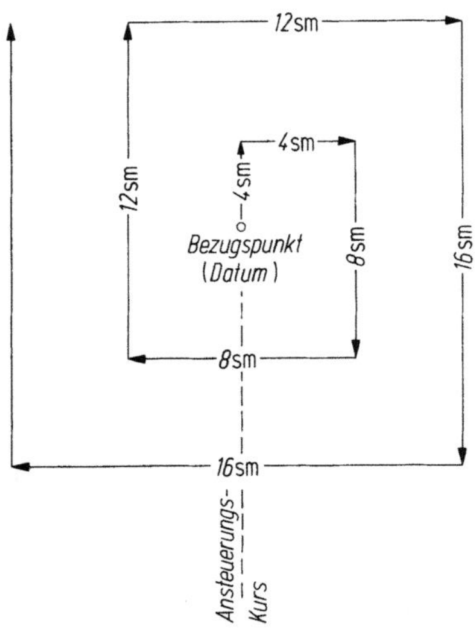

Bild 1.5. Suchsystem: Suche in sich erweiternden Quadraten. (Quelle: Bundesminister für Verkehr: Suche und Rettung)

Die jeweilige **Suchlänge** (sweep) ist zunächst gleich der Suchbreite, dann ein Vielfaches davon.

Beteiligen sich mehrere Schiffe an der Suche, so wird in **parallelen Tracks** in loser Ordnung nebeneinander fahrend gesucht. Die Suchlänge ist in diesem Fall etwa 20 sm.

Sobald das Suchziel gesichtet wird, ist die Rettung einzuleiten. Hierfür sind Schiffe mit niedrigem Freibord im allgemeinen besser geeignet. Bei der Rettung von im Wasser schwimmenden Personen ist zu verfahren wie in Abschnitt (2) beschrieben. Sollen Schiffbrüchige aus Rettungsmitteln übernommen werden, so können längsseits festgemachte Rettungsflöße als „boarding stations" sehr nützlich sein.

Bei der **Ansteuerung eines Wracks** wird die Durchführung dieses Manövers davon abhängigen, wie Retter und Havarist in der See liegen, wie sie vergleichsweise vertreiben und wieviel Schutz der Retter bieten kann bzw. während der Rettungsaktion erforderlich ist. Entscheidend ist die Frage, ob eigene Rettungsmittel eingesetzt werden müssen (Fremdrettung) oder ob die des Havaristen zur Rettung der Schiffbrüchigen verwendet werden (Eigenrettung). Wenn möglich, ist eine Sprechfunkverbindung herzustellen. Sind mehrere Rettungsfahrzeuge an der Unfallstelle, so kann es zweckmäßig sein, wenn eines der Fahrzeuge an Luv dem Havaristen und dem Retter Schutz bietet. Wenn Öl zum Glätten der See verwendet wird, ist zu berücksichtigen, daß das ölende Fahrzeug schnell vertreibt und sich schließlich die Ölfläche von dem Schiff nach Luv ausbreitet.

Bei dem Rettungsmanöver ist davon auszugehen, daß der Havarist keine Rettungsmittel einsetzen kann und die des Retters ausgesetzt werden müssen. Eine bewährte Methode ist das Aussetzen des Rettungsmittels in Luv des Havaristen und Wiederaufnahme in Lee. Dabei wird der Retter so nahe bei dem Havaristen und so lange wie möglich und erforderlich Lee machen, das Rettungsmittel unter Schutz aussetzen und zu dem

Havaristen schicken. Das Boot übernimmt die Schiffbrüchigen in der Regel aus dem Wasser am Bug oder am Heck des Wracks. Ein Längsseitsgehen ist nur bei gutem Wetter oder mit Doppelschlauchbooten möglich. Es ist in allen Fällen gefährlich, wenn die Schiffbrüchigen von Bord aus in das Rettungsmittel springen. Auch ist zu beachten, daß Boote häufig große Schwierigkeiten haben, von der Leeseite des Havaristen freizukommen, wenn dieser stark vertreibt.

Wird das Suchziel nicht gesichtet, so ist die Suche im selben Gebiet, aber mit verminderter Geschwindigkeit und geringerer Suchbreite zu wiederholen, ein anderes Gebiet abzusuchen und erst dann die Suche abzubrechen, wenn keine Hoffnung auf Rettung Überlebender mehr besteht.

Beispiel: Im Seeraum der Deutschen Bucht herrschte W bis NW 8 bis 9, in Sturmböen 10 und mehr, und es stand eine westliche Windsee mit einer Wellenhöhe von ca. 5 m.

Um 19.26 Uhr gab das MS „GH“ eine Dringlichkeitsmeldung mit der Positionsangabe und teilte mit, daß die Lukenabdeckung verloren gegangen sei. Um 20.26 Uhr wurde die Dringlichkeitsmeldung in einen Seenotfall umgewandelt.

Durch die Seenotmeldung wurde die Deutsche Gesellschaft zur Rettung Schiffbrüchiger und die SAR-Leitstelle Glücksburg alarmiert.

Die Seenotrettungsboote von Norderney und Langeoog liefen aus, konnten aber bei der schweren See die Brandungszone nicht überwinden und mußten das Unternehmen abbrechen.

Von der SAR-Leitstelle wurde der Einsatz von Hubschraubern vorbereitet.

Das MS „W“ meldete um 20.34 Uhr, daß es sich in der Nähe des Havaristen befinde.

Um 20.36 Uhr startete ein SAR-Hubschrauber von Borkum. Er meldete um 21.10 Uhr den Havaristen in Sicht, mußte aber die Abbergungsversuche abbrechen, weil sich die Schlinge des Rettungsgerätes an den Aufbauten der „GH“ verfangen hatte und abgerissen war.

Um 21.40 Uhr meldete „W“, daß man eine Rettungsinsel an einer Leine nach der „GH“ hinübertreiben ließe. Einige Minuten später folgte die Mitteilung, daß die Leine gerissen sei und die Insel hinter der „GH“ hertreibe.

Um 23.10 Uhr befand sich ein in Jever gestarteter Hubschrauber über dem Havaristen. Eine Abbergung der Besatzung konnte jedoch nicht vorgenommen werden, weil der Sturm das Windenseil des Hubschraubers fast waagerecht durch die Luft trieb. Die Rettungsversuche mußten um 23.48 Uhr abgebrochen werden.

Um 00.35 Uhr erreichte die Motorfähre „PH“ die Unfallposition. Dort war inzwischen auch der Turbinentanker „F“ eingetroffen. Es wurde vereinbart, daß die „F“ Lee machen sollte. Von der „PH“ wurde gegen 01.00 Uhr eine Rettungsinsel ausgesetzt, die am Heck des Havaristen vorbeitrieb.

Um 01.08 Uhr befand sich ein in Kiel gestarteter Hubschrauber über der „GH“. Dem Kapitän wurde mitgeteilt, daß die Besatzung mittschiffs abgeborgen werden sollte. Die Leute kamen einzeln nacheinander an Deck. Die Manöver des Hubschraubers gestalteten sich äußerst schwierig, weil das Schiff in der außergewöhnlich hohen See stark arbeitete und seine Lage nach oben und unten wie auch nach beiden Seiten hin ständig änderte. Dennoch gelang es, in der Zeit von 01.10 bis 01.25 Uhr drei Besatzungsmitglieder abzubergen. Der vierte Mann löste die Schlinge des Rettungsgerätes vom Windenhaken und traf keine Anstalten, sie wieder zu befestigen. Um 01.32 Uhr mußte der Hubschrauber die Bergungsaktion wegen Kraftstoffmangels abbrechen.

Gegen 02.00 Uhr wurde von der „F“ eine Rettungsinsel ausgesetzt, die von der Besatzung der „GH“ wahrgenommen werden konnte. Die Insel wurde jedoch nicht sofort besetzt, weil mit dem Eintreffen weiterer Hubschrauber gerechnet wurde. Nach kurzer Zeit riß sich die Rettungsinsel von der „GH“ los und trieb ab. Eine weitere Insel, die von „PH“ zu Wasser gebracht wurde, trieb vor dem Steven des Havaristen vorbei, nachdem die Verbindungsleine gerissen war.

Um 03.02 Uhr kenterte die „GH“. „PH“ steuerte den kieloben treibenden Havaristen an. Den Schiffbrüchigen wurden zwei Rettungsinseln sowie mehrere Rettungsringe zugeworfen. Zwei weitere Rettungsinseln wurden aufgeblasen an der Bordwand heruntergelassen, um den Verunglückten bei den Rettungsversuchen als Schutz zu dienen. Gegen 03.25 Uhr hatte sich „PH“ so nahe an die mit Suchscheinwerfern erfaßten Schiffbrüchigen heranmanövriert, daß diese die übergeworfenen Sturmleitern und Beiholleinen ergreifen konnten. Die Männer waren aber infolge Unterkühlung und Erschöpfung nicht mehr fähig, sich längere Zeit festzuhalten. Sie trieben achteraus, bevor sie an Bord gezogen werden konnten. Darauf wurden auf „PH“ die Beiholer der als Fender vorgesehenen Rettungsinseln gekappt und zusätzlich weitere Rettungsgeräte geworfen.

An der folgenden Suchaktion beteiligten sich außer der „PH" die „F" und die „W" sowie SAR-Hubschrauber.

Um 04.10 Uhr traf der Schlepper „A" aus Cuxhaven an der Unfallstelle ein. Der Schlepper wurde von dem Hubschrauber, der zwei Schiffbrüchige mit dem Landescheinwerfer erfaßt hatte, herandirigiert. Nach einiger Zeit konnten die beiden leblos in ihren Schwimmwesten treibenden Männer an Bord genommen werden. Sofort unternommene Wiederbelebungsversuche blieben ohne Erfolg.

Die letzten beiden Schiffbrüchigen wurden zeitweise auch mit Scheinwerfern ausgemacht. Wegen einsetzenden starken Schneefalles kamen die Verunglückten jedoch außer Sicht. Bald danach mußten die Hubschrauber die Rettungsaktion abbrechen, weil der Schnee Eisansatz verursachte. Die an der Unfallstelle befindlichen Schiffe setzten die Suche bis zum Tagesanbruch fort. Die Vermißten wurden jedoch nicht wiedergefunden. (Auszug aus der Seeamtsverhandlung.)

1.1.4 Vorbeugender Brandschutz

Mit Brand bezeichnet man ein Schadenfeuer. Brände auf Schiffen sind immer mit einer Gefährdung von Menschen verbunden und im allgemeinen ohne Hilfe nur schwer zu löschen, wenn sie sich zu einem Großbrand entwickelt haben. Deshalb wird schon beim Bau des Schiffes durch vorbeugende bauliche Brandschutzmaßnahmen der Verhinderung einer Brandausweitung Rechnung getragen. Als Ergänzung des baulichen Brandschutzes beeinflußt der betriebliche Brandschutz die Einzelvorgänge im Betrieb so, daß keine Brandgefahren entstehen.

(1) Der **bauliche Brandschutz** setzt sich aus einer Reihe von konstruktiven Maßnahmen zusammen, welche die Entstehung eines Brandes erschweren, die Ausbreitung weitgehend verhindern und die Abwehr erleichtern sollen. Nach SOLAS, Kap. II, werden folgende Grundforderungen aufgestellt:

- Trennung der Unterkunftsräume vom übrigen Schiff durch wärmedämmende und bauliche Unterteilung;
- Beschränkung der Verwendung von brennbaren Werkstoffen;
- Schutz der Fluchtwege und Ausgänge;
- Frühanzeige, Begrenzung oder Löschen jedes Brandes am Brandherd;

für Fahrgastschiffe außerdem:

- Unterteilung des Schiffes in Hauptbrandabschnitte von höchstens 40 m Länge.

SOLAS II-2 Reg. 3

Trennflächen. Wärmedämmende vertikale und horizontale Trennflächen werden zur inneren Unterteilung von Unterkunftsräumen und zum Schutz der Fluchtwege, Treppenhäuser und Ausgänge verwendet. Sie bestehen aus Trennflächen vom Typ „A", „B" oder „C". Diese Flächen müssen aus nichtbrennbaren Werkstoffen hergestellt sein. Die Trennflächentypen unterscheiden sich durch die unterschiedlichen Fähigkeiten, bei einem Brand den Durchgang von Flammen und Rauch für 60, 30 oder 00 min zu verhindern. Wenn solche Flächen außerdem für eine bestimmte Zeit wärmedämmend sein müssen, werden sie mit nichtbrennbarem Material isoliert. Eine solche Isolierung sichert auch für diese Zeit ausreichende Materialfestigkeit. Die Dauer der Wärmedämmung bei einem Brand in Minuten wird als Zahl hinter der Typbezeichnung angegeben. So ist z.B. der Maschinenraum des Schiffes durch A-60 Schotte und Decks von den anderen Teilen des Schiffes zu trennen. Hohlräume hinter Decken, Täfelungen und Verkleidungen im Unterkunftsbereich müssen durch nichtbrennbare Trennflächen in Abständen von höchstens 14 m unterteilt sein.

Werkstoffe. Die Beschränkung der Verwendung von brennbaren Werkstoffen betrifft die Oberflächen, Verkleidungen und Anstriche der Konstruktionen. Schwer entflammbare Werkstoffe sind z.B. vorgeschrieben für freiliegende Flächen in Gängen, Treppenschächten, auf Schotten, Wänden und Deckenverkleidungen in allen Unterkunfts- und Wirtschaftsräumen und für Flächen in verborgen liegenden oder schwer zugänglichen Räumen innerhalb von Unterkunfts- und Wirtschaftsräumen. Farben, Lacke und sonstige Stoffe, die auf freiliegenden Innenflächen verwendet werden, dürfen keinen Rauch oder giftige Dämpfe in größeren Mengen erzeugen.

Fluchtwege. Fluchtwege zum offenen Deck und den Sammelplätzen sind mit Hilfe von Türen, Treppen und Leitern aus allen Unterkunfts- und Wirtschaftsräumen so einzurichten, daß von allen

Decks mindestens zwei weit voneinander entfernte Wege ins Freie führen. Sackgassen in Gängen sollen so kurz wie möglich (höchstens 7 m lang) sein. Auch aus Maschinenräumen sind zwei Fluchtwege vorzusehen. Aufzüge sind keine Fluchtwege. Fluchtwege und Treppenhäuser sind brandgeschützt auszuführen und müssen durch Symbole gekennzeichnet sein.

Der Unterausschuß erörtert gegenwärtig den besonderen Schutz der Fluchtwege auf Schiffen, die giftige Flüssigkeiten oder Gase transportieren. Diese Fluchtwege zu den Sammelplätzen und gegebenenfalls die Gänge von den Sammelplätzen zu den Rettungsmitteln sollen gasgeschützt sein. FP

Feuermeldeanlagen. Meldeanlagen, die das Vorhandensein oder Anzeichen eines Brandes sowie den Brandort selbsttätig anzeigen, sind für zeitweise unbesetzte Maschinenräume, für Laderäume auf Fahrgastschiffen und für den Unterkunfts- und Wirtschaftsbereich auf Fahrgastschiffen vorzusehen. Im letzten Fall bestehen folgende Wahlmöglichkeiten: 1. Innere Unterteilung durch Trennflächen vom Typ „A" oder „B", 2. Einbau von Meldeanlagen, 3. wenn die Grundfläche der nicht unterteilten Räume 50 m^2 überschreitet, Schutz solcher Räume durch Sprinkler- und Feuermeldeanlagen.

Der Unterausschuß ist der Ansicht, daß auch auf Frachtschiffen Brandmeldeanlagen für Laderäume vorgesehen werden müssen, wenn in diesen gefährliche Stückgüter oder Kraftfahrzeuge mit Kraftstoff in den Tanks geladen werden sollen. FP

Sprinkleranlagen. Solche Anlagen bestehen aus Sprinklerdüsen, die durch Glasfäßchen oder Schmelzloteinsätze verschlossen und an ein unter Wasserdruck stehendes Rohrnetz angeschlossen sind. Jeder Sprinkler muß in der Lage sein, automatisch bei Erreichen von Temperaturen zwischen 68 und 79 °C zu öffnen und mindestens 5 l Löschwasser pro m^2 und Minute zu liefern. Bei Öffnen eines Sprinklers wird der Alarm ausgelöst und die Sprinklerpumpe springt an, um das Sprinklerrohrnetz mit Wasser zu versorgen.

Feuertüren. Auf Fahrgastschiffen müssen sich die Feuertüren in den Schotten der Hauptbrandabschnitte und in den Treppenhäusern selbsttätig schließen. Sie müssen sich von einer Kontrollstation aus alle oder in Gruppen schließen lassen. Der Öffnungszustand solcher Türen muß auf der Kontrollstation angezeigt werden.

Brandklappen. Zum baulichen Brandschutz gehören auch die Brandklappen in den Lüfterschächten für die Laderaum-, Maschinenraum- und Wohnraumlüftung, welche die Luftzufuhr zu diesen Räumen und den Zutritt von Rauch und Flammen verhindern sollen.

Gefährdete Räume. In dem besonders gefährdeten Maschinenraum müssen brennstoffführende Systeme in möglichst großer Entfernung von Bauteilen mit heißen Oberflächen verlegt werden. Wo durchführbar, sind heiße Oberflächen zu isolieren. Maschinenraumlüfter und Brennstoffpumpen müssen mit außerhalb des Raumes befindlichen Bedienungselementen versehen sein, damit diese Lüfter und Pumpen bei einem im Maschinenraum auftretenden Brand abgestellt werden können.

Verschiedene andere Räume wie Akkumulatorenräume, Lampen- und Farbenräume, Laderäume mit gefährlichen Gütern der Klassen 1 bis 3,6 und 8 und Ladepumpenräume sind explosionsgefährdete Räume. Elektrische Betriebsmittel in diesen Räumen müssen explosionsgeschützt ausgeführt sein.

(2) Betrieblicher Brandschutz und baulicher Brandschutz sind als gleichwertig zu betrachten und nicht voneinander zu trennen. Alle Personen an Bord müssen sich während des Betriebes der Brandgefahren bewußt sein und die baulichen Brandschutzeinrichtungen kennen und benutzen sowie bedienen können. Die wichtigsten Regeln sind in den Unfallverhütungsvorschriften der SeeBG enthalten:

- sichere Lagerung von gefährlichen Arbeitsstoffen wie Gase unter Druck, Benzin, Petroleum, Anstrichmittel und Feuerwerkskörper;
- Schutzmaßnahmen bei gefährlichen Situationen und Arbeiten wie Anstricharbeiten, Schweißarbeiten und Bedienung von Öfen und Heizungsanlagen;
- Durchführung des Rauchverbotes;
- Erhalten des baulichen Brandschutzes und regelmäßige Kontrolle aller gefährdeten Räume;
- Schulung der Besatzung und Überwachung der Betriebsbereitschaft aller Brandabwehreinrichtungen (siehe 1.1.6).

Benzin und andere leicht brennbare Flüssigkeiten, die einen Flammpunkt unter 21 °C haben, sowie Druckgas für den Bordbedarf dürfen nur in festen und gut verschließbaren Behältern auf dem freien UVV

Deck, vor Wärmeeinwirkung geschützt, aufbewahrt werden. Die Behälter müssen entsprechend gekennzeichnet sein. Für Anstrichmittel ist ein Raum vorzusehen, der von den übrigen Schiffsräumen durch Stahlwände und selbstschließende Türen gasdicht getrennt ist. Dieser Raum muß ausreichend be- und entlüftet werden können. In und bei diesem Raum ist das Rauchen verboten.

SeeBG F3 Bei **Schweißarbeiten** oder anderen Feuerarbeiten sind alle brennbaren Gegenstände und Materialien, die sich in der Nähe der Stelle befinden, an der gearbeitet werden soll, zu entfernen oder in geeigneter Weise gegen Funkenflug und Schweißperlen zu sichern. Dies gilt in ganz besonderem Maße bei einem Werftaufenthalt, und zwar auch dann, wenn die Werft, die sich wirksam von jeglicher Haftung freigezeichnet hat (siehe Bd. 2, Kap. 23), die Feuerwachen stellt. In der Nähe des Arbeitsplatzes sind Feuerlöschgeräte bereitzustellen. In an den Arbeitsplatz angrenzenden Räumen, die etwa durch Funkenflug oder Erhitzen der Wände gefährdet sind, ist eine Brandwache mit einem Feuerlöschgerät aufzustellen. Da auch nach Beendigung der Arbeiten u. U. ein Brand entstehen kann, ist eine entsprechende Überwachung vorzusehen.

Das **Rauchen ist verboten** z. B. in den Motorenräumen, Akkumulatorräumen, Laderäumen sowie an Deck bei der Übernahme von gefährlichen Ladungen.

Anmerkung: Regelmäßige **Feuerronden** während der späten Abend- oder Nachtstunden im Unterkunftsbereich, insbesondere wenn Feiern stattfinden oder stattgefunden haben und zu jeder Tageszeit an den Stauplätzen von gefährlicher Ladung und gefährlichen Arbeitsstoffen an und unter Deck, dienen der frühzeitigen Entdeckung einer Brandentstehung. Auf Fahrgastschiffen ist ein wirksamer Feuerrondendienst durch ausgebildete und mit dem Schiff und seinen Brandabwehreinrichtungen vertrauten Feuerschutzleuten zu unterhalten. Von Hand zu betätigende **Feuermelder** müssen auf diesen Schiffen in allen Unterkunfts- und Wirtschaftsräumen in Abständen von etwa 20 m angeordnet sein, um es dem Rondendienst zu ermöglichen, einen Brand sofort an die Brücke oder die Sicherheitszentrale zu melden.

1.1.5 Brandabwehr

Die Brandabwehr hat eine technische und eine taktische Komponente. Während die Technik die Wirkung und Verwendung verschiedener Löschmittel und Geräte betrifft, versteht man unter der Taktik der Brandabwehr die Einteilung der Besatzung in Trupps und das Zusammenwirken und Vorgehen dieser Trupps. Ihre wichtigsten Aufgaben sind das Retten von gefährdeten Personen und das schnelle Löschen des Brandes.

Löschen in diesem Zusammenhang bedeutet Störung des Verbrennungsvorganges durch die Wirkung eines Löschmittels. Da die Verbrennung nur erfolgen kann, wenn Sauerstoff im richtigen Mengenverhältnis vorhanden ist und die Mindestverbrennungstemperatur herrscht, wird die Störung entweder durch Veränderung des Mengenverhältnisses oder durch Verringerung der Temperatur bewirkt.

(1) Löschmittel wirken durch Verringerung des Sauerstoffanteiles in der Atmosphäre, durch Trennung des brennbaren Stoffes vom Sauerstoff oder durch Abkühlen. Eine weitere, allerdings nur bei Flammenbränden erzielbare Wirkung beruht auf der Reaktionshemmung einiger Chemikalien, wie z. B. Löschpulver oder Halone.

Die Anwendung eines bestimmten Löschverfahrens richtet sich nach der Wirksamkeit des Löschmittels. Sie ist abhängig von der Art des brennenden Stoffes bzw. der typischen Branderscheinung. Die Unterschiede zeigen sich in der Systematik der Brandklassen:

Brandklasse	Branderscheinung	Art des Stoffes	Löschmittel
A	Glut und Flamme	Feste organische Stoffe wie Holz, Kohle, Faserstoffe	Wasser Löschpulver Schaum
B	Flammen	Flüssige Stoffe wie Benzin, Öle, Teer	Schaum Löschpulver Kohlendioxid Halone
C	Flammen	Unter Druck austretende Gase wie Acetylen, Propan	Löschpulver Kohlendioxid Halone
D	Glut	Leichtmetalle wie Aluminium, Elektron, Magnesium	Speziallöschpulver

Das **Löschmittel Wasser** wirkt abkühlend und wird deshalb insbesondere bei Bränden mit Glut- und Flammenbildung eingesetzt. Aber auch bei Flüssigkeitsbränden kann Wasser erfolgreich sein, wenn es als Sprühmittel verwendet oder als Explosionsschutz in Form von Wassernebel eingesetzt wird.

Anmerkung: Vorteile des Wassers sind die unbegrenzte Verfügbarkeit, leichte Förderung mittels Pumpen, Rohrleitungen und Schläuchen, vielseitige Anwendbarkeit, Ungiftigkeit und chemische Ungefährlichkeit.

Nachteile sind der hohe Gefrierpunkt, der Wasserschaden an der Ladung und der Einrichtung, die Stabilitätsgefährdung, wenn größere Wassermengen die Räume füllen, und die Festigkeitsbelastung, wenn Stoffe das Wasser aufsaugen oder bei Wasseraufnahme quellen. Gefährlich ist der Einsatz von Wasser bei Stoffen, die mit ihm chemisch reagieren, wie z.B. Natriumperoxid, bei Flüssigkeitsbränden, wenn die an der Oberfläche brennende Flüssigkeit überfließt, und wenn durch Einspritzen von Wasser in die heiße Flüssigkeit Fettexplosionen entstehen.

Wasser kann auch für den Löschtrupp gefährlich werden, wenn der Sicherheitsabstand von 3 m unterschritten wird und stromführende Teile mit dem Wasserstrahl getroffen werden, wenn beim Löschen von Glutbränden viel Dampf entsteht und sich dieser, wie auch das heiße Löschwasser in geschlossenen Räumen ansammelt.

Das **Löschmittel Schaum** ist in allen praktisch vorkommenden Verschäumungsverhältnissen wesentlich leichter als die brennbaren Flüssigkeiten und wirkt deshalb durch Trennung der Flüssigkeitsoberfläche von dem Luftsauerstoff erstickend.

Anmerkung: Die synthetischen Schaummittel werden etwa mit 3 % dem Löschwasser zugesetzt und durch Verwendung verschiedener Schaumrohre zu Schwerschaum (ca. 1:10), Mittelschaum (ca. 1:100) oder Leichtschaum (ca. 1:1000) verschäumt. Bei Verwendung von Protein-Schaummitteln mit einer 4 %igen Zumischung und einer etwa 8fachen Verschäumung entsteht ein Schwerschaum von hoher Zähigkeit und großer Beständigkeit. Mit steigender Verschäumungszahl sinkt die Einsatzreichweite, die bei Schwerschaum und entsprechenden Anlagen bis 45 m gehen kann und bei Leichtschaum so gering ist, daß dieser mit Hilfe von dünnwandigen Plastikschläuchen, die im Feuer aufschmelzen, in den Brandbereich gefördert werden muß.

Das **Löschmittel Löschpulver** erzeugt in der Flamme eine Störung der Reaktionskette und eine Abkühlung durch Wärmeentzug an der Oberfläche der Pulverpartikel, außerdem verringert es den Sauerstoffanteil der Atmosphäre und wirkt somit auch erstickend. Bei Verwendung von Glutbrandlöschpulver tritt eine stärkere erstickende Wirkung ein, da das Pulver über der Glut eine glasige Schmelze bildet. Solche Löschpulver werden als Universallöschpulver bezeichnet und für Feuerlöscher in den Unterkunfts- und Betriebsräumen vorgesehen.

Anmerkung: Als Löschpulver wird Natriumhydrogenkarbonat, bei Glutbränden Kaliumsulfat und Phosphate in feinster Körnung verwendet. Außerdem werden Spezialpulver aus Natriumchlorid und hochschmelzenden Verbindungen zum Löschen von Metallbränden vorgesehen. Das Treibmittel Kohlendioxid erhöht die erstickende Wirkung der Pulverwolke, besondere Zusätze halten das Pulver rieselfähig.

Die Pulver sind in trockenem Zustand nicht elektrisch leitend, nicht gesundheitsschädlich und an rotierenden Maschinenteilen nicht verschleißerhöhend. Kaliumsulfat-Löschpulver ist schaumverträglich und kann zusammen mit Schaum zum Löschen von Flüssigkeitsbränden eingesetzt werden.

Das **Löschmittel Kohlendioxid** (CO_2) verringert den Sauerstoffanteil der Raumluft und wirkt bei einer Konzentration von mehr als 8% erstickend. Diese Wirkung macht die Verwendung von Atemschutzgeräten beim Aufenthalt in solchen Räumen die CO_2 enthalten oder enthalten können, erforderlich, zumal das Gas geruchlos ist. Es ist bei Normaltemperatur etwas schwerer als Luft, steigt jedoch bei Erwärmung in die Höhe und wird deshalb nur in Räumen, die dicht verschlossen werden können, eingesetzt.

Anmerkung: CO_2 wird in flüssiger Form entweder in Flaschen unter einem Druck von 56,5 bar bei 20 °C oder in isolierten Großbehältern unter 20 bar Druck bei −20 °C verwahrt. Bei plötzlicher Entspannung kühlt flüssiges CO_2 auf −78 °C ab und bildet Schnee. Bei einer schnellen Überflutung des Raumes mit 30% CO_2 oder mehr tritt eine schlagartige Löschwirkung ein. Allerdings müssen alle Personen den Raum verlassen haben, und dieser muß möglichst gasdicht verschlossen sein. Auch sind die Vorräte an Bord bald erschöpft.

Das gasförmige **Löschmittel Halon** wirkt bereits bei einer Konzentration von 5% in der Raumluft bei Flammenbränden reaktionshemmend. In dieser Konzentration ist das Gas beim Einatmen für eine Zeitspanne von etwa 1 min ungefährlich. Halone können unter bestimmten Voraussetzungen für den Raumschutz verwendet werden, eignen sich aber besonders zum Schutz von brandgefährdeten Objekten, wo sie mit Hilfe von stationären Objektschutzanlagen oder tragbaren oder fahrbaren Feuerlöschern eingesetzt werden.

Anmerkung: Halone sind halogenierte Kohlenwasserstoffe aus Kohlenstoff (C), Fluor (Fl), Chlor (Cl) und Brom (Br) zusammengesetzt. Die Typbezeichnung als Ziffernkombination gibt jeweils die Zahl der Atome an, z. B. Halon 1301 für CF_3Br oder Halon 1211 für CF_2ClBr. Halon 1211 und 1301 sind bei Umgebungstemperatur gasförmig, etwa fünfmal schwerer als Luft und werden unter 10 bzw. 30 bar Druck bei 21 °C verflüssigt verwahrt. Das Löschmittel wird in den Behältern mit einem Gaspolster aus Stickstoff überlagert, wodurch eine schlagartige Flutungszeit von weniger als 10 s erzielt wird.

(2) Anlagen und Geräte zur Brandabwehr sind:

- Feuermeldeanlagen, Gasspürgeräte und Gaskonzentrations-Meßgeräte;
- stationäre Wasser-Feuerlöschanlagen;
- stationäre Feuerlöschanlagen für brandgefährdete Räume;
- stationäre Feuerlöschanlagen für die Tanks und Ladetank-Decks von Tankschiffen;
- tragbare und fahrbare Feuerlöscher.

Brandmeldeanlagen. Die schon unter 1.1.4 (1) erwähnten Anlagen umfassen jeweils eine Brandmeldezentrale, das Meldeschleifensystem bzw. Rohrnetz und außer bei Rauchmeldeanlagen die Melder. Die Zentrale enthält die optische und akustische Signalauslösung, die Anzeigen, ein Störmeldesystem und Prüf- sowie Schalteinrichtungen für die einzelnen Meldeschleifen bzw. Abschnitte.

Anmerkung: Die am häufigsten eingesetzten Feuermelder sind Frühwarnmelder als Ionisationsmelder für Maschinenräume oder Wärmemelder für die Unterkunfts- und Wirtschaftsräume. Die Brandmeldezentrale ist auf der Brücke angeordnet, für die Maschinenraumüberwachung außerdem im Ingenieur-Wohnbereich. Für jede Meldeschleife ist eine optische Anzeige vorgesehen. Sofern nicht an der Zentrale zu erkennen ist, welcher Melder angesprochen hat, muß an jedem Melder selbst eine optische Anzeige vorgesehen werden. Jede Meldeschleife darf nicht mehr als einen Brandabschnitt oder eine wasserdichte Abteilung umfassen und in den Maschinenräumen nicht mehr als 10 Melder enthalten. Melder im Unterkunftsbereich erfassen jeweils ca. 20 m^2 Grundfläche, sie dürfen nicht mehr als 9 m voneinander entfernt sein und werden bis zu 20 in einer Meldeschleife zusammengefaßt. Beim Ansprechen eines Melders wird außer der automatischen Brandmeldung in der Zentrale gleichzeitig ein Alarm in dem Bereich ausgelöst, zu dem der betreffende Melder gehört. Das Brandmeldesystem wird durch zwei voneinander unabhängige Energiequellen gespeist, wobei eine die Notstromquelle ist.

In Laderäumen für die Beförderung von gefährlichen Gütern oder von Kraftfahrzeugen mit Kraftstoff in den Tanks werden vorzugsweise Differentialmelder eingesetzt, die beim Überschreiten einer bestimmten Temperaturerhöhung pro Zeiteinheit ansprechen. In der Nähe der Ausgänge werden zusätzlich von Hand zu betätigende Feuermelder vorgesehen, die mit den selbsttätigen Brandmeldern in einer Schleife angeordnet sind.

In den anderen Laderäumen von Fahrgast- und auch Frachtschiffen werden kombinierte Rauchmelde- und CO_2-Feuerlöschanlagen verwendet. Da die Alarmauslösung auf der Aktivierung einer unter Ruhestrom stehenden Selenzelle beruht und hierfür der bei einem Brand entstehende Brandrauch durch Rohrleitungen der Zentrale auf der Brücke zugeführt werden muß, erfolgt der Alarm erst bei einem schon fortgeschrittenen Zustand des Brandes.

Gasspürgeräte werden vor allem im Arbeitsschutz (siehe 1.2.2) eingesetzt, um Gefahren am Arbeitsplatz in der Umgebungsluft festzustellen. Für alle gefährlichen Gase, Dämpfe und anderen Arbeitsstoffe werden die Gefahrengrenzen durch MAK-Werte (maximale Arbeitsplatz-Konzentration) festgelegt. Die Geräte messen die jeweilige Konzentration in % oder ppm (parts per million) und ermöglichen somit eine Beurteilung der Gefährdung. Auch bei der Brandabwehr in geschlossenen Räumen können die Geräte zum Messen der Kohlenmonoxid- oder Sauerstoff-Konzentration eingesetzt werden.

Anmerkung: Gasspürgeräte bestehen aus einer Balgenpumpe mit einem Hub von 100 cm^3 und einem Glasröhrchen, das in die Pumpe oder das Ende eines mit der Pumpe verbundenen Schlauches eingesetzt wird. Mit dem Gerät können gefährliche, gesundheitsschädliche oder explosionsfähige Beimengungen der Luft festgestellt werden, indem durch die Betätigung der Pumpe die zu prüfende Luft durch das Glasröhrchen gesaugt wird. Eine Verfärbung der Anzeigeschicht im Röhrchen läßt sowohl eine qualitative Aussage über Beimengungen der Luft zu, wie auch eine Messung der Anteile in % oder ppm dieser Beimengungen in der geprüften Luft. Bis auf die nur qualitative Messung der „Polytest"- oder „Qualitest"-Röhrchen, müssen für quantitative Messungen die spezifischen Röhrchen für die jeweilige nachzuweisende Beimenung verwendet werden. „Polytest" oder „Qualitest" zeigen in einem weiten Bereich Spuren gefährlicher Beimengungen der Luft an, ohne daß eine Aussage über die Art der Beimengung möglich ist.

Gaskonzentrations-Meßgeräte werden überall dort eingesetzt, wo die Messung der Anteile von explosionsfähigen Gasen oder Dämpfen in der Luft erforderlich ist. Dies trifft im allgemeinen für die Ladetanks von Tankschiffen zu, wenn z.B. beim Laden oder beim Waschen der Tanks explosionsfähige Gas- bzw. Dampf-Luft-Gemische entstehen (siehe 3.1.5). Je nach Art des Gases ist der Explosionsbereich mehr oder weniger groß, z.B. bei Benzin 0,8 bis 8%, Methan 5 bis 15% oder Schwefelwasserstoff 1% bis 60 Vol.-% Gasgehalt in atmosphärischer Luft. Mit Hilfe des Meßgerätes und einer entsprechenden Lüftung kann eine Tankatmosphäre unterhalb der unteren Explosionsgrenze, d.h. außerhalb des Explosionsbereiches eingehalten werden. Konzentrationsmessungen werden auch in stationären Gasalarmanlagen durchgeführt.

Anmerkung: Das übliche Gaskonzentrations-Meßgerät besteht aus einem Kasten von ca. 2 kg Masse, der eine batteriebetriebene Meßeinrichtung auf dem Prinzip der Wärmetönung enthält. Die zu prüfende Luft wird mit Hilfe eines Saugballes über Schläuche bzw. Rohre angesaugt und in die Verbrennungskammer geleitet, wo durch die Verbrennung der brennbaren Bestandteile der Luftprobe eine Widerstandsveränderung eines in der Kammer befindlichen Platindrahtes erfolgt. Diese Veränderung läßt die Messung der Konzentration der brennbaren Bestandteile in der Luftprobe zu. Die Luft muß etwa den normalen Sauerstoffgehalt haben und darf weder inertisiert noch mit Sauerstoff angereichert sein. Das Gerät ist explosionsgeschützt ausgeführt und muß vor jeder Messung mit Hilfe einer Kalibriereinrichtung geeicht werden. Bei der Messung werden 5 bis 20 Pumphübe ausgeführt und die Anzeigenadel kann dann folgende Stellungen einnehmen:

- Anzeige Null bedeutet: Keine gefährlichen Beimengungen;
- Anzeige 0–35 bedeutet: Beimengung unter 50% der unteren Explosionsgrenze;
- Anzeige 35–70 bedeutet: Beimengung 50% bis 100% der unteren Explosionsgrenze;
- Anzeige 70–100 bedeutet: Beimengung im Explosionsbereich;
- Zeiger zeigt vollen Ausschlag und fällt dann zurück bedeutet: Beimengung über oberer Explosionsgrenze.

In allen Fällen liefert die Messung Werte, die nur für den Ort der Probeentnahme gelten.

Die allgemeine Wasser-Feuerlöschanlage ist das Rückgrat der Brandabwehr auf allen Schiffen. Aus diesem Grunde muß in jedem Brandfall die Wasserversorgung sichergestellt werden. Dies wird dadurch erreicht, daß außer der Hauptfeuerlöschpumpe eine zweite bzw. weitere Feuerlöschpumpen das Feuerlösch-Rohrleitungsnetz mit Löschwasser von ausreichendem Druck versorgen, so daß jeder Teil des Schiffes mit zwei Wasserstrahlen erreicht werden kann. Einer der beiden Wasserstrahlen muß jede Stelle der Unterkunfts-, Wirtschafts- und Maschinenräume mit einer Schlauchlänge von höchstens 20 m, im Maschinenraum 15 m, erreichen. Die Hydranten sind entsprechend anzuordnen. Bei Schiffen über 2000 BRT muß die Notfeuerlöschpumpe eine fest eingebaute Anlage mit eigenem Antrieb sein. Alle Strahlrohre sollten, wie für den Maschinenraum und für alle Tankschiffe vorgeschrieben, Mehrzweckstrahlrohre sein, die sowohl einen Vollstrahl wie auch einen Sprühstrahl erzeugen können und abstellbar sind.

SOLAS II-2 Reg. 5 Jede der vorgeschriebenen Pumpen muß die vorgeschriebene Leistung bringen, aber mindestens 25 m^3/h. Dies gilt auch für zusätzlich vorhandene Feuerlöschpumpen. Das System muß mit Sicherheitsventilen versehen sein, so daß ein unzulässig hoher Druck an irgendeiner Stelle des Hauptfeuerlöschsystems verhindert wird. Der Mindestdruck an allen Anschlußstutzen liegt zwischen 3,2 bar bei Fahrgastschiffen und 2,6 bar bei Frachtschiffen unter 1000 BRT. Anschlußstutzen und Schläuche sind mit 52- oder 75-mm-Storzanschlüssen zu versehen. An jeder Schiffsseite muß eine Möglichkeit vorhanden sein, den internationalen Landanschluß anzuschließen. Mindestens ein solcher Anschluß muß an Bord sein. Feuerlöschschläuche, deren Anzahl mindestens 7 beträgt und im übrigen nach der Schiffslänge bemessen wird, sind zusammen mit dem Strahlrohr und einem Kupplungsschlüssel einsatzbereit und sichtbar in der Nähe der Anschlußstutzen aufzubewahren.

FP Folgende Regelungen sollen in SOLAS 1974 eingebaut werden: Bei der Übernahme und dem Transport von **gefährlichen Gütern** als Stückgut oder in Containern muß das Wasser-Feuerlöschsystem zum sofortigen Einsatz entweder unter Druck stehen, oder es sind Fernstartvorrichtungen für die Feuerlöschpumpen vorzusehen. Handelt es sich um Güter der Klassen 1 bis 5, so ist das Feuerlöschnetz mit der doppelten Wassermenge, d.h. ausreichend für 4 Strahlrohre gleichzeitig zu versorgen. Alle Strahlrohre müssen Mehrzweckstrahlrohre für Vollstrahl und Sprühstrahl und mit Absperrhahn sein. Handelt es sich um Güter der Klassen 1.1 bis 1.3, sind entweder fest eingebaute Sprühwasseranlagen oder Wasser-Fluteinrichtungen vorzusehen, die eine wirksame Kühlung der Laderäume durch reichliche Wassermengen gewährleisten.

Brandgefährdete Räume sind Laderäume, Kessel- und Maschinenräume und die Ladepumpenräume auf Tankschiffen. Die dort vorgeschriebenen Anlagen sind in der Regel **Kohlensäure-Feuerlöschanlagen.** Solche Anlagen bestehen aus dem Gasvorrat in flüssiger Form in Flaschen oder Großbehältern, der Verteilerstation und dem Rohrleitungsnetz mit den Düsen. An der Verteilerstation und auf der Brücke ist in einem Schaubild die Anlage dargestellt und die für jeden Raum vorzusehende Gasmenge angegeben. Vor dem Einsatz von Löschgas ist sicherzustellen, daß sich keine Personen in dem betreffenden Raum befinden und der Raum gasdicht verschlossen ist. Handelt es sich um Räume, zu denen Personen normalerweise Zutritt haben, so ist ein automatischer akustischer Alarm bei Eintritt des Gases in den Raum vorzusehen.

Für Kesselräume oder Maschinenräume mit Verbrennungsmotoren sowie Ladepumpenräume auf Tankschiffen können anstelle der Gasfeuerlöschanlage auch **Druckwasser-**

Sprühanlagen, Schaum-Feuerlöschanlagen oder **Halon-Feuerlöschanlagen** vorgesehen werden, vorausgesetzt die zuständige Behörde gibt ihre Zustimmung.

Die Verwendung von Löschmitteln, die giftige Gase in Mengen entwickeln, die Personen gefährden können, ist untersagt. Wird **Gas als Löschmittel** verwendet, so ist die Verteilerstation leicht zugänglich und so anzuordnen, daß sie bei einem Brand nicht sogleich abgeschnitten werden kann. Der Gasvorrat ist in einem ausschließlich hierfür verwendeten Raum, der in der Regel vom freien Deck zugänglich ist, unterzubringen. SOLAS II-2 Reg. 5

Wird **Kohlendioxid** als Löschmittel verwendet, so muß der Gasvorrat mindestens 30% des größten für sich abschließbaren Laderaumes, mindestens 35% des gesamten Maschinenraumes mit Schacht bzw. mindestens 45% des größten Laderaumes für Kraftfahrzeuge mit Kraftstoff in den Tanks betragen. Das Gasvolumen wird auf der Grundlage von 0,56 m^3 pro kg CO_2 errechnet. Für Kessel- und Maschinenräume ist eine Schnellflutung vorzusehen, bei der innerhalb von 2 min die vorgeschriebene Gasmenge zugeführt wird. Ein anderes Gas als Löschmittel darf nur einen minimalen Gehalt an Sauerstoff, Kohlenmonoxid und ätzenden oder festen brennbaren Stoffen enthalten. Die Verwendung von Dampf ist nicht zugelassen.

Schaum-Feuerlöschanlagen für Maschinenräume müssen eine Schaummenge abgeben, welche die größte Fläche, über die sich flüssiger Brennstoff ausbreiten kann, mit einer 15 cm dicken Schicht bedeckt. Der Schwerschaum mit einer Verschäumung von höchstens 1:12 wird über ein stationäres Rohrnetz und Düsen verteilt und an die besonders gefährdeten Stellen des Raumes gebracht. Die Verteilerstation ist wie bei der Gasfeuerlöschanlage auszuführen (Bild 1.6).

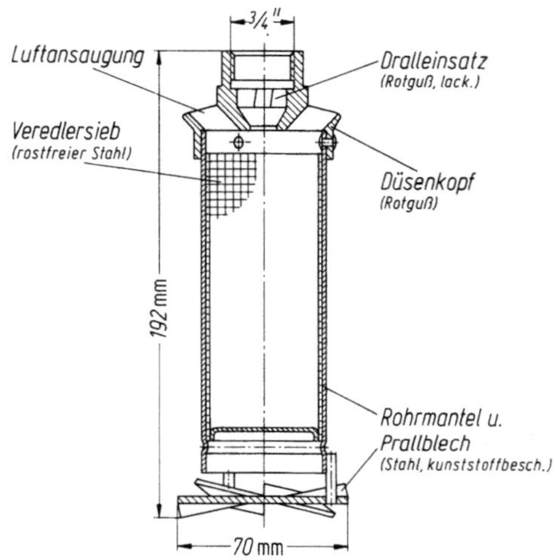

Bild 1.6. Schaumsprenger im Maschinenraum. (Quelle: Total Foerstner & Co., Ladenburg)

Leichtschaum-Feuerlöschanlagen für Maschinenräume müssen eine Schaummenge abgeben, die den größten zu schützenden Raum mit 1 m Höhe pro Minute füllen kann. Die gesamte verfügbare Schaummenge muß mindestens dem 5fachen Volumen des größten Raumes bei einer Verschäumung von nicht mehr als 1:1000 entsprechen. Schaumgenerator, Schaumführung und Schaumaustritt müssen so angeordnet sein, daß die Schaumerzeugung und Beschäumung durch einen Brand in dem zu schützenden Raum nicht beeinträchtigt wird.

Druckwasser-Sprühanlagen für Maschinenräume müssen Löschwasser über ein stationäres Rohrnetz an Düsen oberhalb der Bilgen, Tankdecke und andere Stellen liefern, über die sich Brennstoff ausbreiten kann. Die Düsen sind so zu verteilen, daß mindestens 5 l Löschwasser pro m^2 und Minute für die zu schützenden Flächen vorhanden ist. Das System wird dadurch unter dem notwendigen Druck gehalten, daß die Pumpe automatisch bei Druckabfall anspringt. Für die Anordnung der Pumpe und der dazugehörigen Schaltvorrichtungen gilt das gleiche wie für die Verteilerstationen der Gas- oder Schaum-Feuerlöschanlagen.

Halon-Feuerlöschanlagen für Maschinen-, Kessel- und Ladepumpenräume dürfen als Raumschutzanlagen nur für manuelle Auslösung vorgesehen werden. Vor dem Auslösen soll selbsttätig ein GL-HALON akustischer Alarm gegeben werden. Die Düsen sind so anzuordnen, daß eine gleichmäßige Verteilung des Halon in dem zu schützenden Raum erreicht und eine unmittelbare Gefährdung von Personen durch den Austrittsstrahl vermieden wird. Für den zu schützenden Raum ist eine Löschmittelmenge an freiem Gas von 5% des Bruttoraumgehaltes vorzusehen, wobei z.B. für ein kg Halon 1301 in flüssiger Form 0,16 m^3 anzusetzen ist. Die für den Raum vorgesehene Gasmenge muß innerhalb von 10 s in den Raum gegeben werden können. Für die Aufstellung der Anlage, die Prüfmöglichkeit und die Auslösestation gilt das gleiche wie für die Verteilerstationen der Gas- oder Schaum-Feuerlöschanlagen (Bild 1.7).

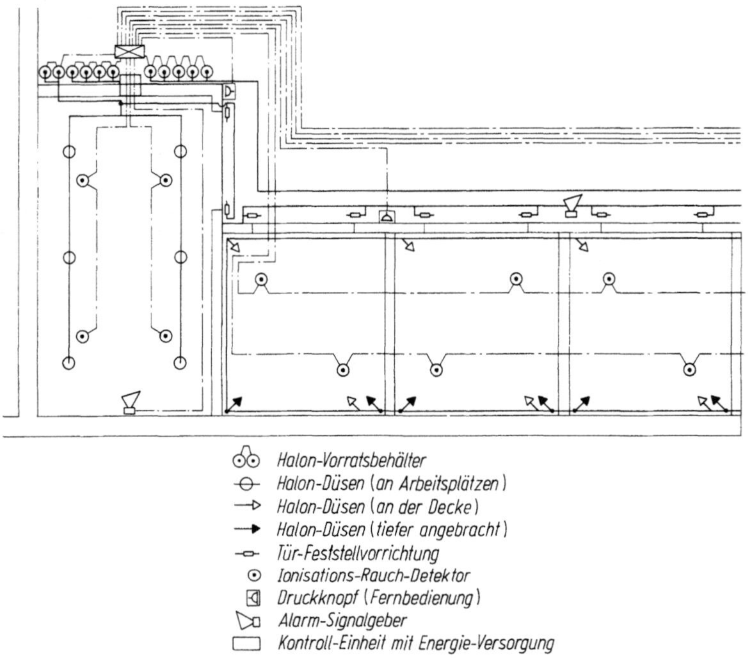

Bild 1.7. Halon-Raumschutzanlage. (Quelle: Total Foerstner & Co., Ladenburg)

Für selbsttätige Objektschutzanlagen können die Halone 1301 und 1211 verwendet werden, wenn den dort Beschäftigten die Flucht aus dem Schutzbereich innerhalb von 10 s möglich ist, ein visueller und akustischer Alarm automatisch ausgelöst wird und innerhalb von 10 s im Schutzbereich eine Konzentration von 7% Halon 1301 bzw. 5,5% Halon 1211 erreicht wird.

Tankschiffe. Öltanker von 100000 t und Produktentanker von 50000 t Tragfähigkeit und mehr (nach PROTOCOL 1978 alle Tanker ab 10000 tdw) sind mit **Inertgasanlagen** zum Schutz der Ladetanks auszurüsten. Diese Anlagen sollen gefährliche Ansammlungen von explosiven Gasgemischen während des Betriebes verhindern. Außerdem ist eine stationäre **Schaum-Feuerlöschanlage** zum Schutz der Tankdecks vorzusehen. Diese dient dem Löschen von Bränden bei Leckagen oder beim Überfließen von Ladeöl und von Bränden in geborstenen Tanks sowie der Verhinderung einer Entzündung von ausgelaufenem Öl (siehe 3.1).

Gastanker werden mit stationären **Pulverlöschanlagen** zum Schutz des Ladebereichs an Deck und am Heck ausgerüstet. Außerdem muß eine **Wassersprühanlage** zum Schutz der Tankoberfläche und der an den Ladebereich grenzenden Aufbauten vorgesehen werden.

Die **Inertgas-Anlage** (siehe auch 3.1.1) muß für die Ladetanks ein Gas liefern, das die Tankatmosphäre nichtbrennbar macht. Dies wird außerdem dadurch erreicht, daß keine Außenluft ungewollt in die Tanks gelangen kann, leere Tanks beim Löschen mit Inertgas gespült und gefüllt werden und die Tanks nur unter Inertgas-Atmosphäre gewaschen werden. Das Gas wird in Generatoren erzeugt, hat einen Sauerstoffgehalt von weniger als 5 % und wird durch Waschanlagen gekühlt und von festen Stoffen und Schwefelverbindungen befreit. Mindestens 2 Gebläse müssen zusammen mindestens die 1,25fache Menge der maximalen Pumpleistung an Gas liefern. Alarmanlagen sind vorzusehen für zu hohen Sauerstoffgehalt, zu geringen Gasdruck, zu hohe Gastemperatur und zu geringen Wasserdruck der Waschanlage. In den letzten beiden Fällen sind außerdem selbsttätige Schließvorrichtungen vorzusehen. SOLAS II-2 Reg. 62

Die **Schaum-Feuerlöschanlage** muß in der Lage sein, die ganze Ladetankfläche und geborstene Tanks zu beschäumen, und zwar mit Hilfe von mindestens 0,6 l Wasser-Schaummittel-Gemisch pro Minute und m^2 der Fläche aus größter Breite mal Länge des Tankbereichs oder 6 l pro Minute und m^2 der Decksfläche des größten Tanks, wobei die größere Zahl maßgebend ist. Diese Förderleistung muß mindestens für 20 min aufrechterhalten werden können. Der Schaum wird mit Hilfe von mindestens 3 Monitoren angebracht, wobei jeder Monitor mindestens die Hälfte der geforderten Schaummenge liefern und dabei die geschützte Fläche mindestens dreifach beschäumen muß. Zusätzlich werden Handrohre mit transportablen Zumischern und Schläuchen eingesetzt. Ein gleichzeitiger Einsatz der Wasser-Feuerlöschanlage muß möglich sein (Bild 1.8).

Bild 1.8. Monitor mit Schaumrohr. (Quelle: Total Foerstner & Co., Ladenburg)

Pulver-Feuerlöschanlagen auf neuen Gastankern bestehen aus mindestens 2 unabhängigen Behälterstationen mit Löschmittelbehältern und Stickstoff-Treibgasbatterien und den Bedien- und Auslösestationen an Deck, die mit den Behälterstationen durch Rohrleitungen verbunden sind. Die Stationen an Deck sind so zu verteilen, daß jede zu schützende Stelle durch 2 Schläuche und Handrohre bzw. Monitore abgedeckt wird. Monitore müssen mindestens 10 kg Pulver pro Sekunde und Handrohre 3,5 kg pro Sekunde liefern. Der Pulvervorrat muß so bemessen sein, daß der Betrieb aller Anlagen für mindestens 45 s sichergestellt ist. Auf vorhandenen Gastankern sind bis 1981 tragbare Pulverlöscher als Ersatz zugelassen (Bilder 1.9 und 1.10). GT-CODE

Zusätzlich zu den stationären Anlagen sind **tragbare und fahrbare Feuerlöscher** vorgeschrieben, die eine sofortige Brandabwehr schon in der Entstehungsphase möglich machen. In den Unterkunfts- und Wirtschaftsräumen sind mindestens fünf tragbare Feuerlöscher, auf

Fahrgastschiffen mindestens einer in jedem Deck und nicht weiter als 20 m voneinander entfernt augenfällig und griffbereit anzubringen. Außerdem sind Feuerlöscher vorzusehen für die Küchen, Motorboote, Maschinenräume und Laderäume für Kraftfahrzeuge mit Kraftstoff in den Tanks. Alle Feuerlöscher sollen von einem Typ und für alle Brandklassen geeignet sein. Fahrbare Feuerlöscher von 136 l oder 45 l Inhalt werden für Kesselräume bzw. Maschinenräume vorgesehen.

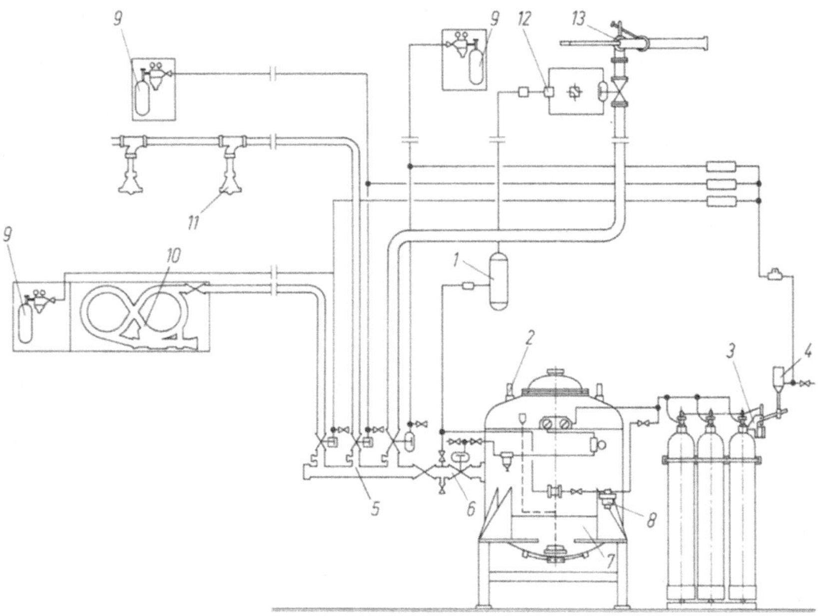

Bild 1.9. Schema einer Pulverlöschanlage. (Quelle: Total Foerstner & Co., Ladenburg). *1* Steuergasbehälter; *2* Sicherheitsventil; *3* Auslösevorrichtung; *4* Druckluftzylinder; *5* Verteilerhahn; *6* Hauptpulverhahn; *7* Pulverbehälter; *8* Drucksteuergerät; *9* Auslöseflasche (Stickstoff); *10* Pulverpistole; *11* Pulverdüse; *12* Vierwegehahn; *13* Pulverwerfer

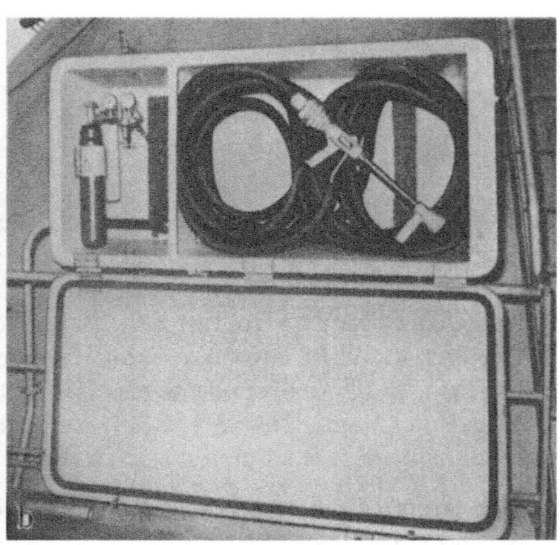

Bild 1.10.a Schwenkbarer Pulverwerfer an Deck; **b** Schlauchkasten mit Handrohr

Der Inhalt der tragbaren Feuerlöscher muß mindestens der Löschwirkung eines 9-l-Naßlöschers entsprechen und der Löscher darf nicht unhandlicher als ein 13,5-l-Naßlöscher sein. Die 136-l-Schaumfeuerlöscher für die Kesselräume müssen mit Schläuchen auf Schlauchtrommeln versehen sein, so daß jede Stelle des Kesselraumes beschäumt werden kann. Außer den fahrbaren 45-l-Schaumfeuerlöschern sind in den Maschinenräumen tragbare Feuerlöscher in so ausreichender Anzahl vorzusehen, daß von jedem Punkt des Raumes ein Löscher auf einem Weg von höchstens 10 m Länge erreicht werden kann. SOLAS II-2 Reg. 7

In jedem Kessel- und Maschinenraum muß außerdem in Verbindung mit der Wasser-Feuerlöschanlage mindestens jeweils eine tragbare Schaum-Feuerlöschanlage, bestehend aus Feuerlöschschlauch, Schaumrohr, Zumischer und 2 Behältern mit jeweils mindestens 20 l Schaummittel vorhanden sein. Die Leistung der Anlage muß mindestens 1,5 m^3 Schaum pro Minute betragen (anstelle von Wasser oder Schaum wird auf deutschen Schiffen in der Regel Löschpulver vorgesehen).

(3) Die **persönliche Gefährdung** der Besatzungsmitglieder im Falle eines Brandes erfordert besondere Schutzmaßnahmen. Für die Brandabwehrtrupps werden deshalb Brandschutzausrüstungen vorgesehen. Diese Ausrüstung berücksichtigt die unterschiedlichen Gefährdungen: Sauerstoffmangel; Atemgifte; Hitzewirkung und Verbrennungen; Verletzungen durch mechanische Einwirkungen und Verätzungen.

Durch die Atmung wird der Organismus mit Sauerstoff versorgt und das Verbrennungsprodukt Kohlendioxid abgeführt. Bei einer Unterbrechung der Atmung besteht schon nach wenigen Minuten Lebensgefahr, da die Zellen ohne Sauerstoffzufuhr absterben.

Sauerstoffmangel tritt ein bei Atemstillstand, bei zu geringem Atemvolumen oder wenn die Einatemluft weniger als 15% Sauerstoff enthält. Bei gleichzeitigem niedrigem CO_2-Gehalt erleidet in diesem Fall der Betroffene anfangs unmerkliche Bewußtseinstrübungen, häufig mit Wohlbefinden verbunden, bis er plötzlich ohnmächtig wird. Sinkt der Sauerstoffgehalt auf 10% und weniger, so besteht akute Lebensgefahr. Bei Bränden und Arbeiten in geschlossenen Räumen ist immer mit Sauerstoffmangel zu rechnen.

Atemgifte sind in der Luft fein verteilte Fremdstoffe wie Schwebestoffe, Dämpfe und Gase. Sie vermischen sich mit der Luft und sammeln sich in geschlossenen Räumen entsprechend ihrer Dichte in oberen oder unteren Luftschichten an. Die Atemgifte gelangen mit der Einatemluft in den Körper und wirken auf verschiedene Weise giftig.

Anmerkung:
- Erstickende Wirkung tritt bei Atemgiften ein (z.B. bei Stickstoff), die so viel Sauerstoff verdrängen, daß Sauerstoffmangel herrscht;
- Reiz- und Ätzwirkung tritt bei Atemgiften ein (z.B. bei Ammoniakgas, nitrosen Gasen oder Alkalienstäuben), indem die Schleimhäute der Augen und Atemwege sowie das Lungengewebe geschädigt werden;
- Funktionsstörungen des Organismus treten durch Atemgifte auf (z.B. Kohlenmonoxid oder Blausäuredämpfe). Solche Gifte gelangen über die Lunge und das Blut in das Nervensystem. Sie wirken funktionsstörend und lähmend auf lebenswichtige Vorgänge, wie beispielsweise bei der Sauerstoffübertragung vom Blut auf das Gewebe.

Entscheidend für den Grad der Giftigkeit ist die Konzentration des Atemgiftes in der Luft. Für die wichtigsten Schadstoffe werden MAK-Werte festgelegt (z.B. CO_2 5000 ppm, CO 50 ppm, Nitrobenzol 1 ppm, Quecksilber 0,01 ppm). Zur Feststellung der Gefährlichkeit werden Gasspürgeräte verwendet.

Bei einem Brand ist die Atmung durch Rauch gefährdet. Fast immer enthält der Rauch feste und flüssige Schwebestoffe, Kohlendioxid, Kohlenmonoxid und andere giftige Gase. Eine Rauchvergiftung hat also immer mehrere Ursachen. Zum Schutz vor Vergiftungen werden Atemschutzgeräte eingesetzt.

Hitzewirkung. Bei der Brandausbreitung ist der Mensch außer durch den Brandrauch vor allem durch die Hitzewirkung der Flammen gefährdet. Dies gilt vor allem bei Bränden, die sich nach Sauerstoffzutritt beim Öffnen von Türen oder Platzen von Fensterscheiben plötzlich ausbreiten, sowie für Flüssigkeits- und Gasbrände. Aber auch bei hohem

Feuchtigkeitsgehalt der Umgebungsluft durch den Einsatz von Löschwasser, bei gleichzeitiger körperlicher Anstrengung, wie z.B. bei dem Einsatz unter dem Hitzeschutzanzug, können lebensbedrohende Situationen entstehen. Es kann zu einer Wärmestauung kommen, und der Mensch erleidet einen Hitzschlag, der zu einer lebensgefährlichen Kreislaufstörung führen kann. Aus diesem Grunde darf die Einsatzdauer unter dem Hitzeschutzanzug nicht länger als 7 min dauern.

Verbrennungen. Verletzungen durch Verbrennungen entstehen durch direkte Berührung mit heißen Teilen oder Flammen, bei Verbrühungen durch heißen Wasserdampf und durch Stromverletzungen bei elektrischen Unfällen.

In den meisten Fällen treten solche Verletzungen bei zu leichter oder unzweckmäßiger Bekleidung auf. Deshalb muß bei der Brandabwehr eine vollständige Brandschutzkleidung angelegt werden. Zur Vermeidung von elektrischen Unfällen ist der Sicherheitsabstand von 3 m einzuhalten.

Verletzungen und **Verätzungen** haben ihre Ursache in der besonderen Gefahrensituation eines Schiffsbrandes, die dadurch noch erhöht wird, daß bei dringlichen Rettungsaktionen jeder ein wesentlich höheres Risiko als normal auf sich nimmt. Dennoch muß der Einsatz besonnen sein, und die möglichen Gefahrenquellen müssen bedacht werden.

Anmerkung: Gefährdungsursachen sind insbesondere:
- Behinderung durch Schiffsbewegungen;
- schlechte Sicht durch Dunkelheit und Verqualmung;
- Bodenglätte durch Nässe oder Öl;
- Herabstürzen von Gegenständen bei Explosionen sowie Zerstörungen tragender Teile;
- Verspritzen von Säuren oder Laugen;
- Verätzungen beim Transport beschädigter Gefäße.

Bei der Bekämpfung von Schiffsbränden sollten vorsorglich Rettungstrupps gebildet und Erste-Hilfe-Plätze geschaffen werden.

SOLAS II-2 Reg. 14

Die für alle Schiffe vorgesehenen **Brandschutz-Ausrüstungen** umfassen:
- Den ganzen Körper bedeckende Schutzkleidung, z.B. Kesselanzug;
- Hitzeschutzanzug (SeeBG-Merkblatt B 5);
- Stiefel und Handschuhe aus Gummi oder anderem, nicht elektrisch leitendem Werkstoff;
- Schutzhelm (SeeBG-Merkblatt B 7);
- elektrische Sicherheitslampe mit einer Brenndauer von mindestens 3 h;
- Feuerwehrbeil, mit Halterung am Gürtel zu tragen;
- Sicherheitsgurt mit Schulter- und Schrittriemen;
- feuerfeste Sicherheitsleine, die mit einem Karabinerhaken am Sicherheitsgurt befestigt werden kann;
- Atemschutzgerät (SeeBG-Merkblatt B 4).

Das **Atemschutzgerät** soll ein von der Umgebungsluft unabhängiges Gerät sein. Frischluft-Druckschlauchgeräte sind für die Brandabwehr nicht geeignet, da nicht verhindert werden kann, daß der Geräteträger in stark verqualmten Räumen Brandrauch einatmet und außerdem ein weiterer Mann für die Bedienung des Blasebalges gebunden wird. Wegen der geringen Störanfälligkeit haben sich besonders die Preßluftatmer als Ein- oder Zweiflaschengeräte bewährt. Für die Behandlung und den Einsatz der Geräte ist das SeeBG-Merkblatt zu beachten. Entsprechend den bewährten Grundsätzen der Landfeuerwehr sollten mindestens zwei Mann jedes Brandabwehrtrupps Atemschutzgeräte tragen und mindestens ein Sicherungstrupp für Notfälle bereitstehen. Die bestehenden Ausrüstungsvorschriften tragen allerdings diesen Grundsätzen noch nicht Rechnung.

Jedes Schiff muß mindestens zwei vollständige Brandschutzausrüstungen mitführen, Fahrgastschiffe entsprechend ihrer Größe 3 bzw. 4 Ausrüstungen. Für jeden Preßluftatmer sind mindestens drei bzw. sechs Reserveflaschen mit einer Gesamtluftmenge von mindestens 9600 l mitzuführen.

Die Brandschutzausrüstungen sind einsatzbereit und jederzeit zugänglich aufzubewahren, eine vollständige Ausrüstung ist an einem zweiten, räumlich vom Sammelplatz getrennten Ort aufzubewahren. FP

Bei dem Transport von gefährlichen Gütern der Klassen 2, 3, 6 und 8 sind mindestens zwei weitere unabhängige Atemschutzgeräte an Bord zu geben, bei Gütern aller Klassen außer 1 und 5.2 außerdem vier gegen chemische Einwirkungen widerstandsfähige und den ganzen Körper bedeckende Schutzkleidungen.

(4) Die Taktik der Brandabwehr ist die der Situation angepaßte Methode, geeignete Löschmittel einzusetzen. Sie beginnt mit der Bildung von Brandabwehrtrupps, Verschlußtrupps, Rettungstrupps und Sicherungstrupps und deren Vorgehen entsprechend der jeweiligen Situation. Die Truppbildung wird in der Sicherheitsrolle (siehe 1.1.6 (3)) festgelegt und in Feuerlöschübungen trainiert. Für das Training wie auch für den Ernstfall sind Checklisten nützlich, da mit deren Hilfe in einer Ausnahmesituation eine systematische Abwehr ermöglicht wird (siehe auch „Bridge Procedure Guide" der International Chamber of Shipping).

Beispiel: Schiffsbrand

Wachoffizier	– Generalalarm,
	– Erstinformation,
	– Notstopp Lüfter,
	– Feuertüren schließen,
	– Feuerklappen schließen,
	– Manövrierumdrehungen,
	– Schiff in günstige Lage bringen.
Wachingenieur	– Feuerlöschpumpen ansetzen,
	– Manöverbetrieb herstellen,
	– Lenzpumpen ansetzen,
	– Lüfter im Brandbereich absetzen.

Nach dem Eintreffen auf dem Sammelplatz werden von den Trupps folgende Maßnahmen eingeleitet:

Schiffsführungstrupp	– Personenkontrolle,
	– Information,
	– gegebenenfalls Rettungstrupps einsetzen,
	– ständige Verbindung zu den Trupps herstellen,
	– tragbare Seenotfunkanlage bereithalten,
	– Positionsmeldung vorbereiten.
Verschlußtrupp	– Personenkontrolle/Meldung,
	– Verschluß nach Verschlußplan herstellen,
	– Rettungsmittel nach Anweisung sichern.
Brandabwehrtrupp	– Personenkontrolle/Meldung,
	– Brandabwehrgeräte und Atemschutzgeräte für den Einsatz klarmachen.

Ein Trupp sollte aus nicht weniger als 4 Mann bestehen, deren Funktionen, abgesehen vom Truppführer, austauschbar sind. Je nach Einsatzart rüstet sich der Trupp am Sammelplatz mit Schutzkleidung, Sicherheitsleinen, Atemschutzgeräten und den vorgesehenen Löschgeräten aus. Falls noch Personen in Gefahr sind, Öffnungen bzw. Ventile im Brandbereich zu schließen sind oder Branderkundung durchzuführen ist, können auch kleine Teiltrupps gegebenenfalls unter Hitzeschutzanzügen oder Sprühwasserschutz eingesetzt werden. Grundsätzlich darf niemand allein in den Gefahrenbereich eindringen. Jeder an Bord ist Teil eines Trupps.

Bei dem Einsatz können folgende Situationen eintreten:

- Brand in Unterkunfts- und Wirtschaftsräumen,
- Brand in Maschinenräumen,
- Brand in Laderäumen,
- Explosionen in Tanks, Lade- oder Betriebsräumen,
- Brand an Deck oder in Deckshäusern.

Brände in Unterkunfts- oder Wirtschaftsräumen beginnen in den meisten Fällen als kleine Entstehungsbrände. Der Bereich ist in kleine Räume unterteilt, die schnell mit Rauch angefüllt sind. Die Gefährdung von Menschen ist immer anzunehmen. Regelmäßige Kontrollgänge ermöglichen eine frühzeitige Entdeckung.

Der sofortige Einsatz von tragbaren Feuerlöschern kann häufig einen Löscherfolg bringen. Gelingt dies nicht, so muß gleichzeitig mit der Bildung der Abwehrtrupps durch einen oder mehrere Verschlußtrupps der vom Brand betroffene Bereich verschlossen werden. Eine Vollzähligkeitskontrolle am Sammelplatz hat bereits ergeben, ob noch Personen im Gefahrenbereich sein können; gegebenenfalls sind Rettungstrupps zu bilden. Das bei Aufbautenbränden wirkungsvollste Löschmittel ist Wasser.

Bei der Schulung der Besatzung ist besonders das richtige Verhalten in der ersten Phase des Entstehungsbrandes zu trainieren. Es gilt der Grundsatz: **Sofort Feuerlöscher einsetzen, dann verschließen!**

Beispiel: Nachdem die Brückenwache unter dem Mittschiffsaufbau einen hellen Schein bemerkt hatte, begab sich der Ausguckposten von der Brücke zum Passagierdeck und stellte fest, daß dichter Rauch aus dem Niedergang quoll.

Wie sich später herausstellte, war der Brand im unteren Mannschaftsdeck durch fahrlässigen Umgang mit Feuer oder Zigaretten entstanden. Das Besatzungsmitglied A war nach Mitternacht durch Rauch in seiner Kammer wach geworden. A holte aus der im nächsten Deck gelegenen Pantry Wasser, um das Feuer zu löschen. Dabei schlugen ihm beim Wiederöffnen der Kammertür Flammen aus der Sitzbank entgegen. Der Versuch, die Flammen mit einem in der Nähe angebrachten Feuerlöscher zu bekämpfen, mißlang genauso wie weitere Löschversuche mit dem Wassereimer. Der Brand hatte sich zu diesem Zeitpunkt bereits auf die ganze Kammer ausgedehnt. Die aus der Kammer herausgedrückten Rauchmengen zwangen schließlich A und weitere Besatzungsmitglieder, die ebenfalls Löschversuche unternommen hatten, zum Verlassen des Ganges.

Die Ausbreitung von Rauch und Flammen erfolgte, begünstigt durch offene Niedergänge und brennbare Wand- und Deckenmaterialien, so schnell, daß sechs Menschen in ihren Kammern ums Leben kamen.

Die Löscharbeiten, an denen sich neben der Landfeuerwehr auch Schlepperbesatzungen beteiligten, konnten erst 42 h nach Entstehung des Brandes abgeschlossen werden. Nach Ausdehnung des Brandes auf alle Decks hatte sogar die Feuerwehr Probleme, den Brand unter Kontrolle zu bringen.

Brände in Maschinenräumen sind dadurch gekennzeichnet, daß wegen der vorhandenen Menge an Brennstoff sofort ein Großbrand entsteht, der Menschen gefährdet. Durch die Größe des Raumes bildet sich ein thermischer Auftrieb, der die Brandentwicklung fördert.

Abgesehen von den wenigen Fällen, bei denen in einem besetzten Maschinenraum der Brand bereits in der Entstehung mit Hilfe von Feuerlöschern gelöscht werden kann, sind die sofortige Unterbrechung der Brennstoffzufuhr und die Herstellung des Verschlußzustandes für den Maschinenraum die ersten Maßnahmen. Vollzähligkeitskontrolle und die Bildung von Erkundungstrupps und gegebenenfalls von Rettungstrupps folgen. Die für den Maschinenraum vorgesehene Feuerlöschanlage ist so früh wie möglich einzusetzen, um eine Erhitzung im Maschinenraum einzugrenzen.

Bei der Schulung, vor allem des Maschinenpersonals, ist eine schnelle und richtige Reaktion bei Störungen, oft verbunden mit dem Ausfall der normalen Beleuchtung, zu trainieren. Es gilt der Grundsatz: **Wenn Feuerlöscher nicht einsetzbar, sofort den Raum verlassen!**

Beispiel: Im Hafen brach während der Übernahme von Dieselöl ein Feuer aus, das erheblichen Schaden anrichtete. Der Brand ist durch Einsatz von CO_2 gelöscht worden. Das Feuer entstand, als beim Befüllen des Doppelbodentanks IV Stb aus nicht mehr feststellbarer Ursache Brennstoff aus dem Peilrohr austrat und sich an der heißen Abgasleitung eines Hilfsdiesels entzündete.

Bei der Dieselölübernahme sollte Tank IV Stb kurz vor dem Überlaufen gepeilt werden. Das Peilrohr ist mit einem selbstschließenden Hahn und einem federbelasteten Probierrückschlagventil versehen. Es ist etwa 1,5 m vor der Abgasleitung des Hilfsdieselmotors 4 angebracht und endet etwa 1,0 m über den Flurplatten. Vermutlich wurde beim Peilen der Peilstab im Peilrohr belassen, so daß große Mengen Dieselöl beim Überlaufen auf die Abgasleitung und den Generator des laufenden Aggregates 4 spritzen konnten. Da die Isolierung der Abgasleitung nicht mit Blech ummantelt war, konnte sich das Dieselöl sofort entzünden.

Folgende Maßnahmen wurden ergriffen, um einen Brand in Zukunft zu verhindern:

1. Die Isolierung der Abgasleitungen wurde mit Blech ummantelt.
2. Die im Maschinenraum endenden Peilrohre des Doppelbodentanks IV und des Dieselölüberlauftanks wurden mit festangebrachten Hauben versehen. Auf den Hauben wurden Schilder angebracht mit folgendem Wortlaut:
   „Achtung! Feuergefahr! Tankpeilung nur in Gegenwart des Wachingenieurs."
3. Beim Bunkern von Dieselöl dürfen die Dieselaggregate 2 und 4 nicht in Betrieb sein.

Brände in Laderäumen können explosionsartig entstehen, aber auch — vor allem bei Selbstentzündung von organischen Stoffen — sich langsam und zunächst unbemerkt entwickeln. In allen Fällen sind aber immer genügend brennbare Stoffe vorhanden, die Räume groß und der Sauerstoffvorrat begrenzt.

Ist die Brandsituation nicht bereits klar, so ist zunächst durch Erkundungstrupps der Ort und die Art des Brandes festzustellen, um eine gefährliche Reaktion von Ladungsteilen mit dem Löschmittel auszuschließen und auch einen zweckmäßigen Löschmitteleinsatz sicherzustellen. Bei begrenztem und zugänglichem Brandherd kann der Brand häufig mit Wasser oder Schaum gelöscht werden. Gelingt dies nicht, so muß versucht werden, nach Verschließen der Räume den Brand mit CO_2 niederzuhalten, bis er im nächsterreichbaren Hafen mit Hilfe der Landfeuerwehr gelöscht werden kann. Je länger dies dauert, desto größer sind die Schäden an konstruktiven Schiffsteilen und der Ladung.

Die Schulung der Besatzung für diese Brandsituation konzentriert sich auf das planmäßige Vorgehen eines oder mehrerer Brandabwehrtrupps, auch unter Sprühwasserschutz durch einen Sicherungstrupp.

Beispiel: Das Schiff befand sich auf der Heimreise und hatte u. a. eine größere Menge Kaffee sowie an beiden Seiten des Zwischendecks des Laderaumes 2 eine Partie von 151 t Sonnenblumenexpeller in Säcken geladen. Nach 45 Tagen Reisedauer wurde auf der Leeseite der Brücke Brandgeruch bemerkt. Gleichzeitig zeigte die Rauchmeldeanlage im Zwischendeck Laderaum 2 starken Rauchaustritt an. Die Lüfter wurden abgeschaltet und die Lüfterköpfe mit Bezügen zugebunden. Die Luke wurde seefest verschlossen. Anschließend wurden 29 Flaschen Kohlensäure (CO_2) in das Zwischendeck des Laderaumes 2 eingegeben. Das Wetterdeck zeigte im vorderen Drittel eine deutliche Erwärmung. Nach 5 Stunden wurden weitere 11 Flaschen CO_2 in das Zwischendeck eingegeben. Auf das erwärmte Deck wurde zur Kühlung ständig Seewasser aus der Deckwaschleitung gespritzt.

Am nächsten Tage war eine deutliche Abkühlung des Decks über dem Brandherd spürbar. Von da an wurden täglich 5 Flaschen CO_2 zur weiteren Brandbekämpfung verwendet.

Nach weiteren vier Tagen wurde im Löschhafen der Laderaum 2 geöffnet, wobei die Feuerwehr mit Löschmitteln bereitstand. Während der Entladung trat erneut Rauchentwicklung auf, und kurz danach brach in der Luke offenes Feuer aus, welches von der Feuerwehr erfolgreich bekämpft wurde. Nach 7 h war die vom Brand betroffene Partie Sonnenblumenexpeller entladen.

Bei **Explosionen in Tanks, Lade- oder Betriebsräumen** werden die Raumbegrenzungen und häufig auch die Feuerlöschanlagen mehr oder weniger zerstört und ein Großbrand ausgelöst. Es besteht Gefahr des Wassereinbruches und Sinken des Schiffes.

Gleichzeitig mit dem Klarmachen der Rettungsmittel ist die Brandabwehr mit Hilfe der verbliebenen Anlagen und geeignetem Löschmittel vorzubereiten. Werden Personen vermißt, müssen Rettungstrupps eingesetzt werden. Die Brandabwehr hat zunächst das Ziel, eine Ausweitung des Brandes zu verhindern.

Beispiel: Das Schiff war mit Stückgut und gefährlichen Chemikalien auf der Ausreise, als um 2.27 Uhr im Laderaum 2 ein explosionsartiger Feuerausbruch erfolgte. Über dem Vorschiff schoß über die volle Schiffsbreite eine gelbe Feuerwand etwa 10 m hoch empor, und etwas später wurde ein nicht besonders lauter, dumpfer Schlag gehört. Wie sich später herausstellte, waren die Stahllukendeckel aus den Halterungen gesprungen und in den Laderaum gefallen. Der Kapitän stoppte sofort die Maschine und gab Generalalarm. Als das Schiff die Fahrt verlor, drehte es schnell nach Backbord ab und legte sich fast quer zur See. Die Flammen schlugen querschiffs nach Lee über die Backbordseite. Von Steuerbord kamen laufend Brecher an Deck.

Unter Leitung des 1. Offiziers wurde der Brand mit vier Strahlrohren und allen zur Verfügung stehenden Feuerlöschern bekämpft. Um 2.35 Uhr wurde CO_2 in den Unterraum 2 eingegeben. Später wurden auch die Laderäume 1 und 3 unter CO_2 gesetzt. Die Brandbekämpfung erfolgte von Steuerbordseite neben dem Deckshaus 1 und vom Deckshaus aus. Um 3.15 Uhr wurde der Unterraum 2 über die Lenzleitung geflutet.

Da kaum Aussicht bestand, das Feuer mit den zur Verfügung stehenden Mitteln unter Kontrolle zu bekommen, lief das Schiff einen Nothafen an. Ab 8.55 Uhr kam ein Feuerlöschboot zum Einsatz und gab Wasser aus drei Rohren sowie Schaum aus einem Rohr. Der Brand hatte sich bereits auf den Laderaum 1 ausgedehnt. Um 9.48 Uhr wurde auf Reede geankert. Der Brand konnte schließlich am Abend des folgenden Tages gelöscht werden.

Bei **Bränden an Deck und in Deckshäusern** ist der Brandherd meistens zugänglich und kann mit Löschmitteln erreicht werden. Für die Verbrennung ist genügend Sauerstoff vorhanden. Regelmäßige Kontrollgänge ermöglichen eine frühzeitige Entdeckung.

Die Brandabwehrtrupps gehen zügig vor, gegebenenfalls unter Sprühstrahlschutz, und weitere Trupps können gefährdete Gegenstände entfernen.

Für die Schiffsführung ist es in vielen Fällen erstrebenswert, das Schiff voll manövrierfähig zu halten, um eine günstige Lage des Schiffes für die Brandabwehr einzunehmen oder den Erfordernissen der Verkehrssicherheit nachzukommen. Aus diesem Grunde sollte der Maschinenraum möglichst lange besetzt bleiben.

Beispiel: Auf einem Frachtschiff brach während der Ladungsarbeiten in einem Container an Deck ein Brand aus. Es wurde Feueralarm gegeben und die an Deck ausgelegten Feuerlöschschläuche besetzt. Der betroffene Container enthielt Fässer mit Phosphor, und es erschien deshalb unzweckmäßig, Wasser mit Voll- oder Sprühstrahl zum Löschen einzusetzen. Da der Container bereits zum Entladen angeschlagen war, erhielt der Kranführer die Anweisung, ihn frei vom Schiff in das Hafenwasser zu fieren. Danach wurde der Container auf die Pier gesetzt. Dort stand die Hafenfeuerwehr bereit und löschte nach Wiederaufflammen den Brand mit Trockenpulver ab.

Verursacht wurde der Brand dadurch, daß der Container beim Anhieven hakte, bei schrägem Zug freikam und dabei gegen eine scharfe Kante stieß. Diese Kante beschädigte den Container und eines der Fässer. Das Wasser in dem Faß lief aus und der Phosphor entzündete sich, sobald er mit Luft in Berührung kam.

1.1.6 Sicherheitsdienst an Bord

Durch betriebliche Maßnahmen muß sichergestellt werden, daß die Anlagen und Geräte für die Rettung aus Seenot und die Brandabwehr jederzeit einsatzbereit sind, daß die Besatzung durch ständige Schulung in die Lage versetzt wird, die Sicherheitseinrichtungen funktionsgerecht zu bedienen und optimal einzusetzen und daß für den Einsatz im Notfall die Sicherheitsrolle und Sicherheitspläne erstellt werden. Diese Unterlagen dienen gleichzeitig dem Rollentraining der Besatzung und der Unterrichtung der Schiffsoffiziere.

(1) Die Einsatzbereitschaft der Sicherheitseinrichtungen wird durch Überprüfungen, Überholungen und Wartungsarbeiten sichergestellt. Besichtigungen durch technische Aufsichtsbeamte der SeeBG bzw. Besichtiger des GL im Auftrage der SeeBG und Überprüfungen durch Sachverständige in regelmäßigen Abständen sind vorgeschrieben, und die Schiffsführung hat darauf zu achten, daß die Termine eingehalten werden. Hierfür werden an Bord zweckmäßig Checklisten, wie z.B. als Anlage zum Schiffstagebuch, verwandt. Die gründlichen Überholungen der Einrichtungen durch das Schiff betreffen ihre Vollständigkeit und einwandfreie Funktion sowie die Vorratshaltung von Ersatzteilen. Die Wartung der Sicherheitseinrichtungen schließlich ist bei jeder Gelegenheit durchzuführen. Hierbei wird vor allem die äußere Beschaffenheit und die Vollzähligkeit überprüft. Die Durchführung aller Maßnahmen ist im Schiffstagebuch zu dokumentieren. Vorschriften für die Maßnahmen sind in der SSV §§ 30 (8), 32 (17) und SOLAS, Kap. 1, Regeln 7, 8 und Kap. III enthalten.

Besichtigungen von Sicherheitseinrichtungen sind vor Indienststellung durchzuführen, danach auf Fahrgastschiffen alle 12 Monate, auf Frachtschiffen alle 24 Monate und zusätzlich, wenn ein Anlaß dafür besteht.

Überprüfungen der aufblasbaren Rettungsflöße sind durch zugelassene Service-Stellen in der Regel alle 12 Monate, aber nicht später als nach 15 Monaten durchzuführen.

Nach den SeeBG-Richtlinien und Zulassungsbedingungen für Kohlensäure-Feuerlöschanlagen ist der Füllstand in den CO_2-Flaschen bzw. der Vorrat in den Großbehältern in Abständen von 12 Monaten nachzuprüfen. Der einsatzbereite Zustand der Sprinkleranlage (siehe 1.1.4 (1)) ist jährlich, der der CO_2-Feuerlöschanlage alle zwei Jahre durch das Gutachten von Sachverständigen nachzuweisen. Das gleiche gilt für andere Anlagen und Geräte der Brandabwehr, und zwar jährlich bei Fahrgastschiffen und alle zwei Jahre bei Frachtschiffen im Rhythmus der Besichtigungen.

Die gründliche **Überholung** durch die Besatzung ist bei Brandabwehreinrichtungen alle 6 Monate, bei Rettungsmitteln alle 12 Monate durchzuführen. Zu den Brandabwehreinrichtungen gehören die Brandmeldeanlagen, die Rohrleitungen der CO_2-/Rauchmeldeanlagen, die Schließvorrichtungen für Feuertüren, die Feuerklappen, die Wasser-Feuerlöschanlage, die stationäre Feuerlöschanlagen und die transportablen und fahrbaren Feuerlöscher. Es sind auch die Verfallsdaten der Schiffsnotsignale, Leinenwurfgerät-Raketen und Prüfröhrchen des Gasspürgerätes zu beachten.

Anmerkung: Die **Wartung** der Einrichtungen wird zweckmäßig anhand von Wartungslisten und -plänen durchgeführt. Dabei sollen wöchentlich alle Gruppenrettungsmittel und Aussetzvorrichtungen nach Augenschein, die Bootsmotoren, die Sprühanlagen für die Einbootungsstationen, die Anlage für Generalalarm und Notalarm sowie die tragbare Seenotfunkanlage durch Inbetriebnahme überprüft werden.

Jeden Monat sollen alle Rettungsmittel auf Vollzähligkeit und einwandfreien Zustand untersucht werden.

Weitere Wartungen sind bei jeder Gelegenheit durchzuführen, insbesondere bei den regelmäßigen Musterungen und Übungen. Dies gilt vor allem für das Bootsinventar, die Aussetzvorrichtungen, die Rettungswesten, die Feuerlöscher und die Alarmanlage. Letztere ist auch darauf zu überprüfen, ob bei normalem Schiffsbetrieb das Alarmsignal überall im Schiff gehört werden kann.

Die Wartungslisten sollen auch Anweisungen für die Überholung und Instandsetzung der Einrichtungen, Schmierpläne, Ersatzteillisten und einen Wartungszeitplan enthalten.

(2) Bei der **Schulung der Besatzung** ist davon auszugehen, daß zwar viele Besatzungsmitglieder eine Grundausbildung erhalten haben, aber die zweckmäßige Handhabung der an Bord befindlichen Einrichtungen, die genaue Kenntnis der örtlichen Gegebenheiten und die Zusammenarbeit in der Gruppe zur Beherrschung einer Gefährdungssituation nur an Bord trainiert werden kann. Die Schulung hat damit zwangsläufig mehrere Schwerpunkte und muß als Übung und als Unterrichtung durchgeführt werden.

Es ist zweckmäßig, für die Schulung eine bestimmte Stunde an einem Wochentag vorzusehen, z.B. Freitags zwischen 15.00 und 17.00 Uhr. Übungen werden vorher angekündigt und mit dem Generalalarm eingeleitet. An jeder Übung nehmen grundsätzlich alle Besatzungsmitglieder teil. Die Erstinformation aller Personen soll innerhalb von 24 h nach dem Auslaufen auf den Sammelplätzen erfolgen.

Schwerpunkte der Schulung sind:

1. Ortskenntnis durch Begehung erwerben, dabei insbesondere die Fluchtwege, Sammelplätze, Rettungsmittel, Schlauchkästen, Feuerlöscher und Lagerung der Brandschutzausrüstung kennenlernen. Das Maschinenpersonal soll zusätzlich die Lage und Handhabung der Haupt- und Notfeuerlöschpumpen, die Abschaltvorrichtungen und die Herstellung des Verschlußzustandes im Maschinenraum kennenlernen.

2. Verlassen des Schiffes im Notfall unter besonderer Berücksichtigung des Einsatzes verschiedener Trupps zum Aussetzen der Gruppenrettungsmittel, Bemannen und Fahren der Boote. Die praktische Übung wird ergänzt durch Unterrichtung über Funktion und Gebrauch der Rettungsflöße, Verhalten in den Gruppenrettungsmitteln, Gebrauch der Notsignale und der tragbaren Seenotfunkanlage.

3. Einsatz der Rettungsmittel bei Mann-über-Bord-Manöver oder Fremdrettung, dabei Üben des Aussetzens des Rettungsbootes, Auffischen eines Rettungsringes, Verteilen der Trupps als Ausguck und als Rettungstrupps an Deck, Übernahme der Bootsinsassen und des Bootes.

4. Brandabwehr bei Aufbautenbrand bzw. Maschinenraumbrand mit rollenmäßigem Üben von Truppbildung am Sammelplatz, Herstellen bestimmter Verschlußzustände nach Verschlußplan, Ausrüsten und Vorgehen der Brandabwehrtrupps, Sichern einzelner Rettungsmittel. Bei dieser Übung können die am besten geeigneten Geräteträger ermittelt werden, die betreffenden stationären Feuerlöschanlagen durch Demonstration erläutert und durch Besprechung von Verfahrensplänen bei unterschiedlichen Brandsituationen die nächste Übung vorbereitet werden.

5. Einsatz von Feuerlöschern bei Entstehungs- und Flüssigkeitsbränden. Bei dieser Übung können die Brandgefahren durch gefährliche Arbeitsstoffe und gefährliche Güter und auch die Eigenschaften und Kennzeichnung dieser Stoffe erklärt werden.

6. Rettung von Verunglückten mit Hilfe der Transporthängematte aus Schiffsräumen: hierbei Üben der Bildung von Rettungstrupps und Erste-Hilfe-Einsatz, Vorgehen unter Hitzeschutzanzug, Demonstrationen von Gasspürgeräten bzw. Gaskonzentrations-Meßgeräten und Unterrichtung über Hubschraubereinsatz.

Weitere Themen der Schulung ergeben sich aus dem besonderen Einsatz und der Ausrüstung des Schiffes. Die Durchführung der Schulungsmaßnahmen ist im Schiffstagebuch zu dokumentieren (siehe Bd. 2, Kap. 9). Vorschriften über die Schulung der Besatzung enthalten die UVV und SOLAS, Kap. III.

LSA Es wird angestrebt, daß die Übungen intensiviert werden. Jedes Besatzungsmitglied muß an der mindestens zweimal im Monat durchzuführenden Schulung in der Handhabung der Rettungsmittel teilnehmen. Die einzelnen Schulungen sollen möglichst mit visuellen Unterrichtsmitteln wie Filmen, Diapositiven oder Modellen durchgeführt werden und innerhalb eines Schulungszyklus von zwei Monaten folgende Themen umfassen:

- Unterrichtung über den Gebrauch von Rettungsflößen;
- Unterrichtung über den Gebrauch der Feuerschutz- und Gasschutzeinrichtungen der Rettungsboote und Sammelplätze, wenn vorhanden;
- Unterrichtung über den Gebrauch der Seenotfunkanlagen.

Für jedes Besatzungsmitglied ist ein Handbuch für die Schulung im Gebrauch der verschiedenen Rettungsmittel und das Verhalten in Seenot zur Verfügung zu stellen.

Musterungen der Besatzung zum Zweck von Boots- und Brandabwehrübungen sind auf Fahrgastschiffen wöchentlich und auf Frachtschiffen möglichst alle zwei Wochen durchzuführen. Verläßt ein Fahrgastschiff den letzten Abgangshafen auf einer Auslandsfahrt, die keine beschränkte Auslandsfahrt ist, oder ist mehr als $^1/_4$ der Besatzung eines Frachtschiffes in einem Hafen ausgewechselt worden, so ist eine solche Musterung innerhalb von 24 Stunden nach Auslaufen aus diesem Hafen durchzuführen bzw. sind die Fahrgäste auf den Sammelplätzen über Notmaßnahmen zu unterrichten.

Bei den aufeinanderfolgenden Übungen sind verschiedene Boote zu benutzen, so daß jedes Boot mindestens alle drei Monate zu Wasser gelassen wird.

Können vorgeschriebene Übungen oder Unterrichtungen nicht durchgeführt werden, so ist eine Eintragung über die näheren Umstände in das Schiffstagebuch vorzunehmen (siehe Bd. 2, Kap. 9).

(3) Sicherheitsrolle und Sicherheitspläne sollen den Einsatz und das richtige Verhalten der Besatzung in den Notfällen Brand und Sinken des Schiffes sicherstellen. Die Sicherheitsrolle ist international vorgeschrieben. Die SeeBG hat zu der in Deutschland vorgesehenen Form ausführliche Erläuterungen gegeben (siehe unten).

1. Die Besatzung wird in Trupps aufgeteilt, die von Truppführern geleitet werden.
2. Die Truppführer erhalten ihre Anweisungen vom Schiffsführungstrupp und setzen den Trupp entsprechend ein.
3. Der Einsatz der Trupps wird nach verschiedenen Einsatzarten geübt.
4. Es gibt nur 2 Alarmsignale, den Generalalarm zum Sammeln aller Personen auf den Sammelplätzen und das Notsignal zum sofortigen Verlassen des Schiffes.
5. Beim Ertönen des Alarmsignals begeben sich alle Personen ausgerüstet mit Rettungswesten, den ganzen Körper bedeckender Kleidung, festem Schuhwerk und Kopfbedeckung zu den Sammelplätzen bzw. Rettungsmitteln.
6. Alle Übungen werden vorher angekündigt und mit dem Generalalarm eingeleitet.
7. Es ist möglichst ein Sammelplatz vorzusehen, der in der Nähe der Rettungsboote liegt, bei dem mindestens eine vollständige Brandschutzausrüstung lagert, der mindestens eine unabhängige Sprechverbindung zum Schiffsführungstrupp hat, der vom Maschinenraum aus gut zu erreichen ist und der mehrere Zugänge hat.

Folgende Trupps werden in der Sicherheitsrolle festgelegt:

Der **Schiffsführungstrupp** unterstützt den Kapitän. Er besteht aus den Leitern des nautischen und des technischen Ressorts, dem Funkoffizier und jeweils mindestens einer Hilfsperson. Der Trupp besetzt Brücke, Maschinenleitstand und Funkstation und löst damit die Wachgänger ab.

Der Schiffsführungstrupp hat die Aufgabe, den Einsatz der anderen Trupps zu leiten und zu koordinieren und die Schiffsführung und den Schiffsbetrieb aufrechtzuerhalten.

Der **Brandabwehr- und Bootstrupp** übernimmt je nach Art des Notfalles die Abwehr und das Löschen eines Brandes oder er besetzt ein Rettungsboot zur Rettung von in Not befindlichen Personen.

Der Trupp besteht aus mindestens 4 Mann, einschließlich Truppführer und Stellvertreter, die alle ausgebildete Feuerschutz- und Rettungsbootsleute sein sollten.

Der **Verschluß- und Einsatztrupp** wird je nach Dringlichkeit eingesetzt. Bei der Brandabwehr stellt er den Verschlußzustand der vom Brand betroffenen Bereiche nach dem betreffenden Verschlußplan her. Beim Einsatz von Rettungsmitteln bedient er die Aussetzvorrichtungen. Außerdem kann er die durch Brand gefährdeten Rettungsmittel sichern oder als Rettungstrupp zur Bergung von Personen eingesetzt werden.

Der Trupp besteht aus mindestens 4 Mann einschließlich Truppführer und Stellvertreter.

Je nach Besatzungsstärke werden 2 oder mehr der oben genannten Trupps gebildet.

Für die verschiedenen Notsituationen werden Pläne aufgestellt. Diese enthalten in Checklistenform die wichtigsten ersten Maßnahmen für die Brücken- und Maschinenwachen sowie für die Verschlußtrupps (siehe 1.1.5 (4)).

Zur Unterrichtung der Besatzung und als Ergänzung dieser Pläne sind **Sicherheitspläne** offen auszuhängen, welche die durch Trennflächen gebildeten Brandabschnitte, die Brandmeldeeinrichtungen, Feuerlöscheinrichtungen, Fluchtwege, Lüftungssysteme mit Schalt- und Absperrvorrichtungen sowie Standort der Rettungsmittel und Lagerung der Brandschutzausrüstung enthält. Die Symbole müssen DIN 87903 entsprechen.

Erläuterungen zur Sicherheitsrolle

Für die Sicherheit eines Schiffes und der darauf befindlichen Personen ist die Fähigkeit der Besatzung zur sachgemäßen Benutzung und Bedienung der Sicherheitseinrichtungen unerläßliche Bedingung.

Die Organisation der Abwehr einer unmittelbaren Gefahr für ein Schiff und die darauf befindliche Besatzung wird in einem für alle deutschen Seeschiffe gültigen Plan, der Sicherheitsrolle, niedergelegt.

A Grundsätze des Sicherheitsdienstes an Bord

Die Organisation des Sicherheitsdienstes an Bord wird durch den Gedanken der Gruppenfunktion bestimmt, Einzeleinsätze sind nicht vorgesehen. Dadurch wird erreicht, daß bei Ausfall eines Besatzungsmitgliedes dessen Funktion von einem anderen übernommen wird. Die Besatzung wird in Trupps eingeteilt. Diese Trupps werden durch Truppführer geleitet. Die Truppführer erhalten ihre Anweisungen durch einen übergeordneten Schiffsführungstrupp. Entsprechend dieser Anweisung setzen die Truppführer die Truppmitglieder ein. Aus diesem Grunde entfällt die Zuordnung von Einzelfunktionen zu bestimmten Personen.

B Vorschriften über die Sicherheitsrolle

1. Die Sicherheitsrolle ist in der von der See-Berufsgenossenschaft zugelassenen Form aufzustellen.
2. Die Sicherheitsrolle ist vor Antritt der Reise fertigzustellen. Abschriften derselben sind an mehreren Stellen des Schiffes, insbesondere in den Räumen der Schiffsbesatzung auszuhängen.
3. Jedem Besatzungsmitglied ist seine Truppzugehörigkeit zuzuweisen.
4. Jedem Trupp ist der zentrale Sammelplatz zuzuweisen.
5. In die erste Spalte ist die laufende Nummer einzutragen.
6. In der Spalte „Dienstgrad" ist gegebenenfalls die Angabe zu ergänzen.
7. In der Namensspalte sind Inhaber von Boots- oder Feuerschutzscheinen mit einem roten B bzw. F in Blockbuchstaben hinter dem Namen zu kennzeichnen.
8. In der Spalte „Signal zum Verlassen des Schiffes, Rettungsmittel" soll für den Fall, daß ein überraschendes Verlassen des Schiffes notwendig wird, eine Zuordnung zu dem Rettungsmittel stattfinden. Hier soll nur eingetragen werden:
   Boot-Nr.: X Stb. oder Bb.
   Rettungsfloß Nr.: Y Stb. oder Bb.
9. Die Spalte „Generalalarm-Rollenverteilung" darf nicht durch Änderungen oder Zusätze verändert werden. Bei der Aufstellung weiterer Trupps darf vom vorgedruckten Text nicht abgewichen werden.

C Aufmachung der Sicherheitsrolle

Rolle
Die Standard-Sicherheitsrolle gilt für alle Schiffe.

Auf Passagierschiffen ist eine erweiterte Sicherheitsrolle entsprechend dieser Erläuterung aufzumachen und der See-Berufsgenossenschaft zur Prüfung und Genehmigung einzureichen.

Signale
Sicherheitsmaßnahmen werden mit 2 Signalen eingeleitet:

a) Generalalarm, bestehend aus mindestens sieben kurzen Tönen, gefolgt von einem langen Ton, zum Sammeln auf dem Sammelplatz.
b) Dem Signal zum Verlassen des Schiffes, bestehend aus einem kurzen und einem langen Ton, fortlaufend hintereinander gegeben, nur zum sofortigen Verlassen des Schiffes.

Der Sinn dieser Beschränkung auf nur zwei Signale ergibt sich aus der Tatsache, daß jeder Alarm ausnahmslos die gesamte Besatzung und gegebenenfalls die Passagiere betrifft.

Aus diesem Grund dürfen keine zusätzlichen Signale im Sinne der Sicherheitsrolle erfunden oder veraltete beibehalten werden. Übungen werden vorher angekündigt und mit dem Generalalarm eingeleitet.

Beim Ertönen des **Generalalarms**

- begeben sich alle an Bord befindlichen Personen, mit Ausnahme der nachfolgend genannten, auf ihre Sammelplätze, ausgerüstet mit Rettungswesten, den ganzen Körper bedeckender Kleidung, festem Schuhwerk und Kopfbedeckung;
- bleiben die den Fahrgästen zugeteilten Stewards nach dem Wecken der Fahrgäste so lange bei den Kabinen, bis auch der letzte Fahrgast seine Rettungsweste angelegt und seine Kammer verlassen hat, und begleiten die Fahrgäste zu den Sammelplätzen;

- bleiben die Wachgänger bis zu ihrer Ablösung auf ihren Stationen;
- werden schon eingeleitete (Brand-)Abwehrmaßnahmen fortgesetzt.

Beim Ertönen des **Signals zum Verlassen des Schiffes**

- begeben sich alle an Bord befindlichen Personen, ausgerüstet mit Rettungswesten, den ganzen Körper bedeckender Kleidung, festem Schuhwerk und Kopfbedeckung zu den Rettungsmitteln;
- sorgen die den Fahrgästen zugeteilten Stewards dafür, daß sich die Fahrgäste zu den Rettungsmitteln begeben.

D Sammelplatz

Der Sammelplatz ist bei der Planung des Sicherheitsdienstes besonders sorgfältig auszuwählen

Bei bestehenden Schiffen ist ein Sammelplatz auszuwählen, der möglichst alle nachstehend aufgezählten Eigenschaften in sich vereinigt:

1. Er soll in der Nähe der Rettungsboote liegen.
2. Am Sammelplatz ist mindestens eine komplette Brandabwehrausrüstung zu lagern. Falls mehrere Brandschutzausrüstungen an Bord sind, sollte eine weitere an einem zweiten, räumlich vom ersten Lagerplatz getrennten Ort aufbewahrt werden.
3. Der Sammelplatz muß eine oder mehrere unabhängige Sprechverbindungen zum Schiffsführungstrupp haben.
4. Er muß vom Maschinenraum aus gut erreichbar sein.
5. Er muß mehrere Zugänge haben (keine Leitern!).

Bei Schiffsneubauten ist die Einrichtung eines zentralen Sammelplatzes nach vorstehenden Kriterien bei der Planung zu berücksichtigen.

In der Sicherheitsrolle ist (sind) der (die) Sammelplatz(-plätze) deutlich zu vermerken.

Auf Fahrgastschiffen

- sind bei jedem Alarm die Fahrgäste bei den Booten zu sammeln;
- sind, um Überfüllungen zu vermeiden, für die Fahrgäste mehrere Sammelplätze vorzusehen;
- ist den Fahrgästen die Lage der Sammelplätze und die Bedeutung der Signale in den an Bord jeweils vorzugsweise benutzten Sprachen durch Aushang bekanntzumachen;
- ist der Sammelplatz für die Trupps von den Sammelplätzen der Fahrgäste getrennt und entsprechend den unter 1. bis 5. genannten Kriterien anzuordnen.

E Generalalarm-Rollenverteilung

a) Schiffsführungstrupp

Der Schiffsführungstrupp unterstützt den Kapitän. Ihm obliegt neben der allgemeinen Schiffsführung die Planung und Durchführung der Maßnahmen, der Einsatz der einzelnen Trupps und die Koordination der Einzelmaßnahmen bei:

der Brandabwehr,
der Leckabwehr,
Mann-über-Bord,
Kollision,
Strandung,
Verlassen des Schiffes,
Suche und Rettung.

Er besteht aus den Leitern des nautischen und des technischen Ressorts, dem Funkoffizier und einer Anzahl Hilfspersonen (Vertreter der Ressortleiter, Elektriker, Rudergänger, Läufer etc.).

Die Mitglieder der jeweiligen Ressorts besetzen die entsprechenden Zentralen (Brücke und Maschinenfahrstand bzw. Funkstation).

Einsatzleiter ist der 1. Offizier.

Der Ltd. Ingenieur leitet den Einsatz im Maschinenraum. Der Funkoffizier besetzt die Station.

b) Brandabwehr-/Bootstrupp
Im Rahmen der Sicherung des Schiffes übernimmt dieser Trupp vordringlich die direkte Abwehr und das Löschen eines Brandes. Als Bootstrupp bedient er ein Rettungsboot zur Rettung in Seenot befindlicher oder im Wasser befindlicher Personen.
Der Trupp besteht aus einem Führer und einer Anzahl weiterer Personen (vorteilhaft 5). Dieser Trupp soll aus Besatzungsmitgliedern bestehen, die im Besitz gültiger Befähigungszeugnisse als Feuerschutzmann bzw. Rettungsbootsmann sind.
c) Verschlußtrupp/Einsatztrupp Bootsdeck
Im Brandfall ist die vordringliche Aufgabe dieser Trupps die Herstellung des Verschlußzustandes, d.h. der Luftabschluß der von einem Brand betroffenen Bereiche nach den Verschlußplänen. Da dies eine zeitlich begrenzte Aufgabe ist, sichert er danach nach Anweisung die durch Brand gefährdeten Rettungsmittel. Als Einsatztrupp Bootsdeck macht er die Rettungsmittel nach Anweisung klar.

F Signal zum Verlassen des Schiffes, Rettungsmittel

Für das sofortige Verlassen des Schiffes bei akuter Gefahr gibt es kein bestimmtes Verfahren. Zur Rettung der an Bord befindlichen Personen (Eigenrettung) werden auf Anweisung die vorgesehenen, noch zur Verfügung stehenden Rettungsmittel benutzt.

G Verschlußpläne

Auf Fahrgastschiffen ist durch den baulichen Brandschutz eine Unterteilung in Hauptbrandabschnitte vorgesehen. Frachtschiffe müssen wegen der Vielzahl der über dem Schiff verteilten Verschlußeinrichtungen zum zweckmäßigen Verschluß des vom Brand betroffenen Schiffsteils in Abschnitte eingeteilt werden. Für die folgenden Abschnitte sind bordseitig Verschlußpläne zu erstellen:
Wohnbereich mit angrenzenden Räumen
Maschinenbereich mit angrenzenden Räumen
Laderäume mit angrenzenden Räumen
Andere Räume mit angrenzenden Räumen.
Verschlußpläne sind wie Checklisten aufzumachen und müssen beispielsweise enthalten: Brandklappen, Feuertüren, Schotten, Luken, Einstiege, Bullaugen und Fenster, Abschaltung Lüfter und Lüftungssysteme, sonstige nicht mechanisch verschließbare Öffnungen, Aufzugs- und Versorgungsschächte, Oberlichter, Montageöffnungen, Verschlüsse für gasführende Leitungen wie Schweißgas und Flüssiggas für Haushaltszwecke.

H Verfahren in Notfällen

1. Es werden die Notfälle „Schiffsbrand“ und „Mann über Bord“ unterschieden.
2. Entstehungsbrände sind sofort bei Entdeckung mit Feuerlöschern abzuwehren, für Alarmierung ist zu sorgen und die Abwehrmaßnahmen sind bis zum Eintreffen des Brandabwehrtrupps fortzusetzen.
3. Wird der Mann-über-Bord-Unfall beobachtet, so ist sofort ein Rettungsring zu werfen und die Brückenwache zu alarmieren.
4. Für die Wachhabenden gelten die folgenden ersten Maßnahmen:

Schiffsbrand	Mann-über-Bord
Wachoffizier	
Generalalarm	MOB-Boje über Bord
Manöverumdrehungen	Generalalarm
Schiff in günstige Lage bringen	Manöverumdrehungen
	Rettungsmanöver einleiten
	Ausguck verstärken

Wachingenieur
Feuerlöschpumpen ansetzen
Manöverbetrieb herstellen
Lenzpumpen ansetzen

Manöverbetrieb herstellen

5. Nach dem Eintreffen auf dem Sammelplatz werden von den Trupps folgende Maßnahmen eingeleitet:

Schiffsbrand

Schiffsführungstrupps
Vollzähligkeit aller Trupps
Information
Einsatz der Trupps
ständige Verbindung zu den Trupps herstellen
Positionsmeldung vorbereiten

Verschlußtrupp
Personenkontrolle/Meldung
Verschluß nach Verschlußplan herstellen
Rettungsmittel nach Anweisung sichern

Brandwehrtrupp
Personenkontrolle/Meldung
Brandabwehrgeräte und Atemschutzgeräte für den Einsatz klarmachen

Mann-über-Bord

Information
Rettungsbootsseite angeben
Rettungsmanöver fortsetzen
weitere Mittel zur Rettung klarmachen lassen
Positionsmeldung vorbereiten

Einsatztrupp Bootsdeck
Boot zum Ausschwingen klarmachen
Boot in Beiholstander fieren
Beiholtaljen festmachen
Fangleine ausbringen

Bootstrupp
Boot bemannen und klarmachen

I Übungen

a) Allgemein
Die Mindestzahl und Art der Übungen ist gesetzlich vorgeschrieben, häufigeres Üben wird empfohlen.
Übungen werden vorher angekündigt. Zur Einleitung einer Übung wird das Signal „Generalalarm" gegeben.
An jeder vorgeschriebenen Übung nehmen alle Besatzungsmitglieder teil; sie sind mit den im Brandschutz- und Sicherheitsplan enthaltenen Einrichtungen und Ausrüstungen vertraut zu machen.
Bei den Übungen sind Verschlußpläne und Checklisten zu berücksichtigen.
Jede Übung wird nach Abschluß in einer Besprechung mit den Beteiligten ausgewertet.

b) Übungsprogramm
Innerhalb von sechs Monaten sind Übungen zu folgenden Notsituationen und Betriebsstörungen durchzuführen:
1. Sicherheitstechnische Orientierung und Einweisung, insbesondere Alarme und Signale.
2. Die Beseitigung folgender Betriebsstörungen:
Ausfall von Feuerlöschanlagen
Ausfall der Ruderanlage
Ausfall der Automation der Vortriebsanlage
Ausfall von Führungskräften und weiteren Besatzungsmitgliedern.
3. Brand im Wohnbereich.
4. Brand im Maschinenbereich.
5. Brand im Ladebereich.
6. Bootsmanöver/Mann-über-Bord.
7. Handhabung der Rettungsflöße (einmal jährlich praktische Übung).
8. Bergung von Verunglückten an Bord.
9. Freiwerden von gefährlicher Ladung.
10. Bedienung von Funkgeräten.

J Ronden

Zur frühzeitigen Erkennung einer Gefahrensituation sind regelmäßig Kontrollgänge erforderlich.
Hierbei ist besonders zu achten auf:

Kammern und Aufenthaltsräume, in denen Zusammenkünfte stattfinden oder stattgefunden haben;
einzelne Personen, die sich auffällig verhalten;
bestimmte, von der Schiffsleitung näher bezeichnete Bereiche, die eine besondere Gefährdung in sich bergen.

Alle Unregelmäßigkeiten sind dem wachhabenden nautischen oder technischen Offizier zu melden.
Zur Sicherung des Rondengängers und zur Information des Wachhabenden sind Sprechverbindungen zu benutzen.

1.2 Arbeitssicherheit und Unfallschutz

Die Tätigkeiten an Bord sind mit vielfältigen Gefährdungen verbunden. Nach den allgemeinen Grundsätzen des Arbeitsschutzes und Arbeitsrechtes hat der Unternehmer für einen sicheren Arbeitsplatz zu sorgen. Darüber hinaus hat er bei Arbeiten, welche die Gesundheit der Mitarbeiter gefährden, geeignete Körperschutzmittel zur Verfügung zu stellen. Auch müssen die Mitarbeiter geschult und angehalten werden, die Arbeitsschutz- und Sicherheitsvorschriften zur eigenen Sicherheit zu beachten. Der Kapitän ist wie der Unternehmer für die Befolgung aller Arbeitsschutzbestimmungen verantwortlich, er erteilt Weisungen und ist zur Überwachung verpflichtet. Er kann die ihm übertragenen Pflichten auf die Ressortleiter übertragen. Schließlich ist jede weisungsberechtigte Person an Bord verpflichtet, bei Anweisungen auf Gefährdungen hinzuweisen und die Sicherheits- und Unfallverhütungsvorschriften zu beachten.

1.2.1 Technische Sicherheit

(1) Zuverlässigkeit. Die technische Sicherheit betrifft zunächst den hohen Grad an Zuverlässigkeit aller im Betrieb eingesetzten Maschinen, Werkzeuge und Einrichtungen. Sie ist also eine Forderung an die Schiffbauer und Maschinenbauer mit dem Ziel, daß die Einrichtungen funktionsgerecht und störungsfrei im Betrieb eingesetzt werden können. Bei vielen Anlagen wird außerdem ein weitgehend wartungsfreier Betrieb oder wenigstens eine wartungsfreundliche Konstruktion und Anordnung gefordert. Die Wartungspläne sollten dem Prinzip der vorbeugenden Instandhaltung entsprechen.

Auf diesen Teil der Sicherheit kann die Schiffsführung bei der Planung von Reparaturen, Umbauten oder Neubauten sowie bei der Bauaufsicht Einfluß nehmen.

UVV
- Einrichtungen, die von der SeeBG als nicht unfallsicher beanstandet werden, sind zu ändern oder zu entfernen;
- jedes elektrische Gerät muß so gebaut und installiert sein, daß bei normalem Gebrauch keine Gefahr der Verletzung besteht;
- die Rudermaschinenräume müssen so gestaltet sein, daß die Ruderanlage während des Betriebes jederzeit zugänglich ist und einwandfrei gewartet werden kann.

(2) Ergonomische Grundsätze sind bei der Konstruktion und Anordnung der technischen Einrichtungen zu beachten (Berücksichtigung der menschlichen Körpermaße und

Bedürfnisse sowie der arbeitstechnischen Erkenntnisse bei der Gestaltung der Bedienungselemente und der Transport- und Verkehrswege).

Grundsätze der Ergonomie:
- Arbeitsplatz und Betriebsmittel sind so zu gestalten, daß Verletzungen praktisch unmöglich sind und der Mitarbeiter sich nicht dadurch gehemmt fühlt, daß er Verletzungen befürchten muß;
- Dünste, Staub und Abfälle sollen unmittelbar an der Stelle ihrer Entstehung abgefangen und in geeigneter Weise abgeleitet werden;
- Hebel, Schalter, Handräder, Meßuhren usw. sollen an den Betriebsmitteln so angeordnet sein, daß sie möglichst ohne Änderung der Körperstellung leicht überblickt und betätigt werden können;
- Werkstücke und Werkzeuge sollen am Arbeitsplatz stets übersichtlich und griffbereit sein;
- Ausführung der Arbeit in richtiger Höhenlage und möglichst bequemer Stellung erspart unnütze Anstrengung;
- wo es möglich ist, sollen beide Hände gleichzeitig die Arbeit ausführen;
- bei Gruppenarbeit ist darauf zu achten, daß sich die einzelnen Gruppenmitglieder durch ihre Bewegungen nicht gegenseitig behindern und unnötiger Leerlauf vermieden wird;
- längeres Halten von Gegenständen ist durch Haltevorrichtungen o.ä. auszuschließen;
- optische und akustische Informationen zur Systemüberwachung müssen eindeutig, rechtzeitig und aufgearbeitet angeboten werden;
- Alarm- und Achtungsinformationen sollten optisch und akustisch erfolgen;
- für Arbeitsplätze mit ungünstigen Lichtverhältnissen, Dämmerungs- und Nachtsehen ist bei Instrumenten gefiltertes Licht vorzusehen;
- die Formgebung von Knöpfen und Hebeln und deren Stellung muß Hinweise auf die Funktion geben.

(3) Schutzvorrichtungen an Maschinen und Werkzeugen sollen eine Gefährdung von Personen durch direkte Berührung mit einem Gefahrenträger, z.B. einem Schwungrad oder einer Stromschiene überall da verhindern, wo dieser Schutz durch konstruktive Maßnahmen allein nicht gegeben ist. In einigen Fällen sind die Schutzvorrichtungen mit Sicherheitsschaltungen verbunden, die einen Betrieb der Anlage nur bei eingelegter Schutzvorrichtung erlauben. Schutzvorrichtungen müssen geeignet, in einwandfreiem Zustand und in der vorgesehenen Schutzposition sein.

- In den Betriebsräumen, insbesondere auch an freistehenden Hilfsmaschinen müssen in dem erforderlichen Umfang Handleisten oder andere Vorkehrungen zum Festhalten angebracht sein; UVV
- freiliegende, sich bewegende Teile und umlaufende Wellen müssen mit Schutzvorrichtungen versehen sein;
- heiße Teile im Verkehrs- und Arbeitsbereich müssen so isoliert sein, daß unbeabsichtigte Berührungen nicht zu Brandverletzungen führen.

1.2.2 Betriebliche Sicherheit

Zu der technisch sicheren Konstruktion kommen betriebliche Maßnahmen, die ein optimales Arbeiten mit den Einrichtungen ohne Gefährdungen ermöglichen.

(1) Arbeitsplätze. Feste Arbeitsplätze sind so zu gestalten, daß sie den individuellen Körpermaßen der betreffenden Mitarbeiter angepaßt werden können, um Ermüdungserscheinungen zu verhindern. Wichtig sind auch eine gute und blendfreie Beleuchtung und ein guter Überblick. Bei Arbeiten mit Ortsveränderung sowie Umschlag- und Transportaufgaben sind die wichtigsten betrieblichen Maßnahmen die Sicherung der Mitarbeiter, der Gegenstände und Arbeitsgeräte vor ungewollten Bewegungen, die Absperrung des Gefahrenbereiches und die Überprüfung der Sicherungen und Umschlaggeräte auf einwandfreie Anordnung und Beschaffenheit.

- Laufkräne und ihre Katzen müssen gegen unbeabsichtigtes Verrollen und Verschieben im Seegang oder bei der Arbeit gesichert werden; UVV

- Instandsetzungsarbeiten an elektrischen Anlagen mit Spannungen über 42 V dürfen nur in spannungslosem Zustand durchgeführt werden;
- bei allen über einzelne Handgriffe hinausgehenden Arbeiten, die außenbords oder an Deck außerhalb der Reling, am Mast, im Bootsmannstuhl oder auf Stellagen ausgeführt werden müssen, hat der Kapitän dafür zu sorgen, daß Sicherungen gegen Abstürzen getroffen werden;
- die Schiffsführung hat sicherzustellen, daß das Deck im Bereich der Ladebäume und Kräne abgesperrt wird, soweit eine Gefahr für andere Personen besteht.

(2) Umwelteinflüsse. Nachteilige Einflüsse am Arbeitsplatz sind weitgehend auszuschalten. Im Freien ist Sonnen- und Wetterschutz vorzusehen, in Räumen sind die Temperatur, die Feuchtigkeit, die Luftzusammensetzung und die Luftbewegung dem körperlichen Wohlbefinden entsprechend zu regeln. Geräusche und Vibrationen sind von der Erzeugerseite her konstruktiv einzuschränken, oder für die Arbeits- und Wohnbereiche sind besondere Schutzmaßnahmen zu treffen.

UVV
- Durch Maschinenanlagen hervorgerufene Vibrationen und Geräusche sollen in den Wohn- und Betriebsräumen so weit herabgesetzt werden, daß die dort befindlichen Personen weder in ihrer Tätigkeit behindert noch in ihrer Gesundheit gefährdet werden;
- die Beleuchtung im Kartenraum und auf der Brücke darf die Brückenwache nicht blenden;
- bei Anstricharbeiten in geschlossenen Räumen, für die keine ausreichende natürliche Lüftung sichergestellt ist, muß vor Beginn der Arbeiten und während ihrer Durchführung für eine ausreichende künstliche Be- und Entlüftung gesorgt werden.

(3) Der Arbeitsablauf muß bereits von den vorbereitenden Maßnahmen her den Sicherheitserfordernissen entsprechen. Die einzelnen Arbeitsschritte sollen so erfolgen, daß Zugriffsraum, Arbeitstempo und Arbeitsfolge dem natürlichen Bewegungsablauf entsprechen und die Arbeit kräftesparend und effektiv ausgeführt wird. Störungen im Arbeitsablauf und Gefährdungen der Mitarbeiter weisen auf unrationelle und gefährliche Arbeitsweise hin. Die betreffenden Personen sind dann anzuhalten, ihre Arbeitsweise entsprechend zu ändern.

UVV
- Bei Arbeiten mit Tauwerk oder Festmachern hat jeder darauf zu achten, daß er nicht in eine Bucht gerät;
- beim Gebrauch von Löt- und Anwärmlampen sind die Bedienungsvorschriften zu befolgen;
- Kleidungsstücke dürfen in der Nähe von Maschinen oder sich bewegenden Teilen nicht angezogen, abgelegt oder aufbewahrt werden;
- zum Anzünden oder Anfachen des Feuers in Öfen dürfen keine brennbaren Flüssigkeiten verwendet werden.

(4) Schutzausrüstung. Lassen sich durch konstruktive Maßnahmen und Schutzvorrichtungen nicht alle Gefährdungen beseitigen, so müssen für gefährdete Personen Körperschutzmittel vorgesehen werden. Die Schutzausrüstung setzt sich zusammen aus:

- Kopfschutz, Gehörschutz, Augenschutz,
- Körperschutz, Atemschutz,
- Handschutz, Fußschutz,
- Arbeitssicherheitsweste, Sicherheitsgurt und Sicherheitsleine.

Schutzausrüstungen müssen geeignet und in ausreichender Anzahl vorhanden sein. Auch muß ihr einwandfreier Zustand regelmäßig überprüft werden. Vor allem aber sind die Mitarbeiter verpflichtet, die persönliche Schutzausrüstung zu benutzen. Sie müssen entsprechend informiert und angehalten werden.

UVV
- Bei Außenbordarbeiten sind Rettungswesten bzw. Arbeitssicherheitswesten zu tragen;
- bei Arbeiten, welche die Augen gefährden, sind Schutzbrillen zu benutzen;
- wenn bei Arbeiten gesundheitsschädliche Stäube, Gase oder Dämpfe vorhanden sind, müssen Staubmasken bzw. Atemschutzgeräte verwendet werden;

- bei Arbeiten mit Chemikalien sind Handschuhe zu benutzen und gegebenenfalls geeignete Schutzanzüge anzulegen;
- die Besatzung muß festes, rutschsicheres Schuhzeug tragen.

1.2.3 Unfallschutz

Jedes Jahr werden ca. 15% der in der Seeschiffahrt beschäftigten Personen in einen Arbeitsunfall verwickelt. Durch Unfallverhütungsvorschriften, Schulung und Einsatz besonders beauftragter Personen (siehe 1.2.4) sowie Ausbildung und Weiterbildung der Besatzung soll das Sicherheitsbewußtsein aller Personen an Bord verbessert und die Unfallhäufigkeit verringert werden.

(1) Unfallgefahren. Die besonderen Gefahren an Bord verlangen eine fortgesetzte und engagierte Informations- und Schulungstätigkeit der verantwortlichen und beauftragten Personen an Bord.

Die häufigsten Unfälle sind:

- Stürzen und Fallen aus dem Mast, in den Raum, über Bord — mit mehr als 25% der schweren, häufig tödlichen Unfälle;
- Unfälle bei Arbeiten mit Maschinen, z.B. Leinenunfälle — machen etwa 20% der Unfälle aus; so ereigneten sich z.B. allein in den letzten 7 Monaten von 1972 auf Hamburger Schiffen 50 Leinenunfälle;
- Unfälle beim Arbeiten mit gefährlichen Arbeitsstoffen;
- Unfälle in geschlossenen Räumen.

Anmerkung: Jeder geschlossene Raum, der von der Außenluft abgeschlossen war, kann zu einem gefährlichen Raum werden, wenn z.B. durch Oxidation der Sauerstoff der Raumluft teilweise verbraucht wurde oder sich in der Raumluft gesundheitsschädliche Luftverunreinigungen oder explosive Gas-Luft-Gemische angesammelt haben. Solche Räume dürfen ohne ein unabhängiges Atemschutzgerät erst dann betreten werden, wenn mit Hilfe einer kräftigen Durchlüftung eine ständige Lufterneuerung in diesem Raum sichergestellt ist und die Prüfung der Raumluft keine gefährliche Konzentration von Atemgiften ergibt. Ist dies nicht möglich, so muß das Betreten unter Atemschutz erfolgen.

In allen Fällen muß der Raum mit Hilfe von Sicherheitslampen ausgeleuchtet sein, und die in dem Raum befindlichen Personen müssen durch einen Sicherheitsposten, der außerhalb des Raumes aufgestellt wird, ständig beobachtet werden. Vorsorgliche Hilfsmaßnahmen, wie Klarlegen weiterer Atemschutzgeräte und Verwendung von Sicherheitsleinen, sollen eine schnelle Rettung bei einem Unfall ermöglichen.

(2) Untersuchungen von Unfällen oder Beinahe-Unfällen haben das Ziel, durch Feststellen des Verlaufes und der Ursachen den Schutz zu verbessern. Diese Untersuchungen sollten unabhängig von der Meldung an die SeeBG und ohne Rücksicht auf die beteiligten Personen durchgeführt werden, um entweder die technische oder die betriebliche Sicherheit zu verbessern. Bessere Konstruktionen oder Anordnungen, Einbau von Schutzvorrichtungen, Verwendung von Hilfsgeräten oder Körperschutzmitteln sowie die Änderung der Arbeitsweise können für die betreffende Situation zu einer größeren Arbeitssicherheit führen.

(3) Die Schulung der Besatzung hat das Ziel, das Verhalten aller Personen an Bord sicherheitsbewußt zu machen. Sie ist eine Gemeinschaftsaufgabe nach dem Grundsatz: Jeder ist für sich und den Nächsten verantwortlich! Insbesondere kann diese Motivation erzielt werden durch

- sicherheitsgerechte Planung von Arbeitsvorhaben und Arbeitsabläufen;
- sachgerechter Einsatz der Schutzvorrichtungen und Schutzausrüstung;

- ständige Information über Sicherheitsfragen, Unfälle in der Seeschiffahrt und Neuerungen auf dem Sicherheitssektor durch Gespräche, Sicherheitsschriften und Anschläge;
- regelmäßige Unterrichtung über Schutz- und Hilfsmethoden und besondere Gefahren durch Ladungen und Arbeitsstoffe;
- Belehrungen bei Gefährdungen und Unfällen;
- Überprüfung der Schutzvorrichtungen und Schutzausrüstungen sowie der Sicherungen bei Arbeiten, die mit Gefährdungen verbunden sind;
- enge Zusammenarbeit zwischen Schiffsführung, Fachkraft für Arbeitssicherheit, Sicherheitsbeauftragte und Betriebsrat.

1.2.4 Fachkraft für Arbeitssicherheit und Sicherheitsbeauftragter

Nach dem Arbeitssicherheitsgesetz (ASiG) vom 12.12.1973 (siehe Bd. 2, Kap. 7.15) hat der Arbeitgeber Fachkräfte für Arbeitssicherheit zu bestellen, die ihn bei dem Arbeitsschutz und der Unfallverhütung unterstützen sollen. Diesem Gesetz entsprechend ist für die Seeschiffahrt seit 1.12.1974 die „Unfallverhütungsvorschrift Betriebsärzte und Fachkräfte für Arbeitssicherheit" gültig.

Eine ähnliche Aufgabe wie die Fachkräfte haben die schon durch die Reichsversicherungsordnung (RVO) vorgeschriebenen Sicherheitsbeauftragten, wie es in den UVV festgelegt ist. Der Unterschied besteht im wesentlichen darin, daß als Fachkräfte nur Personen bestellt werden dürfen, die eine abgeschlossene Ausbildung in der Seeschiffahrt erhalten, danach mindestens 2 Jahre eine praktische Tätigkeit als Patentinhaber oder Meister ausgeübt und einen besonderen Lehrgang zum Erwerb der für ihre Tätigkeit erforderlichen Fachkunde mit Erfolg abgeschlossen haben. Wegen der langen Berufspraxis und der besonderen Ausbildung können die Fachkräfte für Arbeitssicherheit mit umfassenderen Aufgaben betraut werden.

(1) Die Aufgaben der Fachkraft für Arbeitssicherheit sind in § 6 ASiG aufgezählt. Wegen ihrer besonderen Schulung können sie den Unternehmer und die sonst für den Arbeitsschutz und die Unfallverhütung verantwortlichen Personen beraten und unabhängig von Weisungen darauf hinwirken, daß die Sicherheit an Bord von der Technik (siehe 1.2.1) und vom Betriebsablauf (siehe 1.2.2) her verbessert wird. Die an Bord tätige Fachkraft wird zweckmäßig zusammen mit den Sicherheitsbeauftragten, die vornehmlich am Arbeitsplatz auf die Beachtung der Sicherheitsbestimmungen achten, ein Programm für die praktische Sicherheitsarbeit aufstellen.

Anmerkung: Die Beratung durch die Fachkraft für Arbeitssicherheit betrifft die Planung, Ausführung und Unterhaltung von Betriebsanlagen und von sozialen und sanitären Einrichtungen, die Beschaffung von technischen Arbeitsmitteln und die Einführung von Arbeitsverfahren und Arbeitsstoffen, die Auswahl und Erprobung von Körperschutzmitteln und die Gestaltung der Arbeitsplätze, der Arbeitsabläufe, der Arbeitsumgebung und sonstige Fragen der Ergonomie.

Weitere Aufgaben sind die sicherheitstechnische Überprüfung der Betriebsanlagen, technischen Arbeitsmittel und Arbeitsverfahren vor Inbetriebnahme bzw. Einführung, die regelmäßige Begehung der Arbeitsstätten und dabei Überprüfung der Schutzvorrichtungen und den Gebrauch der Körperschutzmittel, die regelmäßige und spontane Information und Belehrung der Besatzungsmitglieder und die Durchführung von Unfalluntersuchungen.

(2) Die praktische Sicherheitsarbeit an Bord hat je nach Schiffstyp, Ladungsart und Zusammensetzung der Besatzung verschiedene Schwerpunkte und sollte planmäßig durchgeführt werden. Am besten eignen sich hierfür Checklisten in Verbindung mit Zeitplänen. Schwerpunkte sind:

- regelmäßige Überprüfung der festen Sicherheitseinrichtungen und Schutzvorrichtungen an den Arbeitsplätzen bzw. Verkehrswegen sowie der erforderlichen Ersatzteile;

- regelmäßige Kontrolle der Schutzausrüstungen und Zubehörteile sowie ihrer Wirkung;
- Einrichtung eines besonderen Arbeitssicherheitsraumes;
- Zusammenstellung aller gefährlichen Arbeiten mit den dabei vorgeschriebenen bzw. zweckmäßigen Körperschutzmitteln;
- regelmäßige Information der Besatzung über Sicherheitsfragen und spontane Belehrung bei gegebenem Anlaß;
- systematische Untersuchung von Unfällen und Gefährdungssituationen.

1.3 Aufgaben des Wachoffiziers

Die sichere Führung des Schiffes muß jederzeit auf See, vor Anker und im Hafen gewährleistet sein. Diese Forderung schließt sowohl die Sicherheit des menschlichen Lebens und Eigentums als auch den Schutz der maritimen Umwelt ein. Durch internationale Vereinbarungen und nationale Gesetze und Vorschriften werden Qualifikationsanforderungen für solche Personen festgelegt, die einen wesentlichen Einfluß auf die sichere Führung des Schiffes haben. Außerdem sind allgemeine Regeln für die Durchführung des Wachdienstes zu beachten.

Nach der „International Convention on Standards of Training, Certification and Watchkeeping for Seafarers" 1978 (STCW) müssen genügend qualifizierte Personen für den Wachdienst an Bord sein, deren Befähigung im Hinblick auf die körperliche Eignung, das Fachwissen und die praktische Erfahrung sicherzustellen sowie durch Trainings- und Fortbildungskurse zu erhalten ist. In den Häfen der Vertragsstaaten werden Überprüfungen der Zertifikate durch die örtlichen Behörden durchgeführt. Es ist vorgesehen, daß Schiffe, die Mängel in der Schiffsbesetzung aufweisen, festgehalten werden können.

1.3.1 Brückenwache auf See

Die Aufstellung und Einteilung der Wachen müssen einen ordnungsgemäßen Wachdienst gewährleisten. Unbeschadet der allgemeinen Anordnungen des Kapitäns sind die Wachoffiziere während ihrer Wache für die sichere Führung des Schiffes verantwortlich, insbesondere hinsichtlich der Vermeidung von Kollisionen und Strandung. Bei der Zusammensetzung der Wache müssen jederzeit die herrschenden Umstände sowie die Unabdingbarkeit eines sorgfältigen Ausgucks berücksichtigt werden.

Der Wachoffizier muß beachten,

- daß er die Wache auf der Brücke gehen muß, und daß er diese nicht verlassen darf, bis er ordnungsgemäß abgelöst ist; STCW
- daß kein Wachgänger während der Brückenwache Tätigkeiten verrichtet, welche die Durchführung seiner Wachtätigkeit beeinträchtigt;
- daß die Erfüllung seiner Pflichten schnell und wesentlich durch Wetterveränderungen, Verkehrsdichte, navigatorische Gefahren und betriebliche Anforderungen erschwert werden kann;
- daß die navigatorische Ausrüstung der Brücke ständig zu seiner Verfügung steht und er auch nicht zögern darf, Maschinenmanöver zu fahren oder Schallsignale zu geben, wenn dies erforderlich ist;
- daß zur Vermeidung von Kollisionen das Radargerät entsprechend den Regeln der Seestraßenordnung eingesetzt wird (siehe Bd. 2, Kap. 1);
- daß er die Manövriereigenschaften des Schiffes wie Ausweichvermögen und Stoppvermögen kennen muß, um jederzeit die Handhabung des Schiffes zu beherrschen (siehe Bd. 2, Kap. 26);

- daß alle erdenklichen Vorkehrungen getroffen werden müssen, um eine Meeresverschmutzung durch den Schiffsbetrieb oder einen Unfall zu verhindern (siehe Bd. 2, Kap. 3).

Zu den wichtigsten Aufgaben des Wachoffiziers gehören

- Planung und Vorbereitung der beabsichtigten Reise unter Berücksichtigung aller zur Verfügung stehenden Informationen wie Leuchtfeuerverzeichnisse oder Seehandbücher;
- Kontrolle der gesteuerten Kurse und Geschwindigkeiten sowie Durchführung von Standortbestimmungen in stündlichen oder kürzeren Abständen entsprechend der navigatorischen Situation;
- Beachtung der Verkehrsregeln und rechtzeitiges, schnelles und klares Handeln, wenn es die Verkehrslage erfordert (siehe Bd. 2, Kap. 1);
- sofortiges Reagieren und Einsatz der Sicherheitseinrichtungen bei Gefährdungen von Menschen, des Schiffes oder der Ladung;
- Bereithalten der aktuellen Schiffsposition für eine Meldung bei Eintritt einer Notsituation;
- korrekte Dokumentation aller Vorkommnisse und Tätigkeiten, die für die navigatorische Schiffsführung von Bedeutung sind;
- Beachtung der ständigen und besonderen Anweisungen des Kapitäns und dessen Information bei Sichtverschlechterung, großer Verkehrsdichte, Schwierigkeiten bei der Standortbestimmung, Wetterverschlechterung und allen unsicheren Situationen;
- regelmäßige Kontrolle der Betriebs- und Wohnbereiche durch Feuerronden;
- Information der Wachgänger über die gegenwärtige Situation, um eine effektive Wache einschließlich des Ausgucks zu gewährleisten.

1.3.2 Wachübernahme

Der Dienst an Bord muß so organisiert sein, daß die ablösende Wache ausgeruht und diensttüchtig ist. Der Wachoffizier darf die Wache an seine Ablösung nur abgeben, wenn dieser seine Pflichten ordnungsgemäß übernimmt. Der ablösende Wachoffizier muß sicherstellen, daß seine Wachgänger in der Lage sind, ihre Aufgaben zu erfüllen.

Vor Übernahme der Wache muß sich der Wachoffizier informieren über

STCW
- wahre und gekoppelte Schiffsorte, beabsichtigte Kurse, Fehlweisungen und während seiner Wache zu erwartende Seezeichen oder navigatorische Gefahren;
- gegenwärtige und zu erwartende Gezeitenverhältnisse, Strömungen und Wetterbedingungen;
- ständige und besondere Anweisungen des Kapitäns;
- gegenwärtige navigatorische und verkehrsmäßige Situation in bezug auf Seezeichen, Fahrzeuge und nautische Gefahren;
- Zustand des Schiffes und Aufenthalt von Personen in Gefahrenbereichen;
- Gebrauchsfertigkeit der Navigationsgeräte und Sicherheitseinrichtungen, die während der Wache gebraucht werden können.

Während der Durchführung eines Manövers oder anderer Maßnahmen zur Abwendung von Gefährdungen soll keine Wachübernahme erfolgen. Bei Anwesenheit des Kapitäns auf der Brücke bleibt der Wachoffizier für die Schiffsführung verantwortlich, bis der Kapitän ihm eindeutig zu verstehen gibt, daß er selber die Verantwortung übernimmt.

1.3.3 Fahren mit einem Lotsen

Lotsen sind Berater der nautischen Schiffsführung. Sie übernehmen nur in Ausnahmefällen die Führung des Schiffes. In allen Fällen entbindet ihre Anwesenheit auf der Brücke weder den Kapitän noch den Wachoffizier von seinen Pflichten und Aufgaben hinsichtlich der Sicherheit für Personen, Schiff und Ladung. Der Lotse unterrichtet den Kapitän über die örtlichen Gegebenheiten, dieser den Lotsen über die Daten und Manövriereigenschaften des Schiffes.

Der Wachoffizier soll mit dem Lotsen zusammenarbeiten und die Schiffsorte und die Bahnführung des Schiffes kontrollieren. Wenn Zweifel an den Anordnungen oder Absichten des Lotsen bestehen und diese von dem Lotsen nicht ausgeräumt werden, muß der Wachoffizier unverzüglich den Kapitän unterrichten und selbst eingreifen, falls erforderlich, noch bevor der Kapitän auf der Brücke erscheint (siehe Bd. 2, Kap. 1.2.1).

1.3.4 Anker- und Hafenwache

Auf jedem Schiff, das unter normalen Bedingungen sicher vor Anker oder festgemacht liegt, muß der Kapitän für eine Wache an Deck und in der Maschine durch befähigte Offiziere und Mannschaften sorgen. Dies gilt besonders dann, wenn gefährliche Güter als Stückgüter oder Massengüter an Bord sind.

Liegt das Schiff vor Anker, so hat der Wachoffizier den Ankerplatz zu kontrollieren und bei jeder Ankerpeilung den Kurs sowie Richtung und Länge der ausgesteckten Kette zu dokumentieren. Er hat für Ausguck zu sorgen und bei Wetterverschlechterung Maßnahmen zur Sicherheit von Schiff und Ladung zu treffen, regelmäßige Sicherheitsronden über das Schiff durchzuführen und die ordnungsgemäße Lichterführung, Setzen von Tagsignalen und Abgabe von Schallsignalen sicherzustellen. Liegt das Schiff schräg oder quer im Fahrwasser vor Anker, soll der Wachoffizier durch geeignete Maschinen und Rudermanöver das Schiff in Fahrwasserrichtung bringen.

Der Wachoffizier im Hafen muß sich vor Wachantritt informieren über

- die Wassertiefe und die Gezeiten am Liegeplatz, den Tiefgang des Schiffes, die Leinenverbindung, gegebenenfalls die Lage und Länge der Ankerkette und den Bereitschaftszustand der Maschine;
- die Landgangsverbindung und deren sichere Anbringung und Beleuchtung;
- die Art und den Umfang der Ladungsarbeiten sowie die besonderen Anweisungen des Kapitäns bzw. der Hafenbehörden im Zusammenhang mit dem Ladungsumschlag;
- die an Bord befindlichen Besatzungsmitglieder und bordfremden Personen;
- den Zustand der Sicherheitseinrichtungen und die Möglichkeiten, in einem Notfall schnell von den Hafenbehörden Hilfe zu bekommen.

Während der Wache muß der Wachoffizier regelmäßig die Leinenverbindung, Landgangsverbindung, Sicherheit der Verkehrswege und die Ladungsarbeiten kontrollieren und sicherstellen, daß

- durch Gezeiten und den Ladungsumschlag keine gefährliche Grundberührung, Schlagseite oder Trimm entstehen, und daß das Schiff in den Leinen festliegt;
- bei Wetterverschlechterung rechtzeitig Sicherungsmaßnahmen eingeleitet werden;
- die Beleuchtung an Deck und in den Räumen, die Absperrungen und Hinweisschilder, die Arbeitsweise beim Ladungsumschlag und Stauen sowie die Lichter und Tagsignale den Erfordernissen bzw. Vorschriften entsprechen;
- genügend Besatzungsmitglieder für den Einsatz in Notfällen verfügbar sind;
- die an Deck und in den Räumen tätigen Besatzungsmitglieder die für ihre Arbeit erforderlichen Informationen und Hinweise erhalten;
- keine Umweltverschmutzung durch das Schiff entsteht;
- in einem Notfall sofort Alarm gegeben, erste Sicherungsmaßnahmen eingeleitet und gegebenenfalls Hilfe von den Hafenbehörden oder deren Schiffen erbeten wird;
- alle wichtigen und das Schiff betreffenden Ereignisse dokumentiert werden.

Der Wachoffizier muß auch auf den Stabilitätszustand des Schiffes und die Füllungen der Tanks und Bilgen achten und darauf, daß anderen Personen und Schiffen in Not geholfen wird.

1.4 Anker, Ankerketten und Verholleinen[1]

Anker. Nach den Klassifikationsvorschriften des GL müssen Anker aus unlegiertem Stahlguß oder Schmiedestahl hergestellt werden. Man unterscheidet Stockanker und stocklose Anker.

Stockanker (Admiralitätsanker) werden fast nur noch auf kleineren Schiffen und gelegentlich als Heckanker benutzt.

Der stocklose Anker oder Patentanker wird klar zum Fallen in der Klüse gefahren und hat sich im Einsatz gut bewährt. Hauptteil dieses Ankers ist das breite und schwere Schulter- oder Kopfstück mit den Armen und Händen, das drehbar mit dem Schaft verbunden ist, so daß sich stets beide Hände in den Grund eingraben. Die verschiedenen Fabrikate unterscheiden sich nur durch die Form des Schulterstückes und die Anordnung der Arme und Hände. Sie haben sich seit der Einführung dieses Ankers im Jahre 1840 nur wenig verändert.

Eine bedeutendere Variante des Patentankers ist der in England nach dem Zweiten Weltkrieg entwickelte A.C.14-Anker (Bild 1.11). Die Haltefähigkeit dieses Ankers ist zwei- bis dreimal so gut wie die der sonst üblichen Formen. Daher wird dieser Ankertyp vorwiegend auf Schiffen über 100000 tdw eingesetzt, um mit geringeren Ankergewichten auskommen zu können.

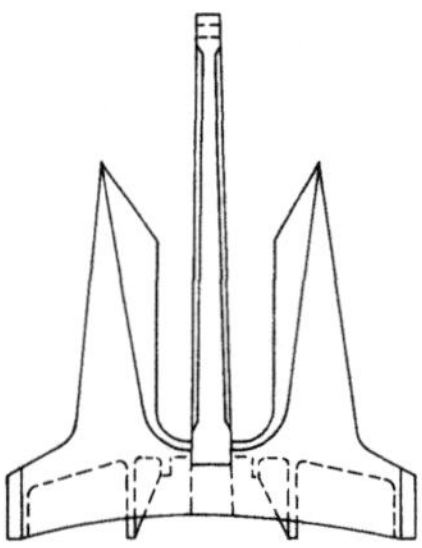

Bild 1.11. A.C. 14-Anker

Für besondere Zwecke werden Spezialanker verwendet, z. B. Pilzanker (Feuerschiffe), Dockanker, Draggen, Schneidanker.

Nach ihrer Verwendung an Bord unterscheidet man

- **Buganker,** deren Gewicht beim Bau eines Schiffes nach dessen Rauminhalt bestimmt wird (gem. Vorschrift der Klassifikationsgesellschaft);
- **Rüstanker,** die als Reserveanker für Buganker dienen und deshalb gleiches Gewicht wie diese haben;
- **Heckanker** oder Stromanker, die zum gelegentlichen kurzen Verankern des Hecks, zum Abhieven nach Grundberührung usw. dienen;
- **Warpanker,** die bei Verholen des Schiffes verwendet werden und etwa ein Achtel des Gewichtes eines Bugankers haben;
- **Bootsanker** im Gewicht von 10 bis 60 kg.

1 Ankerwinden siehe Bd. 3B, Kap. 2.6.

Fracht- und Fahrgastschiffe müssen Anker, Ketten und Trossen nach den Klassenvorschriften des GL oder einer anderen anerkannten Klassifikationsgesellschaft an Bord haben.

Ankerketten. Ketten werden nach zugelassenen Schweißverfahren, ferner gesenkgeschmiedet oder aus Stahlguß hergestellt. Die Ankerketten setzen sich zusammen aus Längen von je 25 m. Jede Kettenlänge besteht aus einer ungeraden Zahl gewöhnlicher Schaken mit Steg, aus mittelgroßen Schaken mit Steg (zweite und vorletzte Schake einer jeden Länge) und großen Schaken ohne Steg (erste und letzte Schake). Die einzelnen Längen einer Kette werden durch Schäkel verbunden. Werden an Stelle gewöhnlicher Schäkel Patentschäkel benutzt, so fallen die steglosen Endschaken fort. Außerdem befindet sich gewöhnlich in der ersten (und oft auch in der letzten) Länge jeder Kette ein Wirbel (etwa 6 m von dem zum Anker gehörigen Ende entfernt), um Törns, die beim Schwojen des Schiffes oder beim Verstauen der Ketten entstanden sind, wieder herausdrehen zu können.

Beim Zusammenschäkeln von Längen ist stets darauf zu achten, daß das bogenförmige Ende des Schäkels zum Anker hinzeigt. Die Bolzen der Kettenschäkel sind durch Holzpflöcke oder Blei zu sichern. Die unteren Enden der Ketten müssen am Boden des Kettenkastens gut befestigt sein, damit die Ketten nicht ausrauschen können. Die Ketten müssen von Zeit zu Zeit überholt, gereinigt und geteert werden. Der Instandhaltung des Ankergeschirrs ist stets die größte Beachtung zu schenken.

Unter Stärke einer Ankerkette versteht man den Durchmesser des Eisens einer gewöhnlichen Schake, an der langen Seite gemessen. Die eine der Ankerketten ist gewöhnlich um 25 m länger als die andere. Für das Gewicht der Ankerketten gelten folgende Näherungswerte:

Stärke der Kette in mm	10	20	30	40	50	60	70	80	90	100
Gewicht der Kette je lfd. m in kg	2	9	20	35	54	78	106	138	175	215

Um beim Ankerhieven bzw. Stecken der Ketten jederzeit sehen zu können, wieviel Kette sich ungefähr außerhalb der Klüsen befindet, müssen die einzelnen Längen jeder Kette gemarkt sein. Dies geschieht durch Drahtbändsel, die auf den Steg gesetzt werden, zuweilen auch noch durch Anstreichen der Glieder mit Farbe. Es bedeutet:

Bändsel auf dem Steg der 1. Schake hinter einem Schäkel: Ende der 1. Länge
„ „ „ „ „ 2. „ „ „ „ : „ „ 2. „
usw. usw.

Wenn eine Ankerkette bei einem Manöver außergewöhnlichem Zug ausgesetzt war, so kann das Material über die Elastizitätsgrenze hinaus beansprucht worden sein. Dann muß die Kette ausgeglüht werden, da sie sonst bei der nächsten starken Beanspruchung brechen würde. Der die Aufsicht auf der Back führende Offizier muß solche Fälle dem Kapitän melden. Bei einer neuwertigen Kette kann man davon ausgehen, daß ihre Bruchlast weitaus höher als die Haltekraft des Ankers ist (Bild 1.12). Gefährlich sind ruckartige Beanspruchungen, wie sie z.B. beim Versuch vorkommen, das Schiff mit den Ankern aufzustoppen.

Verholleinen. Neben geschlagenen Drahtseilen und Manilatrossen kommen heute zunehmend Kunstfaserleinen zum Einsatz aus den Werkstoffen Polyamid (Perlon, Nylon) und Polypropylen (siehe auch 1.5.4).

Polypropylenleinen werden bevorzugt als quadratgeflochtenes Seil (Form L) verwendet. Diese Machart besteht aus zwei rechts- und zwei linksgeschlagenen Litzenpaaren. Das

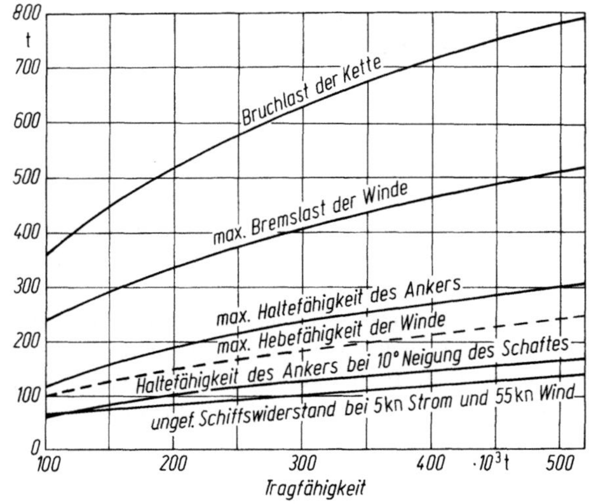

Bild 1.12. Belastbarkeit des Ankergeschirrs auf großen Schiffen

Seil ist damit drehungsfrei und neigt nicht wie geschlagenes Kunstfasertauwerk zur Kinkenbildung bei ruckartiger Entlastung. Die Spleißbarkeit des quadratgeflochtenen Seils ist gut. Die Bruchfestigkeit nimmt durch Spleißen um ca. 10% ab.

Polyamidleinen werden häufig als rechtsgeschlagene Vorläufer (Form A) für Drahtseiltrossen verwendet. Zur Schonung des Vorläufers sollte ein Ende mit einer Kausch, das andere mit einem sogenannten Schweinsrücken (Umkleidung aus Naturfaserseil) versehen sein.

Für Spezialeinsätze, z.B. im Off-Shore-Bereich, werden auch Kunstfaserseile als Kernmantelgeflecht verwendet. Diese Machart läßt wegen der engeren Oberflächenstruktur große Seildurchmesser zu (bis 176 mm) und ist spleißbar mit einem Festigkeitsverlust von ca. 15%.

Alle Kunstfaserseile sind erheblich elastischer als Draht- und Naturfaserseile. Sie bergen in gedehntem Zustand einen beträchtlichen Energievorrat, der beim plötzlichen Entspannen (Bruch oder Rutschen auf dem Spillkopf) zu schweren Unfällen mit tödlichem Ausgang der Betroffenen führen kann. Es sollten daher immer genügend Törns genommen werden. Ferner sollten die Seile nicht mehr als nötig gespannt werden. Bild 1.13 zeigt das Elastizitätsverhalten neuer Seile. Gebrauchte Seile verlieren bis zu 30% ihrer Elastizität.

Ausführliche Informationen über Draht- und Faserseile liefern die DIN-Blätter (siehe 1.5.5). Das Merkblatt der SeeBG über Auswahl, Gebrauch und Pflege von Kunstfaserleinen vom 30. Juni 1971 ist zu beachten.

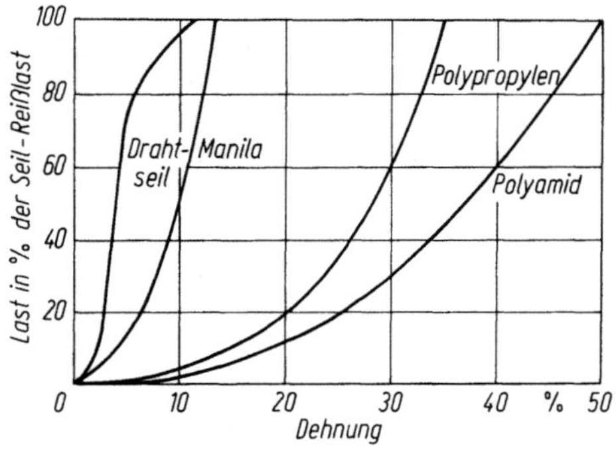

Bild 1.13. Dehnungsverhalten von neuem Tauwerk verschiedenen Materials

1.5 Ladegeschirre[2]

1.5.1 Standard-Leichtgutgeschirr

Während der prinzipielle Aufbau des aus zwei gekoppelten Bäumen bestehenden Standard-Leichtgutgeschirrs (Bild 1.14) in den vergangenen Jahrzehnten unverändert geblieben ist, haben sich in Details gerade in jüngerer Zeit Neuerungen durchgesetzt, die dieses Geschirr gegenüber Bordkranen und Sondergeschirren konkurrenzfähig erhalten haben.

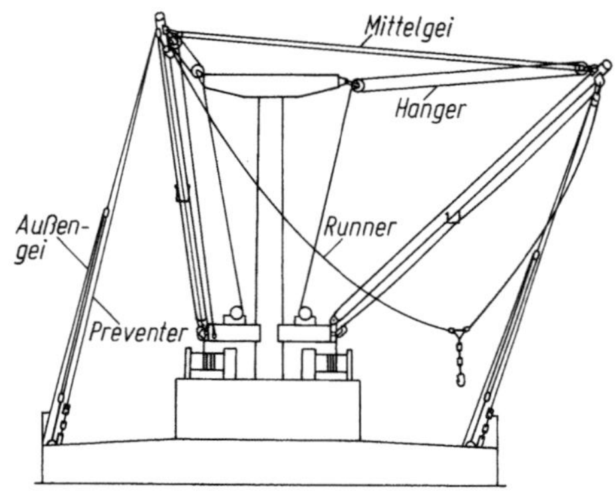

Bild 1.14. Standard-Leichtgutgeschirr

Hanger werden heute überwiegend als einscheibige Talje geschoren und auf eine Hangerwinde mit Eigenantrieb geführt. Somit kann der unbelastete Baum ohne Zeitverzug verstellt werden.

Preventer hatten früher den Charakter einer Verstärkung der Außengeien und waren an der Baumnock verhältnismäßig provisorisch durch Überstreifen eines Auges befestigt. Heute wird der Preventer am Baum an einem eingeschweißten Kloben eingeschäkelt. An Deck gibt es vorgeschriebene Fußpunkte für den Preventer, der dort ebenfalls mit einem verstellbaren Kloben eingeschäkelt wird.

Geien werden bei sogenannten automatischen Geschirren auch auf eigene Winden geführt, wobei die Außengeien (auch Außenpreventer genannt) so stark bemessen sind, daß ein separater Preventer entfällt.

Nutzlasten für gekoppeltes Geschirr (Union Purchase) betragen heute allgemein 5 t, für den Schwingbaum mit Klappläufer 10 t.

1.5.2 Sondergeschirre und Krane

Sondergeschirre sind meist Einzelbäume mit teilweise höheren Nutzlasten, bei denen Wert auf schnelles Schwenken sowie Auf- und Abtoppen (Wippen) gelegt wird. Es kommen heute überwiegend Doppelhangerkonstruktionen zum Einsatz, da man das Deck frei von Geienfußpunkten halten will. Der Einbau von Sondergeschirren lohnt sich, wenn vorwiegend schwerere Einzelkolli, z. B. Container, umgeschlagen und präzise abgesetzt

2 Winden siehe Bd. 3B, Kap. 2.6.

werden sollen. Die horizontale Hakengeschwindigkeit der Sondergeschirre ist allerdings etwas geringer als die des Standard-Geschirrs. Auch neigen die Kolli während des Horizontalweges des Hakens leichter zum Schwingen. Nachstehend einige Beispiele von Sondergeschirren:

Der **Hallén-Universalbaum** ist ein Einzelschwingbaum und wird in Leichtgut- oder Schwergutversion gebaut. Er besitzt die Eigenschaften eines Doppelhangergeschirrs, wobei der Schwenkbereich dadurch erweitert wird, daß die Hanger an einem speziellen Hangerblockbaum am Mast befestigt sind. Diese Hangerblockbäume sind vertikal und horizontal gelenkig gelagert, werden aber durch kurze Drahtstander in ihrem Schwenkradius eingeschränkt, so daß der Ladebaum auch in Querschiffslage sicher geführt wird (Bild 1.15).

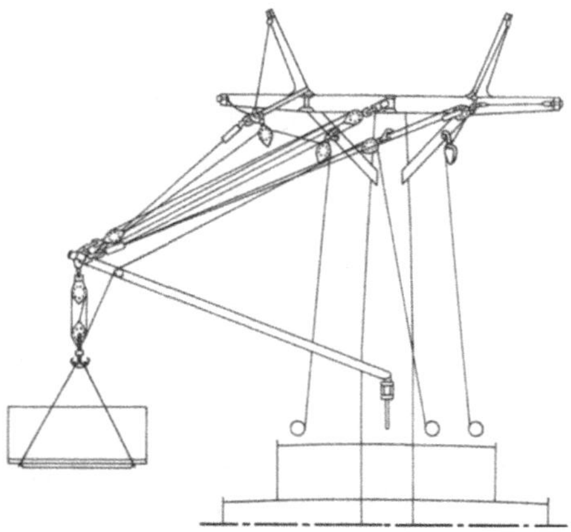

Bild 1.15. Hallén-Universalbaum (Schwergutversion)

Der **Hallén-Containerbaum** gleicht dem beschriebenen Universalbaum, besitzt aber zusätzlich eine gelenkig gelagerte Quertraverse an der Baumnock, die durch zwei Drahtstander stets genau in Querschiffsrichtung gehalten wird. An dieser Quertraverse

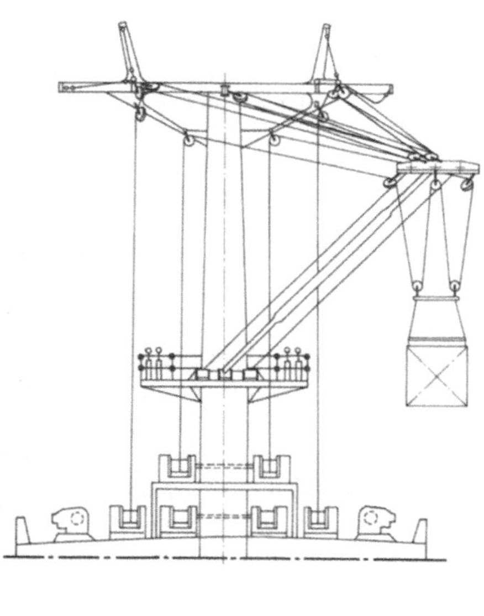

Bild 1.16. Hallén-Containerbaum

sind die Ladeblöcke befestigt, an denen das Container-Anschlaggeschirr hängt. Auf diese Weise können die Container beim Umschlag konstant in Längsschiffsrichtung geführt und auch abgesetzt werden (Bild 1.16).

Der **Mastkran**[3] gleicht im Betrieb dem einzelnen Schwingbaum. Jedoch wird die Schwenkbewegung nicht durch Geien, sondern durch eine hydraulisch betätigte Schwenkvorrichtung am Lümmellager bewirkt. Eine Erweiterung dieser Anlage besteht in einer hydraulischen Wippvorrichtung, die den Hanger ersetzt. Durch besondere Führung des Ladeseils kann dieser Hydraulikzylinder entlastet und die Knickbeanspruchung des Auslegers verringert werden (Bild 1.17). Mastkrane können wie gewöhnliche Ladebäume auch feststehend mit gekoppelten Ladeseilen eingesetzt werden. Allerdings sind dann in der Regel Preventer zu setzen, um starke Biegebelastung der Bäume am unteren Ende zu vermeiden (Einzelheiten sind stets dem Ladegeschirrheft zu entnehmen).

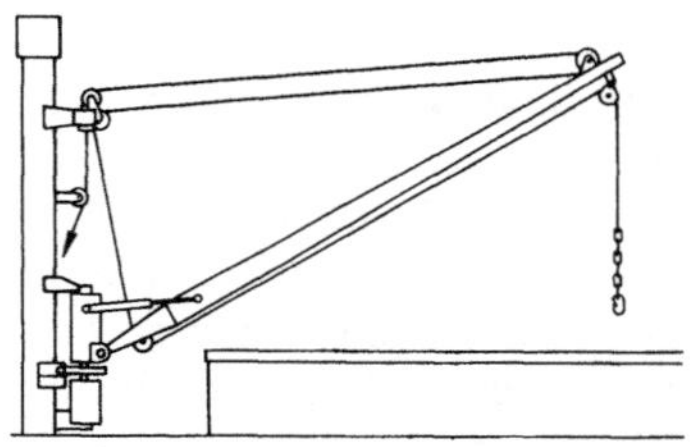

Bild 1.17. Mastkran

Krane haben im Betrieb etwa die gleichen Eigenschaften wie Schwenkgeschirre. Sie besitzen darüber hinaus oft größere Schwenkbereiche und wegen der meist kleineren Nutzlasten entsprechend größere Hakengeschwindigkeiten. In vielen Fällen hat der 5-t-Bordkran das Standard-Leichtgutgeschirr verdrängt, zumal die Bedienung eines Kranes entgegen ursprünglicher Annahmen auch von technisch ungeschulten Hafenarbeitern schnell erlernt werden kann. Einige Beispiele von Bordkranen werden in Bd. 3B, Kap. 2.6, beschrieben.

Schwergutgeschirre werden fast nur noch als Zweihangergeschirre der Stülcken-Typen „Single Pendulum" und „Double Pendulum" in verschiedenen Varianten gebaut. Beim Einsatz dieser Geschirre ist die Betriebsanleitung genau zu beachten (siehe auch 2.6, Winden Bd. 3B, Kap. 2.6).

1.5.3 Sicherheit des Ladegeschirrs

Verbindliche Grundlagen für die Sicherheit des Ladegeschirrs sind gegeben durch die Unfallverhütungsvorschriften der SeeBG, durch die Grundsätze für die Ausführung und Prüfung von Ladegeschirren von 1969 des GL sowie durch die DIN-Blätter über Ladegeschirr-Einzelteile (Blöcke usw.) und über Tauwerk und dessen Verarbeitung.

Nutzlast (SWL: Safe Working Load) und Arbeitsbereich bestimmen die Dimensionierung eines Ladegeschirrs. Es werden von der Bauwerft unter den getroffenen Annahmen die auftretenden Kräfte, die Seilzüge (SZ-Werte) und die Einzelteil-SWL-Werte berechnet. Daraus folgt, daß im Betrieb die den Berechnungen zugrunde liegenden Belastungen nicht überschritten werden dürfen und zum Erneuern von Seilen und Einzelteilen gleichwertiges, geprüftes Material verwendet werden muß. Ebenso müssen

3 Siehe auch Bd. 3B, Kap. 2.6.

die zulässigen Arbeitsbereiche eingehalten werden. Nur solche Ladebäume dürfen miteinander gekoppelt werden, für die diese Arbeitsweise rechnerisch geprüft worden ist.

Prüfung des Ladegeschirrs. Die erstmalige Prüfung von Ladegeschirren beginnt bei den Zulieferern der Werft und endet mit der „Baumprobe". Geprüfte Einzelteile erhalten eine Stempelung des GL mit Registriernummer, Datum und zulässiger Belastung (Bild 1.18). Dazu wird eine Werksbescheinigung (Attest) als Begleitpapier ausgestellt. Das gilt auch für Draht- und Fasertauwerk.

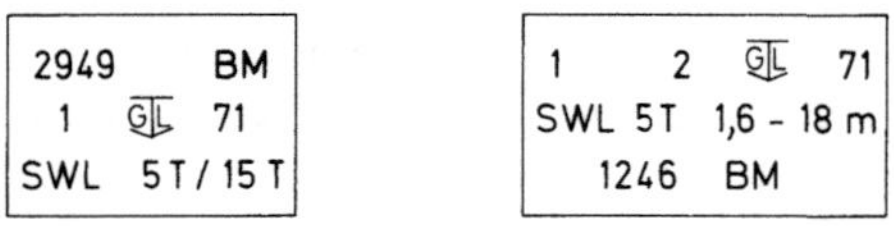

a b

Bild 1.18. **a** Stempelung eines Blockes mit Seilöse; **b** Stempelung eines Bordkranes

Die **Baumprobe** ist die erstmalige Belastungs- und Funktionsprüfung des fertig installierten Ladegeschirrs. Dabei wird eine größere Last als SWL (bei Leichtgutbäumen 1,25 × SWL) in extremen Auslagen des Geschirrs gehoben, 3 m schnell gefiert und dann scharf abgebremst. Während der Baumproben ist darauf zu achten, daß sich bei allen Baumstellungen sämtliche beweglichen Teile frei einstellen können und alle Seile frei laufen und sich gut auf die Winden führen lassen. Nach der Baumprobe erhalten auch Bäume und Krane eine Stempelung und eine Beschriftung mit der SWL-Angabe.

Ladegeschirrpapiere. Schiffe, die den UVV der SeeBG unterstehen und Ladegeschirr von 1 t Nutzlast und darüber führen, müssen ein Ladegeschirrheft an Bord haben, das vom GL im Auftrage der SeeBG ausgestellt wird. Das Ladegeschirrheft des GL mit der Bezeichnung Form L 1 entspricht den Empfehlungen der ILO (Internationales Arbeitsamt in Genf). Es wird nach den Baumproben ausgestellt, enthält die Ladegeschirrformblätter mit wesentlichen Angaben für die Schiffsleitung über Aufbau und Betrieb des Geschirrs und dient zur Aufnahme der jährlichen Besichtigungsvermerke des GL und der Eintragungen über die vierjährlichen eingehenden Untersuchungen.

Außerdem stellt der GL folgende Ladegeschirrbescheinigungen aus:

Form L 2 über die Prüfung des gebrauchsfertigen Ladegeschirrs,
Form L 2 (U) über die Prüfung für das Arbeiten mit Union Purchase,
Form L 3 über die Prüfung der Krane u. a. Hebezeuge,
Form L 4 über Einzelteilprüfung,
Form L 5 über die Prüfung von Drahtseilen,
Form L 6 über die Wärmebehandlung von Einzelteilen,
Form L 7 über die jährliche eingehende Untersuchung von Einzelteilen, die von der Wärmebehandlung befreit sind.

Die genannten Bescheinigungen werden anhand der Werksbescheinigungen ausgestellt und in das Ladegeschirrheft eingeklebt. Die Werksbescheinigungen für Faserseile sind dem Ladegeschirrheft beizufügen.

Besichtigungen. Das gesamte Ladegeschirr wird mindestens einmal jährlich vom GL besichtigt. Dabei sind dem Besichtiger die Werksbescheinigungen der zwischenzeitlich ausgewechselten Einzelteile und Seile vorzulegen. Die Besichtigung kann ergeben, daß Teile ausgewechselt und Ketten, Ringe, Haken oder Schäkel aus alterungsempfindlichem Stahl „normalgeglüht" werden müssen.

Eine eingehende Untersuchung des gesamten Ladegeschirrs wird im Beisein des GL im Abstand von nicht mehr als vier Jahren durchgeführt. Dabei wird das Geschirr weitgehend abgetakelt und aufgenommen. In der Regel wird diese Arbeit während eines Werftaufenthaltes des Schiffes durchgeführt.

Nach Änderungen, Reparaturen oder Ersatz von Ladegeschirrteilen, die nicht der Einzelteilprüfung unterliegen (z.B. Bäume oder Pfosten nach einem Unfall) wird eine Besichtigung mit der „wiederholten Baumprobe" durchgeführt.

Pflege des Ladegeschirrs. Das Ladegeschirr einschließlich der Winden, Ladebäume und Krane sowie der Masten und des stehenden Gutes ist von der Schiffsleitung laufend zu überholen. Dazu gehören folgende Arbeiten:

- Reinigung und Konservierung von Drahttauwerk und Stahlteilen,
- Schmierung von beweglichen und laufenden Teilen,
- Kontrolle auf Abnutzung und andere Mängel,
- Auswechseln von Seilen und Einzelteilen.

Die durchgeführten Arbeiten, Untersuchungsbefunde und Vermerke über ausgewechselte Teile sind von der Schiffsleitung in Teil 5 des Ladegeschirrheftes einzutragen.

In der Praxis werden auf älteren Schiffen etwa halbjährlich alle Blöcke auseinandergenommen und gewartet sowie die Drahtseile gereinigt und geschmiert. Etwa jährlich werden die Bäume ausgelümmelt und die Hangerkloben heruntergenommen. Auf neueren Schiffen und bei Spezialgeschirren entfällt das Auseinandernehmen der Blöcke, wenn sie Wartungsverträgen der Hersteller unterliegen bzw. weitgehend wartungsfrei konstruiert sind. Abnutzungsgefährdet sind vor allem Ladeblockschäkel und Ladeseile (Fleischhaken) sowie Hangerseile (innere Korrosion).

Durch die Einführung moderner Spezialgeschirre und Krane unterschiedlichster Bauart sind die Schiffsleitungen gezwungen, sich mehr als früher durch Studium der Werftunterlagen, Herstelleranweisungen und Rundschreiben der Reederei über Neuerungen bei der Wartung der oft kostspieligen Einrichtungen zu informieren. Nur so können Unfälle und Schäden vermieden werden.

1.5.4 Tauwerk

Faserseile werden aus den Naturfasern Manila, Sisal, Weichfaser-Langhanf und Kokos sowie den Chemiefasern Polyamid (z.B. Perlon, Nylon), Polyester (z.B. Diolen, Trevira) und Polypropylen (z.B. Tecolen schwimmfähig) hergestellt. Die Festigkeit von Chemiefaser-Tauwerk ist größer als die von gutem Manila-Tauwerk, so daß für die gleichen Zwecke Seile mit kleinerem Durchmesser genommen werden können. Da die Dehnung von Chemiefaser-Tauwerk größer ist, sollte der Durchmesser nicht zu klein gewählt werden[4]. Chemiefaser-Tauwerk verrottet nicht; es kann also naß verstaut werden. Chemiefaser-Tauwerk quillt nicht auf und kinkt nicht, ist allerdings gegen Hitze (Reibung) und teilweise gegen direktes Sonnenlicht empfindlich. Gegen Schamfilung ist Natur- und Chemiefaser-Tauwerk mit Schiemannsgarn, Leder oder Segeltuch zu bekleiden.

Die Macharten der Faserseile umfassen:

Form A Trossenschlag-Seil 3-litzig,
Form B Trossenschlag-Seil 4-litzig,
Form C Kabelschlag-Seil, 3-kardeelig (9 Litzen),
Form E Rundgeflecht-Seil aus Chemiefaser-Seilgarn,
Form F Rundgeflecht-Seil aus Pflanzenfaser-Seilgarnen, 1000 tex und feiner,
Form G Rundgeflecht-Seil aus Pflanzenfaser-Seilgarnen, 1100 tex und gröber,
Form H Spiralgeflecht-Seil (Schlingschnurgeflecht-Seil),
Form K Kernmantelgeflecht-Seil,
Form L Quadratgeflecht-Seil.

---

4 Siehe Merkblatt über Auswahl, Gebrauch und Pflege von Kunstfaserleinen; SeeBG, 30. Juni 1971.

Die Nenndurchmesser der Seile werden in Millimeter angegeben. Die Seilnenngröße entspricht dem Umfang des Seils in Zoll (Faustregel: Umfang in Zoll mal 8 ergibt Durchmesser in Millimetern).

Im Lade- und Anschlaggeschirr ist gebräuchlich: Form A, rechtsgeschlagen aus Manila oder Polypropylen mit Nenndurchmessern zwischen 20 und 32 mm. Die normale Herstellungslänge von Faserseilen beträgt 220 m (eine Rolle).

Seile von 16- bis 120-mm-Seil-Nenndurchmesser müssen zur Kennzeichnung von Werkstoff und Güte farbige Kennfäden sowie einen Kennstreifen mit der Firmenkennummer des Herstellers (nach der Liste des GL) und dem DIN-Kennzeichen enthalten. Die zulässige Belastung darf bei laufendem Gut rund 15% der Seil-Nenn-Reißkraft (d.h. 6,5fache Sicherheit) betragen. Der Durchmesser von Seilscheiben soll mindestens dem 5,5fachen Seil-Nenndurchmesser entsprechen.

Bei der Bestellung von Seilen sind anzugeben: Die Machart (Form), der Seil-Nenndurchmesser (in mm) oder die Seil-Nenngröße und die DIN-Nummer, für 24 mm Durchmesser z.B. 1 Rolle Seil A 24 DIN 83322. Überlängen sowie Sonderschlagrichtungen, Imprägnierung u.ä. sind bei der Bestellung anzugeben, z.B. 72 m Seil F 8 DIN 83325 — imprägniert.

Ob Tauwerk abgenutzt ist, erkennt man daran, daß die Litzen ihre runde Form verloren haben und eckig geworden sind, daß einzelne Garne aus den Litzen hervortreten oder gebrochen sind und daß die Garne dort, wo die Litzen aufeinander liegen, kleine Fasern haben bzw. mehlig zerrieben sind. Jegliches Fasertauwerk, besonders aber solches aus Naturfasern, ist empfindlich gegen Säuren und ätzende Chemikalien. Kunstfaserleinen vertragen vor allem keine Lösungsmittel. Wie eine Reihe von schweren Unfällen gezeigt hat, kommt es durch Unachtsamkeit und Unordnung an Deck leicht zur unbemerkten Berührung des Tauwerks mit solchen Stoffen, wobei die entstehende Verringerung der Bruchfestigkeit dem Seil äußerlich oft nicht anzumerken ist.

Drahtseile werden aus stark verzinktem Stahldraht von 160 oder 180 kg/mm^2 Zugfestigkeit hergestellt. Sie enthalten eine imprägnierte Fasereinlage (die Seele) oder eine Stahlseele. Gebräuchlich ist der rechtsgängige Kreuzschlag, bei dem die Litzen rechtsgeschlagen und die Einzeldrähte linksgeschlagen sind.

Zum Einsatz kommt an Bord in der Regel:

- für laufendes Gut Drahtseil mit 6 Litzen zu je 37 Einzeldrähten,
- für Laschmaterial Drahtseil mit 6 Litzen zu je 24 Einzeldrähten,
- für stehendes Gut Drahtseil mit 6 Litzen zu je 19 Einzeldrähten,
- für Kranseile drehungsfreie Litzenspiralkonstruktion in Ganzstahlausführung, z.B. 18×7 oder 36×7.

In jedes Seil ist in der ganzen Länge ein farbiger Kennfaden zur Kennzeichnung der Zugfestigkeit des Einzeldrahtes eingeschlagen. Der Kennstreifen enthält außerdem die Firmenkennummer nach der Liste des GL und die DIN-Bezeichnung. Die Bestellung soll entsprechend den DIN-Blättern vorgenommen werden.

Nach GL sind Drahtseile auszuwechseln, wenn auf eine Länge vom achtfachen Seildurchmesser die Zahl der als gebrochen festgestellten sichtbaren einzelnen Drähte 10% der Gesamtzahl aller Drähte im Seil übersteigt, oder wenn das Seil bedenkliche Roststellen aufweist. Hierbei ist auch auf Korrosion im Inneren des Seils zu achten. Zur Konservierung sind Drahtseile stets gut gefettet zu halten. Besonders Spleiße, die dauernden Witterungseinflüssen ausgesetzt sind, sollten durch sachgemäßes Bekleiden konserviert werden.

Beim Einsatz von Drahtseilen als laufendes Gut muß mit 5,2facher Sicherheit, als stehendes Gut mit 4,2facher Sicherheit, ausgehend von der rechnerischen Bruchlast, gearbeitet werden. Der Durchmesser von Seilscheiben in Blöcken usw. soll für laufendes

Gut mindestens dem 14fachen und für stehendes Gut mindestens dem 9fachen des Seil-Nenndurchmessers entsprechen. Außerdem muß der Radius der Keep dem des Seils mindestens entsprechen.

Anschlaggeschirr wird wegen der starken Beanspruchung in der Regel mit 8facher Sicherheit eingesetzt (siehe auch 2.3.4 und 2.6.2). Nachstehend werden einige Belastungsbeispiele gegeben:

1. Drahtseil-Langstropp

Seil-Nenndurchmesser: 20 mm — Seilumfang: $2^1/_2$ engl. Zoll
Machart: Normal mit Faserseele — 6 × 37 Drähte und 1 Fasereinlage
Nennfestigkeit: 160 kg/mm^2 — Rechn. Bruchlast: 22,9 t
Zulässige Belastung bei 8facher Sicherheit:
Einzelstrang, senkrecht, 1 Auge über Ladehaken 2,86 t
Einzelstrang, mit Schnürung der Last rd. 2,86 · 0,7 rd. 2 t
Doppelstrang, beide Augen über Ladehaken:

Spreizwinkel	0°	45°	90°	120°
Belastung in t rd.	5,7	5,2	4,0	2,8

Spreizwinkel darf nicht größer als 120° werden!

2. Langstropp aus Manila Güte 2 oder Sisal

Seil-Nenndurchmesser: 28 mm — Seilumfang: $3^1/_2$ engl. Zoll
Machart: Trossenschlag, 3 Litzen
Zulässige Belastung bei 8facher Sicherheit:
Einzelstrang, senkrecht 0,665 t
Doppelstrang, beide Augen über Ladehaken:

Spreizwinkel	0°	45°	90°	120°
Belastung in t rd.	1,33	1,2	0,93	0,665

3. Rundstropp

Seil-Nenndurchmesser: 28 mm — Seilumfang: $3^1/_2$ engl. Zoll
Machart: Trossenschlag, 3 Litzen; nur an einer Stelle ein Kurzspleiß
Zulässige Belastung bei 8facher Sicherheit, falls Spreizwinkel an der Schnürstelle 90°:
Manilamisch (Ma/Si) 0,95 t — Manila Grad 1 1,07 t
Manila Grad 2 oder Sisal 0,95 t — Manila Grad S 1,2 t

4. Rundstahlkette

Ketten-Nenndicke: 18 mm — Nenn-Bruchbelastung: 12,6 t
Zulässige Belastung bei 4facher Sicherheit:
Einsträngige Ringkette, senkrecht 3,15 t
Einsträngige Ringkette mit Schnürung der Last 2,2 t
Zweisträngige Ringkette:

Spreizwinkel der beiden Stränge	0°	45°	75°	90°	120°
Belastung in t	6,3	5,6	5,0	4,4	3,15

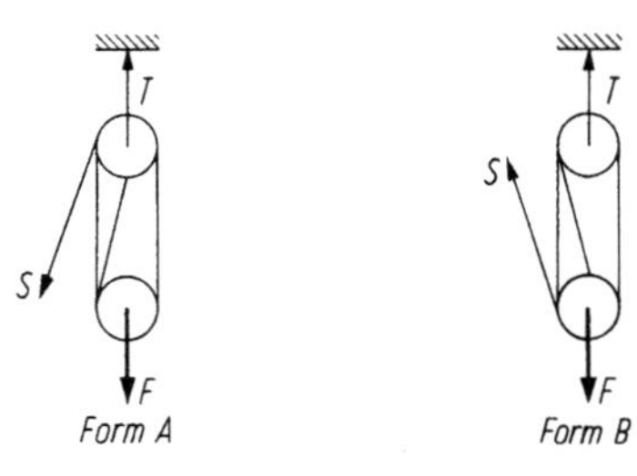

Bild 1.19. Kräfte an Taljen

Taljen kommen an Bord als Teile von Schwergutgeschirren oder als Schlepptaljen zum Einsatz. Der GL unterscheidet Taljen nach Form A und nach Form B (Bild 1.19). Zur Berechnung des Seilzugs und der Aufhängebelastung beim Hieven einer Last gelten folgende Formeln:

Talje nach Form A: $$S = P \cdot \frac{K^n (K-1)}{K^n - 1},$$

$$T = P + S;$$

Talje nach Form B: $$S = P \cdot \frac{K^n (K-1)}{K^{n+1} - 1},$$

$$T = P - S;$$

S Seilzug; *P* Nutzlast; *n* Gesamtzahl der Scheiben in der Talje; *K* Reibungsfaktor (1,02 für Wälzlagerblöcke und 1,05 für Gleitlagerblöcke); *T* Belastung der Aufhängung.

Beispiel: Mit einer vierscheibigen Talje nach Form A mit Gleitlagerblöcken ergibt sich bei Hieven einer Nutzlast von 10 t ein Seilzug von 2,82 t, wobei die Aufhängung mit 12,82 t belastet wird. Verwendet man die gleiche Talje umgekehrt (Form B), so ergibt sich ein Seilzug von 2,20 t und eine Belastung der Aufhängung von 7,80 t.

1.5.5 DIN-Blätter

Die DIN-Blätter werden vom Deutschen Institut für Normung e.V. herausgegeben und sind beim Beuth Verlag GmbH, Berlin, Köln, zu beziehen. Nachstehend werden einige für Lade- und Anschlaggeschirr wichtige DIN-Blätter aufgeführt.

DIN-Blätter	
Drahtseile (Übersicht)	3051
Drahtseile, geordnet nach Macharten	3052 bis 3071
Anschlagseile aus Drahttauwerk	3088
Gepreßte Seilhülsen	3093
Lösbare Seilhülsen	1142
Vergießen von Seilhülsen	83315
Spleiße für Drahtseile	83318
Faserseile (Übersicht)	83305
Faserseile aus Manila und Manila/Sisal	83320 bis 83323
Faserseile aus Kunstfasern	83330 bis 83332
Spleiße für Faserseile	83315
Anschlagketten	5688
Ladeblöcke ohne Seilöse, Leitblöcke	82266
Ladeblöcke mit Seilöse	82227
Hangerblöcke	82221 bis 82223
Klappblöcke (sog. Fußblöcke)	82220
Schäkel	82101
Ladeschäkel (auch für Schwergut)	82016
Ladehaken	82017
Ladehakenwirbel	82018

1.6 Instandhaltung des Schiffes

1.6.1 Besichtigungen

Schon während des Baues und vor der Indienststellung werden der Schiffskörper, die Maschinen- und Kesselanlagen und die wichtigsten Ausrüstungsgegenstände durch die Klassifikationsgesellschaften (GL), die SeeBG und verschiedene Behörden einer dauernden Kontrolle unterzogen. Für Fahrgastschiffe (mehr als 12 Fahrgäste) verlangt SOLAS 1974 eine jährliche Besichtigung, die eine Prüfung des gesamten Schiffskörpers einschließlich des Schiffsbodens, der Kessel, Maschinen, der Funkanlage, der Rettungsgeräte, der Feuermelde- und Feuerlöscheinrichtungen, der Lotsenleitern und anderer Ausrüstungsgegenstände umfaßt. Auf Frachtschiffen erfolgt die Besichtigung alle zwei Jahre und bezieht sich nur auf die Sicherheits- und Feuerlöscheinrichtungen, die Lotsenleitern, die Laternen, die Schallgeräte und auf die Notsignale.

Allgemeine oder Teilbesichtigungen haben nach Schiffsunfällen stattzufinden oder wenn sich ein Mangel herausstellt, der die Sicherheit des Schiffes oder die Vollständigkeit oder Wirksamkeit der Rettungsgeräte oder anderer Ausrüstungsgegenstände berührt, oder wenn größere Reparaturen oder Erneuerungen vorgenommen worden sind. Bei den vom GL klassifizierten Schiffen müssen regelmäßige Besichtigungen je nach der Klasse alle vier oder drei Jahre vorgenommen werden; nach jedem Schiffsunfall ruht die Klasse, bis sie aufgrund einer Besichtigung wiederhergestellt ist.

1.6.2 Allgemeines über Instandhaltung

Die Instandhaltung des Schiffes gehört zu den Aufgaben der Schiffsleitung. Die Lebensdauer eines Schiffes hängt in hohem Maße von einer guten Konservierung ab. Außerdem ist die Beschaffenheit der Außenhaut von großem Einfluß auf die Geschwindigkeit des Schiffes. Starker Bewuchs kann diese um 2 bis 3 kn verringern. Die Folgen davon sind Überanstrengung der Maschine, Mehrverbrauch an Brennstoff und damit Zeit- und Geldverluste. Reeder und Schiffsleitung sollten deshalb der Konservierung des Schiffes die größte Aufmerksamkeit schenken und das Schiff sofort docken, wenn der Boden nicht rein ist.

Tankschiffe. Die Instandhaltung dieser Schiffe ist schwieriger als die gewöhnlicher Schiffe. Das Material ist wegen der Schlingerbewegungen der flüssigen Ladung großen Beanspruchungen unterworfen, denn das Gewicht und die Stoßwirkungen der Ladung in Tankschiffen werden von den Platten und nicht von dem kräftigen Spantenwerk, wie bei gewöhnlichen Schiffen, aufgefangen. Es ist bekannt, daß, je höher die Materialbeanspruchung ist, desto mehr auch das Material für Korrosion empfänglich ist. Das Material der Tankschiffe ist, da diese nur wenige Stunden in einem Hafen liegen, einer ununterbrochenen Beanspruchung unterworfen.

Rostbildung. Die wesentliche Ursache der Zerstörung des Eisens ist die Rostbildung. In trockener Luft und in luftfreiem Wasser verändert sich das Eisen bei gewöhnlicher Temperatur nicht; die Rostbildung setzt erst bei gleichzeitiger Anwesenheit von Wasser und Sauerstoff und unter Mitwirkung der Kohlensäure der Luft ein. Auch galvanische Ströme rufen unter Wasser Rostbildungen hervor, und zwar in auffallendem Maße bei den Austrittsöffnungen von bronzenen Seeventilen und am Heck, Ruder- und Hintersteven bei Schiffen mit Bronzeschrauben. Rost tritt ferner auf, wenn säurehaltige Flüssigkeiten unter gleichzeitigem Luftzutritt mit dem Eisen in Berührung kommen. Geschmiedetes Eisen rostet weniger als gewalztes Eisen, Gußeisen weniger als kohlenstoffarmes Eisen, gehärteter Stahl weniger als ungehärteter, Schweißeisen weniger als Flußeisen. Man kann im allgemeinen sagen, je kohlenstoffreicher das Eisen ist, desto widerstandsfähiger ist es gegen Rostbildung; das harte Gußeisen ist also gegen Verrosten das widerstandsfähigste, der weiche Stahl das empfindlichste Eisen.

1.6.3 Konservierung durch Farbanstriche

Farbanstriche müssen zur Erfüllung ihrer Aufgabe vier Grundbestandteile enthalten:
- Pigment (d.h. den fein pulverisierten Farbkörper, z.B. Mennige, Bleiweiß);
- Bindemittel (d.h. trocknendes Öl, Ölkunstharze, reine Kunstharze u.a.);
- Verdünnungsmittel (d.h. Terpentin, Toluol, Benzol, Xylol u.a.) und
- Additive (d.h. Siccative, Härter u.a.).

An Bord werden neben einigen Spezialanstrichmitteln in der Regel folgende Farben verwendet:

Ölkunstharzfarben stellen eine Verbesserung der früher verwendeten Ölfarben dar, indem Leinöl und Naturharze als Bindemittel durch Zusatz chemischer Stoffe veredelt sind. Hierdurch werden größere Härte, bessere Wasserbeständigkeit und sehr gute Haftung an der gemalten Fläche erreicht. Reine Ölfarben werden nicht mehr verwendet.

Nitrozellulosefarben dürfen wegen der besonders hohen Feuergefährlichkeit an Bord und im Schiffbau nicht verwendet werden.

Chlorkautschukfarben können besonders chemikalien- und wasserfest sowie quellsicher hergestellt werden. Deshalb wird heute Kautschukmennige anstatt der Bleimennige vielfach für den ersten Unterwasseranstrich benutzt. Chlorkautschukfarben lösen sich jedoch bei längerer Einwirkung von tierischen und pflanzlichen Fetten und Ölen auf und sind deshalb unbrauchbar für Beschichtungen von z.B. Fischereifahrzeugen. Die thermische Belastungsgrenze dieser Farbsorte liegt bei etwa +60 °C.

Im Neubau- bzw. Werftbetrieb kann wegen der besseren technischen Voraussetzungen eine Vielzahl von Farbtypen eingesetzt werden, von denen nachfolgend die bedeutendsten genannt werden sollen.

Zweikomponentenfarben bestehen aus zwei getrennt gelieferten Substanzen, die erst vor dem Gebrauch vermischt werden und einen außergewöhnlich widerstandsfähigen und haltbaren Anstrich ergeben.

Vinylfarben haben ähnliche Eigenschaften wie Chlorkautschukprodukte, sind aber wesentlich fester und dauerhafter und werden für Neubauanstriche oft vorgezogen. Wegen der äußerst schnellen Lösungsmittelverdunstung ist die Verarbeitung mittels Pinsel oder Rolle nicht anzuraten. Bei späteren Unterhaltungsarbeiten verwendet man daher Chlorkautschukfarben.

Zinkstaubfarben auf der Bindemittelbasis Epoxidharz oder Silikaten werden wegen ihrer sehr guten Korrosionsschutzeigenschaften als Basisanstriche im Neubau geschätzt. Der hohe Zinkanteil im trockenen Farbfilm leistet kathodischen Schutz, die Bindemitteltype bestimmt die Abriebfestigkeit.

1.6.4 Auswahl und Verwendung der Farben

Für die Auswahl der Farbsorten ist die spätere Beanspruchung, z.B. durch Seewasser, Wind und Wetter, mechanische Reibung usw. entscheidend, ferner, ob die Farbe außen-

oder innenbords verwendet werden soll. Beim Neubau eines Schiffes sollte darauf geachtet werden, daß das im finanziellen Rahmen beste Beschichtungssystem gewählt wird. Den Wartungsmöglichkeiten an Bord werden im modernen Schiffsbetrieb immer engere Grenzen gesetzt.

Untergrund. Die früher praktizierte Entfernung der Walzhaut durch Abrostenlassen des Stahlmaterials auf dem Plattenlager der Werften ist im heutigen Schiffbau schon aus zeitlichen Gründen nicht mehr möglich. Viele Werften entfernen in Sandstrahlanlagen die Walzhaut (auch Zunder oder Hammerschlag genannt) von den Platten und Profilen und beseitigen hiermit die in ihren späteren Folgen oft unterschätzte Walzhautkorrosion, die an unbehandelten Stahlflächen leider erst im späteren Bordbetrieb erkennbar wird. Nach dem Strahlen wird ein sogenannter Shop-Primer als sehr dünner Farbfilm aufgespritzt, der den Stahl während der Lagerung bzw. während der Bauzeit des Schiffes vor atmosphärischen Einflüssen schützen soll und eine sichere Grundlage für das aufzubringende Gesamtanstrichsystem sein muß.

Eine andere, oft genutzte Möglichkeit ist der Bezug bereits im Walzwerk gestrahlter und „geprimerter" Bleche und Profile. Modern eingerichtete Werften lassen vorgefertigte Schiffssektionen in eigenen großen Strahlhallen entzundern und „primern", wobei vielfach auch bereits Folgeanstriche aufgebracht werden.

Grundierung. Ein guter Entzunderungsgrad und die Wahl des geeigneten Shop-Primers sind die Grundlage für das Gelingen des gesamten Konservierungssystems. Beim Neubau wird das Unterwasserschiff vor dem Stapellauf zwei- bis dreimal grundiert. Bei der Auswahl der Grundierung richtet man sich nach witterungsbedingten Voraussetzungen. Relativ temperaturunabhängig während der Trocknung sind Vinylharz-Teer-Kombinationen und Polyurethan-Teer-Grundanstriche. Epoxi-Teer-Farben und Chlorkautschukgrundierungen werden für „Sommerschiffe" verwendet. Die Verträglichkeit des gewählten Systems mit Fremdstrom-Kathodenschutzanlagen ist, sofern diese eingeplant sind, zu prüfen.

Zweckmäßig noch vor dem Stapellauf ist das Auftragen einer sogenannten Werft-Bewuchsschutzfarbe, die das Unterwasserschiff während der Ausrüstungsperiode vor Bewuchs schützt. Außerordentlich wichtig ist die korrekte Erdung des Schiffes während der Ausrüstung. Streuströme zwischen Pier und Schiff führen zu schweren Korrosionserscheinungen am Unterwasserschiff. Nach der Ausrüstung wird der Neubau gedockt, Pall- und Schadstellen werden sorgfältig ausgebessert und anschließend nach der Bauvorschrift der eigentliche Bodenanstrich aufgebracht.

Giftanstriche. Die vergiftete Schiffsbodenfarbe wird sortenmäßig nach ihrem steigenden Giftgehalt mit II, III, IIIa oder IIIs bezeichnet, wobei IIIs den höchsten Wirkungsgrad ausdrücken soll. Durch die technische Entwicklung der letzten Jahre bedingt, haben sich in der Praxis allerdings immer mehr die englischen Bezeichnungen von „Standard" bis „Longlife"-Antifouling eingebürgert. Von neuesten Entwicklungen abgesehen, beruht die Wirkungsweise dieser Farben immer noch auf dem Prinzip der zu Ausgang des 19. Jahrhunderts von Kapt. Joh. Rathjen entwickelten Patentfarbe. Die Giftstoffe lösen sich nach und nach im Wasser auf und sollen die den Bodenbewuchs bildenden Organismen im Wachstum stören bzw. die Sporen dieser Organismen abtöten.

Als Wirkstoff werden in der Spannungsreihe edle Schwermetalle oder Organo-Metallverbindungen eingesetzt, mitunter auch Giftstoffkombinationen beider Arten. Die Auslaugungsrate (Wirkstoffabgabe) ist abhängig vom Bindemittel. Moderne Bindemittel wie Chlorkautschuk und Vinyle lassen höhere Giftanteile zu als herkömmliche Colophoniumtypen. Bei Kontakt der Antifouling mit ungeschütztem Stahl des Schiffskörpers entsteht in dem Elektrolyten Seewasser starke Korrosion. Dem Auftragen der Grundanstriche und dem Ausbessern derselben ist deshalb größte Sorgfalt zu widmen. Das gilt natürlich auch für Dockungen während der späteren Laufzeit des Schiffes. Schiffsböden sind nach dem Eindocken gründlich von Bewuchs zu reinigen und von Rost und öligen Belägen zu befreien. Alle Anstriche dürfen grundsätzlich nur auf saubere und trockene Flächen aufgetragen werden. Die Oberflächenbeschaffenheit des Schiffsbodens nach der Reinigung und wirtschaftliche Überlegungen sind entscheidend für die Grundierung vor dem Auftragen des neuen Bewuchsschutzanstriches. Die Qualität der Grundierung ist in engem Zusammenhang mit der Lebensdauer der Antifouling zu sehen, insbesondere dann, wenn längere Dockintervalle angestrebt werden.

Boottopgang. Die Tiefladelinie, der sogenannte Boottopgang, auch Streifen „zwischen Wind und Wasser" genannt, ist besonders gefährdet, da sie dem Seewasser und der Witterung sowie mechanischen Einwirkungen durch Leichter usw. ausgesetzt ist. Hier kommt es auf sorgfältige Entrostung und Abdeckung mit einem wasser- und wetterbeständigen sowie abriebfesten Anstrichsystem an. Der Boottopgang wird im Neubau heute allerdings immer weniger als gesonderte Anstrichzone gewertet; er erhält, je nach Schiffstyp, das Unterwassersystem oder den Außenbordgesamtanstrich.

Überwasseranstriche. Für die Neubaukonservierung der Überwasserteile sollte ein einheitliches Gesamtanstrichsystem gewählt werden, um die spätere Instandhaltung im Bordbetrieb zu vereinfachen. Besonders langlebig sind auf stark zinkhaltigen Grundierungen (Zinksilikate) aufbauende Beschichtungen mit Deckfarben der verschiedensten Bindemitteltypen.

Für die bordseitige Unterhaltung der Anstrichflächen benutzt man dem Neubausystem angepaßte Rostschutz- und Deckfarben. Die wegen ihrer problemlosen Verarbeitung gebräuchlichsten Sorten sind Öl-Kunstharz-Kombinationen und Chlorkautschukfarben.

Innenräume. Der Anstrich der Laderäume wird den späteren Anforderungen entsprechend gewählt. Massengutschiffe benötigen in diesen Räumen extrem belastbare Anstrichsysteme (Greifer, Erz!), z. B. Zinksilicate. Stückgut- und Containerschiffsladeräume werden gewöhnlich mit Dickschichtanstrichen auf Ölkunstharz- oder Chlorkautschukbasis beschichtet. Helle Farbtöne werden wegen der gewünschten Lichtreflexion bevorzugt.

Für die Neubeschichtung und Pflege der Maschinenräume werden treibstoffeste, schwer entflammbare Kunstharzfarben eingesetzt.

Alle Innenbereiche wie Store-, Wirtschafts- und Wohnräume sowie hinter Verkleidungen liegende Flächen werden mit schwer entflammbaren Anstrichmitteln konserviert, so daß Flächenbrände kaum entstehen können. Im allgemeinen genügen die heutigen Kunstharzfarben dem Anspruch „schwer entflammbar". Vor der Entscheidung für dieses oder jenes Produkt sollte die Zulassungsliste der SeeBG eingesehen werden.

Ballastwassertanks müssen wegen der ständigen Wechselbelastung durch See- und Brackwasser unterschiedlicher Verschmutzungsgrade und feuchte Luft besonders sorgfältig bearbeitet werden. Nach gründlicher Vorbehandlung des Stahls werden mindestens zwei dickschichtige Anstriche aufgetragen. Zur Anwendung kommen sowohl konventionelle Bitumen- oder Teeranstriche als auch Vinylharz-Teer, Chlorkautschuk-Teer und hochwertigere Epoxidharz-Teer-Kombinationen. Wechseltanks erhalten oft keine speziellen Anstriche. Sie werden statt dessen durch Opferanoden geschützt und erhalten nur zusätzlich Epoxidharz-Anstriche an Tankdecke und -boden, da diese Zonen durch sauer reagierende Ölrückstände bzw. Kondenswasser stark gefährdet sind.

Frischwassertanks wurden früher mit einer zunächst billigen, aber öfter aufzufrischenden Zementschlämme behandelt, die direkt auf den Stahl aufgetragen wurde. Die im

Werftbetrieb unwirtschaftlich gewordenen Heißasphaltbeläge wurden abgelöst durch mehrschichtig aufzubringende bituminöse Konservierungssysteme, die, z. B. als Epoxidharz-Kombinationen, immer noch verwendet werden. Daneben haben sich, besonders als Trinkwassertank-Beschichtung, dreischichtige sogenannte „reine" Epoxidharzsysteme bewährt. Alle diese Beschichtungssysteme müssen physiologisch unbedenklich sein und die Zulassungszeugnisse der Gesundheitsbehörden haben.

Treibstofftanks benötigen normalerweise keinen Schutzanstrich. Sie werden während der Ausrüstungsperiode nach einer manuellen Entrostung mit einem Mineralölgemisch ausgewaschen. Schweröl emulgiert in gewissen Grenzen mit Wasser, Dieselöl jedoch nicht. Daher werden die Tankböden von Dieselöltanks vielfach mit zwei Epoxidharz-Anstrichen behandelt, um einen ausreichenden Schutz gegen das mit der Zeit stark verschmutzte, sich in diesem Bereich sammelnde Wasser zu erhalten.

Ladetanks werden abhängig von den zu ladenden Stoffen und den zu verwendenden Reinigungsmethoden gegen Korrosion geschützt. Erdöl und dessen Produkte wirken von sich aus konservierend. Korrosion tritt nur auf bei Füllung der Tanks mit Ballastwasser und nach der Wasserreinigung bzw. beim Füllen mit Inertgas. Die ideale Lösung für solche Tanks ist ein Mischsystem aus bis zur Ballastfüllhöhe angebrachten Opferanoden aus Zink und Schutzanstrichen an der Tankdecke und am Boden. Sehr viel diffiziler ist das Problem des Korrosionsschutzes von Tanks in Produkten- und Chemikalientankern. Hier werden genau auf die Ladung abgestimmte Spezialbeschichtungen eingesetzt — für gewisse Stoffe werden Tankwandungen aus Edelstahl erforderlich (siehe 3.2).

1.6.5 Praktische Winke für Malerarbeiten

Auf feuchtem Untergrund kann eine Farbe nicht haften. Man muß also dafür sorgen, daß die zu malende Fläche völlig trocken und sauber ist. Rost muß entfernt werden. Rost enthält zumeist Feuchtigkeit und wächst unter dem Anstrich weiter. Man darf Rost nicht übermalen, sondern muß ihn mit einer Drahtbürste oder durch Abklopfen und Schrapen entfernen. Auch Ölrückstände können das Haften einer Farbe unterbinden.

Auch vor dem Malen im Dock muß der Schiffsboden trocken sein. Es ist darauf zu achten, daß Speigatten und Abflußöffnungen geschlossen sind.

Fast alle Farben verändern ihre Zähflüssigkeit durch Wärme oder Kälte. Es sollte beim Malen eine Temperatur von 20 bis 22 °C herrschen. Bei Kälte wird das Farbbindemittel dickflüssiger. Man trägt die Farbe dann ungleich und in zu dicken Schichten auf, wodurch die Durchhärtung und auch die Haftfähigkeit verringert werden. Bei hohen Temperaturen wird die Farbe dünnflüssig. Ein gleichmäßiges Verteilen der Farbe ist dann nahezu unmöglich.

Gute Pinsel erleichtern die Arbeit. Man sollte die Pinsel nach dem Gebrauch stets mit Terpentin säubern und in einen kleinen Bottich mit Leinöl, vermischt mit etwas Terpentin, hängen. Die Pinsel sollen den Boden des Gefäßes nicht berühren, da sonst die Borsten knicken. Zum Verteilen hochwertiger Emaillelacke und Klarlacke sollten stets weiche, langborstige Pinsel verwendet werden.

Für weiße und hellfarbige Lackierungen nimmt man Emaillelacke, die gut deckende Grundanstriche erfordern. Der Grundanstrich muß das Eisen oder die Mennigeschicht völlig abdecken. Ein Emaillelack hat nur eine bedingte Deckkraft. Er soll den Schutz gegen die Witterung mit gleichzeitig gutem Flächenglanz schaffen.

Bunte Lack- und Ölfarben haben die Neigung, daß sich die darin enthaltenen Farbstoffe nach einer gewissen Lagerzeit zu Boden setzen. Das tritt bei spezifisch schweren Pigmenten, wie z. B. bei Bleimennige, schon nach verhältnismäßig kurzer Zeit ein. Bevor Farben dieser Art verstrichen werden, muß der Bodensatz wieder restlos aufgerührt werden. Hierfür nimmt man ein schaufelartiges Rührholz. Ein dünner Stock ist ungeeignet. Die Farbmasse muß vom Boden des Gefäßes heraufgeholt und im Farbbindemittel durch längeres Rühren wieder verteilt werden.

Die fabrikseitig gelieferten Farben sind meistens streichfertig. Man braucht also Verdünnung nur hinzuzugeben, wenn die Gefäße einige Zeit ohne Deckel offengestanden haben. Vom Hersteller wird im allgemeinen angegeben, welches Verdünnungsmittel hinzugefügt werden kann. Bei Spezialsorten nimmt man diese Verdünnung auch zum Reinigen der Pinsel.

Wenn eine Farbe nicht trocknet, dann liegt es meistens am Untergrund. Auf der Grundfläche kann Fett oder Mineralöl gewesen sein, oder Feuchtigkeit hat die Durchhärtung nachteilig beeinflußt. Es ist deshalb falsch, in den frühen Morgenstunden nach einer taufeuchten Nacht zu streichen.

Kräuselt ein Anstrich, so ist die Farbe zu dick aufgetragen, etwa in der Annahme, daß hierdurch die Konservierung besser sein müsse. Der Farbfilm kann nur in einer verhältnismäßig dünnen Schicht richtig durchhärten und verhornen. Sobald die Schicht zu dick ist, trocknet der Farbfilm nur in der Oberfläche; das führt zum Kräuseln oder zum Kleben, weil die unterste Farbschicht nicht mehr erhärten kann.

Reißt ein Anstrich, so ist anzunehmen, daß die unterste Schicht zu fett und weich gewesen ist. Alle Anstriche sollen stets so aufgebaut sein, daß sich zu unterst die fettärmste und zu oberst die fettreiche Farbe befindet, nach dem Grundsatz: „Unten mager, oben fett". Streicht man auf eine fette Ölfarbe nach kurzer Zeit eine fettarme Grundierfarbe, so kann es besonders unter dem Einfluß von Sonnenbestrahlung oder Wärme zum Erweichen des Untergrundes und zu Spannungsrissen kommen. Man vermeide deshalb, besonders in den Tropen, bei Sonnenschein zu malen. Auch setze man den frischen Anstrich nicht gleich der prallen Sonne aus. Es entstehen hierdurch leicht Blasen.

Wenn ein Emaillelack kurz nach dem Verarbeiten matt wird, dann liegt dies meist daran, daß auf den noch feuchten Lack Nebel oder Luftfeuchtigkeit einwirken konnte.

Aluminium. Für alle Schiffsteile und Gegenstände aus Aluminium sind Bleimennige und alle bleihaltigen Farben schädlich. Vor dem ersten Anstrich die Oberfläche mit Benzin, Benzol oder Toluol (Vorsicht: Feuergefahr) reinigen und mit sauberen Lappen trockenreiben. Dabei für gute Lüftung sorgen! Dann möglichst sofort den Grundanstrich (bewährt haben sich die sogenannten Washprimer oder Ätzgrundierungen) aufbringen. Kanten und Ecken vorstreichen. Nach Trocknen des Grundanstrichs möglichst bald den ersten und zweiten Deckanstrich auftragen, denn in jedem Fall muß eine Verschmutzung des Grundanstrichs durch Öl oder Fett vermieden werden. Für den Deckanstrich eignen sich Kunstharz- und Spezialfarben.

Vorschriften über gesundheitsschädliche und brennbare Farbanstriche enthalten die UVV der SeeBG (§§ 68, 85) und die Schiffsraumanstrichverordnung vom 7. September 1961 (BGBl. I S. 1713). Daraus die wichtigsten Bestimmungen:

Farben, die gesundheitsschädliche Dämpfe entwickeln, sollen in engen Räumen, z. B. in Tanks, Doppelböden, Vor- und Hinterpiek, nicht verwendet werden; wenn aber unumgänglich, für dauernde Belüftung sorgen, ständige Aufsicht, Rettungsleinen und Atemschutzgerät bereithalten.

In Unterkunftsräumen, Motorenräumen und Räumen mit ölbeheizten Kesseln dürfen nur schwer entflammbare Farben verwendet werden (DIN 4102).

Bei Verwendung brennbarer Farben darf in den Räumen weder mit offenem Licht oder gleitenden Gegenständen umgegangen noch geraucht werden. Feuerlöscheinrichtungen müssen bereitgestellt sein. Feuerlöscher dürfen weder Tetrachlorkohlenstoff noch Methylbromid enthalten.

Nach obiger VO muß nach einstündiger Arbeit mit gefährlichen Anstrichmitteln eine Pause von mind. 20 min eingelegt werden. Frauen und Jugendliche dürfen mit solchen Arbeiten nicht beschäftigt werden.

Vor Beginn der Arbeit ist auf die Gefahren hinzuweisen.

Die Ergiebigkeit von Anstrichmitteln (m^2/l) ist sehr abhängig von mehreren Faktoren. Dazu zählen u.a.: Beschaffenheit des Untergrundes wie Rauhigkeit und Temperatur, allgemeine Witterungsbedingungen und Art des Auftragens sowie gewünschte Schichtdicke und Festkörpergehalt der Farbe. Farbfilmdicken werden ausgedrückt in Mikrometer (μm). Nachstehend angegebene Werte sind mit einem Materialverlust von 20% für die Praxis als Anhaltspunkt ausreichend berechnet und basieren auf Schichtdicken von 35 μm (Verarbeitung mittels Pinsel oder Rolle).

Art der Farbe	Ergiebigkeit in m^2/l
Kunstharz Bleimennige	10–12
Grundierfarben	10–14
Lackfarbe, weiß	10–13
Lackfarbe, bunt	11

Bei Verwendung moderner Spritzgeräte lassen sich mit bestimmten Farben höhere Schichtdicken erzielen.

1.6.6 DIN-Farben für Gefahrstellen und Sicherheitseinrichtungen

Das deutsche Normenblatt DIN 4818 sieht für die Bezeichnung solcher Stellen folgende Farben vor, deren Sichtbarkeit durch Anbringung einer Kontrastfarbe in Form von Aufschriften, Rahmen usw. noch erhöht werden kann:

Sicherheitsfarbe	Kontrastfarbe	Bedeutung und Anwendung
Rot	Weiß	Unmittelbare Gefahr!, ferner: Handfeuerlöscher, Ortsfeste Feuerlöschanlagen (mit Ausnahme von Kohlensäureflaschen), Feuermelde- und Alarmeinrichtungen.
Orange	Schwarz	Warnung! z.B. Feuergefahr (feuergefährdete Räume, Bildwerferräume), Explosionsgefahr, Behälter mit giftigen und ätzenden Stoffen, Räume mit unter gefährlicher Spannung stehenden Einrichtungen. Gefährliche Maschinenteile.
Gelb	Schwarz	Vorsicht! Gefahr des Anstoßens, Fallens, Stolperns usw., z.B. einzelne Stufen, Anfangs- und Endstufen von Treppen, tiefliegende Rohrleitungen, Lukenkanten im Zwischendeck.
Grün	Weiß	Kennzeichnung von Krankenräumen, Lage von Schwimmwesten, Gasmasken, Sauerstoffgeräten, Notausgängen usw.

1.7 Schiffssicherung und Bergungsarbeiten[5]

1.7.1 Allgemeines

Bei vielen Seeunfällen wird die Schiffsleitung fremde Hilfe in Anspruch nehmen müssen, doch sind die ersten eigenen Maßnahmen nach dem Unfall häufig bestimmend für den Erfolg bei der Rettung des Schiffes und der an Bord befindlichen Menschen. Sieht der Kapitän, daß dringende Gefahr für die ihm anvertrauten Menschen und das Schiff im Verzuge ist, so zögere er auf keinen Fall, SOS zu geben und Hilfe anzunehmen.

In schweren Havariefällen werden die großen und anerkannten Bergungsgesellschaften stets zuverlässige Helfer sein. Die eigene Reederei halte man über alle Einzelheiten eines ernstlichen Seeunfalles dauernd auf dem laufenden.

1.7.2 Kollision

Eine Kollision stellt immer eine ernste Bedrohung der Schwimmfähigkeit des Schiffes dar. Das gilt auch für Bagatellkollisionen so lange, bis eindeutig festgestellt worden ist, daß ein Unterwasserschaden nicht vorliegt. Man peile Doppelboden und Bilgen wiederholt über einen Zeitraum von mindestens 24 h. Nach einer Kollision muß sofort die gesamte Besatzung alarmiert werden. Neben umfangreichen Maßnahmen zur Sicherung rechtlicher Interessen muß mit allen Mitteln versucht werden, den Wassereinbruch so gering wie möglich zu halten und gleichzeitig größere Schlagseite zu vermeiden (Feuer nach Kollision, siehe 1.1.5).

Bei einem **Leck am Bug** des Schiffes wird in vielen Fällen der Wassereinbruch durch das Kollisionsschott begrenzt werden, so daß eine Beeinträchtigung der Stabilität und der Schwimmfähigkeit nicht zu befürchten ist. Der Auftriebsverlust des Vorschiffes führt zur Vergrößerung eines etwa vorhandenen „Hogging"-Biegemomentes. Dies ist aber nur dann von Bedeutung, wenn vor dem Unfall der zulässige Biegemomenten-Grenzwert nahezu erreicht war. In einem solchen Fall empfiehlt es sich, durch Fluten von Tanks im Mittschiffsbereich die Schiffsmitte zu belasten und so die Hogging-Verformung zu verringern.

Befindet sich das **Leck im Mittschiffsbereich,** so wird eindringendes Wasser in den meisten Fällen zu einer anfänglichen Krängung zur Kollisionsseite hin führen. Auf Tankschiffen, die in Ballast fahren, ist das eingedrungene Wasser durch die Mittellängsschotte eingegrenzt, und die Krängung kann durch entsprechendes Füllen eines gegenüberliegenden Tanks leicht beseitigt werden. Das gilt in gewissem Umfang auch für Fahrgastschiffe.

Trockenfrachter ohne Mittellängsschott sind jedoch erheblich mehr gefährdet, da der Stabilitätsabbau durch die freie Oberfläche des eingedrungenen Wassers größer sein kann als der Stabilitätszuwachs infolge von Gewichtszunahme im Unterraum.

Trockenfrachter mit großer Anfangsstabilität (Erzladung, schwere Unterraumladung) richten sich bei einseitigem Wassereinbruch nach anfänglicher Krängung wieder auf, und das Wasser steigt im Raum horizontal an. Die zunächst stark abgebaute Stabilität nimmt mit dem eindringenden Wasser wieder zu. Schiffe mit geringer Stabilität richten sich hingegen nicht oder nur wenig auf und können am Ende kentern. Da die Krängung im wesentlichen durch freie Oberflächen entsteht, ist ein Gegenfluten von Tanks gefährlich und nur dann sinnvoll, wenn dadurch die Stabilität entscheidend verbessert oder das Leck durch Überlegen des Schiffes zur anderen Seite aus dem Wasser gehoben werden kann.

---

5 Siehe auch Bd. 2, Kap. 15.8 und Kap. 17 und 18.

Da die Stabilitätsminderung von der Oberfläche des eingedrungenen Wassers abhängt, sind Schiffe mit leeren oder nur wenig beladenen Räumen (große Flutbarkeit) stärker gefährdet als vollbeladene Schiffe (kleine Flutbarkeit). Aus dem gleichen Grunde ist es wichtig, das eingedrungene Wasser auf möglichst eine Schottenabteilung zu begrenzen. Dazu sind Querschotte zu anderen Räumen nach Möglichkeit abzustützen. Die Längsfestigkeit ist durch mittschiffs eindringendes Wasser nur dann gefährdet, wenn das Schiff vorher bereits ein starkes „Sagging"-Biegemoment hatte oder wenn die Längsverbände mittschiffs durch die Kollision erheblich geschwächt worden sind. In einem solchen Fall sollten die Schiffsenden durch Fluten von Tanks belastet werden unter Berücksichtigung der Stabilität.

Das provisorische **Abdichten von Lecks**[6] kann in vielen Fällen mit Aussicht auf Erfolg versucht werden, vor allem, wenn das Leck klein oder nur wenig unter der Wasserlinie liegt. Bei tiefliegenden und größeren Lecks muß zumeist der Druckausgleich durch das eingedrungene Wasser abgewartet und möglichst fremde Hilfe (Taucher) angenommen werden. Bewährt haben sich Lecksegel, die von außen über das Leck gezogen werden und eine Abdichtung von innen erleichtern. Lecksegel bestehen aus einer mehrfachen Lage starken Segeltuches; sie sind mit Lieken und Ösen versehen. In der Regel sind Lecksegel nicht an Bord, können aber notfalls aus Persenningen hergestellt werden.

Das Abdichten von innen geschieht vorzugsweise mit Matratzen, Holzplanken und Bohlen, die druckfest verkeilt gegen das Leck gepallt werden. Absolut dicht wird das Leck meist nicht geschlossen werden können, aber doch so, daß die Pumpen das Restwasser bewältigen können.

Zement kann sowohl zum Dichten der Leckagen als auch zum Absteifen von Schotten, Schließen der Luken, Ventilationsschächte usw. benutzt werden. Falls er mit Sand vermischt wird, bezeichnet man das Verfahren als Betonierung, anderenfalls als Zementierung. Meistens wird nur bester Portland- bzw. Schnellverbundzement verarbeitet, der in stehendem Wasser gut und schnell bindet. In einer Strömung ist Zement oder Beton praktisch unbrauchbar. Soll Zement im Wasser zur Abdichtung einer kleinen Leckage rasch hart werden, so füge man einer Pütze Zement eine Handvoll Soda bei.

Bergungsschlepper sind in der Regel mit besserem Material zur Lecksicherung ausgerüstet. Sie können von außen mit Taucherhilfe widerstandsfähige Segelpflaster und von innen Zementpackungen anlegen, mit denen ein Nothafen sicher angelaufen werden kann. Man sollte, wenn die eigenen Möglichkeiten nicht wirklich zuverlässig ausreichen, ohne Zögern die Hilfe dieser Spezialisten annehmen.

Die Leistung der **Lenzpumpen** auf Seeschiffen ist nach den Klassifikationsvorschriften bestimmten Mindestanforderungen unterworfen. Frachtschiffe haben im allgemeinen 2, Fahrgastschiffe mindestens 3 Lenzpumpen. Die Mindestfördermenge jeder Pumpe richtet sich nach der Schiffsgröße. Sie beträgt z. B. für ein Regelfrachtschiff von 150 m Länge ca. 120 m^3/h. Somit können ca. 240 m^3/h gelenzt werden. Dies entspricht z. B. der Leckleistung einer runden Öffnung von 11 cm Durchmesser in der Bordwand 4 m unter dem Wasserspiegel. Daraus ist ersichtlich, daß die Lenzleistung bei größeren Wassereinbrüchen ohne Lecksicherungsmaßnahmen nicht ausreicht.

1.7.3 Strandung

Die erste Reaktion nach einem unvermuteten Festkommen auf Grund wird in vielen Fällen der spontane Versuch sein, das Schiff mit einem VR-Manöver wieder freizubekommen. Dieses Handeln ist jedoch nur in wenigen Fällen erfolgversprechend und, wie die

---

6 Siehe auch Merkblatt der Bundesregierung „Verhalten der Schiffsführung in besonderen Fällen".

Praxis gezeigt hat, nicht ungefährlich, wenn das Schiff auf steinigem Grund leck geworden ist.

Erste Maßnahmen nach einer Strandung sind:

- Feststellen des genauen Schiffsortes in der Seekarte;
- Feststellen des Tidenstandes, des zu erwartenden Tidenstiegs sowie der nächsten Hoch- und Niedrigwasserzeiten;
- Entnahme von Gezeitenströmen sowie Beobachtung von Stärke und Richtung des Stromes am Schiff;
- Ablesen der Tiefgänge an allen sechs Ahmingen;
- Loten um das Schiff und Eintragen der Lotungen in eine Skizze sowie Feststellen der Bodenbeschaffenheit (Lotspeise);
- Peilen von Bilgen und Tanks, auch Treibstofftanks.

Besteht die berechtigte Befürchtung, daß Wind, Wellen oder Strömung das Schiff mit steigendem Wasser höher auf den Strand drücken könnten, so sind sofort die Anker fallen zu lassen und Tanks zu fluten, um das Schiff festzuhalten, bis Hilfe eingetroffen ist.

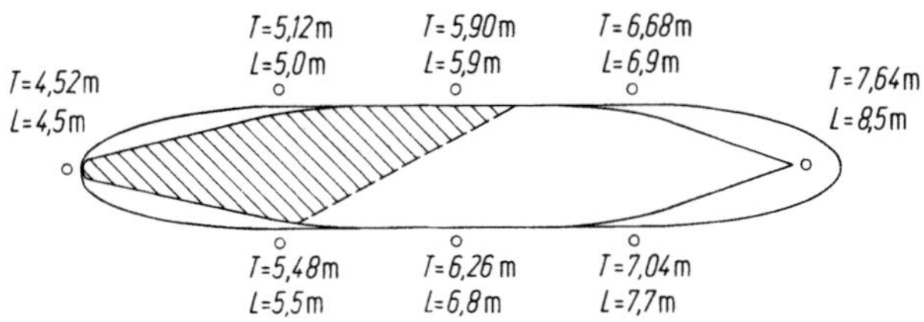

Bild 1.20. Lotungsskizze eines auf Grund gelaufenen Schiffes (*L* Lotungen, *T* abgelesene bzw. gemittelte Tiefgänge). Das Schiff sitzt im schraffierten Bereiche auf

Die Skizze der Lotungen (Bild 1.20) läßt zusammen mit den abgelesenen Tiefgängen wertvolle Rückschlüsse auf die Schwere der Strandung zu. Das Schiff sitzt an den Stellen auf, bei denen die Lotung kleiner oder gleich dem abgelesenen Tiefgang ist. Es kann anhand der Skizze entschieden werden, in welcher Richtung der Schlepper zum Flottbringen angreifen muß oder ob das Schiff nach einer geeigneten Trimmänderung oder herbeigeführten Schlagseite mit eigener Kraft freikommen kann. Die anhand der Tiefgänge festgestellte, scheinbare Deplacementsverringerung läßt auf die Auflagekraft und unter Berücksichtigung eines Reibungsfaktors zwischen 0,1 und 0,3 auf die benötigte Schleppkraft zum Abbringen schließen. Letzteres gilt für steinigen Grund nur sehr eingeschränkt. Liegt das Schiff auf sandigem Grund, so ist ein Einschlämmen zu befürchten (Mahlsand). Es sollte in einer solchen Situation unverzüglich fremde Hilfe angenommen werden. Vergleiche Festkommen und Verlust der Schiffe ONDO und FIDES auf dem Großen Vogelsand in der Elbmündung.

Das **Flottbringen des Schiffes** gelingt nur dann, wenn die Auflagekraft (Differenz zwischen Auftrieb und Gewicht) durch geeignete Maßnahmen weitgehend abgebaut worden ist. Diese Maßnahmen sind:

- Lenzen von Ballastwasser;
- Umpumpen von Ballast, Brennstoff oder Ladung (Krängen, Vertrimmen);
- Leichtern von Ladung oder Brennstoff;
- Werfen von Ladung; Lenzen von Brennstoff;
- Warten auf Ansteigen des Wassers.

Gleichzeitig muß durch Verankerung des Schiffes oder Einsatz der Maschine oder Festmachen von Schleppern das Schiff bei ungünstigen Wind- und Wasserverhältnissen in Position gehalten werden. Eventuelle Leckagen sind vorher abzudichten. Vor dem Flottbringen ist durch Lotungen in der näheren Umgebung festzustellen, wo das Schiff nach dem Freikommen ausreichend Wasser findet, bis das Fahrwasser erreicht ist. Bei sandigem Grund kann es hilfreich sein, während der Schleppversuche die Maschine laufen zu lassen, um das Schiff freizuspülen. Die Ratschläge eines erfahrenen Bergungskapitäns sollten in diesen Angelegenheiten befolgt werden. Nach dem Freikommen sollten Bilgen und Tanks über einen Zeitraum von mindestens 24 h wiederholt gepeilt werden.

1.7.4 Ruderschaden

Bei Ausfall der Rudermaschine oder ihrer Steuerung muß die Notsteuereinrichtung in Betrieb genommen werden. Diese ist nach SOLAS 60 und SOLAS 74 verbindlich vorgeschrieben. Sie besteht aus einer Einrichtung, die umgehend in Betrieb genommen werden kann und das Steuern bei reduzierter Fahrt ermöglicht. Einzelheiten dieser Einrichtung werden durch die Klassifikationsgesellschaften vorgeschrieben. Die Schiffsleitung sollte die Notsteuereinrichtung in regelmäßigen Abständen prüfen und die Besatzung mit der Inbetriebnahme und Handhabung vertraut machen.

Ein Bruch des Ruderschaftes hat als Torsionsbruch oft einen stark schrägen Verlauf. Wegen der Unzugänglichkeit der Bruchstelle ist an eine Notreparatur in den meisten Fällen nicht zu denken. Um auf hoher See dennoch das Ruder unter Kontrolle zu bringen, kann versucht werden, außen an den vielfach vorhandenen Einschnitten an der Hinterkante des Ruderblattes die Augen zweier Drahtseile einzuhaken. Mit Hilfe der Verholwinden am Heck läßt sich das Ruder dann festsetzen oder sogar vorsichtig bewegen. Ein grobes Steuern kann unter günstigen Voraussetzungen möglich sein.

Der Totalverlust des Ruders führt gewöhnlich zum Verlust der Steuerfähigkeit. Nur Zwei-Propeller-Schiffe oder Schiffe mit Bugstrahler können dann noch notdürftig auf Kurs gehalten werden, wobei allerdings langsam gefahren werden muß. Der Bau eines Notruders ist nur auf verhältnismäßig kleinen Schiffen möglich und muß vielfach aus Mangel an Material entfallen (vgl. Bd. II, 7. Aufl.).

Das Schleppen eines Havaristen auf See mit und ohne Ruder wird in Bd. 2 der 8. Aufl., Kap. 27, beschrieben.

2 Ladungswesen

2.1 Allgemeines

Bei einem Frachtgeschäft wirken folgende Personen mit (siehe Bd. 2; 14.1, 14.2):

1. Verfrachter: Reeder, als Vertreter häufig der Agent oder Makler, auch der Zeitcharterer und der Bareboat-Charterer (Ausrüster).
2. Befrachter: Derjenige, der den Frachtvertrag mit dem Verfrachter abschließt.
3. Ablader: Derjenige, der die Güter dem Schiff zur Beförderung übergibt.
4. Empfänger: Derjenige, an den die Güter im Bestimmungshafen auszuliefern sind.

Die Personen 2 und 3 werden auch als Verlader bezeichnet.

Wenn auch in der heutigen Zeit der Nautiker selbst, abgesehen von der Trampfahrt, nicht mehr viel mit dem eigentlichen Frachtgeschäft zu tun hat und sich seine Tätigkeit dabei hauptsächlich auf das Laden und Löschen der Ladung, also auf die Annahme der Waren vom Ablader und ihre Ablieferung an den Empfänger beschränkt, so kann der Nautiker doch durch beste Ausnutzung der Ladefähigkeit seines Schiffes und durch sorgfältige Pflege der Ladung das Geschäft wesentlich unterstützen und fördern.

Für die sachgemäße Stauung der Ladung bleibt nach dem HGB immer der Kapitän verantwortlich, um so mehr, als von der richtigen Stauung auch die Sicherheit des Schiffes abhängt.

Den Ladungsdienst erlernt der Nautiker ohne Zweifel am besten durch die Praxis. Allerdings wird zeitweise ein recht teures Lehrgeld bezahlt. Um letzteres nach Möglichkeit zu verringern, sind im folgenden einige Hinweise gegeben. Auf alle Punkte dieses wichtigen Arbeitsgebietes des Nautikers einzugehen, ist in dem Rahmen dieses Buches nicht möglich.

2.2 Grundsätze der Beladungsplanung

Die Beladungsplanung für ein Handelsschiff erfordert zunächst die Berechnung der Menge der mitzunehmenden Ladung und sodann die Festlegung der optimalen Verteilung dieser Ladung im Schiff.

2.2.1 Brennstoff und Vorräte

Man beginnt mit der Brennstoffkalkulation. Die Länge des Reiseweges erhält man, wenn eigene Aufzeichnungen fehlen, aus den Seekarten oder aus zuverlässigen Entfernungstabellen, z. B. aus dem vierbändigen Werk von Luensee oder aus Müller/Krauß, Bd. 1. Mit der Durchschnittsfahrt des Schiffes ergibt sich die Reisedauer in Stunden bzw. Tagen. Die Reisedauer ist unabhängig von Zonenzeitunterschieden. Multipliziert man die Reisedauer in Tagen mit dem täglichen Brennstoffverbrauch, der je nach Tiefgang etwas unterschiedliche Werte annehmen kann, so erhält man den Reiseverbrauch. Zu diesem addiert man eine Reservemenge, die — abhängig von Reisedauer, zu erwartendem Wettereinfluß und Möglichkeiten des Nachbunkerns unterwegs — zwischen 10 und 100% des normalen Bedarfs geschätzt wird. Bild 2.1 zeigt diese Abhängigkeit für verschiedene Reisezeiten bei mittlerem Wettereinfluß.

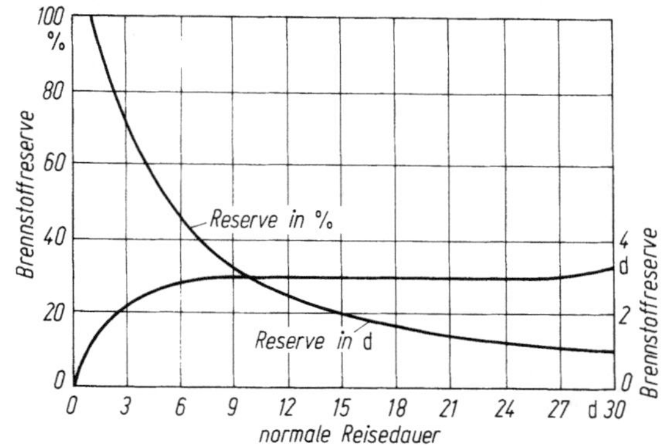

Bild 2.1. Mittlere empfohlene Brennstoffreserve abhängig von der Reisedauer

Verbrauch plus Reserve ergibt die benötigte Brennstoffmenge. Vergleicht man diese mit den an Bord vorhandenen Vorräten, so kann eine Zubunkerung im Abfahrtshafen oder in einem Hafen entlang des Reiseweges notwendig werden. Bei einer späteren Zubunkerung kann im Abgangshafen mehr Ladung mitgenommen werden. Den Netto-Mehreinnahmen an Fracht sind jedoch Zeitverlust durch Anlaufen des Bunkerhafens und eventuell höhere Bunkerkosten entgegenzuhalten.

Beispiel:	Rotterdam – Kuweit:	6630 sm
	Durchschnittsetmal:	456 sm
	Reisedauer:	6630 : 456 = 14,54 Tage
	tägl. Brennstoffverbrauch:	45 t
	Reiseverbrauch:	14,54 × 45 = 654 t
	Reserve (20%):	131 t
	benötigte Bunkermenge:	654 + 131 = 785 t
	vorhanden Bunkermenge:	520 t
	Zubunkerung:	785 − 520 = 265 t

Da die vorhandene Brennstoffmenge bis Port Said (3310 sm, 7,26 Tage) ausreicht, kann statt in Rotterdam auch in Port Said — je nach Preisunterschied — zugebunkert werden. Dadurch könnte das Schiff in Rotterdam entsprechend 265 t mehr zuladen.

Verbrauch und Vorräte von Dieselöl für den Hilfsbetrieb und Frischwasser (auch Kesselspeisewasser) sind gesondert zu berücksichtigen, ebenso Schmierölvorrat, Proviant und sonstige Ausrüstung. Auch wenn ein Seewasserverdampfer an Bord in Betrieb ist, sollte ein ausreichender Frischwasservorrat mitgeführt werden für den Fall, daß der Verdampfer vorübergehend ausfällt.

2.2.2 Tragfähigkeit

Als nächstes ist der Zeitpunkt der Reise zu ermitteln, an dem das Schiff zur Einhaltung des Freibordabkommens oder wegen Tiefgangsbeschränkungen das kleinste Massendeplacement haben muß (siehe Bd. 3B, Kap. 1.6). Liegt dieser Zeitpunkt bei Abfahrt vor, so hat man damit bereits das Abfahrtsdeplacement. Ansonsten vergrößert sich das Abfahrtsdeplacement um den Brennstoffverbrauch bis zu dem besagten Zeitpunkt, wobei jedoch zusätzliche Begrenzungen durch Freibordvorschriften und Fahrwassergegebenheiten im Abfahrtshafen zu beachten sind.

Beispiel: Ein Schiff verläßt Stockholm am 27. Oktober mit dem Reiseziel Port Said. Bis einschließlich 31. Oktober gilt in Ostsee, Nordsee, Englischem Kanal und Biscaya die jahreszeitliche Sommerzone. Südlich von Cap Torinana (Nordwest-Spanien) beginnt die ganzjährige Sommerzone. Das Schiff darf in Stockholm auf Sommertiefgang abladen, wenn es vor dem 1. November Cap Torinana erreicht. Bei 14 kn Fahrt ist dies mit 5 Tagen Reisedauer noch gerade möglich. Verzögert sich die Abfahrt z. B. um einen Tag, so darf nur auf Winterdeplacement plus Reiseverbrauch von 4 Tagen abgeladen werden, sofern dadurch in Stockholm nicht das Sommerdeplacement überschritten wird.

Ausgehend vom Abfahrtsdeplacement erhält man durch Abzug der Masse des leeren Schiffes (light ship) die Bruttotragfähigkeit und durch den weiteren Abzug von Vorräten, Treibstoff und Ballast die Nettotragfähigkeit. Die Nettotragfähigkeit gibt an, wieviel Tonnen Ladung maximal bei Abfahrt an Bord sein dürfen.

2.2.3 Stauraum

Nun ist der Raumbedarf der Ladung zu errechnen. Für Schüttladungen und Tankladungen läßt sich das Staumaß in m^3/t oder cbf/lt meist zuverlässig beim Ablader erfragen. Bei Stückgütern und anderen Industrieerzeugnissen sowie verpackten Rohstoffen kommen je nach Art der Ladung und angebotenem Raum Stauverluste hinzu, die bis zu 150% betragen können. Es gilt:

$$\text{Stauverlust in Prozenten} = \frac{\text{Stauraum} - \text{Ladungsraummaß}}{\text{Ladungsraummaß}} \cdot 100.$$

Beispiel: Eine Reisladung mißt 1,4 m^3/t. Man rechnet mit einem Stauverlust von 45%. Folglich staut diese Reisladung $1{,}4 \cdot 1{,}45 = 2{,}03\ m^3/t$. Die Nettotragfähigkeit wurde für diese Reise zu 9420 t errechnet. Daraus ergibt sich

$$\text{Raumbedarf} = 9420 \cdot 2{,}03 = 19\,123\ m^3.$$

Der berechnete Raumbedarf ist mit dem vorhandenen Schiffsraum zu vergleichen. Die Werftunterlagen geben allgemein den Schüttgutraum und den Ballenraum der Laderäume an. Für flüssige Ladungen gilt in der Regel eine Füllung der Tanks von 98% als obere Grenze. Bei einigen Ladungen (z. B. Holz, Schwergut) kommt auch eine Verschiffung an Deck in Betracht.

Grundsätzlich gilt: Ist der Raumbedarf größer als der vorhandene Raum, so kann die Nettotragfähigkeit nicht ausgenutzt werden. Die Laderäume werden voll. Wegen dieser meist homogenen Beladung des Schiffes ist es oft schwierig, den gewünschten Trimm bei Abfahrt einzuhalten, es sei denn mit Hilfe von Ballast. Ist hingegen der vorhandene Raum größer als der Raumbedarf, so kann die Tragfähigkeit ausgenutzt werden. Da die Laderäume hierbei nicht voll werden, kann der gewünschte Trimm durch entsprechende Abweichung von der homogenen Ladungsverteilung herbeigeführt werden. Sehr schwere Ladung (Erz) darf auf Spezialschiffen in enger Anlehnung an die Werftempfehlungen alternierend gefahren werden, d. h. bestimmte Räume bleiben leer (siehe Bd. 3 B, Kap. 1.6–1.8).

2.2.4 Ladungsverteilung

Die gewichtsmäßige Verteilung der Ladung, auch bei homogener Verteilung, sowie die eventuell geplante Beballastung muß nun nach betriebsstatischen Gesichtspunkten überprüft werden (siehe Bd. 3 B, Kap. 1). In allen Fällen sind Trimm und Tiefgänge an den Loten für den Abgangshafen zu berechnen, bei Bedarf auch für den Bestimmungshafen.

Bei stärkerem vorderlichen Trimm ist meistens die Steuerfähigkeit sehr stark beeinträchtigt. Auf größeren Schiffen sollte auch der Tiefgang an der Freibordmarke unter Berücksichtigung von Trimm und geschätzter Durchbiegung berechnet werden, um Überschreitungen des gesetzlichen Freibords zu verhindern (siehe Bd. 3B, Kap. 1.6). Es ist daran zu denken, daß der Lastenmaßstab und die üblichen Werftunterlagen das Deplacement — abhängig vom Tiefgang — nur für das unvertrimmte und nicht durchgebogene Schiff liefern.

Weiter ist die Stabilität zu prüfen. Es gibt nur wenige Ladungen, bei denen mit Sicherheit keine Stabilitätsschwierigkeiten auftreten können. Dies sind Erz- und schwere Massengutladungen sowie Ölladungen auf Tankern üblicher Bauart. Bei allen übrigen Ladungen muß eine Höhenmomentenrechnung für den ungünstigsten Zeitpunkt der Reise (je nach Lage der Brennstofftanks Anfang oder Ende der Reise) angefertigt und die zugehörige Hebelarmkurve gezeichnet werden. Die Stabilitätskennwerte sind mit den Kriterien in den Merkblättern D4 und D5 der SeeBG zu vergleichen. Bei einigen Reedereien werden hierzu einheitliche Vordrucke benutzt. Neue Schiffe unter 100 m Länge werden seit 1977 mit den Formblättern gemäß Merkblatt D5 ausgerüstet. Bei speziellen Ladungen (Holz als Deckslast, Getreide, Container) sind bezüglich der Stabilität besondere Rechnungen durchzuführen und spezielle Kriterien anzuwenden (siehe 2.5, 2.7, 2.10).

Schließlich ist heute zunehmend auch die Festigkeitsbeanspruchung des Schiffes zu kontrollieren. Neben der Kontrolle der Decksbelastung (siehe Bd. 3B, Kap. 1.7) ist auf Schiffen ab etwa 150 m Länge das Glattwasserbiegemoment auf Mitte Schiff, auf größeren Schiffen und vor allem bei nicht homogener (alternierender) Beladung Biegemomente und Querkräfte an mehreren Querschnitten zu berechnen (siehe Bd. 3B, Kap. 1.8). Auf großen Containerschiffen müssen auch die statischen Torsionsmomente berechnet werden (siehe Bd. 3B, Kap. 1.7). Die ermittelten Beanspruchungen sind mit den zulässigen Werten zu vergleichen.

Wann immer Trimm, Freibord, Stabilität oder Beanspruchungen der Festigkeit nicht den gewünschten oder vorgeschriebenen Werten entsprechen, muß die Verteilung der Ladung oder sogar die Gesamtmenge entsprechend geändert und diese Änderung durch eine Kontrollrechnung überprüft werden.

In einigen Fällen (Massengut, Tankladungen) umfaßt die Beladungsplanung auch das Aufstellen eines Rotationsplans, aus dem die Reihenfolge der Be- oder Entladung der einzelnen Räume bzw. Tanks unter Berücksichtigung der Ballastoperationen hervorgeht. Dabei muß auch auf die Hafengegebenheiten (z.B. Anzahl der Erzschütten) Rücksicht genommen werden. Da die Optimierung einer Rotation oft mehrfache Trimm- und Längsbeanspruchungsrechnungen erfordert, sollten Massengut- und Tankschiffe mit geeigneten Elektronenrechnern ausgestattet werden (siehe Bd. 3B, Kap. 1.8).

Weitere Besonderheiten der Beladungsplanung, z.B. Verteilung nach Verträglichkeit, Verteilung nach Löschhäfen und Verteilung nach Umschlagsoptimierung werden in den Kapiteln über die einzelnen Ladungen behandelt.

Eine Rücksichtnahme auf die Schiffsvermessung ergibt sich bei der Beladungsplanung nur in den seltenen Fällen, in denen ein Schiff mit einem sogenannten Doppelmeßbrief ausgestattet ist und bei relativ leichter Ladung eventuell ein wirtschaftlicher Vorteil daraus entsteht, wenn man nur bis zur Vermessungsmarke ablädt. Dagegen spricht allerdings eine gewisse Einbuße an Frachteinnahmen und auch die Tatsache, daß in vielen Häfen die Vergünstigung bei der Berechnung der Hafenabgaben für ein Wechselschiff mit Freideckertiefgang nicht gewährt wird.

2.3 Ladungen auf Stückgutschiffen

2.3.1 Vorbereitung der Laderäume

Vor der Übernahme einer neuen Ladung sind die Laderäume „besenrein" zu säubern. Je nach Vorladung (z. B. Getreide, Erz) müssen auch die Unterzüge sauber abgefegt oder mit Preßluft abgeblasen werden. Bilgen und Brunnen sind aufzunehmen, zu säubern und nach Fluten mit dem Deckwaschschlauch „probezulenzen". Sind die Laderäume sehr schmutzig (z. B. nach staubigen Erzkonzentraten, nassen Häuten u. a.), müssen sie gewaschen werden. Hierzu können moderne Hochdruckwaschgeräte eingesetzt werden. Das Trocknen eines gewaschenen Laderaumes dauert bei guter mechanischer Belüftung ca. 24 Stunden. Ölreste und Ölflecke beseitigt man mit Sägemehl und Reinigungschemikalien. Fremdgerüche verdrängt man durch Abbrennen von Rohkaffee oder Versprühen eines Deodorants (teuer). Werden Ratten, Mäuse oder Insekten (z. B. Getreidekäfer) bemerkt, so sollen Giftköder gelegt bzw. ein Insektizid gesprüht werden. Bei einer größeren Zahl von Nagetieren muß auf Veranlassung der Hafengesundheitsbehörden im allgemeinen ausgegast werden (siehe Bd. 3 B, Kap. 8, Gesundheitspflege an Bord). Zu kontrollieren sind durch Probelauf die Lüfter, die Rauchmeldeanlage und die CO_2-Feuerlöschanlage. Sind Doppelbodentanks geöffnet und begangen worden, so sollten anschließend durch Abdrücken der Tanks die Mannlochdeckel auf Dichtigkeit geprüft werden. Bei dieser Gelegenheit werden auch Leckagen in Peil-, Luft- und Füllrohren sichtbar. Mechanische Lukendeckel und Lüftersockel an Deck sollten mit Wasser abgespritzt und von innen auf Dichtigkeit überprüft werden. Undichte Packungen an mechanischen Lukendeckeln kann man an Roststreifen an der Unterseite der Deckel erkennen. Schließlich sind Raumleitern, Geländer, Lukenabdeckungen, Bodenwegerung und Schweißlatten zu kontrollieren und erforderlichenfalls zu reparieren. Entsprechendes gilt für die Raumbeleuchtung und die tragbaren Laderaumleuchten.

Garnier aus Stauholz wird im allgemeinen benötigt, um Luftzirkulation zwischen Ladung und Deck zu ermöglichen und um durch Erhöhung des Reibungskoeffizienten die Standfestigkeit der Ladung zu verbessern. Hat das Schiff Bilgen, so legt man das unterste Bodengarnier querschiffs, bei Lenzbrunnen im allgemeinen längsschiffs. Für Sackgut (Mehl, Zucker, Kunstdünger) sollte man auf eine Lage Stauholz große Sperrholzplatten legen. Eiserne Laderaumteile sind entsprechend mit Papier, Matten oder Jutekleidern abzudecken. Zement und Kreide in Papiersäcken soll wegen der Beschädigungsgefahr kein Garnier erhalten. Statt dessen kann man Plastikfolie auslegen oder aber etwas Zement bzw. Kreide verstreuen, damit evtl. Feuchtigkeit aufgenommen wird.

2.3.2 Anlegen der Ladung

Die Schiffsleitung erhält von der Reederei oder vom Charterer eine Segelorder (Reisebrief), in dem die Lade- und Löschhäfen in ihrer Reihenfolge angegeben und weitere Besonderheiten (z. B. Spezialladungen, Tiefgangsbeschränkungen, Bunkerhafen) vermerkt sind. Weiter erhält die Schiffsleitung Buchungslisten von den Agenturen der Ladehäfen und bei großen Linienreedereien oft einen Stauvorschlag, der sorgfältig geprüft werden muß. Besondere Verladepapiere kommen für gefährliche Güter an Bord (siehe 2.8).

Beim Anlegen der Ladung (siehe auch 2.2) sind drei wesentliche Forderungen zu beachten:

- Arbeitsfähigkeit des Schiffes; das Schiff soll in allen Lade- und Löschhäfen optimal arbeiten können. Dabei ist die Verfügbarkeit von eigenen oder fremden Umschlagseinrichtungen (Ladebäumen, Kränen), ferner die Verfügbarkeit von Kaiplatz, Schuppenraum, Leichtern oder anderen peripheren Transportmitteln und schließlich die Hantierbarkeit der Ladungspartien, gemessen in Gangstunden (z.B. USA) oder Gangschichten (z.B. Nordkontinent), zu berücksichtigen.

- Stabilität, Trimm und Festigkeit des Schiffes; das Schiff soll in allen Phasen der Reise, auf See und in den Häfen, aufrecht mit ausreichender Stabilität, ohne übermäßigen Trimm und ohne unzulässige Beanspruchung der Längsfestigkeit und örtlicher Festigkeit liegen. Für Schwergutübernahme (siehe 2.6) soll die Stabilität möglichst groß, auf See zum Erreichen eines angenehmen Seeverhaltens nicht so groß sein (siehe Bd. 3B, Kap. 1.5).
- Rücksichtnahme auf Eigenschaften der Ladung; alle Partien müssen so im Schiff verstaut werden, daß sie weder selbst Schäden erleiden, noch andere Partien beschädigen oder Schiff und Menschen gefährden können. Die wesentlichen Gefahren aus Stückgutladungen sind chemischer Natur oder werden durch die Bewegungen des Schiffes im Seegang ausgelöst. Schäden an der Ladung selbst sind meist auf Bruch, Verunreinigung oder Diebstahl zurückzuführen.

Zum sachgerechten Anlegen der Ladung muß unter Beachtung der genannten Forderungen ein Arbeitsstauplan angefertigt werden, sofern nicht landseitig ein entsprechender Plan vorgelegt wird. In der Praxis wird der Arbeitsstauplan nie ganz realisiert werden können, da sich erfahrungsgemäß immer Änderungen in der Buchung oder Verschiebungen im Andienen der Ladung ergeben. Dennoch ist der gutdurchdachte Arbeitsstauplan eine unerläßliche Basis für rasch zu entscheidende Änderungen. Folgende, allgemeingültige Hinweise gelten für das Anlegen der Ladung:

1. Mindestens eine Luke sollte für Lebensmittel in poröser Verpackung (Jutesäcke, Papier) reserviert, d.h. nicht mit gefährlicher oder schmutziger Ladung belegt werden.
2. In den einzelnen Häfen angelegte Plätze sollten möglichst mit den jeweiligen Partien voll werden. Das früher immer vorhandene „kleine Stückgut" zum Auffüllen angebrochener Plätze fehlt heute weitgehend, weil es in die Containerdienste abgewandert ist.
3. Nach Möglichkeit sollte bis zum letzten Ladehafen eine Staulänge von gut 12 m für den letzten Löschhafen reserviert bleiben (vorzugsweise Bodenplatz). Geht dies nicht, so sollte man die Frachtabteilung der Reederei oder die Agenturen der letzten Ladehäfen telefonisch informieren.
4. Bei geplantem gleichzeitigem Einsatz von zwei Gängen an einer Luke sollte ein Sicherheitsabstand der Lade- oder Löschschneisen eingehalten werden (z.B. in Italien mindestens 8 m gefordert).
5. Große Partien sind so aufzuteilen, daß die Anzahl der benötigten Gangschichten pro Teilmenge in der vorgesehenen Hafenliegezeit geleistet werden kann (teure Nachtarbeit sollte vermieden werden).
6. In Doppelluken sollten große Partien diagonal angelegt werden. Auf Doppellukenschiffen kann sich die diagonale Arbeitsweise über mehrere Luken erstrecken. Auf diese Weise wird Schlagseite in Lade- und Löschhäfen vermieden.
7. Im Lukenschacht sollte man mit mindestens 3 m (USA 4,5 m) Landefläche „herauskommen" (Bild 2.2). Sollen lange Teile in derselben Luke später geladen oder früher gelöscht werden, so ist ein „Schießgatt" frei zu lassen (Bild 2.2).

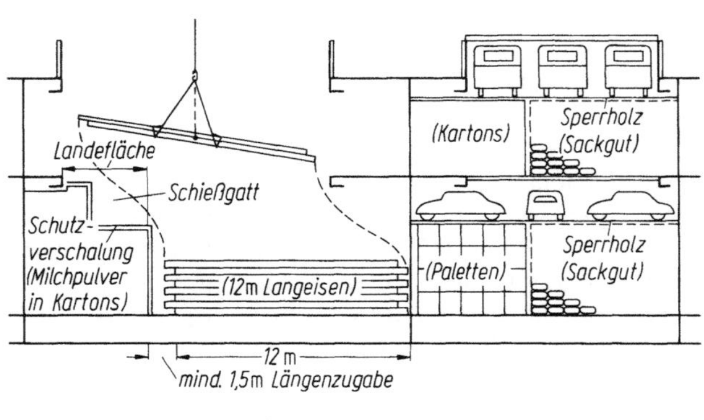

Bild 2.2. Landefläche für unter Deck gestaute Ladung und „Schießgatt" für das spätere Einbringen langer, sperriger Teile. Autohöhe in Zwischendeck und Unterraum

8. Für das Laden von Personenkraftwagen sollten Unterräume und Zwischendecks zuvor mit geeigneter Ladung auf „Autohöhe" gestaut werden, um den Raumverlust so gering wie möglich zu halten.
9. Unter dem Schwergutgeschirr sollte möglichst lange Bodenplatz freigehalten werden.
10. Für Reedehäfen mit Schwell sollte nicht in die Endluken geladen werden, weil Leichter dort nicht liegen können.

2.3.3 Praktische Hinweise für das Laden und Löschen

Eine intensive Überwachung aller an Bord kommenden Ladung durch das Bordpersonal ist bei den heutigen Umschlagsleistungen nicht mehr möglich. Dafür werden Tallyfirmen unter Vertrag genommen. Die Aufgabe der Schiffsleitung ist es, anhand der Buchungslisten schwerpunktmäßig die Partien zu kontrollieren, die empfindlich und wertvoll sind und daher sorgfältig gehandhabt werden müssen (z. B. Verschlußraumladung, Pkws, Glaskisten, Kühlraumladung). Ebenso ist besonderes Augenmerk auf das Verstauen gefährlicher Güter zu richten. Vor der Übernahme dieser Ladungen muß der an Bord vorgesehene Stauplatz vom Ladungsoffizier schriftlich aufgegeben werden (siehe auch 2.8). Eine lückenlose Überwachung aber muß sich nach wie vor auf die seefeste Stauung sämtlicher Ladungspartien richten, da hiervon die Seetüchtigkeit des Schiffes abhängt.

Festgestellte Schäden oder Fehlmengen an der Ladung müssen dem Ablader und dem Makler oder Agenten schriftlich mitgeteilt werden. Unter Umständen ist das beschädigte Kollo oder die ganze Partie bis zur weiteren Klärung zurückzuweisen. Für Schäden, die der vom Reeder beauftragte Stauer verursacht hat, haftet der Reeder. Dennoch sind auch solche Tatbestände festzuhalten und im Hafenbericht niederzulegen. In vielen europäischen und außereuropäischen Häfen gibt es keine Mate's Receipts (Bordempfangsbescheinigungen) mehr, in denen Ladungsschäden für ihre Übertragung in das Konnossement zu notieren sind. Statt dessen legen die Tallyfirmen Disputlisten (Damagelisten) an, die die Schiffsleitung zur Durchsicht verlangen und mit eigenen Schadensfeststellung ergänzen sollte (siehe auch Bd. 2, Kap. 14.6).

Auch wenn nach einem genehmigten Stauplan der Reederei- oder Stauereiinspektion geladen wird, sollte die tatsächliche Stauung von den Wachoffizieren mitgezeichnet werden. Häufig ergeben sich Änderungen der Stauung vor Ort aus sachdienlichen Erwägungen, die aber in dem an Land mitgezeichneten Stauplan nicht enthalten sind. Verläßt man sich auf den Stauplan von Land, so kommt es in den Löschhäfen erfahrungsgemäß zum „Verschleppen" von Ladung, d. h. Ladung für erste Löschhäfen wird übersehen und erst in späteren Löschhäfen entdeckt. Ebenso wichtig für das ordnungsgemäße Löschen der Ladung ist eine gute Separation von solchen Partien, die nicht durch ihre äußere Beschaffenheit gut unterschieden werden können. Anfällig hierfür sind besonders Waren in einheitlichen Kartons, in Säcken, Ballen oder kleinen Kisten. Zum Separieren eignen sich billige Netze aus Polyethylen, Jutekleider oder Sperrholzplatten.

Ebenfalls zur Aufgabe der Wachoffiziere gehört die gewissenhafte Aufzeichnung der Stauereiarbeitszeiten, der Anzahl der Gänge, besonderer Leistungen (z. B. Luken öffnen und schließen, laschen, umstauen), des benutzten Lade- und Anschlaggeschirrs und der Wetterbedingungen. Hierzu empfiehlt sich die Einführung eines ordentlich geführten Wachbuches.

Für die Erleichterung des Löschens der Ladung sollte auf See eine sogenannte Lukenaufstellung (Hatchlist) angefertigt werden. Es ist im allgemeinen nicht erforderlich, jede Partie einzeln aufzuführen. Vielmehr kommt es darauf an, das Löschkontingent der einzelnen Häfen nach Luken, Zwischendecks und Unterräumen so aufzuschlüsseln, daß die benötigten Gangschichten, das Ladegeschirr (z. B. für Schwergut), das Anschlaggeschirr und die notwendigen Weitertransportmittel (z. B. Leichter, Waggons) daraus abzuleiten sind. Eine gute Hatchlist muß so kurz wie möglich, aber so ausführlich wie nötig sein.

Beim Löschen der Ladung treten leider oft weitere Schäden auf. Die Schiffsleitung hat darauf hinzuwirken, daß diese Schäden so gering wie möglich bleiben. Da beschädigte Ladung beim Weitertransport zum Empfänger erfahrungsgemäß stark leidet (Diebstahl), sollte man so weit wie möglich Reparaturen an der Verpackung vornehmen (Kisten vernageln, Säcke vernähen, in Reservekartons umpacken). Wenn das Bordpersonal dazu nicht ausreicht, kann fremdes Personal angenommen werden. Um die Ausrüstung mit Reservesäcken und -kartons muß man sich schon in den Ladehäfen kümmern. Die Schäden an der gelöschten Ladung sind in Zusammenarbeit mit der beauftragten Tallyfirma genau aufzunehmen, um die Reederei später in die Lage zu versetzen, die Haftung für weitergehende Schäden, die erst nach dem Löschen entstanden sind, zurückzuweisen (siehe Bd. 2, Kap. 14.5).

Eine weitere Aufgabe der Schiffsleitung beim Löschen ist das Sichern der freigestauten Ladung für andere Häfen und das gründliche Absuchen der Laderäume zum Vermeiden von Ladungsverschleppung (overcarried cargo). Wird dennoch später verschleppte Ladung entdeckt, so muß zur Vermeidung von Zollstrafen ein „Manifest of Overcarried Cargo" aufgemacht werden. Der Verbleib dieser Ladung ist mit Agentur oder Reederei zu klären (siehe Bd. 2, Kap. 14.6).

2.3.4 Sicherheit beim Umschlag

Die zulässige Belastung des Ladegeschirrs ist an diesem fest angemarkt und darf unter gar keinen Umständen überschritten werden. In vielen Häfen (vor allem USA, Australien) wird das Ladegeschirr von Behörden und Arbeitnehmervertretungen kontrolliert. Dabei wird vor allem auf die Identität der Einzelteile (Blöcke, Schäkel, Seile) mit den numerierten Eintragungen im Ladegeschirrheft geachtet.

Die Bedienung von Winden und Kranen darf nur Personen übertragen werden, die mit der Handhabung vertraut sind. Dabei soll anliegende Kleidung getragen werden. Weitere wichtige Hinweise zur Sicherheit beim Umschlag finden sich in den §§ 82 bis 84 der UVV der SeeBG und in den UVV für Stauereibetriebe. Insbesondere ist

- für Verkehrssicherheit an und unter Deck zu sorgen,
- eine Absperrung gefährdeter Bereiche vorzunehmen,
- bei Glätte (Eis, Öl) für Rutschsicherheit zu sorgen,
- ausreichende Beleuchtung sicherzustellen,
- bei Einsatz von Gabelstaplern in den Luken mechanisch zu lüften,
- keine provisorische Vorrichtung zum Bewegen von Lasten zu dulden,
- auf das Rauchverbot an Deck und in den Laderäumen zu achten.

Sollen mechanische Lukenabdeckungen bewegt werden, so müssen die dafür vorgesehenen Einrichtungen benutzt werden. Der Einsatz provisorischer Hilfsmittel und nicht sachgerechter Arbeitsmethoden hat gerade in diesem Bereich zu einer großen Zahl von schweren Unfällen geführt (siehe Merkblatt der SeeBG über die Handhabung stählerner Lukenabdeckungen vom 20. Juni 1967). Entsprechendes gilt für das Verstellen von Ladebäumen und das Versetzen von fahrbaren Kränen. Dies sind seemännische Arbeiten, die nur von geschultem Personal unter verantwortlicher Aufsicht ausgeführt werden dürfen.

Anschlaggeschirr im Leichtgutbetrieb soll mit 8facher Sicherheit zum Einsatz kommen. Diese ist notwendig, um dem üblichen Schnüren von Stroppen, den scharfen Kanten vieler Packstücke und dem hohen Verschleiß Rechnung zu tragen. Spreizwinkel sind möglichst klein zu halten. Anstelle von Drahtstroppen werden heute vielfach hochfeste Ketten eingesetzt. Aufgabe der Schiffsleitung ist es, auf die Wahl des jeweils zweckmäßigen Anschlaggeschirrs zu achten und dieses in regelmäßigen Abständen auf gute Beschaffenheit zu kontrollieren. Das gilt auch dann, wenn das Geschirr der Stauerei gehört.

Einige Aufmerksamkeit verlangt der heute weit verbreitete Einsatz von Gabelstaplern an Bord. Es muß vor allem auf die Decksbelastbarkeit (siehe Bd. 3B, Kap. 1.7) und auf wirksame Absperrung von Decks und Luken geachtet werden, wenn ein Teil der befahrenen Lukenfläche geöffnet ist.

2.3.5 Einzelne Ladungen

Für eine begrenzte Auswahl von Ladungen werden einige grundsätzliche Hinweise gegeben. Weiteres liefert die Fachliteratur[1].

Palettisierte Ladung besteht überwiegend aus kleineren Verpackungseinheiten, die auf hölzerne Einwegpaletten gestapelt und auf diesen mehr oder weniger gut mit Plastikhäuten befestigt und geschützt sind. Diese Paletten werden mit genormtem Spezialanschlaggeschirr umgeschlagen.

Ein Übereinanderstapeln von 2 bis 4 Paletteneinheiten ist je nach Festigkeit der Einzelverpackungen mit Sperrholzzwischenlagen möglich. Auf die Druckbelastbarkeit ist vor allem beim „Spot-Loading" in sogenannten „offenen Schiffen" mit hohen Unterräumen und Decks zu achten.

Die Flurförderung und Stauung unter Deck läßt sich vorteilhaft mit Gabelstaplern durchführen. Bei der Planung des Einsatzes von Gabelstaplern an Bord sind folgende Daten des Staplers wichtig: Eigengewicht, abnehmbares Kontergewicht, Tragfähigkeit, Länge und Beweglichkeit der Gabeln, Bereifung (in Zwischendecks sind Zwillingsreifen besser), Decksbelastbarkeit (siehe Bd. 3B, Kap. 1.7), freie Durchfahrthöhe und freie Hubhöhe (Bild 2.3).

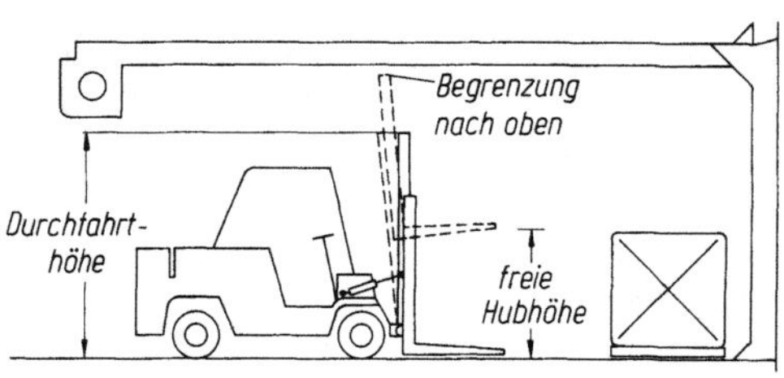

Bild 2.3. Durchfahrthöhe eines Gabelstaplers und freie Hubhöhe beim Arbeiten in einem Zwischendeck.
Anmerkung: Die freie Hubhöhe ist von der Zwischendeckshöhe abhängig. Stapler, die zum Heben der Gabel einen langen Hubkolben nach oben ausfahren, eignen sich nicht für den Einsatz an Bord von Schiffen

Schwierig ist die Stauung von palettisierter Ladung im Unterraum, wenn die Schiffsform oder Aussteifungen des Schiffskörpers (Raumkniebleche) den Zugriff des Staplers behindern und gleichzeitig eine regelmäßige Stapelung erschweren (Bild 2.4). An diesen Stellen ist eine gewissenhafte Aufsicht der Schiffsleitung notwendig, um seefeste Stauung sicherzustellen. Zum Entladen schwer erreichbarer Paletten können Verlängerungsgabeln am Stapler befestigt werden.

Langeisen. Es kommen zur Verschiffung: Baustahlträger (Doppel-T) bis zu 14 m Länge, lose oder gebündelt in Kolli von ca. 4 t, Staufaktor 0,7 bis 1 m^3/t; gebündeltes Moniereisen, meist eingestroppt (pre-slung) in Kolli von ca. 4 t, Staufaktor ca. 0,5 m^3/t; Eisenbahnschienen bis 18 m Länge, 5 bis 7 t pro Bündel, 0,5 m^3/t; Flats, Angles etc.

1 Leeming: Modern Ship Stowage. New York: Edward W. Sweetman Co.
Müller, W.: Technologie des Beladens; und Scharnow, R.: Warenkunde — Ladungspflege; beide Berlin: Transpress VEB Verlag für Verkehrswesen.
Thomas, R. E.: Stowage, the Properties and Stowage of Cargoes. Glasgow 1971.
Rotermund/Koch: Die Ladung; Bd. I u. II, neueste Aufl., Hamburg.

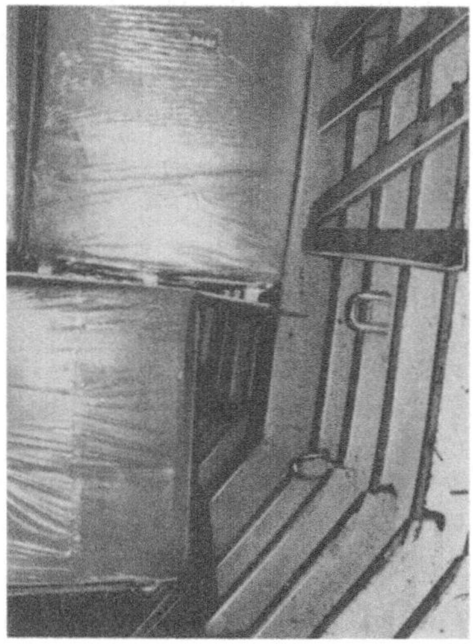

Bild 2.4. Ungünstige Palettenstauung im Unterraum

Es ist wichtig, die Stück- oder Bündelgewichte zuverlässig in Erfahrung zu bringen, um das Ladegeschirr nicht zu überlasten und die zulässige Decksbelastung einzuhalten. Als Anschlaggeschirr für Baustahlträger und Eisenbahnschienen sind wegen der teilweise scharfen Kanten am besten Ketten geeignet. Lange Eisenbunde können vorteilhaft mit 2 Ladegeschirren (4 Bäume oder 2 Bäume und ein Kran) umgeschlagen werden.

Als Bodengarnier ist einfaches Stauholz querschiffs genau auf die Bodenwrangen zu legen. Langeisen darf unter gar keinen Umständen querschiffs gestaut werden. Auch sind Bodenplätze im Bereich der „Schärfe" im Vor- und Achterschiff wenig für die Stauung von Langeisen geeignet. Langeisen in den Seiten des Zwischendecks muß gut gelascht werden. Beim Stauen ist reichlich Holz zwischen die einzelnen Lagen zu legen. Während des Umschlages ist andere Ladung zweckmäßig zu schützen (Holzschotte). Scherstöcke sollten vollständig an Deck genommen werden, um Unfällen vorzubeugen.

Bleche und Blechpakete sollten nach Möglichkeit im Unterraum geladen und mit anderer Ladung überstaut werden, da sie mit vernünftigem Aufwand weder gepallt noch gelascht werden können. Zur Vergrößerung der Reibung zwischen den einzelnen Stücken und um das Löschen zu erleichtern, ist Stauholz einzusetzen. Die Kolli sind so dicht wie möglich und bei mehreren Lagen übereinander im Verband zu stauen, wobei von den Bordwänden zur Mitte gearbeitet werden soll (Decksbelastung siehe Bd. 3B, Kap. 1.7).

Lädt man schwere Bleche (z.B. Schiffbauplatten), so sind die Spanten des Schiffes gegen „Ansägen" infolge Schiffsvibration mit Holz zu schützen. Können die Bleche nicht durch andere Ladung reichlich überstaut werden, so muß die obere Lage gelascht werden. Dazu eignen sich Blechklauen (Anschlaggeschirr), an denen die Laschings befestigt werden. Der Laschaufwand kann in Grenzen gehalten werden, wenn man die obere Lage weitgehend stramm gegen die Bordwände staut und zu den Bordwänden hin lascht.

Da das Übergehen von Blechen und Blechpaketen nachweislich zu einer großen Zahl von Schiffsverlusten geführt hat, muß die Schiffsleitung die sichere Stauung dieser Ladungen besonders sorgfältig überwachen.

Blechrollen (Coils) werden heute mit zunehmenden Stückgewichten (meist 5 bis 7, max. 25 t) verschifft. Die Rollen werden im Unterraum querschiffs von den Bordwänden zur Mitte hin gestaut, wobei die entstehende Restlücke mit einer weiteren, in den „Sattel" gestauten Rolle geschlossen wird. Die nächste Lage wird ebenfalls in den „Sattel" gestaut (Decksbelastung siehe Bd. 3B, Kap. 1.7).

Wenn die oberste Lage der Rollen nicht mit anderer Ladung reichlich überstaut werden kann, müssen die Rollen nach Bb und nach Stb gelascht werden. Dies gilt besonders für die höher liegenden Rollen in den Staulücken. Siehe auch Ausführungen über Bleche und Blechpakete.

Drahtrollen sind als Ladung dann problematisch, wenn sie „weich" sind (Wire-Rods bis 2 t, 1,5 m Durchmesser) und einen größeren Teil der Gesamtladung darstellen. Sie lassen sich wegen ihrer Nachgiebigkeit nicht stramm stauen, nicht pallen und nicht laschen. Daher kann es im Seegang zum einseitigen Zusammendrücken kommen und damit zum Übergehen der Ladung (wie die Praxis gezeigt hat, auch zum Kentern des Schiffes). Als einzig wirksame Sicherheitsvorkehrung wird ein festes Mittellängsschott angesehen. Vorteilhaft ist daher das Verstauen weicher Drahtrollen in den oft mit Mittellängsschotten ausgestatteten Unterstaus der Laderäume oder in schmalen Unterräumen an den Schiffsenden (Wellentunnel).

Flüssigkeiten in Behältern müssen so gestaut werden, daß Leckagen nicht zur Beschädigung anderer Ladung führen können. Als Stauplätze sind geeignet: Unterräume, tiefer gelegene Teile von Zwischendecks (je nach Trimmlage oder Sprung des Schiffes), Süßöltanks.

Für große Stahlfässer (Drums) gibt es spezielle Greifgeräte an Gabelstaplern, mit denen ein Hochstauen der Fässer unter Deck möglich ist. Zwischen jede Lage muß Holz (am besten Sperrholz) gelegt werden. Die oberste Lage ist zu laschen.

Sackladungen sind große Partien von Mehl, Zucker, Saatgetreide, Kunstdünger und anderen Chemikalien in Jutesäcken sowie Zement, Kreide und Erden in Papiersäcken. Für solche Partien sollten große Unterraumplätze vorgesehen werden. Beim Stauen in Endluken mit einfallenden Bordwänden müssen die Schweißlattenhaken mit Holz abgedeckt werden, damit sie die Säcke nicht zerreißen (die Ladung sackt nach!).

Sackladungen sind feuchtigkeitsempfindlich und daher entsprechend mit Stauholz, Matten und Jutekleidern zu garnieren (siehe Vorbereitung der Laderäume). Werden Sackladungen kalt übernommen und in wärmere Gebiete mit entsprechend höherer Luftfeuchtigkeit transportiert, so kommt es leicht zur Bildung von Schweiß auf und in der Ladung und oft zur Verkrustung. Es muß entsprechend vorsichtig gelüftet werden (siehe 2.11). Sackladungen dürfen nicht mit Stauhaken angefaßt werden. Reservesäcke für jede Partie sind von der Schiffsleitung beim Laden anzufordern.

Süßölladungen sind überwiegend Grundstoffe zur Erzeugung von Nahrungsmitteln. Sie werden auf Frachtschiffen in besonderen Ladeöltanks befördert. Vor der Übernahme dieser Ladeöle findet durch Besichtiger des GL oder Lloyds Register eine Prüfung des Ladetanks statt. Dabei ist zu beachten: Der Tank wird möglichst vor dem Einlaufen in den Ladehafen eisenrein gemacht, geschlossen und so weit mit Wasser gefüllt, daß dieses etwa 2,5 m über der Tankdecke in den Peilrohren steht. Die durch die Besichtiger festgestellten Undichtigkeiten werden nach dem Lenzen beseitigt. Der Tank wird jetzt von innen untersucht. Jeder Farb- und Bitumasticanstrich muß durch Abkratzen entfernt sein, es sei denn, daß zugelassene Spezialfarben benutzt wurden. Holzwegerung und Schweißlatten sind herauszuschaffen. Die Tankwandungen sind mit dem betreffenden Ladeöl einzureiben. Der Doppelboden unter dem Ladetank und die Tankheizung werden einer Druckprobe unterzogen. Über die Prüfung wird ein Zertifikat ausgestellt.

Vielfach verlangen die Verlader das Abflanschen der Öllenzleitung; bei Fisch- und Holzöl liegt dies auch im Interesse des Schiffes. Man bedenke jedoch, daß aus Gründen der Schiffssicherheit ein Lenzen erforderlich werden kann.

Die wichtigsten Ladeöle sind:	Starrpunkt bei etwa
Sojabohnenöl	−8 °C
Erdnußöl	−3 °C
Kokosnußöl	+23 bis 26 °C
Palm- und Palmkernöl	+25 bis 28 °C
Holzöl (giftig, verursacht Hautschäden)	−15 °C
Fischöl läßt sich meist noch bei	+10 °C pumpen.

Der **Expansionstank** soll mit Rücksicht auf die Ausdehnung des Öls nicht gefüllt werden; ist ein solcher nicht vorhanden, so sind mindestens 2% des Gesamttankinhaltes freizuhalten. Zur Berechnung der überzunehmenden Menge dient Bild 2.5.

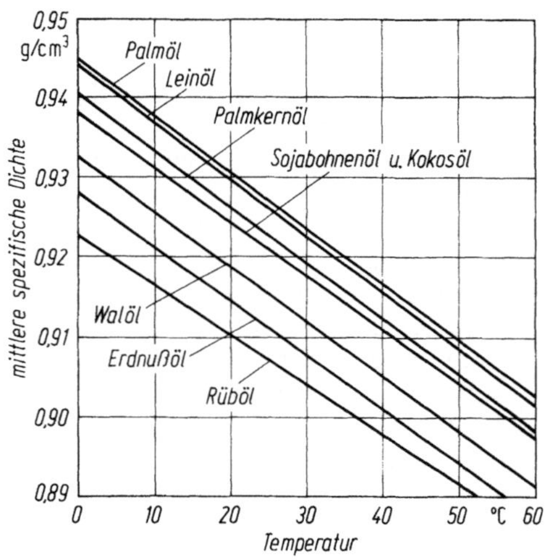

Bild 2.5. Spezifische Dichten wichtiger Süßöle abhängig von der Temperatur

Beispiel: Ein Ladetank von 286 m³ Gesamtinhalt soll mit Sojabohnenöl von 30 °C beladen werden. Nach Bild 2.5 ist die Dichte = 0,918 t/m³, also die Gesamtmasse 286 · 0,918 = 262,5 t je 1000 kg. Davon Abzug 3 % (2 % für Ausdehnung, 1 % für mitgerissene Luft usw.) = 7,9 t, folglich Lademasse = 254,6 t je 1000 kg oder 250,6 t je 1016 kg.

Während der Reise. Temperatur der Ladung überwachen und sonstige Vorschriften der Verlader beachten! Vor Ankunft im Löschhafen rechtzeitig mit dem Heizen beginnen, da zu schnelles Heizen Verfärbung des Öles hervorrufen kann! Die Doppelbodentanks unter den Ladetanks sollen bei Beginn des Löschens leer und u. U. mit Dampf angeheizt sein; doch ist zu bedenken, daß dadurch in benachbarten Laderäumen Schweißschäden entstehen können. Die Lenzeinrichtungen müssen sorgfältig gereinigt sein. Fisch- und Holzöle werden nicht mit den fest eingebauten Schiffspumpen gelöscht.

Nach dem Auspumpen. Ölreste sofort abkratzen und sammeln! Tank mit Soda- oder P3-Wasser (Fabrikat der Persil-Werke) reinigen, ausdampfen und nochmals heiß auswaschen! Die sauberen und eisenreinen Tankwände durch einen Süßölanstrich konservieren! Keine Ölfarbe verwenden!

Die Ladungsöle lösen Kitt und Gummi mit der Zeit auf und verursachen dadurch Leckagen, Verluste an Ladungsölen und Beschädigungen anderer Ladung.

Erzpartien auf Stückgutschiffen sind oft wertvolle Spezialerze (z. B. Chromerz, Bleierz), die mit großen Reinheitsanforderungen verschifft werden. Diesbezügliche Hinweise des Abladers sind streng einzuhalten. Lädt man in einen Unterraum mit hölzerner Wegerung, so kann das Erz beim Löschen leicht durch Holzsplitter verunreinigt werden, die der Greifer losreißt. Das Laden auf eine nackte Tankdecke ist daher vorzuziehen. Nach dem Laden sollte eine solche Erzpartie sorgfältig mit Persenningen abgedeckt werden. Handelt es sich um eine staubende Erzladung, so sind vor der Übernahme andere Ladungen in derselben Luke ebenfalls mit Persenningen abzudecken. (Volle Erzladung: siehe 2.10.1; Decksbelastung und Längsbeanspruchungen: siehe Bd. 3B, Kap. 1.7 und 1.8.)

Kühlladungspartien werden auf Stückgutschiffen als Plus- oder Minusladungen übernommen und in entsprechenden (meist kleineren) Ladekühlräumen verstaut. Typische Minusladungen sind verpacktes Fleisch, Fisch, Geflügel, Butter, die bei −18 °C (Eiscreme mindestens bei −20 °C) verschifft werden. Typische Plusladungen sind Käse, Eier, Filme, Medikamente, die bei +2 bis +5 °C gefahren werden. Vor der Übernahme der Ladung sind die Kühlräume gründlich zu reinigen, mit sauberen Staulatten auszurüsten und auf die Solltemperatur vorzukühlen. Während der Übernahme ist darauf zu achten, daß die (meist horizontale) Luftführung durch die Ladung mit Hilfe der Staulatten sichergestellt wird. Die Klappen der Luftzu- und -abführung dürfen nicht dichtgestaut werden. Fernthermometer müssen in ausreichender Zahl in der Ladung ausgelegt werden. Weitere Einzelheiten siehe 2.9.

Decksladungen auf Stückgutschiffen sind entweder gefährliche Güter, die auf Deck transportiert werden müssen (siehe 2.8) oder sperrige Güter (Konstruktionsteile, Rohre, Fahrzeuge), die unter Deck viel Platz einnehmen und mit Billigung des Abladers auf Deck gefahren werden. Auf die zulässige Decksbelastung ist zu achten (siehe Bd. 3B, Kap. 1.7).

Jede Decksladung muß so gestaut werden, daß sie zuverlässig zu pallen oder zu laschen ist (siehe auch 2.6). Kleinere Behälter, die nicht einzeln gelascht werden können, sind mit Stahldrahtnetzen gegen Lostreiben und Aufschwimmen zu sichern.

Muß nach Übernahme der Decksladung noch in den Luken geladen werden, so muß um die Lukensülle genügend Platz bleiben (ca. 3 Fuß), um sicheres Arbeiten zu ermöglichen. Wenn die Decksladung den sicheren Verkehr über Deck behindert, so sind geeignete Laufstege und Treppen mit Geländern zu zimmern und gegen Losschlagen bei schlechtem Wetter zu sichern.

Bei größeren Decksladungen ist auf die Stabilität des Schiffes zu achten (siehe Bd. 3B, Kap. 1, und im vorliegenden Band 2.2).

2.4 Ro/Ro-Verschiffung

2.4.1 Allgemeines

Die technischen Anfänge der Roll on/Roll off-Verschiffung gehen auf militärische Landeoperationen im Zweiten Weltkrieg zurück. In der Nachkriegszeit entwickelte sich ein bedeutender Ro/Ro-Verkehr auf Fährschiffen, z.B. zwischen dem europäischen Kontinent und England, Skandinavien und einigen Mittelmeerländern. Erst in den 70er Jahren wurden zunehmend Ro/Ro-Schiffe für den Überseeverkehr gebaut. Vor allem der Importboom der erdölproduzierenden Länder im Mittleren Osten führte dort zu Hafenverstopfungen und forderte schnelle Abfertigung. Dadurch wurde der Einsatz von Ro/Ro-Schiffen trotz ihrer überaus schlechten Raumausnutzung wirtschaftlich tragbar. Ro/Ro-Schiffe älterer Art (Fährschiffe) benötigen besondere Hafenanlagen bzw. Liegeplätze. Die neueren Typen sind flexibel und können bei nicht zu großer Kaihöhe in jedem Hafen operieren.

2.4.2 Bauliche Besonderheiten auf Ro/Ro-Schiffen

Da die Entwicklung von Ro/Ro-Schiffen noch nicht abgeschlossen ist, wird an dieser Stelle ein bestimmter Typ stellvertretend für ähnliche beschrieben (Bild 2.6). Es handelt sich um ein 20 kn laufendes Motorschiff von ca. 16000 tdw, das mit drei Schwesterschiffen im Europa-Mittelost-Dienst eingesetzt wird. Hauptabmessungen: L_{pp} = 178 m, B = 27 m, H = 17,6 m. Deplacement auf Sommerfreibord ist knapp 25000 t bei 8,61 m Tiefgang. Mit einem δ (Völligkeitsgrad des Unterwasserschiffes) von 0,586 ist es ein überaus scharfes Schiff, das zu starker Hoggingbeanspruchung und großem achterlichen Trimm im Ballast- bzw. Leerschiffszustand neigt.

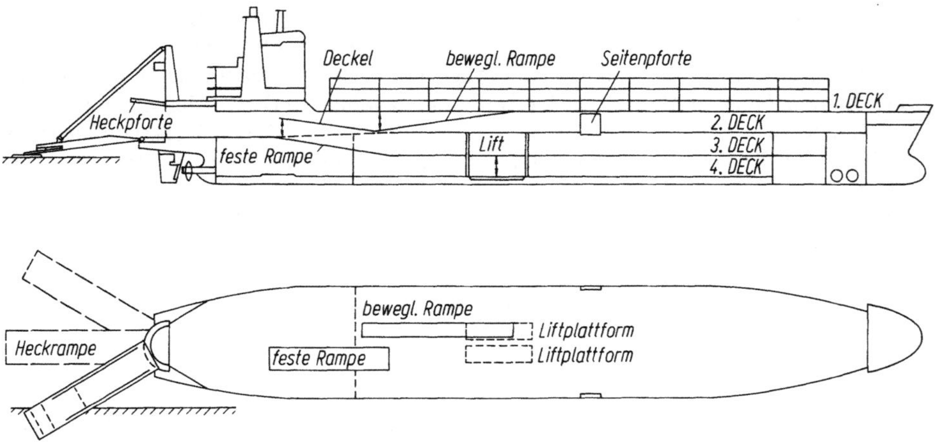

Bild 2.6. Modernes Con/Ro-Schiff mit schwenkbarer Heckrampe

Das Schiff fährt rollende Ladung in drei durchgehenden Räumen unter Deck und ebenfalls rollende Ladung oder Container bis zu drei Lagen (Tiers) auf dem Wetterdeck. Wegen der geringen Staudichte der rollenden Ladung in den Räumen besitzt das Schiff eine Ballastkapazität von ca. 6000 t in Doppelboden und Tieftanks, um bei schwerer Containerladung auf Deck ausreichende Anfangsstabilität zu behalten. Aber auch bei geringer Anfangsstabilität hat das Schiff wegen des Sommerfreibords von ca. 9 m außerordentlich gute Hebelarme.

Das Schiff ist mit einer faltbaren Heckrampe ausgestattet, die bei einer vollen Länge von 38,5 m um 33° nach jeder Seite geschwenkt und in einem Winkel von 8° gegen die Horizontale seitwärts auf die Pier gelegt werden kann. Die Rampe kann mit 160 t belastet werden. Die zugehörige Heckpforte hat eine lichte Öffnung von 11,2 m Breite und 7,5 m Höhe. Die Pforte mündet in das zweite Deck (Bild 2.6). Das zweite Deck kann mittschiffs auch durch zwei Seitenpforten (4,6 × 4,2 m) mit drehbaren Rampentischen beladen werden.

Vom zweiten Deck führt an Bb eine bewegliche Rampe mit 8° Neigung auf das erste Deck (Wetterdeck) und an Stb eine feste Rampe mit ebenfalls 8° Neigung ins dritte Deck. Die Öffnung über dieser festen Rampe wird mit einem schwenkbaren Deckel verschlossen, der ebenfalls mit Ladung belegt werden kann.

Vom dritten Deck führen zwei 80-t-Lastenaufzüge (Lifts) von l = 15,5 m und b = 3,5 m ins vierte Deck (Innenboden). In beladenem Zustand liegen die Liftplattformen im vierten Deck. Die Öffnungen im dritten Deck werden mit belastbaren Klappen verschlossen.

Die Decks werden auf See und im Hafen mit 10- bis 20fachem Luftwechsel pro Stunde belüftet, um Abgase und Dämpfe aus evtl. Treibstoffleckagen zu entfernen. Im Hafen ist eine automatische Krängungsausgleichsanlage in Betrieb mit einer Pumpe von 350 m^3/h Förderleistung zwischen zwei Tanks von je 380 m^3 Inhalt. Beim Zustand „Einseitig voll" wird akustischer Alarm gegeben.

2.4.3 Ausrüstung für den Umschlag

Das oben beschriebene Schiff besitzt keinerlei konventionelles Ladegeschirr. Die bordeigene Ausrüstung besteht statt dessen aus zwei Sattelschleppern (Tug-Master) zum Entladen von Trailern (Bild 2.7), einem Hilfsfahrzeug (Service Truck) mit Werkzeug und Startaggregaten, einem Adapter (Goose-Neck) zum Ankoppeln von extrem flachen Schwerlasttrailern an den Tug-Master (Bild 2.8) sowie einem Gabelstapler. An Deck steht ein Gantry-Kran zur Verfügung, der über 5 Containerbreiten reicht und 3 Containerlagen hoch stauen kann. Der Kran fährt auf beweglichen Gummireifen und kann bei teilweise freigestautem Deck Container aus den vorderen und hinteren Bays in den Einzugsbereich der Rampe zum zweiten Deck bringen. Auf diese Weise können Deckscontainer auf Trailern über die Heckrampe entladen werden, wenn der betreffende Löschhafen nicht über Kräne verfügt.

Zum Werkzeug gehören Hubzüge, Schlepptaljen, Schleppseile, Werkzeug für Motorreparaturen, Gerät zum Aufpumpen von Reifen und Bremsanlagen, Pumpanlage zum Auftanken von Fahrzeugen und Hydraulikhubstempel. Ein bestimmter Vorrat an Kraftfahrzeugbrennstoffen und Ölen muß ebenfalls an Bord sein.

2.4.4 Typische Ro/Ro-Ladung

Der beladene Trailer ist die klassische Ro/Ro-Einheit (Bilder 2.7 und 2.9). Es gibt mehrere Trailertypen, die sich in Abmessungen und Einrichtungen (Kupplungszapfen, Bremsen, Luftanschlüssen) unterscheiden. Trailer werden mit dem Tug-Master bewegt. Zur Koppelung fährt der Tug-Master rückwärts unter den Trailer, bis der Kupplungszapfen im „Fifth Wheel" des Tug-Master einrastet. Das Fifth Wheel kann hydraulisch bis zu 1,1 m angehoben werden.

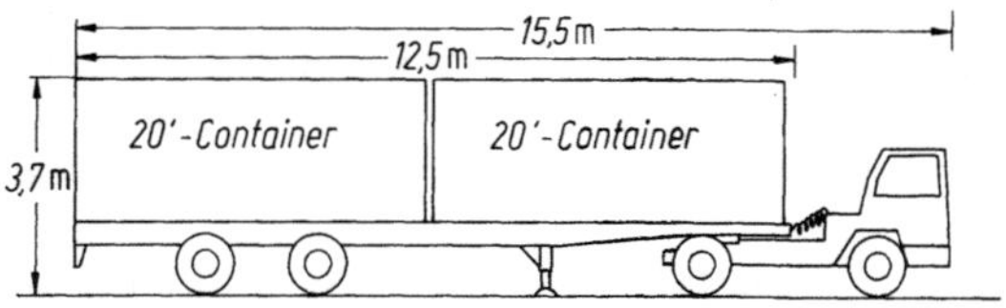

Bild 2.7. 40-Fuß-Trailer mit Tug-Master

Für schwere und sperrige Stücke kommen flache Schwerlasttrailer zum Einsatz, die mit dem ca. 3 t schweren „Goose-Neck" an den Tug-Master gekoppelt und mit Ketten zusätzlich gesichert werden (Bild 2.8).

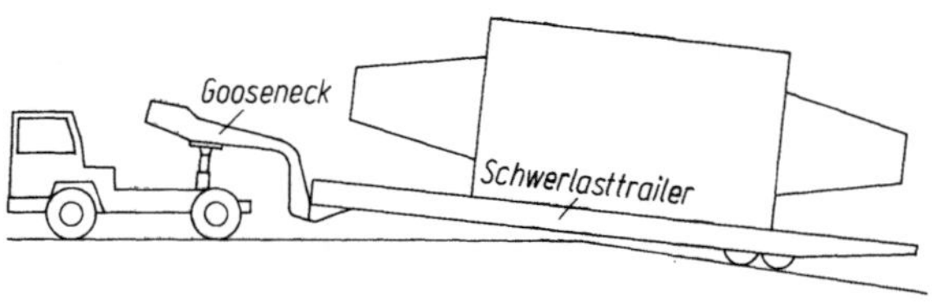

Bild 2.8. Schwerlasttrailer beim Befahren eines Rampenknickes

Der selbstfahrende schwere Truck mit Anhänger ist eine ebenfalls häufige Ro/Ro-Einheit. Anders als auf Fährschiffen werden im Überseeverkehr Trucks meist ohne Fahrerbegleitung verschifft.

Ein weiterer Teil der Ro/Ro-Ladungen besteht aus selbstfahrenden Baumaschinen, vor allem Straßenbaumaschinen auf Rädern oder Ketten. Zu beachten sind hierbei oft Raupenfahrzeuge wegen ihrer Überbreite ($b > 3$ m) und Kräne sowie große Gabelstapler wegen ihrer Überhöhe ($h > 4$ m), denen besondere Stellplätze vorbehalten sind.

Schließlich gibt es noch eine Fülle von Fahrzeugen mit und ohne Eigenantrieb (self-driving/not-self-driving), z. B. Pkws, Reisebusse, Wohnanhänger, Spezialtrucks und Militärfahrzeuge verschiedenster Art.

Nichtrollende Ladung wird im wesentlichen auf Paletten von Gabelstaplern an bzw. von Bord gefahren. Zum Teil werden auch 20-Fuß-Container auf diese Weise umgeschlagen und verschifft.

2.4.5 Einiges zur Beladungsplanung

Die Decks eines Ro/Ro-Schiffes sind durch Farbmarkierungen in sogenannte „Lanes" von knapp 3 m Breite eingeteilt, die parallel von vorn nach hinten laufen. Vor allem wegen der Positionen der Laschpunkte sollte möglichst innerhalb dieser Lanes gestaut werden.

Häufig ist die Heckpforte die einzige „Luke" des Schiffes. Es ist daher wichtig, so zu planen, daß zumindest die Ladung für den ersten Löschhafen an der Pforte „herauskommt". Oft ist jedoch der Bereich vor der Heckpforte der einzige Stauplatz für „Überhöhenkolli". Sind diese nicht zufällig für den ersten Löschhafen bestimmt, so läßt sich ein Umstauen nicht vermeiden. Spätestens im zweiten Löschhafen sollten Rampen im Schiff und Liftplattformen frei gestaut worden sein, um für die folgenden Löschhäfen „vorstauen" zu können, d. h. bei gutem Wetter auf See bereits einen Teil der Ladung vor die Heckpforte zu fahren. Im übrigen legt man die Ladung für jeden Löschhafen in ganzen Lanes an, für Häfen mit viel Ladung in Doppellanes. Letzteres ermöglicht eine gute Flächenausnutzung durch geschickte Kombination von Fahrzeugen mit großer und kleiner Breite.

Bei der Auswahl der Stellplätze für jedes Kollo sind die Buchungsinformationen heranzuziehen und durch eigene Erfahrungen zu ergänzen. Zu beachten sind z. B.:

- Höhe und Breite von Fahrzeugen, auch für Rampendurchfahrten im Schiff;
- Verhältnis von Radabstand und Bodenfreiheit für das Überfahren von Rampenknicks;
- Länge von Fahrzeugen und Trailern plus Tug-Master für die Beförderung mit dem Lift;
- Wendemöglichkeiten in den Decks;
- Schwierigkeiten des Befahrens von schrägen Rampen mit Kettenfahrzeugen (Rutschgefahr);
- Trailer mit gefährlicher Ladung;
- überschwere Fahrzeuge (besondere Laschung).

Bei allen Überlegungen ist auf Stabilität und Längsfestigkeit des Schiffes zu achten (siehe 2.2).

2.4.6 Praktische Hinweise zum Laden und Löschen

Beim Laden muß stets mindestens ein Wachoffizier anwesend sein, da sich nicht selten die geplante Reihenfolge der einzufahrenden „Moves" ändert (Startschwierigkeiten) und dann vor Ort umdisponiert werden muß. Gleichzeitig ist auf äußerlich gute Beschaffenheit der Ladung und sofortige, ordnungsgemäße Laschung zu achten, damit das Schiff nach Ladeende unverzüglich fahren kann.

Wichtig ist, daß die Wachoffiziere sich Besonderheiten der Bedienung von Spezialfahrzeugen erklären lassen und diese notieren, damit es beim Löschen keine Verzögerungen gibt. Ebenso ist zu notieren, ob ein Fahrzeug beim Laden mit bestimmten Hilfsmitteln angekoppelt, gezogen, gestartet oder anderweitig bewegt worden ist, die in der Bordausrüstung fehlen. Davon ist der Löschhafen telegrafisch zu unterrichten, oder das fehlende Material ist in Zwischenhäfen zu beschaffen.

Vor dem Einlaufen in den Löschhafen kann die Ladung, wie oben erwähnt, vorgestaut werden. Zumindest aber sollte man bereits auf See die Startfähigkeit, Fahrbereitschaft, Reifendrücke und besonders die Bremsfähigkeit der zu entladenden Fahrzeuge prüfen und im Bedarfsfall wiederherstellen, um die für Ro/Ro-Schiffe notwendige schnelle Abfertigung zu gewährleisten.

2.4.7 Laschen der Ladung

Alle Fahrzeuge auf Rädern arbeiten bei Seegang in den Federn. Deshalb sind an allen vier Ecken, bei langen Trailern auch in der Mitte, Spindeln oder Böcke unterzusetzen, bevor gelascht wird. Als Laschmaterial werden auf Ro/Ro-Schiffen vorwiegend hochfeste Ketten mit Haken und Spannhebeln eingesetzt. Für schwere Stücke sollten besser Drahtlaschings mit Spannhebeln verwendet werden, da diese gleichmäßiger tragen. Eine typische Trailerlaschung zeigt Bild 2.9.

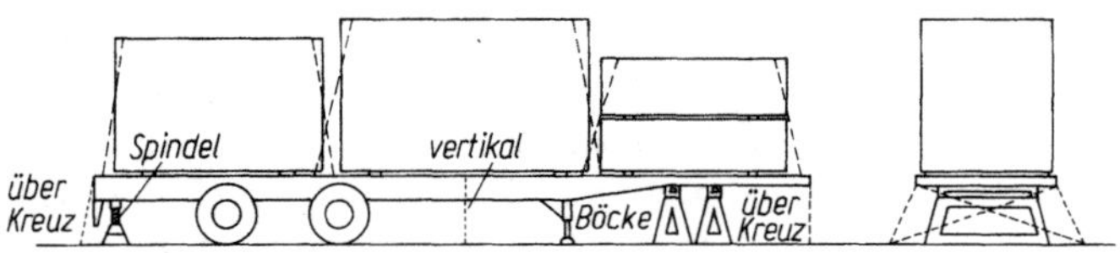

Bild 2.9. Laschung eines Trailers

Bei sehr hoch beladenen Trailern muß die Ladung zusätzlich und möglichst horizontal gelascht werden. Deichseln von freistehenden Anhängern müssen ebenfalls gelascht werden, sonst dreht sich die Vorderachse bei Seegang und der Hänger kann kippen. Laschhaken sind stets von oben einzuhängen, damit sie beim Arbeiten im Seegang nicht herausfallen. Spannhebel sollten nur in spitzem Winkel festgesetzt werden, um die dünne Spannkette nicht zu überlasten.

Die Ladungssicherung auf Ro/Ro-Schiffen ist eine sehr ernst zu nehmende Aufgabe der Schiffsleitung. Es wird in diesem Zusammenhang empfohlen, Ro/Ro-Schiffe möglichst nicht mit zu großer Stabilität, d.h. zu kleinen Rollperioden zu fahren, um heftige Bewegungen im Seegang zu vermeiden. Vor allem Resonanz der Rolleigenperiode mit der Seegangsbegegnungsperiode (siehe Bd. 3B, Kap. 1.4) führt zu großen Beanspruchungen der Laschung, so daß die Ladung kaum gehalten werden kann. Resonanz ist daher unbedingt durch Kurs- oder Fahrtänderung zu verhindern.

2.5 Container

2.5.1 Beschreibung der Container

Container sind Behälter mit genormten Maßen, die grundsätzlich zur Aufnahme vieler Arten von Stückgütern geeignet sind. Nach ISO-Norm gibt es 20 Fuß (6,10 m) und 40 Fuß (12,20 m) lange Container.

Die Grundform des Containers ist der „Boxcontainer“ mit den Außenmaßen Länge 20 Fuß, Breite 8 Fuß (2,44 m), Höhe 8 Fuß. Der 20-Fuß-Container gilt auch als Einheit für die Angabe der Containerkapazität von Schiffen. Diese Kapazität wird angegeben in TEUs (Twenty foot Equivalent Units). Stellplätze für 40-Fuß-Container umfassen dann 2 TEUs.

Während der einfache Boxcontainer zu Anfang der weltweiten Containerisierung der Ladungsströme ausreichte, um ausgewählte Stückgüter aufzunehmen, erzwangen die Eigenarten der Ladung und die konsequente Umstellung der Liniendienste in reine Containerdienste sehr bald die Entwicklung von ladungsgerechten Containern. Alle Weiterentwicklungen behielten die gleiche genormte Grundfläche: 8 Fuß breit und 20 Fuß oder 40 Fuß lang.

Boxcontainer. Der einfache Boxcontainer ist in Bild 2.10 dargestellt. Tragende Teile sind nur der Rahmen und die Träger unter dem Boden. An dem Rahmen sind die typischen Eckbeschläge zum Anschlagen und Laschen des Containers. Die Wände bestehen meist aus 20 mm starkem Sperrholz („Plywoodcontainer") oder aus gesickten Metallwänden. Die Be- und Entladung erfolgt durch Türen, mit denen sich eine der Stirnseiten ganz öffenen läßt.

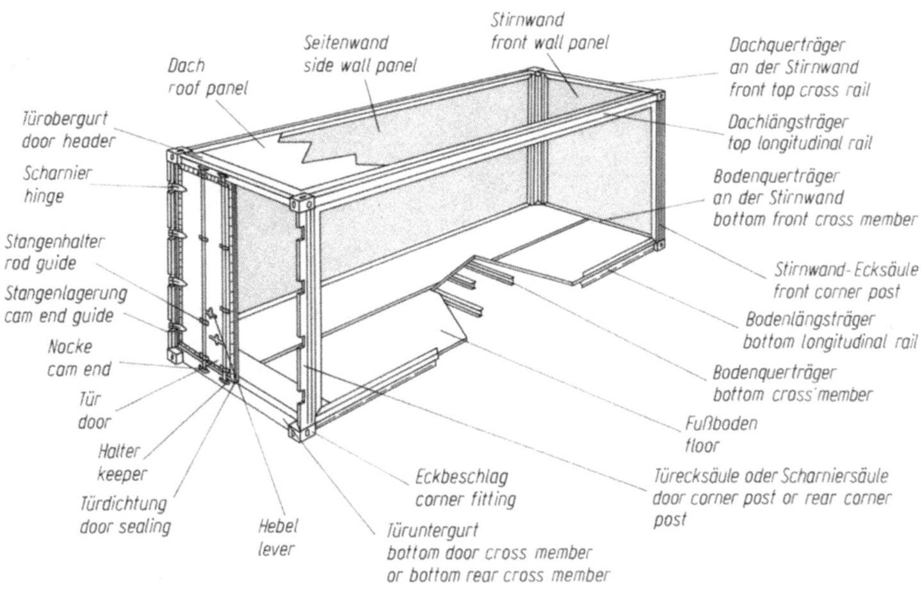

Bild 2.10. Teile eines Containers

Mit verschlossenen Türen ist der Boxcontainer wasserdicht und kann daher gut an Deck gefahren werden. Dies bedeutet praktisch eine Vergrößerung des umbauten Laderaumes des Schiffes.

Stückgüter mit großen Abmessungen führten bald zum Bau von 8 Fuß 6 Zoll (2,59 m) hohen Boxcontainern und den 9 Fuß 6 Zoll (2,90 m) hohen „High-Cube-Containern", die z. B. für den Transport von Tabak in Hogsheads erforderlich wurden.

Ventilationscontainer sind für organische Ladungen wie z. B. Kaffee entwickelt worden. Solche Ladungen geben Feuchtigkeit und Wärme ab, die aus dem Container herausgeführt werden müssen. Die Ventilationscontainer sind konstruiert wie die Boxcontainer, haben aber im Boden Lufteintrittsöffnungen und oben an beiden Längswänden Luftaustrittsöffnungen. Die Luftbewegung erfolgt einmal dadurch, daß warme, feuchte Luft aus der Ladung aufsteigt und zum anderen durch die Laderaumventilation des Schiffes, die die Luft von unten nach oben durch den Container hindurchziehen läßt.

Open-Top-Container (Bild 2.11) dienen zur Aufnahme großer, schwerer und sperriger Teile. Sie sind oben durch eine Plane, die auf einem Stangengestell liegt, abgedeckt. Ein Open-Top-Container kann oben gänzlich geöffnet werden, wodurch er von oben mit einem Kran beladen werden kann.

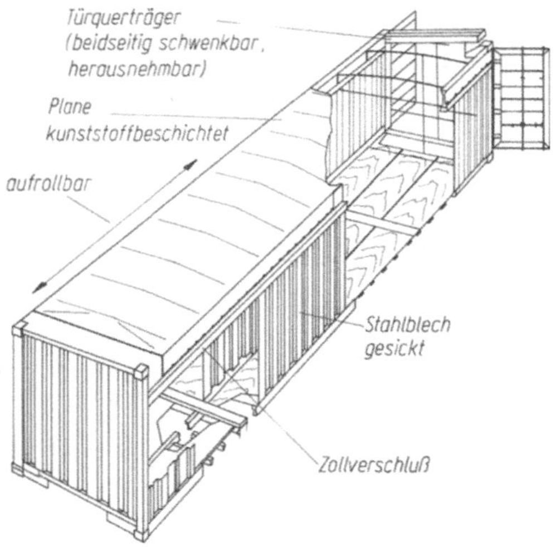

Bild 2.11. Open-Top-Container

Besonders anpassungsfähig wird der Open-Top-Container auch dadurch, daß der Querträger über der Tür zur Seite geschwenkt oder ganz herausgenommen werden kann. So können auch große Gabelstapler mit hohen Gabelmasten Ladungsteile in den Container hineinbringen, oder es können Ladungsstücke, die höher als der Container sind, durch die Tür in ihn hineingeschoben werden.

Open-Top-Container werden im allgemeinen unter Deck gefahren. Mit ihren Planen als Dach sind sie nur regen- und spritzwasserdicht.

Halbhohe Open-Top-Container (4 Fuß hoch) dienen für Ladungen, die wegen ihrer hohen Dichte nur wenig Raum beanspruchen und daher einen 8 Fuß hohen Container bei weitem nicht ausfüllen würden (z. B. Marmorblöcke, Metalle oder Erze). Eine Stirnwand kann nach außen aufgeklappt werden und ist dann zugleich eine Rampe für das Einfahren von Gabelstaplern.

Open-Side-Container können von beiden Seiten und durch die Tür beladen werden. Die Längswände sind durch herausnehmbare Latten und davorgehängte Plane ersetzt.

Flats sind nur die Böden von Containern mit festen oder auch klappbaren Stirnwänden. Mit Flats können auch größere Plattformen auf einem Containerschiff gebildet werden, indem z. B. in die oberste Lage mehrerer nebeneinanderliegender Stellplätze Flats gesetzt werden. Auf diese Plattform kann dann ein größeres Ladungsteil gestellt werden.

Schwergutflats haben besonders verstärkte Böden zur Aufnahme hoher Lasten. Sie ermöglichen es, im Containersystem auch große, besonders schwere und sperrige Kolli zu transportieren.

Tankcontainer sind quaderförmige oder zylindrische Tanks, die in 20 Fuß langen ISO-Containerrahmen angeordnet sind. Es gibt sie für ungefährliche flüssige Ladungen wie z. B. Wein, aber auch für gefährliche flüssige Stoffe (Chemikalien).

Bulkcontainer (Bild 2.12) sind Boxcontainer mit verstärkten Wänden und drei Einfüllöffnungen im Dach. Sie haben normale Türen mit zwei Entleerungsöffnungen. Sie können durch Kippen oder mit Saugern geleert werden. Es gibt für Bulkcontainer auch passende Inlets mit entsprechend passenden Öffnungen, die den Container dann auskleiden und die Bulkladung aufnehmen.

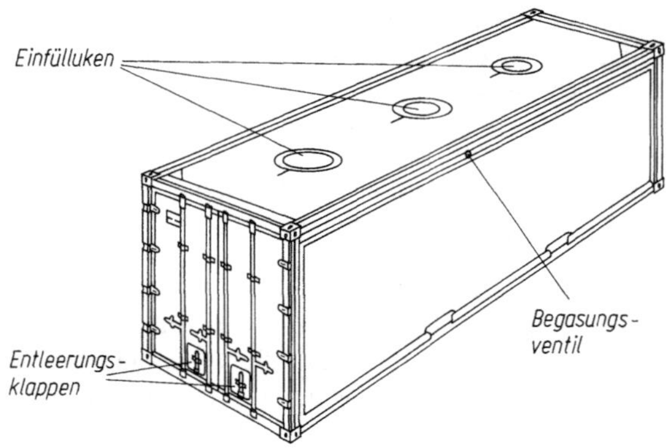

Bild 2.12. Bulk-Container. Aus Stahl (beschichtet): Containerrahmen, Türrahmen, Bodenträger, Einfülluken, Entleerungsklappen. Aus Plywood (mit glasfiberverstärktem Kunststoff beschichtet): Seitenwände, Dach, Stirnwand, der größte Teil der Türen

Kühlcontainer sind isolierte 20-Fuß-Container mit je einer Öffnung für Zuluft und Abluft in der Stirnseite und einer Bodenkonstruktion, die eine Luftbewegung auch unter der Ladung ermöglicht.

Kühlcontainer können an Bord von Vollcontainerschiffen mit den beiden Öffnungen durch Kupplungsschläuche an schiffsfeste Kühlsysteme angeschlossen werden. Während des Landtransportes und auf dem Containerterminal werden die Container durch vor die Stirnseite gesetzte einzelne Kühlaggregate gekühlt.

Es gibt auch **Maschinen-Kühlcontainer,** an die eine Kühlanlage fest angebaut ist. Diese Anlage hat zwei Antriebe, sowohl einen elektrischen als auch durch einen Dieselmotor.

Kühlaggregate für Kühlcontainer werden heute auch schon seewasserbeständig ausgeführt. Mit solchen Aggregaten kann man Kühlcontainer zusätzlich an Deck fahren, wo keine Anschlüsse an das schiffsseitige Kühlsystem sind. Die Aggregate werden dann mit Strom betrieben. Bei Störungen in der Stromversorgung übernimmt automatisch der Dieselmotor den Antrieb.

2.5.2 Container und Bordbetrieb

Das Verhältnis zwischen Schiff und Ladung hat sich mit Aufkommen der Container entscheidend geändert. Das Schiff ist nur noch ein Glied in der Transportkette, die vom Hersteller der Ware (Verlader) durchläuft bis zum Empfänger. Die Ware selbst tritt auf dem Schiff praktisch nicht mehr in Erscheinung. Ladungsfürsorge und Ladungskontrolle finden allenfalls noch bei Kühlladung in Form einer Überwachung von Meßwerten statt.

Der Container wird über See befördert auf Vollcontainerschiffen, Semicontainerschiffen und konventionellen Frachtern, über kürzere Seestrecken außerdem häufig auf Ro/Ro-Schiffen.

Vollcontainerschiffe sind mit in die Laderäume eingebauten Staugerüsten, vorbereiteten Stellplätzen auf den Luken und einem passenden Zurrsystem speziell für die Aufnahme von 20-Fuß-Containern und 40-Fuß-Containern gebaut. Sie gleichen Massengutschiffen, denn ihre Ladung ist äußerlich gleichförmig, und sie sind auf spezielle Umschlagsanlagen angewiesen (Containerterminals mit Verladebrücken).

Für Vollcontainerschiffe erfolgt die gesamte Vorplanung der Beladung des Schiffes unter Einsatz von Computern in landseitigen Stauzentren. Jeder einzelne im jeweiligen Containerterminal zu ladende Container bekommt einen festen, vorbestimmten Stauplatz an Bord. Die Container werden weitgehend an der Pier spiegelbildlich zum Stau an Bord vorgestapelt. Ein Eingreifen der Schiffsleitung ist bei diesem System kaum noch möglich. Die Beladungsplanung wird jedoch von erfahrenen Nautikern vorgenommen. Auch Stabilität, Belastung der Längsverbände und Belastung auf Torsion werden landseitig mitgerechnet und die Ergebnisse der Schiffsleitung übergeben. Die Schiffsleitung kann nur noch mit Bordmitteln (Krängungsversuchsanlage, Loadmaster) überprüfen, ob die Beladung bei den vorhandenen Tankfüllungen auch eine sichere Seereise und Revierfahrt ermöglicht. Oft bekommt das Schiff schon vorher ein Telex mit der im nächsten Hafen vorgesehenen Beladung ausgehändigt, und man ist dann in der Lage, rechtzeitig Überprüfungen vorzunehmen.

Semicontainerschiffe können neben dem Einsatz als Containerschiffe auch als Stückgutschiffe oder für den Transport von Bulkladungen eingesetzt werden. Es entfallen die Staugerüste im Raum, und die Sicherung der unter Deck durch Unterraum und Zwischendeck durchgezogenen Containerstapel ist umständlicher. Schwierig ist auch das Laschen der auf den Luken zu fahrenden Containerstapel. Eine besondere Ausrüstung hierfür ist meistens nicht vorgesehen. Neben den unter 2.5.4 genannten Verbindungsstükken müssen Laschdraht und Spannschrauben verwendet werden. Semicontainerschiffe haben fast immer eigenes Ladegeschirr mit ausreichender Hebefähigkeit, mit dem sie die Container selbst übernehmen und abgeben können. Sie sind nicht auf spezielle Containerverladebrücken angewiesen, können aber mit diesen auch bearbeitet werden.

Konventionelle Frachter fahren Container zusätzlich zu lose gefahrenen Stückgütern als sperrige und oft nicht leicht zu handhabende Schwerkolli. Umschlag, Stauung und Sicherung sind oft sehr schwierig, besonders, wenn 40-Fuß-Container verladen werden. Meistens werden Container auf konventionellen Frachtern an Deck und auf den Luken gestaut. Wenn noch keine Containerfußpunkte vorgesehen sind, werden die Container auf Stauholz gestellt und mit Ketten bzw. Drähten und Spannschrauben gelascht. Oft stehen zwei Container übereinander, zuweilen auch drei. Dann kommt es darauf an, daß die Belastbarkeit des Decks und der Lukendeckel nicht überschritten wird. Da über den tragenden Rahmen des Containers die gesamte Last nur auf vier Punkten liegt, muß oft eine Höchstlast pro Containerstellplatz eingehalten werden.

2.5.3 Umschlag

Wegen ihrer besonderen Konstruktion (es tragen nur die Rahmen) dürfen Container nur so angeschlagen werden, daß sie senkrecht an allen vier Ecken aufgehängt sind. Dies wird erreicht durch **Containertraversen,** die aus starken Rahmen bestehen und mit vier passenden drehbaren Beschlägen in die Containerecken eingeklinkt werden. 40-Fuß-Container können nur mit Traversen bewegt werden, weil sie beim Anschlagen mit Stroppen, die von den Ecken zu einem Haken über der Containermitte zusammenlaufen, einknicken würden. Die Gefahr des Knickens besteht grundsätzlich auch bei 20-Fuß-Containern. Sie werden aber in der Praxis auf konventionellen Frachtern und Semicontainerschiffen auch mit vier sehr langen Drahtstroppen angeschlagen, die unter möglichst kleinem Winkel zusammenlaufen sollen.

2.5.4 **Sicherung gegen Übergehen** (Bild 2.13)

Die Sicherung von nicht in Staugerüsten befindlichen Containern besteht auf allen Schiffstypen hauptsächlich darin, daß in einem Block gestaute Container mit speziellen Verbindungsstücken („Fittings") miteinander verbunden werden. Der ganze Block soll dadurch eine Einheit bilden, die viel schwerer übergeht als einzelne Container oder einzelne Stapel.

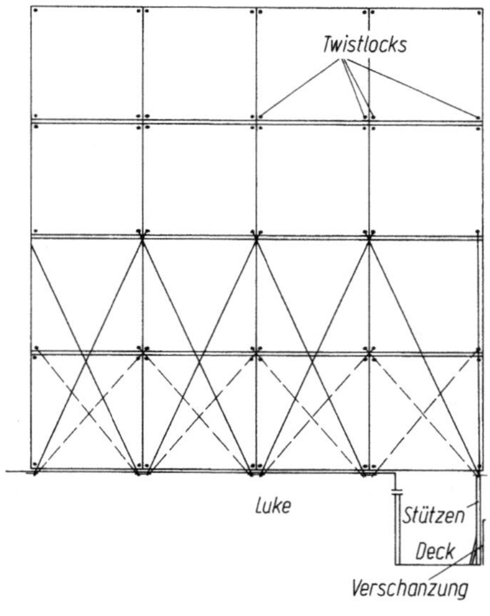

Bild 2.13. Schematische Darstellung der Verzurrung von Deckscontainern auf einem Vollcontainerschiff

Zur Herstellung von senkrechten Verbindungen gibt es Paßstücke, die in die Eckbeschläge des unten und des darüber stehenden Containers hineinragen **(Cornerfittings).** Diese Paßstücke verhindern das seitliche Verschieben der Container in einem Stapel. Als **Twistlocks** ausgebildet verankern diese Paßstücke den oberen Container am unteren, indem durch eine Vierteldrehung die Zapfen gegen die Eckbeschläge verriegelt werden. Waagerechte Verbindungen werden geschaffen durch **Bridgefittings,** die aus zwei mit einer starken Metallplatte verbundenen Cornerfittings bestehen. Diese Teile verbinden die senkrechten Containertürme in einem Block seitlich miteinander. Die oberste Lage Container in einem Block kann noch mit besonderen, zusammenziehbaren Verbindungsstücken zusammengehalten werden. Diese Verbindungen wirken ähnlich wie Spannschrauben, indem auf jedem Ende einer Schraubspindel eine Klaue sitzt, die in die Eckbeschläge paßt. Die Klauen werden in die beiden nebeneinander liegenden Eckbeschläge zweier nebeneinander gestauter Container eingesetzt und durch Drehen der Spindel zusammengeholt.

Der GL schreibt vor, daß Container dann auch am Schiff zu verzurren sind, wenn auf sie in dem Block, in welchem sie gestaut sind, eine parallel zum Deck verlaufende Kraft von 15 t kommen kann. Bei der Überprüfung der möglichen Kräfte werden Roll- und

Stampfbewegungen als Ursachen untersucht. Die auf Vollcontainerschiffen vorgesehenen Laschvorrichtungen zur Verbindung der Container mit dem Schiff bestehen meistens aus Stangen und mit Handrädern bedienbaren Spannschrauben. Sie sind vom GL geprüft und zugelassen.

2.5.5 Formen der Transportkette

Es werden verladen:

Haus-Haus-Container, die beim Hersteller der Güter (Verlader) im Binnenland beladen werden und dann auf Kosten des Verladers („shipper's haule") oder des Verfrachters („carrier's haule") zum Containerterminal oder zu einem anderen Verladeplatz gebracht werden. Mit dem Schiff legen sie dann die notwendige Seestrecke zurück, um im Bestimmungsland wieder per Lkw oder per Bahn direkt zum Empfänger gebracht zu werden.

Problematisch ist bei Haus-Haus-Containern die ordnungsgemäße Stauung und Sicherung der Ladung in den Containern selbst. Diese werden in der Regel von Landpersonal beladen, welches keine Vorstellung von dem heftigen Arbeiten eines Schiffes in schwerem Wetter hat. Hier zeigt sich besonders nachteilig, daß die Schiffsleitung keine Kontrolle mehr über die Beladung der Container hat. Nachgeprüft wird in der Praxis nur die Stauung in Containern mit gefährlicher Ladung.

Die Reedereien setzen Stauberater und schriftliche Informationen ein, um die Verlader zu einer dem Seetransport gerecht werdenden Beladung der Container zu veranlassen.

Pier-Pier-Container oder **Pier-Haus-Container** kommen zur Verladung, wenn der Verfrachter in einem Sammelschuppen im Hafen loses Stückgut annimmt und von einer Stauerei in Container packen läßt („stuffen"). Der Verfrachter nimmt dabei von Abladern entweder Sendungen an, die einen ganzen Container füllen (full container load, FCL) oder er nimmt auch kleinere Partien an, die nur mit anderer Ladung zusammen einen Container füllen (less than container load, LCL). Wenn die Landverbindungen es ermöglichen, kann der Verfrachter bei FCL den vollen Container im Bestimmungsland direkt zum Empfänger bringen (Pier-Haus). Bei LCL muß der Container im Bestimmungshafen auf jeden Fall wieder von einer Stauerei ausgepackt werden („strippen"), damit die einzelnen Empfänger ihre Güter abholen können.

Haus-Pier-Container kommen zur Verladung, wenn im Bestimmungsland ein Weitertransport des ganzen Containers bis zum Empfänger nicht möglich ist. Die Ware wird dann in kleineren Mengen lose weiterbefördert.

2.6 Schwergutladungen

2.6.1 Allgemeines

Durch die Industrialisierung überseeischer Länder und die zunehmende Verarbeitung von Energie- und Rohstoffvorkommen vor Ort wächst die Zahl der Schwergutverschiffungen. Nahezu jedes Stückgutschiff ist heute mit einem oder zwei Schwergutbäumen von 50 t Nutzlast oder mehr ausgerüstet. Auch verfügen die Häfen zunehmend über starke Schwimmkräne von mehreren hundert Tonnen Hebefähigkeit. Für schwerste Stücke kommen allerdings auch heute nur Spezialschiffe zum Einsatz, die den Umschlag mit eigenen Mitteln entweder im Roll on/Roll off-Verfahren oder im Lift on/Lift off-Verfahren bewältigen. Die Ro/Ro-Schwergutschiffe sind meist kleinere Einheiten mit 3 bis 5 m Tiefgang, während die mit Hebeeinrichtungen ausgestatteten Schiffe sowohl kleinere als auch größere Fahrzeuge bis 10 m Tiefgang sein können.

Zur Verschiffung kommen: Wasserfahrzeuge (Schlepper, Fähren, Leichter, Schnellboote, Bagger), Off-Shore-Ausrüstung (Bojen, Wohncontainer, Bohrinselteile), Bauelemente der Petro-Industrie, von Kraftwerksanlagen und anderen Industrien (Wärmeaustauscher, Reaktoren, Dampfkessel, Turbinen, Generatoren, Transformatoren, Konstruktionsteile), Landfahrzeuge (Eisenbahnfahrzeuge, Straßenfahrzeuge, Baumaschinen, Militärfahrzeuge). Straßenfähige Schwerfahrzeuge werden allerdings zunehmend durch große Ro/Ro-Trailer-Schiffe transportiert.

2.6.2 Verschiffungsplanung

Jede größere Schwergutverschiffung bedarf einer sorgfältigen Vorbereitung, die mit frühzeitiger Zusammenarbeit von Hersteller- und Reedereivertretern beginnen muß. Die Reederei benötigt exakte Angaben über Massen, Schwerpunktlage und Abmessungen des Kollos. Sie muß außerdem Einfluß nehmen auf Anschlagpunkte, Lagerpunkte und Laschmöglichkeit. Unter Rücksichtnahme auf die Umschlagsmöglichkeiten und den Tiefgang des angebotenen Seeschiffes sind schließlich der Ladehafen, der Löschhafen und damit die Landtransportstrecken festzulegen. Einige Reedereien bieten einen Schwerguttransport von Haus zu Haus an. Die eigentliche Umschlags- und Verschiffungsplanung findet zwischen Reederei und Schiffsleitung statt. Grundlage hierfür sind zuverlässige maßstäbliche Zeichnungen des Kollos mit eingetragenen Anschlag-, Lasch- und Lagerstellen sowie Lage des Schwerpunktes.

Decksbelastung. An Bord ist der Stauplatz des Kollos festzulegen, wobei neben den Abmessungen auch sein Gewicht und damit die auftretende Belastung des Decks bzw. Doppelbodens zu berücksichtigen ist (siehe Bd. 3B, Kap. 1.7). Muß ein Deck oder eine Luke durch Abstützung nach unten verstärkt werden, so ist nach Möglichkeit ein Schiffbauingenieur zu Rate zu ziehen, der sachgemäße Berechnungen durchführt. Grundsätzlich kommt es bei diesem Vorhaben darauf an, die auftretende Flächenbelastung nach Maßgabe der Tragfähigkeiten auf die beiden Decks zu verteilen. Dies geschieht mit vertikalen Holzstempeln, die z.B. bei einer Länge von 3 m mindestens einen Querschnitt von 25 × 25 cm haben sollten. Die Druckkräfte sind in diese Stempel über ebenso starke horizontale Balken einzuleiten (Bild 2.14). Die vertikalen Stempel müssen unbedingt vor der Belastung satt mit Keilen eingepaßt werden. Dabei sollte man zu strammes Pallen vermeiden, da sonst später das untere Deck zu stark belastet wird. Ein nachträgliches Setzen der Stempel kommt nicht in Frage, da dann das obere Deck bereits durchhängt und die beabsichtigte Übertragung der Belastung auf das untere Deck nicht mehr gelingt. Stempel und Keile sind mit Bauklammern gegen Umfallen bzw. Lockern zuverlässig zu sichern.

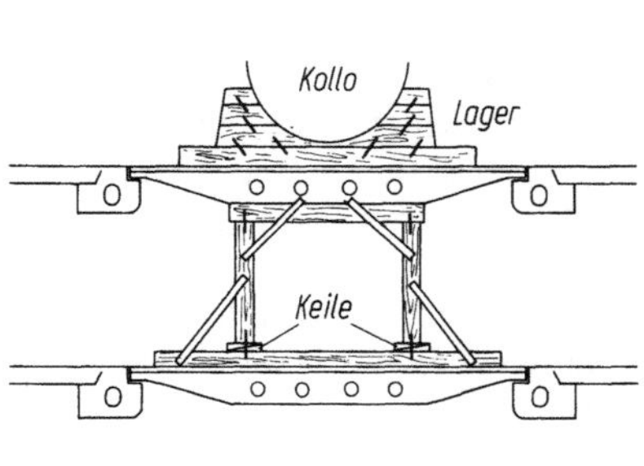

Bild 2.14. Abstützen einer Zwischendecksluke. Die Abstützung ist unter jedem Lager des Kollos anzuordnen

Bettung. Die sachgemäße Unterklotzung (Bettung) des Kollos hat primär die Aufgabe, das Gewicht des Kollos gleichmäßig auf das Deck zu übertragen. Folglich muß die Bettung ausreichend bemessen sein. Sie sollte schiffsseitig möglichst über Verbänden, also über Decksbalken liegen, besser noch über Rahmenspanten und Schotten. Eine gute Lastverteilung auf das Deck erzielt man durch die Verwendung von Stahlträgern. Das Kollo selbst darf nur an solchen Stellen unterstützt werden, die augenscheinlich oder nach Angabe des Herstellers genügend Festigkeit besitzen. Die Unterklotzung soll aus mindestens 30 cm starken Balken bestehen. Nur bei ebener Kollounterseite und glattem Deck genügt normales Stauholz als Zwischenlage zur Erhöhung der Reibungshaftung. Das Anschlaggeschirr muß von Bettung und Deck frei laufen (Bild 2.15).

Bild 2.15. Vorbereitete Bettungen für Schwerkolli

Schleppen. Befindet sich der Stauplatz nicht in direkter Reichweite des Ladegeschirrs, so muß das Kollo im Schiff geschleppt werden. Je nach Beschaffenheit der Kollounterseite kann das Kollo mittels geeigneter Schlepptaljen direkt auf dem Stahldeck, evtl. ohne Fett, oder aber auf einem starken Schlitten über eingefettete Schlepp-Planken (Hartholz, 8 × 30 cm, ca. 10 m lang) gezogen werden. Bei einer durchschnittlichen Haftreibung von μ = 0,15 sind auf einem horizontalen Deck pro 100 t Kollomasse 15 t (ca. 150 kN) Horizontalzug aufzuwenden, um das Kollo in Bewegung zu setzen. Mit diesem Ansatz läßt sich die Zahl der einzusetzenden Winden und das Scheren der Schlepptaljen bzw. Fußblöcke leicht abschätzen. Schwierigkeiten bereitet häufig die kraftgerechte Befestigung der Schlepptaljen im Schiff, da die üblichen 5-t-Laschaugen nicht stark genug sind und nach anderen Befestigungsmöglichkeiten gesucht werden muß. Die hergestellten Verbindungen müssen die auftretenden Kräfte sicher aufnehmen können. Die Schiffsleitung hat durch straffe Aufsicht dafür zu sorgen, daß sich während des Hievens niemand im Gefahrenbereich befindet. Sehr schwere Ladungsstücke sind neuerdings mit Erfolg auf Stahlschienen unter Verwendung von Fett und Teflon-Gleitplatten (μ etwa = 0,05) geschleppt worden.

Anschlaggeschirr. Die Vorbereitung der Übernahme beginnt auf einem Lift on/Lift off-Schiff mit der Stroppenkalkulation.

Beispiel: Mit dem 150-t-Baum soll ein Feuerlöschboot von $P = 120$ t übernommen werden. Zur Spreizung der Anschlagpunkte sollen dabei die schiffseigene Längs- und zwei Quertraversen benutzt werden. Der Rumpf des Bootes soll in zwei Stahldrahtgurten von je 14 m Länge ruhen, die mit Verlängerungsstroppen an den Quertraversen befestigt sind. Die Tragfähigkeit der Längstraverse beträgt 150 t, die der Quertraversen je 75 t. Die Stahldrahtgurte tragen jeweils maximal 80 t (40 t pro Bügel). Bei der Auswahl der vier Stroppen hat man davon auszugehen, daß zum Einschwimmen des Bootes in das außenbords hängende Geschirr genügend Lose gegeben werden muß, und daß wegen der Länge der Quertraversen eine Stroppenneigung γ aus der Vertikalen (hier ca. 15°) entstehen wird. Deshalb muß von jedem Stropp die Last

$$\frac{P}{4} \cdot \frac{1}{\cos \gamma} = 30 : 0{,}966 = 31 \text{ t}$$

aufgenommen werden. Da man beim Anschlaggeschirr im Schwergutbetrieb mit mindestens vierfacher Sicherheit rechnet (8fache Sicherheit im Leichtgutbetrieb), müssen die Stroppen eine Mindestbruchlast von 124 t haben. Die Länge muß etwa 8 m betragen (Bild 2.16). Man wählt aus der Stroppenliste des Schiffes vier Stroppen von 16 m Länge (werden doppelt gelegt) und 36 mm Durchmesser, entsprechend 74 t rechnerische Bruchkraft (726 kN) und erhält nach genauerer Zeichnung eine Gesamtanschlaghöhe von ca. 15 m.

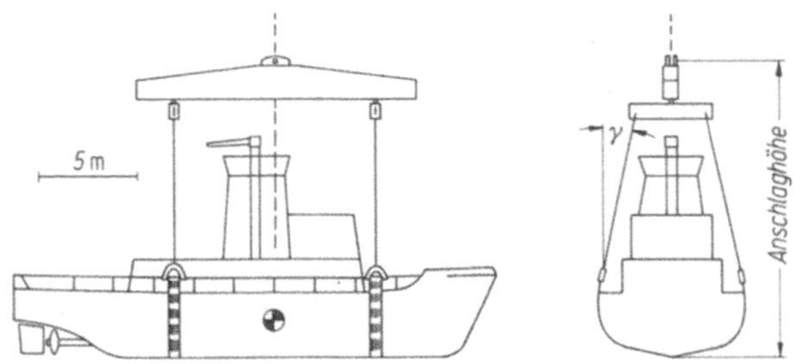

Bild 2.16. Stroppenkalkulation zur Festlegung des Anschlaggeschirrs und zur Bestimmung der Anschlaghöhe

Mit der ermittelten Anschlaghöhe kann man sich im Heißhöhenplan davon überzeugen, ob Übernahme und Absetzen am gewünschten Stauplatz möglich ist. Fehlt ein Heißhöhenplan, so läßt sich ohne viel Aufwand ein solcher anfertigen. Die verfügbare Heißhöhe ist der maximale Abstand des unteren Ladeblockauges von der Lukenoberfläche, an der Schiffsseite von der Verschanzung (Bild 2.17). Man zeichnet also für verschiedene Schwenkradien e Kreise gleicher Heißhöhen h in eine Kopie des

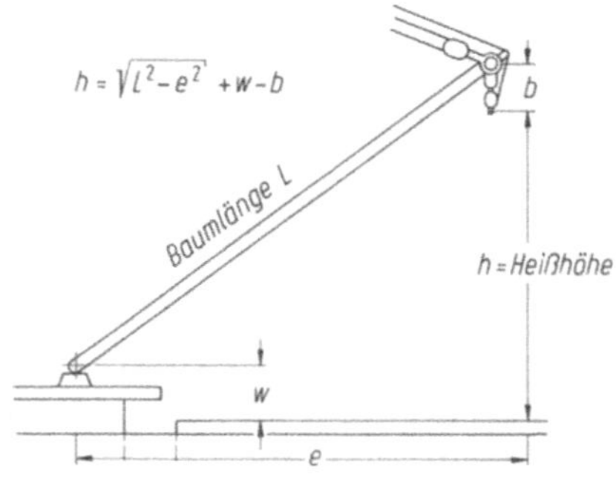

Bild 2.17. Zur Anfertigung eines Heißhöhenplans

Generalplans. Der Einfluß des Trimms auf die Heißhöhe ist gering. Der Einfluß der Krängung ist dagegen bedeutend. So wächst die Heißhöhe an der Verschanzung bei 10° Krängung gegenüber der aufrechten Lage um durchschnittlich 15 %, da der Baum höher aufgetoppt werden kann.

Krängungswinkel. Ist bei der Übernahme ein größerer Krängungswinkel zu erwarten, so sollte dieser vorher berechnet werden. Die maximal zulässigen Krängungswinkel werden von Geschirrherstellern und Klassifikationsgesellschaften je nach Geschirrtyp zwischen 10° und 13° festgesetzt bei eingeschränktem Trimm des Schiffes. Der Krängungswinkel bei Übernahme wird nach folgendem Verfahren[2] berechnet (Bild 2.18):

1. Höhenmomentenrechnung unter Berücksichtigung aller geplanten Tankbearbeitungen und freien Oberflächen im Schiff.
2. (a) Bei geplanter Übernahme eines Kollos rechnerische Zuladung dieses Kollos im Verschanzungsniveau.
   (b) Bei geplanter Entladung eines Kollos rechnerische Verschiebung des Kollos vom Stauniveau ins Verschanzungsniveau.
3. Rechnerische Verschiebung der krängenden Masse Q des Baumes oder der Bäume aus dem Niveau der Seeklar-Position ins Verschanzungsniveau.

Das Ergebnis dieser Momentenrechnung ist das Übernahmedeplacement D und die Schwerpunkthöhe KG_1 über Basis.

4. Ermittlung der Größen G_1M und FM wie folgt:
   $G_1M = KM - KG_1$
   $FM = KM - 0{,}53 \cdot T_m$ (T_m mittlerer Tiefgang).
5. Anwendung der Formel:

$$\tan \Phi = \frac{(P + R + Q) \cdot (B/2 + A \cdot \sec\Phi_0) - (S \cdot s)}{D \cdot (G_1M + FM/2 \cdot \tan^2\Phi_0)}.$$

In dieser Formel sind:

P Masse des Kollos; R Masse des Anschlaggeschirrs;
Q krängende Masse des Baumes (siehe folgende Tabelle);
B Breite des Schiffes; A Auslage des Geschirrs ab Verschanzung; Φ_0 maximal zulässiger Krängungswinkel;
S gegenkrängende Masse (Tank, andere Ladung);
s Hebel der gegenkrängenden Masse von Mitte Schiff.

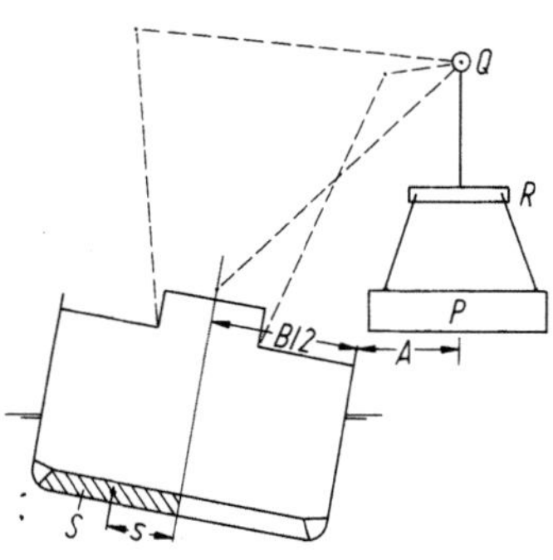

Bild 2.18. Zur Vorausberechnung des Krängungswinkels bei Schwergutübernahme

2 Hunewinkel, Kaps: Die Vorausberechnung des Krängungswinkels bei Schwergutübernahme. HANSA (1976) S. 709.

Die krängende Masse Q eines Stülckenbaumes einschließlich Toppgeschirr und Lasttalje, jedoch ohne Haken, kann folgender Tabelle entnommen werden:

Nutzlast	75	100	150	200	250	300	350	400	t
Q-Fork Type	8	10	15	20	25	30	—	—	t
Q-Pendulum Type	11	15	22	—	—	—	—	—	t
Q-Double P. Type	—	—	23	30	38	45	53	60	t

Das Rechenverfahren liefert den zu erwartenden Krängungswinkel unter Berücksichtigung der Formzusatzstabilität und der krängenden Wirkung der Bäume, wobei die schwierige Schätzung von Höhe und Auslage der Baumnock umgangen wird. Statt dessen benutzt man die in der Praxis wesentliche Auslage der Lasttalje ab Verschanzung. Die Anwendung des Verfahrens soll an zwei Beispielen erläutert werden.

1. Beispiel: Ein Schiff liegt mit einem Deplacement von 10216 t und einem für freie Oberflächen berichtigten KG von 7,90 m an einer niedrigen Kai. Mit einem der beiden 275-t-Bäume soll ein Kollo von 270 t übernommen werden, das 9 m von der Kaikante auf einem Eisenbahntieflader steht. Wegen des zu erwartenden Kaiüberhanges des Schiffes rechnet man in diesem Beispiel mit einer Auslage von 8,5 m ab Verschanzung (einschließlich Fender). Vor der Übernahme soll mit 150 t Ballastwasser in einem der Seitentanks eine leichte Gegenkrängung erzielt werden.

	t	m	t·m
Ausgangssituation	10216	7,90	80706
Ballastwasser	150	1,85	278
P ins Verschanzungsniveau	270	13,36	3607
Q ins Verschanzungsniveau	(41)	−28,35	−1162
Übernahmesituation	10636	7,84	83429

$$G_1M = KM - KG_1 = 10{,}14 - 7{,}84 = 2{,}30 \text{ m}.$$
$$FM = KM - 0{,}53 \cdot T_m = 10{,}14 - 0{,}53 \cdot 5{,}28 = 7{,}34 \text{ m}.$$

Das Anschlaggeschirr hat 3 t Masse. Der maximal zulässige Krängungswinkel beträgt nach Unterlagen für dieses Schiff 13°.

$$\tan \Phi = \frac{(270 + 3 + 41) \cdot (11{,}1 + 8{,}5 \cdot 1{,}026) - 150 \cdot 10{,}3}{10636\,(2{,}30 + 3{,}67 \cdot 0{,}053)} = 0{,}176$$

$$\Phi = 10{,}0°.$$

2. Beispiel: Ein Schiff erreicht eine Reede mit dem mittleren Tiefgang von 9,06 m und einer aus Rollzeitmessungen ermittelten metazentrischen Anfangshöhe von 0,39 m. Mit den beiden 75-t-Bäumen soll ein an Bb auf den Luken 3 und 4 liegender Ponton von 140 t Masse und 9,8 m Breite an der Bb-Seite von Bord gegeben werden. Die erforderliche Auslage ab Verschanzung beträgt ca. 5,0 m aufgrund der halben Pontonbreite. Das Anschlaggeschirr hat 8 t Masse. Der maximal zulässige Krängungswinkel beträgt für dieses Schiff laut Unterlagen 12°.

$$KG = KM - GM = 9{,}65 - 0{,}39 = 9{,}26 \text{ m}.$$

Deplacement bei 9,06 m Tiefgang = 18100 t in Seewasser.

	t	m	t·m
Ausgangssituation	18100	9,26	167606
P ins Verschanzungsniveau	(140)	− 1,50	−210
Q ins Verschanzungsniveau	(22)	−32,60	−717
Entladesituation	18100	9,21	166679

$$G_1M = KM - KG_1 = 9{,}65 - 9{,}21 = 0{,}44 \text{ m}.$$
$$FM = KM - 0{,}53 \cdot T_m = 9{,}65 - 0{,}53 \cdot 9{,}06 = 4{,}85 \text{ m}.$$

Das Kollo liegt vor dem Entladen an der Bb-Seite etwa 5 m außerhalb der Mittschiffsebene. Da man bei der Formel davon ausgeht, daß das Kollo aus der Mittschiffsebene entladen wird, wirkt eine vorherige, gedankliche Verschiebung des Kollos in die Mittschiffsebene wie eine Gegenkrängung. Dieses ist in der Formel entsprechend zu berücksichtigen.

$$\tan \Phi = \frac{(140 + 8 + 22) \cdot (11{,}4 + 5 \cdot 1{,}022) - (140 \cdot 5)}{18100\,(0{,}44 + 2{,}42 \cdot 0{,}045)} = 0{,}212,$$

$$\Phi = 12{,}0°.$$

Bei einer Entladung nach Stb müßte das Produkt (140 · 5) im Zähler addiert werden. Dadurch ergäbe sich eine weitaus größere und damit unzulässige Krängung.

Auf kleinen Schwergutschiffen, die zur Begrenzung des Krängungswinkels bei Übernahme erhebliche, einseitige Ballastwassermengen nehmen müssen, liefert das beschriebene Verfahren zwar auch zuverlässige Vorausberechnungen des Krängungswinkels. Jedoch sagt dieses Ergebnis nichts aus über die vorhandenen Stabilitätsreserven. Es wird empfohlen, in solchen Fällen zusätzlich für die geplante Übernahmesituation eine Hebelarmkurve zu zeichnen unter Berücksichtigung der tatsächlichen Höhenlage des Kollos im geschätzten Baumnockniveau. Markiert man in dieser Hebelarmkurve den vorausberechneten Krängungswinkel, so kann die verbleibende Stabilitätsreserve abgeschätzt werden. Dabei sind entsprechende Hinweise in den Werftunterlagen zu beachten.

2.6.3 Ro/Ro-Umschlag

Auf Ro/Ro-Schwergutschiffen werden Einzelstücke bis zu 1000 t Masse mit Tiefladern oder Raupenfahrzeugen (Crawlern) in Längsschiffsrichtung über Bug- oder Heckrampen an bzw. von Bord bewegt. Die Hauptprobleme sind dabei die Einhaltung von maximal 3° Vertrimmung von Deck bzw. Rampe sowie die Vermeidung von größeren Knickwinkeln an den Anschlußstellen Rampe–Schiff sowie Rampe–Land. Dies wird dadurch erschwert, daß die enormen Trimmomente und Tauchungsänderungen während des Auf- bzw. Abrollens durch Pumpen großer Ballastwassermengen aufgefangen werden müssen.

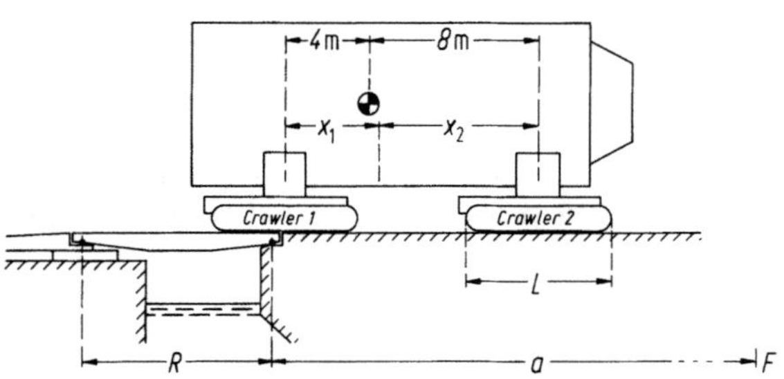

Bild 2.19. Ro/Ro-Verladung von Schwergut (Beispiel)

Deshalb kann nur sehr langsam gearbeitet werden. In Häfen mit stärkeren Gezeitenerscheinungen ist die Tide in die Planung mit einzubeziehen. Sie kann den Umschlag unterstützen: Aufrollen bei auflaufender Tide, Abrollen bei ablaufender Tide.

Eine einfache Vorausberechnung zeigt, ob ein Auf- oder Abrollvorgang bei gegebener Ballastkapazität und weiteren Bedingungen überhaupt möglich ist. Das größte Trimmoment der Ladung entsteht etwa in einer Position wie in Bild 2.19 dargestellt. Es kann nach folgendem Verfahren berechnet werden, wobei ein einzelner Tieflader wie zwei aneinander gekoppelte Crawler behandelt wird:

1. Berechnung der Lage des gemeinsamen Schwerpunktes von Kollo und Crawlern. Es ergeben sich die Schwerpunktabstände x_1 und x_2 zu den Mitten der Crawler.
2. Berechnung der anteiligen Massen P_1 und P_2 pro Crawler nach den Beziehungen $P_1 \cdot x_1 = P_2 \cdot x_2$ und $P_1 + P_2 = P$.
3. Berechnung des maximalen Trimmomentes der Ladung nach der Formel:

$$TM_L = P\left(a + \frac{P \cdot L \cdot R}{2 \cdot P_1 \cdot (a + R)} - x_1 - \frac{L}{2}\right) \quad \mathrm{t \cdot m}$$

P Masse von Kollo plus Crawlern;
P_1 anteilige Masse am Crawler 1;
a Abstand des Formschwerpunktes des Schiffes vom Rampenrezeß;
L Länge des Crawlers bzw. halbe Länge des Tiefladers;
R Länge der Rampe;
x_1 Abstand der Mitte von Crawler 1 vom gemeinsamen Schwerpunkt von Kollo und Crawlern.

Beispiel: Ein Reaktor von 650 t soll auf zwei Crawlern von $L = 6{,}8$ m und je 90 t Masse über eine Rampe mit der Länge $R = 9$ m an Bord gefahren werden. Mit den im Bild 2.19 angegebenen Größen wird x_1 berechnet:

$$x_1 = \frac{4 \cdot 650 + 12 \cdot 90 + 0 \cdot 90}{650 + 90 + 90} = 4{,}43 \text{ m},$$

$$x_2 = 12 - 4{,}43 = 7{,}57 \text{ m}.$$

Die Gesamtmasse P beträgt $650 + 2 \cdot 90 = 830$ t.

$$P_1\, x_1 = (P - P_1)\, x_2,$$

$$P_1 = \frac{P \cdot x_2}{x_1 + x_2} = \frac{830 \cdot 7{,}57}{12} = 523{,}6 \text{ t und } P_2 = 306{,}4 \text{ t}.$$

Der Abstand des Formschwerpunktes vom Rampenrezeß beträgt für den zu erwartenden Tiefgang 36,7 m (aus den Werftunterlagen).

Das maximale Trimmoment der Ladung beträgt damit:

$$TM_L = 830\,(36{,}7 + \frac{830 \cdot 6{,}8 \cdot 9}{2 \cdot 523{,}6 \cdot (36{,}7 + 9)} - 4{,}43 - 3{,}4) = 24843 \text{ t} \cdot \text{m}.$$

Mit dem Einheitstrimmoment von 4880 t · m/m beträgt der Trimm:

$$t = \frac{24843}{4880} = 5{,}09 \text{ m}.$$

Anhand der bordüblichen Trimmtabellen läßt sich leicht feststellen, ob die Ballastkapazität zum Gegentrimmen ausreicht.

Die Formel zur Berechnung des maximalen Trimmomentes läßt weiter erkennen, daß mit größerem Abstand der Crawler voneinander und damit größerem x_1 das Trimmoment kleiner wird. In der Regel fällt das maximale Trimmoment auch kleiner aus, wenn man den schweren Crawler zuerst an Bord und zuletzt von Bord fährt. Durch Austauschen von x_1 gegen x_2 und P_1 gegen P_2 läßt sich dies in obiger Rechnung leicht nachprüfen.

Hat man unter Berücksichtigung des Gegenballasts den Trimm und die Tiefgänge für eine beliebige Umschlagsphase berechnet, so kann man die Deckslängsneigung Θ und die Rampenneigung z wie folgt berechnen:

$$\tan \Theta = \frac{\text{Trimm}}{L_{pp}},$$

$$\sin z = \frac{\text{Pierhöhe} - \text{Freibord am Rampenrezeß}}{\text{Rampenlänge}}.$$

Da bei den Tankbearbeitungen teilweise auch hochgelegene Tanks benutzt werden müssen, oder bei großer Pierhöhe ohnehin mit einem Minimum an Ballast gearbeitet werden muß, sollte man bei der Planung eines Auf- oder Abrollvorganges unbedingt die Stabilität im Auge behalten. Wesentlich geringer sind die Probleme, wenn Pierhöhe und Hafenboden so beschaffen sind, daß man das Seeschiff für den Umschlagsvorgang fest auf Grund setzen kann. Allerdings kommt dafür in erster Linie nur das Rollen über den Bug in Betracht, weil Propeller und Ruder für ein derartiges Vorhaben zu empfindlich sind.

Wenn das Kollo an Bord in Position steht, wird es entweder mit hydraulischen Pressen (oder Ladegeschirr) angehoben und nach Herausfahren der Crawler bzw. Tieflader in die vorbereiteten Lager abgesenkt oder der Tieflader senkt nach dem Unterfangen des Kollos seine eigenen Traglager hydraulisch ab und wird herausgefahren.

2.6.4 Laschen

Jede Schwergutladung, auch wenn sie gut abgepallt ist, muß ordnungsgemäß gelascht werden. Laschings werden in schlechtem Wetter in erster Linie beansprucht durch Rollen, Stampfen und Tauchschwingungen des Schiffes sowie durch Seeschlag. Vibration und durch Slamming (Einsetzen des Bugs) erregte Schwingungen des Schiffes führen zum Nachlassen von Drahtlaschings. Ein Laschen gegen Seeschlag erscheint wenig aussichtsreich. Vielmehr sollte Seeschlag gegen bzw. unter die Decksladung durch sachgemäßes Ruhigstellen des Schiffes (Kurs und Fahrtänderung, siehe Bd. 2, Teil II) vermieden werden.

Die verschiedenen Beanspruchungen der Laschung beim Rollen entstehen durch den Hangabtrieb auf dem geneigten Deck und durch die Trägheitskraft, die auf das Kollo wirkt und in den Umkehrpunkten am größten ist. Gleichzeitig kommt in diesen Umkehrpunkten die decksparallele Komponente der Trägheitskraft aus gleichzeitigen Stampf- und Tauchschwingungen hinzu, die beträchtliche Werte annehmen kann. Vor allem auf steifen Schiffen, auf denen die Rollperiode gerade doppelt so groß wie die Tauchperiode[3] ist, erfolgt diese Addition oft gleichsinnig, so daß sich die größten Beanspruchungen ergeben. Da auf steifen Schiffen auch die Rollbeschleunigungen größer sind und es überdies leichter zu Resonanz der Rollschwingungen mit dem Seegang kommt, muß mit erheblich größeren Beanspruchungen der Laschung gerechnet werden als auf normalstabilen Schiffen.

In Anlehnung an ein Berechnungsverfahren des GL in seinen Richtlinien für die sichere Zurrung von Deckscontainern können für einen 12000-tdw-Frachter die decksparallelen Querkräfte F, die auf ein 100-t-Kollo wirken, wie folgt grob angegeben werden, wobei Stauplatz, maximale Krängung und Rollperiode ausschlaggebend sind:

---

3 Die Tauchperiode in Sekunden ist etwa gleich $1{,}8 \cdot \sqrt{\text{Tiefgang in Metern}}$.

Stauplätze

Max. Krängung / Rollperiode	0,3 bis 0,5 L_{pp}		Bei 0,8 L_{pp}	
	Unterraum	an Deck	Unterraum	an Deck
45° / 10 s	94 t	126 t	120 t	152 t
40° / 14 s	85 t	99 t	109 t	123 t
35° / 18 s	76 t	84 t	98 t	106 t
30° / 22 s	67 t	71 t	85 t	89 t
30° / 26 s	67 t	70 t	85 t	88 t

Bei einer Kollomasse von beispielsweise 260 t sind die Werte mit 2,6 zu multiplizieren.

Die auf ein Kollo wirkenden Kräfte in Längsschiffsrichtung sind weitaus geringer. Daher muß jedes Kollo in erster Linie in Querrichtung gesichert werden.

Ein gewisser Teil der Querkräfte wird von der Haftreibung aufgenommen. Rechnet man mit einem Reibungskoeffizienten $\mu = 0{,}3$ für die Reibung zwischen Stahl und Holz (naß), so werden bei Krängung rund 25 % des Kollogewichtes als Haftreibung wirksam. Man erhält allerdings einen kleineren Wert, wenn das Kollo nach dem Schleppen noch mit Stahl auf Stahl bzw. auf gefetteten Holzplanken steht. Die periodischen Änderungen des scheinbaren Kollogewichtes durch vertikale Beschleunigungen sollten hierbei unberücksichtigt bleiben. Ein weiterer Teil der Querkräfte wird durch seitliche Holzpallung aufgenommen, die jedoch knickfest gezimmert und gegen Losschlagen gesichert sein muß. Da gute Pallungen heute verhältnismäßig hohe Personal- und Materialkosten verursachen, fällt das Hauptgewicht der Ladungssicherung auf die Laschung.

Eine Querlaschung soll sowohl das Kippen als auch das Rutschen eines Kollos verhindern. Dies läßt sich durch eine überschlägige Rechnung kontrollieren. Bild 2.20 zeigt ein Kollo der Masse P mit eingezeichnetem Schwerpunkt, Laschpunkt und Drehpunkt. Im Schwerpunkt greift die Querkraft F an, im Laschpunkt die Laschkraft L unter dem Winkel α gegen die Schiffshorizontale. Mit den eingezeichneten Abständen wird ein Momentenvergleich angestellt:

$$a \cdot F \leq b \cdot L \cdot \sin\alpha + c \cdot L \cdot \cos\alpha + d \cdot 0{,}8 \cdot P.$$

Ebenso werden die horizontalen Kräfte verglichen:

$$F \leq \mu \cdot 0{,}8 \cdot P + \mu \cdot L \cdot \sin\alpha + L \cdot \cos\alpha.$$

Sind die Bedingungen erfüllt, so dürfte die Laschung größenordnungsmäßig ausreichend sein.

Beispiel: Das Kollo in Bild 2.20 hat die Masse von 260 t. Aufgrund des Stauplatzes und der zu erwartenden Rollperiode wird die decksparallele Kraft F zu 280 t geschätzt. Es werden auf jede Seite 30 Laschings à 5 t Nennbelastbarkeit gesetzt. Mit der Gesamtlaschkraft $L = 150$ t und den in Bild 2.20 angegebenen Abmessungen werden die Vergleichsrechnungen angestellt.

Momentenvergleich:

$$3{,}7 \cdot 280 \leq 5 \cdot 150 \cdot \sin 64° + 5 \cdot 150 \cdot \cos 64° + 1{,}4 \cdot 0{,}8 \cdot 260,$$

$1036 < 1294$ Bedingung ist erfüllt!

Kräftevergleich:

$$280 \leq 0{,}3 \cdot 0{,}8 \cdot 260 + 0{,}3 \cdot 150 \cdot \sin 64^\circ + 150 \cdot \cos 64^\circ,$$

$$280 > 169 \qquad \text{Bedingung ist nicht erfüllt!}$$

Es werden noch weitere 10 Laschings am unteren Teil des Kollos auf jede Seite gesetzt mit einem Winkel von ca. 20°.

$$280 \leq 169 + 0{,}3 \cdot 50 \cdot \sin 20^\circ + 50 \cdot \cos 20^\circ,$$

$$280 > 221 \qquad \text{Bedingung ist noch nicht erfüllt!}$$

Die Differenz von knapp 60 t kann ohne weiteres durch eine gute Verpallung im Bodenbereich des Kollos aufgenommen werden.

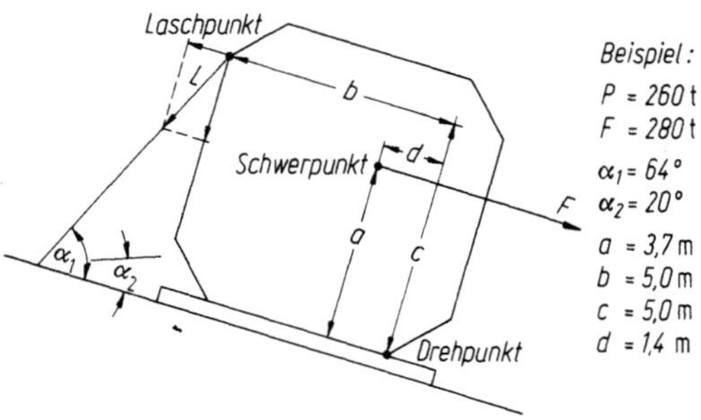

Bild 2.20. Zur Berechnung der Laschkräfte

Nicht immer kann man Laschings ausschließlich direkt am Kollo befestigen, da Laschaugen oder feste Vorsprünge häufig fehlen. Man muß dann den Lasching um das Kollo herumführen. Hierbei unterscheidet man drei Arten der Laschung, den Überwurflasching, den Rundtörnlasching und den Buchtlasching (Bild 2.21). Der Überwurflasching sollte allenfalls für Ausrüstung, wie Pallholz, oder für leere Container zur Anwendung kommen. Der Rundtörnlasching wird gelegentlich zur Laschung von Rohren oder von einzelnen, zylinderförmigen Schwerstücken eingesetzt. Es muß jedoch vor dem Rundtörnlasching gewarnt werden. Wenn die eine Seite eines solchen Laschings beispielsweise eine Last von 5 t aufnehmen soll, muß die andere Seite unabhängig von der Größe des Kollos eine Vorspannung von ca. 2,3 t haben, damit er nicht rutscht. Beim Arbeiten des Schiffes im Seegang kann diese Verspannung nie erreicht werden, so daß ein Rundtörnlasching praktisch nutzlos ist. Der Buchtlasching ist die einzig empfehlenswerte Laschart. Er besitzt eine eindeutige Wirkrichtung. Wenn er mit zwei Spannschrauben an zwei unabhängige Decksringe geführt wird, zählt er doppelt.

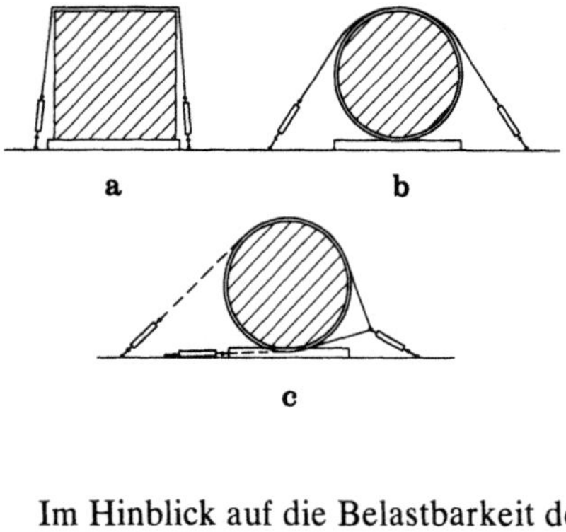

Bild 2.21. Laschmethoden. **a** Überwurflasching (nicht empfehlenswert); **b** Rundtörnlasching (nicht empfehlenswert); **c** Buchtlasching (empfehlenswert)

Im Hinblick auf die Belastbarkeit des Laschdrahtes würde oft ein einzelner Draht pro Lasching ausreichen. Es empfiehlt sich jedoch wegen der großen Elastizität und des Recks von Drahttauwerk, Laschdrähte stets doppelt zu führen, so daß die schwächste Stelle im Lasching dann meist der Decksring ist. Laufen lange und kurze Laschings nebeneinander an das gleiche Kollo, so sollten die langen Laschings wegen ihrer größeren Längenänderung stets steifer angezogen werden als die kurzen, damit bei Belastung alle Laschings gleichmäßig tragen. Die Seilklemmen sind gemäß Bild 2.22 zu setzen.

Bild 2.22. Richtig gesetzte Seilklemmen: Die Bügel der Seilklemmen liegen über den freien Drahtseilenden; die Abstände der Seilklemmen voneinander betragen mindestens 6 Seildurchmesser

2.6.5 Praktische Hinweise

Vor jeder Schwergutoperation sollte eine kurze Mitarbeiterbesprechung abgehalten werden, an der neben Offizieren und Unteroffizieren auch die mit besonderen Aufgaben betrauten Mannschaftsmitglieder teilnehmen sollten. Es sollten alle kritischen Phasen des Vorhabens erläutert und die Aufgabenbereiche an die Mitarbeiter verteilt werden. Wichtig ist das sachgemäße und vollständige Klarmachen des Geschirrs. Dazu gehört die Bereitstellung der Energieversorgung, das Einrücken der gewünschten Getriebestellung und das Lösen von Bremsen und zusätzlichen Seezurrungen und Sicherungen. Gleichzeitig sollten Ölstände geprüft, Endlagenschalter getestet und die Last- und Hangerdrähte kontrolliert werden.

Das sichere Fahren eines Zweihangergeschirrs setzt die Kenntnis des Arbeitsbereiches voraus. Die kleinste zulässige Neigung des Baumes ist im Ladegeschirrheft vermerkt. Der größte sichere Schwenkwinkel ist jedoch von Baumneigung, Trimm und Krängung des Schiffes abhängig. Bei Annäherung an die Schwenkgrenze trägt die kurze Hangertalje immer weniger. Man erkennt das Erreichen der Schwenkgrenze, wenn die kurze Hangertalje, auch Leetalje genannt, durchzuhängen beginnt. Einzelheiten finden sich in den Herstellerinformationen. Besonders bei Schwergutoperationen auf Reede oder in Schwellhäfen muß man unbedingt darauf achten, daß der Baum stets gut in beiden Hangern hängt, da durch ein unvermeidbares Schwingen des Kollos die Hangerkräfte periodischen Schwankungen ausgesetzt sind. Wird die Schwenkgrenze überschritten, so klappt der Baum bei und kann brechen.

Beim Anschlagen eines Kollos muß darauf geachtet werden, daß die Stroppen oder Gurte nicht über scharfe Kanten laufen. Ist dies nicht vermeidbar, so sind stählerne Kantenschoner (sog. Schuhe) und Holz unterzufüttern. Schwergutstroppen dürfen nie geschnürt eingesetzt werden. Nach dem Steifsetzen des Anschlaggeschirrs müssen alle Stroppen nochmals kontrolliert werden. Das Anheben hat vorsichtig zu geschehen, damit man erkennt, ob der Schwerpunkt des Kollos unter der Lasttalje liegt. Wenn nicht, sind die Stroppen entsprechend zu versetzen. Beim Anheben eines schweren Kollos von Land neigt sich das Schiff. Damit dabei kein Schrägzug in der Lasttalje entsteht, ist vorwiegend mit den Hangern zu arbeiten, bis das Kollo hängt. Das gleiche gilt für das Absetzen an Land. Beim Absetzen eines Kollos in die vorbereitete Bettung sollte man kurz über der Bettung anhalten und kontrollieren, ob in den Plänen nicht enthaltene Vorsprünge,

Flanschen oder Fittinge am Kollo das Absetzen behindern und ob die Bettung selbst fluchtet und überall die entsprechende Höhe hat (Sprung des Schiffes).

Auch wenn eine Schwergutverladung, wie bei kleineren Kolli durchaus üblich, von Stauereiarbeitern durchgeführt wird, sollte die Schiffsleitung eine besondere Aufsicht ausüben und nötigenfalls nicht zögern, über den Stauereivormann einzugreifen.

2.7 Einige Ladungen organischen Ursprungs

2.7.1 Holz als Decksladung

Wegen des großen Staufaktors (2 bis 4 m^3/t) wird Holz nicht nur im Raum verstaut, sondern ist auch eine traditionelle Decksladung. Zur Verschiffung kommen Nadelhölzer noch immer mit einem international gebräuchlichen Holzmaß, dem Standard (Std):

- loses Schnittholz mit 5,8 bis 6,2 m^3/Std und 2,4 bis 3 t/Std;
- gebündeltes Schnittholz mit 7 bis 10 m^3/Std in Einlängenpaketen oder Dreilängenpaketen (besengebündeltes Schnittholz).

Das für Rundhölzer oft benutzte Holzmaß ist der Faden. Rundholz staut im Mittel 6,5 m^3/Faden bei ca. 2,45 t/Faden. Alle genannten Werte streuen stark je nach Feuchtegehalt und Stauweise.

Edelhölzer, meist aus tropischen Ländern, werden als sogenannte Logs verschifft. Die Staudaten hängen von der Holzart ab. Einige schwere Holzarten sind nicht schwimmfähig. Werden Logs schwimmend und tief eingetaucht ans Schiff gebracht, so muß ihr Gewicht sorgfältig abgeschätzt werden (Buchungspapiere sind oft unzuverlässig), um eine Überlastung des Ladegeschirrs zu vermeiden. Einzelne Logs können eine Masse bis zu 15 t erreichen. Deshalb ist Vorsicht geboten.

Der Feuchtegehalt von Holz kann zwischen 10 und 60 % liegen. Verschiffungstrockenes Holz hat eine Feuchte von ca. 15 %. In schlechtem Wetter kann eine Holzladung zwischen 12 und 25 % Gewichtszunahme erfahren, vorwiegend in den decksnahen Lagen. Als schlechter Wärmeleiter neigt Holz an Deck im Winter zur Vereisung, vor allem in der Ostseefahrt.

Schnittholz ist bruchempfindlich. Ebenso kann es im Wert gemindert werden durch Verschmutzung (Öl, fettige Ladungsreste, Rostflecke, Staub, Faserstoffe), infolge Einschnürung durch Anschlag- und Laschmaterial und durch falsches Separieren (Farbe).

Holzfreibord. Dichtgestautes Holz auf dem freiliegenden Freiborddeck (Schnittholz, Rundholz, Einlängenpaketholz, nicht Dreilängenpakete) kann unter bestimmten Umständen als auftriebsvergrößernd angesehen werden. Nach dem Internationalen Freibordabkommen (LLC 66) wird dem Schiff auf Antrag eine Holzfreibordmarke erteilt, die einen größeren Tiefgang erlaubt, wenn:

- bauliche Bedingungen erfüllt sind bezüglich Ausstattung mit Back, Poop, Längsunterteilung der Doppelbodentanks und Schanzkleid (siehe Regel 43 in LLC 66);
- die Stauung der Holzdeckslast in Länge, Breite, Höhe, Stauweise und Laschung bestimmten Anforderungen genügt (siehe Regel 44 in LLC 66 und Merkblatt E 1 der SeeBG);
- die Stabilität des Schiffes während der ganzen Reise unter erschwerten Bedingungen (Treibölverbrauch, freie Oberflächen, Wasseraufsaugen und Vereisung der Deckslast) gesichert ist (siehe Regel 44 in LLC 66).

Freidecker können die Holzfreibordmarke nicht erhalten.

Die Holzfreibordmarke wird in Bd. 3 B, Kap. 2, beschrieben. Siehe auch Merkblatt der SeeBG über die Bedeutung der Freibordmarken vom 1.1.1969.

Stabilität. Die Vergrößerung des wirksamen Freibords durch eine dichtgestaute Holzdeckslast wirkt sich günstig auf die Neigungsstabilität aus. Daher wird insbesondere Volldeckern, auf denen die Holzdeckslast schon bei verhältnismäßig kleinen Neigungen (ca. 10°) zu Wasser kommt, unter bestimmten Voraussetzungen ein kleinerer Mindesthebelarm bei 30° Neigung eingeräumt. Freidecker, bei denen die Holzdeckslast erst bei größeren, gefährlichen Neigungen stützen würde, müssen im allgemeinen die gleichen Stabilitätskriterien erfüllen wie Schiffe normaler Bauart (siehe Bd. 3B, Kap. 1.5).

Das Merkblatt E1 der SeeBG für Holzdeckslast vom 26.6.1974 (unter Berücksichtigung der Auslegung durch den GL) sagt hierzu sinngemäß:

Die Stabilität von Schiffen, deren Deckslast aus losem Schnittholz bzw. aus dichtgestauten und gut gezurrten Stämmen und Stangen besteht, wird als ausreichend angesehen, wenn die um den Einfluß freier Oberflächen verringerte metazentrische Anfangshöhe GM' nicht kleiner als 0,15 m ist und wenn mindestens die folgenden aufrichtenden Rumpfhebel bei 30° Neigung vorhanden sind:

- Bei einem Verhältnis F'/B kleiner oder gleich 0,10 muß h_{30}° mindestens 0,10 m betragen.
- Bei einem Verhältnis F'/B zwischen 0,10 und 0,20 muß h_{30}° mindestens dem Betrag von F'/B in Metern entsprechen.
- Bei einem Verhältnis F'/B gleich oder größer 0,20 muß h_{30}° mindestens 0,20 m betragen, und es sind auch die übrigen, im Merkblatt D5 für Schiffe normaler Bauart bis etwa 100 m Länge genannten Kriterien (Fläche unter der Hebelarmkurve, Umfang der Stabilität) einzuhalten.

(F' ideeller Freibord; B Breite des Schiffes)

Besteht die Deckslast aus dichtgestauten Einlängenpaketen, so gelten die obengenannten Bestimmungen mit der Einschränkung, daß der Rumpfhebel bei 30° Neigung in keinem Fall kleiner als 0,15 m sein darf.

Besteht die Decksladung aus Truckpaketen oder aus Dreilängenpaketen, so sind die in Merkblatt D5 für Schiffe normaler Bauart bis etwa 100 m Länge genannten Kriterien voll zu erfüllen.

Voraussetzung für die Anwendung dieser Kriterien ist eine Holzdeckslast, die mindestens die „Normalhöhe der Aufbauten" (siehe Regel 33 in LLC 66) erreicht und sich über die gesamte verfügbare Länge und Breite des Decks erstreckt. Ist diese Voraussetzung nicht gegeben, so sind die in Merkblatt D5 genannten Kriterien voll zu erfüllen.

Beladungsplanung. Da sich alte Faustregeln zur Bemessung der zulässigen Deckslast (Rollperiode, Verhältnis von Deckslasthöhe über Kiel zur Schiffsbreite) bei der heutigen Vielfalt von Schiffstypen als absolut unzuverlässig erwiesen haben (ca. vier Stabilitätsunfälle jährlich, SeeBG), wird dringend empfohlen, eine ordentliche Beladungsplanung nach Werftunterlagen vorzunehmen. Dabei sollte man sich an die gerechneten Holzladefälle anlehnen, aber die Abweichungen der aktuellen Beladung unbedingt berücksichtigen.

Beispiel: Ein älterer Volldecker soll Schnittholz in Einlängenpaketen abfahren. Die Reisedauer beträgt 5 Tage mit 4,2 t/d Treibölverbrauch aus dem Doppelboden. Der Holzladefall in den Werftunterlagen weist für loses Schnittholz ein Verhältnis Decksladung zu Raumladung von 331 zu 817 t auf.

Nach Abschluß der Beladung der Räume mit Paketholz stellt man anhand von Tiefgangsablesungen fest, daß nur 692 t übernommen worden sind. Die zu übernehmende Decksladung muß nun ebenfalls verringert werden, so daß das Verhältnis von Decksladung zu Raumladung lt. Werftunterlagen bestehen bleibt.

$$\frac{\text{Decksladung}}{\text{Raumladung}} = \frac{\text{Decksladung } WU}{\text{Raumladung } WU};$$

$$\text{Decksladung} = 692 \cdot \frac{331}{817} = 280 \text{ t}.$$

Da nun noch Tragfähigkeitsreserve besteht (weniger Gesamtladung), kann evtl. vorhandene Ballastkapazität im Doppelboden ausgenutzt und dann auch etwas mehr Decksladung genommen werden. Im Beispielfall werden 90 t Ballast und 60 t Holz an Deck zusätzlich geplant. Mit diesen Werten ist eine Momentenrechnung aufzumachen. Die Ergebnisse dieser Rechnung sind:

Deplacement bei Abfahrt = 2070 t; KG = 4,31 m.

Diese Werte entsprechen der Abfahrtsstabilität. Zum Vergleich mit den Stabilitätskriterien nach Merkblatt E1 der SeeBG muß jedoch die Mindeststabilität (ungünstigster Zustand der Reise) berechnet werden.

Abfahrtszustand	2070 t	4,31 m	8922 t·m
Treibölverbrauch	− 21 t	0,43 m	− 9 t·m
freie Oberflächen	—	—	42 t·m
10% Wasseraufsaugen der Deckslast	34 t	8,20 m	279 t·m
Ungünstiger Zustand	2083 t	4,43 m	9234 t·m

Bei einer Winterreise hätte man u. U. Vereisung der Deckslast hinzurechnen müssen. Mit einer Eisdecke von z. B. nur 10 cm Dicke auf der Ladung wären dies auf diesem Schiff ca. 40 t in 9 m Höhe über Kiel.

Die ideelle Seitenhöhe H' (siehe Merkblatt E1 der SeeBG) beträgt auf diesem Schiff 6,18 m, die Breite 10,50 m. Mit einem Tiefgang bei 2083 t Deplacement von 4,50 m erhält man $F' = H' - T_m = 1{,}68$ m und:

$$F'/B = \frac{1{,}68}{10{,}50} = 0{,}16.$$

Der Hebelarm bei 30° Neigung muß diesen Wert erreichen.

$GM = KM - KG = 4{,}72 - 4{,}43 \quad = 0{,}29$ m (ausreichend),

$h_{30°}$ ist nach Werftunterlagen $\quad = 0{,}13$ m (nicht ausreichend).

Man führt die Momentenrechnung versuchsweise mit 310 t Decksladung durch und erhält $GM = 0{,}35$ m und $h_{30°} = 0{,}16$ m.

Diese Werte sind zu akzeptieren.

Parallel zu diesen Berechnungen sollte bei Abschluß der Raumbeladung ein Betriebskrängungsversuch durchgeführt (siehe Bd. 3B, Kap. 1.3) und mit dessen Ergebnis die Momentenrechnung (Abfahrtszustand abzüglich Deckslast) überprüft werden.

Sicherheitsvorkehrungen. Vor Übernahme der Deckslast sind die Luken ordnungsgemäß und seefest zu verschließen (siehe auch § 77, UVV der SeeBG). Die Deckslast selbst ist durch fest aufgestellte Stützen im Abstand von höchstens 3 m und durch starke Drahtlaschinge (mindestens 22 mm Drahtdurchmesser) oder Kettenlaschinge (mindestens 19 mm Stahldurchmesser) zu sichern. Der Mindestabstand der Laschungen hängt von der Länge der Hölzer, der Höhe der Deckslast und von weiteren Einzelheiten ab, die im Merkblatt E1 der SeeBG beschrieben sind. Besondere Hinweise werden dort auch für das sichere Stauen und Laschen von Paketholz gegeben. Feuerlöschanschlüsse, Peilrohre und andere Sicherheitseinrichtungen des Schiffes müssen zugänglich bleiben.

Zum sicheren Verkehr der Besatzung auf der Deckslast ist eine Schutzreling in Verbindung mit den Deckslaststützen zu errichten und ein Laufsteg zu legen. Einzelheiten hierzu findet man im Merkblatt E1 der SeeBG.

Die sichere Navigation des Schiffes darf durch die Deckslast nicht behindert werden. Die zulässige Belastung von Deck und Luken ist zu beachten. Im Winter darf die Höhe der Deckslast ein Drittel der Schiffsbreite nicht überschreiten, wenn das Schiff eine jahreszeitliche Winterzone befahren soll.

2.7.2 Faserrohstoffe

Trotz der Einführung der Kunstfaser haben die pflanzlichen und tierischen Faserstoffe ihre Bedeutung behalten und werden nach wie vor in großen Mengen verschifft. Nachstehend werden auszugsweise einige wichtige Faserstoffe behandelt.

Baumwolle. Baumwollfasern sind die einzelligen Haare auf den Samenkörnern der Baumwollpflanze. Sie werden maschinell gepflückt, entkernt und zu Ballen gepreßt. Man unterscheidet dabei Ballen von „low, medium und high density cotton".

Die wesentlichen Schäden, die eine Baumwolladung während der Verschiffung erfahren kann, sind Nässe und Verschmutzung. Vor allem alte Nässeschäden (vor der Übernahme) führen während der Seereise zur Verfilzung und Verrottung der Fasern. Frische Nässe, die abtrocknen kann, schadet der Baumwolle nicht. Verschmutzung durch Staub ist unbedeutend, während der Kontakt mit färbenden Substanzen (Graphit, Erze, Farbpulver, Rost) und Behaftung mit klebrigen Stoffen (Zucker, Melasse, Harze) größeren Aufwand bei Reinigung und Weiterverarbeitung nach sich ziehen.

Von großer Bedeutung im Zusammenhang mit der Verschiffung von Baumwolle ist die Feuergefahr. Baumwolle gehört zur Klasse 4.1 (entzündbare Stoffe) nach dem IMDG-Code. Die lockeren Baumwollfasern an der Oberfläche und an den Kanten der gepreßten Ballen können sehr leicht entzündet werden. Dazu genügt u. U. ein Funke, wie er beim Gegeneinanderschlagen der starken Bandeisen oder beim Sprengen derselben entstehen kann. Es ist daher peinlich darauf zu achten, daß in der Umgebung der Baumwolle nicht geraucht, nicht geschweißt und auch sonst kein offenes Feuer benutzt wird. Gefährlich sind auch schadhafte Sonnenbrenner und deren Kabel.

Hat sich die Baumwolle entzündet, so breitet sich das Feuer rasend schnell über die Oberfläche der Ballen aus, bis alle lockeren Fasern verbrannt sind. Danach frißt sich der Brand langsam ins Innere der Ballen. Die röhrenförmige Struktur der Fasern und der in diesen Röhren enthaltene Sauerstoff fördern das Eindringen des Glutbrandes und erschweren ein Löschen. Mit CO_2 oder mit Wasser (Sprühstrahl) kann man zwar offene Flammen unterbinden, der Glutbrand im Inneren der Ballen ist aber an Bord nicht zu löschen.

Nach verschiedentlich verbreiteter Auffassung soll Baumwolle auch zur Selbstentzündung neigen. Obwohl dies für saubere Baumwolle bezweifelt werden muß, steht doch fest, daß eine geringfügige Verschmutzung mit Fetten oder Ölen, vorzugsweise pflanzlichen Ölen, eine Erwärmung durch Oxidation und bei genügender Wärmestauung die Selbstentzündung herbeiführt. Auch feuchte Baumwolle kann durch einen biologischen Prozeß zur Selbstentzündung geführt werden (wie etwa feuchtes Heu). Daher gehört feuchte und verschmutzte Baumwolle zur Klasse 4.2 (selbstentzündliche Stoffe) nach dem IMDG-Code.

Wichtig ist also, bei der Vorbereitung der Laderäume zur Übernahme von Baumwolle alle Verunreinigungen, Fette, Öle und auch Chemikalienreste zu beseitigen. Gutes Garnier an Boden und Bordwänden soll vor Berührung mit dem Schiffskörper und vor Schweißwasser schützen. Während der Reise muß Baumwolle gut gelüftet werden (siehe 2.11).

Jute. Ebenso wie Baumwolle wird die Jutefaser in hartgepreßten Ballen verschifft, die allgemein 330 lbs/12,5 cbf oder 400 lbs/12,5 cbf stauen. Juteballen enthalten entsprechend ihren Ursprungsländern (Indien, Bangladesh) viel Feuchtigkeit und müssen stark belüftet werden.

Schäden an der Juteladung durch Feuchtigkeit und Verschmutzung wirken sich wie bei Baumwolle wertmindernd aus. Sauberkeit der Laderäume und sorgfältige Garnierung sind daher oberstes Gebot.

Jute ist wie Baumwolle leicht entzündbar und gehört ebenfalls zur Klasse 4.1 nach dem IMDG-Code. Allerdings enthalten die Juteballen im Gegensatz zu Baumwollballen weniger eingeschlossenen Sauerstoff und neigen daher nicht so sehr dazu, nach dem äußerlichen Ablöschen eines Brandes innen weiter zu glimmen. Jutefasern, die mit Fetten oder Ölen benetzt sind, neigen zur Selbstentzündung.

Wolle. Schafwolle wird teils ungewaschen als Rohwolle, teils gewaschen und vorgekämmt als Kammzug verschifft. Ebenso wie Baumwolle oder Jute soll Wolle mit gutem Garnier versehen und während der Reise gut belüftet werden.

Verschmutzungen von Rohwolle sind wenig problematisch. Hingegen führen Verschmutzung oder mechanische Beschädigung von Kammzug immer zu großen Schadenersatzansprüchen. Feuchtigkeit, vor allem Regen und Schweißwasser, verfärbt Rohwolle und auch Kammzug mit der Zeit und macht die Fasern brüchig. Es kommt bei längerer Einwirkung zu einem Verrottungsprozeß mit Temperaturzunahme und einem muffigen, ammoniakartigen Geruch. Neben diesen Beschädigungen kann es auch zum Befall der Wolle durch Schadinsekten kommen (Pelzkäfer, Teppichkäfer, Kleidermotte).

Die Gefahr der Selbsterhitzung durch Oxidation des Wollfettes auf den Fasern ist zwar gegeben; dennoch sind Wollbrände wesentlich seltener als Baumwoll- oder Jutebrände, was vermutlich auf die insgesamt geringere Zündfähigkeit zurückzuführen ist. Wolle gehört daher nicht zur Klasse 4.1 des IMDG-Code. Allerdings findet sich feuchter Wollabfall (wool waste) unter der Klasse 4.2 des IMDG-Code.

2.7.3 Ölhaltige Preßrückstände

Viele Sorten ölhaltiger Früchte werden zwecks Herstellung von Süßölen ausgepreßt und die Rückstände als Ölkuchen oder Expeller verschifft. Diese meist krümeligen Substanzen enthalten noch wertvolle Nährstoffe und werden zu Viehfutter weiterverarbeitet. Entsprechendes gilt für Fischmehl. Diese Ladungen haben gemeinsam, daß sie unter bestimmten Bedingungen zur Selbstentzündung neigen und zu sehr schwierig zu bekämpfenden Ladungsbränden führen.

Ölkuchen. Die Preßrückstände, z.T. auch Expeller genannt, stammen von Kokosnuß, Coprafrucht, Erdnuß, Leinsamen, Mais, Raps, Soyabohne oder Sonnenblume und werden überwiegend in Jutesäcken verschifft. Die meisten Arten sind in der Klasse 4.2 des IMDG-Code enthalten; sie neigen zur Selbstentzündung, vor allem dann, wenn die Säcke feucht geworden sind. Zum Abführen der Wärme sollten Lüftungskanäle eingestaut werden. Empfohlen wird die sogenannte Fischmehlstauung. Stauholz sollte jedoch sparsam verwendet werden, weil es erfahrungsgemäß einem ausgebrochenen Schwelbrand leicht Nahrung bieten kann und so das Feuer unterstützt.

Während der Reise ist kräftig zu lüften und regelmäßig die Temperatur in der Ladung zu kontrollieren. Werden Werte über 55 °C festgestellt, so ist die Lüftung zu stoppen.

Eine Besonderheit stellen Schrote dar, aus denen das Öl mit brennbaren Lösungsmitteln (Benzin, Benzol) ausgewaschen worden ist. Wenn die Ladung noch Reste der Lösungsmittel enthält, können sich während der Reise giftige oder sogar explosive Gas-Luft-Gemische im Raum bilden. Ständige Lüftung und das Vermeiden von Zündquellen in der Nähe der Luken sind daher geboten. Näheres ist dem Merkblatt E 3 der SeeBG und dem IMDG-Code zu entnehmen.

Bei geringerem Öl- und Feuchtigkeitsgehalt (siehe IMDG-Code) darf Ölkuchen auch als Bulkladung verschifft werden.

Fischmehl. Große Mengen von Kleinfisch oder Fischresten werden zerkleinert, getrocknet und nach dem Auspressen von Fischöl als sogenanntes Fischmehl verschifft. Das Fischmehl enthält viel Eiweiß und ist als Futtermittel wertvoll.

Nach dem Pressen unterliegt Fischmehl einer inneren Erwärmung, die erst nach 10 bis 20 Tagen abgeklungen ist. Erst nach dieser Frist darf es verschifft werden. Über die Dauer dieser Ablagerung sollte der Kapitän ein Zertifikat vom Ablader verlangen.

Auch während der Reise kann sich Fischmehl erwärmen. Liegt der Feuchtigkeitsgehalt unter 6 %, so überwiegt die Erwärmung durch Oxidation ungesättigter Fettsäuren. Bei einem Feuchtigkeitsgehalt über 12% wird die Erwärmung durch Mikroorganismen begünstigt. Bei entsprechender Wärmestauung kommt es daher verhältnismäßig leicht zur Selbstentzündung von Fischmehl.

Der IMDG-Code führt Fischmehl in Klasse 4.2 und in Klasse 9. Es wird dort eine Einteilung nach Fett- und Feuchtegehalt vorgenommen mit daraus folgenden Verpackungsvorschriften und Verschiffungsregeln. Verbreitet ist die Verschiffung in Papiersäkken in double strip stowage (Zweierreihen) mit Lüftungsschächten dazwischen. Eine chemische Behandlung mit einem Oxidationshemmer ist möglich. Fischmehl der harmloseren Kategorie darf auf kurzen Reisen in gemäßigtem Klima auch in Bulk verschifft werden. Tägliche Temperaturmessungen sind stets erforderlich. Die Lüftung soll vor allem Wärme abführen und muß daher entsprechend bemessen sein. Fischmehl ist eine stark und unangenehm riechende Ladung.

Bei Entzündung des Fischmehls wird man mit der CO_2-Anlage in der Regel einen Brand leicht niederhalten können. Dennoch ist wie bei Ölkuchenbränden das Löschen des Brandes während des Entladens eine langwierige und schmutzige Arbeit, da man den bei Luftzufuhr sich stets wieder belebenden, stark qualmenden Brand mit Wasser niederhalten muß. Oft ist das Entladen mit einem Greifer die endgültige Lösung, zumal die Ladung wegen des Brandgeruchs als Viehfutter ohnehin nicht mehr verwendet werden kann.

2.7.4 Leicht verderbliche Güter

Eine Reihe von Rohstoffen, meist pflanzlichen Ursprungs, muß zum Bewahren bestimmter Eigenschaften mit verhältnismäßig hohem Feuchtigkeitsgehalt verschifft werden, neigt aber leicht zum Verderb durch Schimmel und Fäulnis, wenn Feuchtigkeit und Wärme ein bestimmtes Maß überschreiten. Daher stellen solche Güter die höchsten Ansprüche an Stauung und Ladungsfürsorge, insbesondere an richtige Lüftung während der Reise (siehe 2.11).

Kaffee. Verschifft wird überwiegend Rohkaffee der Arten Arabica oder Robusta in Form von kleinen, grünlichen Bohnen in Jutesäcken von ca. 60 bis 70 kg. Die Verschiffungsfeuchte liegt zwischen 6 und 12%. Während der Reise von den tropischen bzw. subtropischen Erzeugerländern in gemäßigte Breiten muß unbedingt durch sachgemäße Lüftung Feuchtigkeit abgeführt werden. Dazu ist gutes Kreuzgarnier am Boden, Garnier an allen Eisenteilen und luftige Stauweise notwendig.

Schäden an der Kaffeeladung durch Feuchtigkeit zeigen sich als mehr oder weniger große, verschimmelte Klumpen aus Kaffeebohnen in verfärbten Säcken. Solche Schäden können ihren Ursprung bereits vor der Übernahme haben. Daher ist beim Laden eine verstärkte Kontrolle wichtig. Das gilt auch für die mögliche Verschmutzung mit Urin durch die Hafenarbeiter. Weitere Schäden entstehen durch Verschmutzung mit staubigen Substanzen (Zement, Erze, Kohle usw.) oder mit Ölen und Fetten (z. B. mit Hydrauliköl). Auch hiergegen sind entsprechende Vorkehrungen zu treffen. Schäden durch Befall mit dem Kaffeebohnenkäfer können durch eine Begasung der Kaffeepartien vor der Verschiffung verhindert werden.

Die Geruchempfindlichkeit von Rohkaffee stellt den Ladungsoffizier oft vor große Stauprobleme. Kaffee sollte z. B. nicht mit Häuten, Fischmehl, Pfeffer, Kakao, Rohzucker und anderen, geruchabsondernden Ladungen zusammen in einem Laderaum gestaut werden.

Kaffee ist ein Nahrungsmittel. Er muß daher räumlich getrennt von giftigen Substanzen gestaut werden, auch wenn diese in guter Verpackung verschifft werden (siehe 2.8).

Kakao. Kakaobohnen in Säcken zählen zu den empfindlichsten Ladungen, da sie hauptsächlich aus sehr feuchten, tropischen Ländern abgefahren werden.

Kakao mit einem Feuchtigkeitsgehalt von mehr als 8,5 % sollte nicht übernommen werden. Beim Laden ist alles zu tun, was einer „luftigen" Stauweise zur Abführung des Wasserdampfes aus der Ladung dienlich ist: Offenes Kreuzgarnier am Boden, Garnier an allen Eisenteilen, Luftschächte einstauen, evtl. Reisventilation einstauen, Ladung mit Matten abdecken zum Aufnehmen der Schweißwassertropfen von den Decksbalken.

Das Lüften während der Reise hat streng nach den Regeln der Laderaummeteorologie zu geschehen (siehe 2.11). Zu schnelles Abkühlen der Ladungsoberfläche muß vermieden werden, da sich sonst Schweiß direkt auf der Ladung bildet. Andererseits fördert starke Erwärmung ebenfalls das Ausscheiden von Feuchtigkeit. Daher wird empfohlen, Kakao nicht im oberen Zwischendeck zu fahren. Falls dies unumgänglich ist, sollte das Oberdeck mit Sonnensegeln vor starker Erhitzung geschützt werden.

Kakao sondert einen starken Geruch ab. Er ist daher getrennt von geruchempfindlichen Ladungen (z.B. Kaffee) zu stauen. Im übrigen gleichen die Vorkehrungen für die Verschiffung von Kakao denen für Rohkaffee.

Tabak. Verschifft werden die getrockneten Blätter der Tabakpflanze als Rohtabak in Ballen aus Bast, Palmstroh, Leinen oder in Kartons, Kisten und Holzfässern.

Die Besonderheit beim Tabaktransport über See liegt in der verhaltenen Lüftung. Ein wirkungsvolles Lüften, bei Kaffee und Kakao im allgemeinen erwünscht, würde zum Austrocknen der Tabakblätter und zu ihrem Zerfall führen. Daher sehen die Reedereianweisungen vielfach ein weitgehendes Lüftungsverbot vor. Bei starkem Temperatursprung kann es aber so zu einer Überfeuchtung des Tabaks und zu Schweißwasserschäden kommen. Vorteilhafter wäre also ein mit modernen Instrumenten überwachtes Lüften, denn einmal feucht gewordener Tabak schimmelt schnell und verdirbt durch seinen muffigen Geruch auch trocken gebliebene Bereiche. Gutes Garnier zum Schutz gegen Schweißwasser ist sehr wichtig.

Die wesentlichen Schäden an Tabakladungen in Ballen entstehen aber durch mechanische Einflüsse (Druckstellen durch zu weites Garnier, einseitige Belastung, zu hohe Stapelung, Einschnürung durch Anschlaggeschirr oder durch Beschädigung mit Stauhaken). Die Stauung von Tabak sollte daher durch die Schiffsleitung gut überwacht werden, wobei unbedingt die oft vertraglich festgelegten Stauvorschriften zu beachten sind.

2.8 Transport gefährlicher Güter mit Seeschiffen[4]

2.8.1 Allgemeines

Gefährliche Güter sind in der Hauptsache Mineralöle und Produkte der chemischen Industrie (Chemikalien), die eine Gefahr für die Besatzung, das Schiff oder die Umwelt darstellen.

Manche dieser Stoffe sind allein für sich aufgrund ihrer Eigenschaften gefährlich, z.B. Explosivstoffe, organische Peroxide, giftige und ätzende Stoffe, radioaktive Stoffe.

Andere gefährliche Stoffe bilden beim Transport erst dann eine Gefahr, wenn mit anderen Stoffen eine chemische Reaktion zustandekommt. So reagieren z.B. selbstentzündliche Stoffe mit dem Sauerstoff der Luft, manche Stoffe entwickeln mit Wasser entzündbare oder giftige Gase.

---

4 Die folgenden Seiten geben eine Übersicht über die für den Schiffsführer wesentlichsten allgemeinen Bestimmungen der GGVSee vom 5.7.1978. Die Zusammenstellung soll eine Orientierungshilfe sein, sie entbindet nicht vom Studium der Originalfassung der Verordnung.

Für das Eintreten einer chemischen Reaktion unter den Bedingungen des Seetransportes und des Umschlages gibt es verschiedene Ursachen:

Veränderung durch mechanische Einflüsse (Reibung, Stoß):
- Explosion von Sprengstoffen und explosiven Gemischen;
- Zerknallen von Druckflaschen.

Veränderung durch Temperaturerhöhung:
- Zerfall chemischer Verbindungen, Verdampfen;
- Einleitung eines Oxidationsvorganges, Entzündung.

Einflüsse von Luft und Wasser:
- Oxidationsvorgänge;
- Zersetzung chemischer Verbindungen unter Hitzeentwicklung;
- Zerfall einer chemischen Verbindung unter Bildung giftiger oder entzündlicher Gase;
- Zerfall einer chemischen Verbindung unter Bildung von Sauerstoff;
- Feuchtigkeitsbedingte Reaktion mit der Verpackung;
- Einleitung der Reaktion zweier Stoffe miteinander.

Reaktion mehrerer Stoffe miteinander:
- Oxidierend wirkende Stoffe mit brennbaren Stoffen;
- Reaktion mit Säuren;
- Reaktion mit Alkalien;
- Reaktionen verschiedener unverträglicher Stoffe miteinander unter Bildung giftiger oder ätzender Stoffe unter Wärmeentwicklung;
- Reaktionen mit Bestandteilen der Luft, die aus anderen Stoffen kommen.

Alle diese Reaktionen verlaufen in der Regel exotherm, d.h., es wird Wärme frei, die wiederum Ursache für weitere chemische Reaktionen sein kann. Unter Umständen führt die entstehende Wärme zum Brand einer ungefährlichen Ladung.

2.8.2 Nationale und internationale Regelungen für den Transport gefährlicher Güter

2.8.2.1 Vorschriften für den Transport gefährlicher Güter

Diese Vorschriften sollen das Risiko beim Umgang mit diesen Stoffen möglichst ausschalten. Diese Vorschriften sind das Ergebnis der Tätigkeit nationaler und internationaler Ausschüsse und Kommissionen.

UN	UNITED NATIONS (Vereinte Nationen), UN-Empfehlungen für den Transport gefährlicher Güter waren das Ergebnis der Tätigkeit eines Sachverständigenausschusses dieser Organisation. Es wurde eine Klassifizierung der gefährlichen Stoffe und ihre listenmäßige Erfassung erstellt. In der UN-Liste hat jeder genannte Stoff eine Nummer (UN-Nummer), die der eindeutigen Kennzeichnung des Stoffes dienen soll.
ECOSOC	UNITED NATIONS ECONOMIC AND SOCIAL COUNCIL, Sachverständigenausschuß des Wirtschafts- und Sozialrates des UN. Arbeitet an der Vervollkommnung der UN-Liste. Ziel der Arbeit: Vereinheitlichung der verschiedenen nationalen Bestimmungen.
IMCO	INTER-GOVERNMENTAL MARITIME CONSULTATIVE ORGANIZATION, zwischenstaatliche beratende Schiffahrtsorganisation mit dem ständigen Sitz in London. Eine Untergruppe dieser Organisation erstellte einen internationalen Code für die Beförderung gefährlicher Seefrachtgüter.
IMDG-Code	INTERNATIONAL MARITIME DANGEROUS GOODS-CODE, früher IMCO-Code genannt, ist eine Empfehlung der IMCO, die vom Schiffssicherheitsausschuß den Vertragsländern zur Übernahme in die nationale Gesetzgebung empfohlen wurde.

GGVSee	Gefahrgutverordnung See, genauer: Verordnung über die Beförderung gefährlicher Güter mit Seeschiffen.
SOLAS	SAFETY OF LIVE AT SEA. Das Kapitel VII der Übereinkunft ist dem Transport gefährlicher Güter auf Seeschiffen gewidmet. Es enthält Regeln für die Beförderung gefährlicher Güter (enthalten im Gesetz v. 6.5.1965 zum Internationalen Schiffssicherheitsvertrag von 1960).
RID	Règlement International concernant le transport des marchandises Dangereuses par chemins de fer. Internationale Ordnung für die Beförderung gefährlicher Güter mit der Eisenbahn. Für den Bereich der Bundesrepublik Deutschland regelt die Anlage C zur Eisenbahnverkehrsordnung die Beförderung gefährlicher Güter auf der Schiene. Sie entspricht fast völlig dem RID.
ADR	Accord europèen relativ au transport international des marchandises Dangereuses par Route. Europäisches Übereinkommen über die internationale Beförderung gefährlicher Güter auf der Straße. Das Übereinkommen basiert auf dem RID. Die entsprechende Vorschrift in der Bundesrepublik Deutschland ist die Gefahrgut VStr.
ADN	Accord européen relativ au transport international des marchandises Dangereuses par voie de Navigation. Europäisches Übereinkommen über den Transport gefährlicher Güter auf Binnen-wasserstraßen. Für den Bereich der Rheinschiffahrt wurde eine Verordnung unter der Bezeichnung ADNR von den Anliegerstaaten in Kraft gesetzt.

Übersicht:

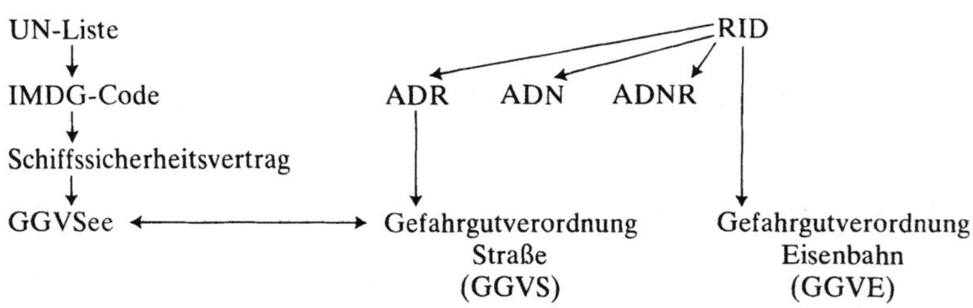

2.8.2.2 Die gesetzliche Regelung des Seetransportes gefährlicher Güter (GGVSee)

In der Verordnung über die Beförderung gefährlicher Güter mit Seeschiffen vom 5.7.1978 finden die internationalen Bemühungen zur Regelung des Transportes gefährlicher Güter ihren Niederschlag. Die nachstehende Übersicht soll den Aufbau der Verordnung verdeutlichen.

Übersicht über die gesetzliche Regelung des Seetransportes gefährlicher Güter in der Bundesrepublik Deutschland

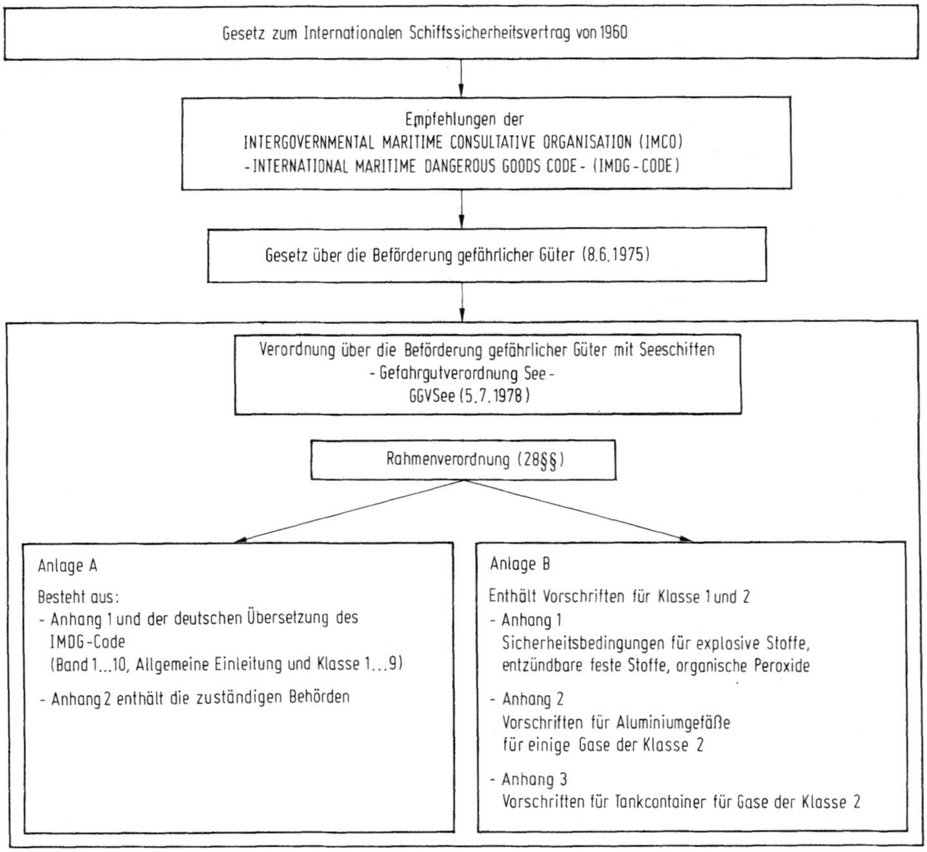

2.8.2.3 Der Anwendungsbereich der GGVSee

Die Verordnung gilt für die Beförderung von gefährlichen Gütern auf allen Seeschiffen, die berechtigt sind, die Bundesflagge zu führen. § 1 GGVSee

Die folgenden Angaben beziehen sich auf die GGVSee in der Fassung vom 5.7.1978, sie ist zur Zeit der Drucklegung dieses Bandes des Handbuches geltendes Recht. Schon jetzt steht fest, daß die GGVSee in der nächsten Ausgabe wesentliche Änderungen enthalten wird. Wenn im Text auf die Bestimmungen der GGVSee verwiesen wird, muß bei deren Anwendung in der Praxis die jeweils geltende Fassung der Verordnung herangezogen werden.

Beim Laden gefährlicher Güter in einem ausländischen Hafen können andere Vorschriften maßgebend sein. Dann kann von einigen Vorschriften dieser Verordnung abgewichen werden. Das gilt für

- Bestimmungen über die Anwendung der Anlage B für die Beförderung der Güter der Klasse 1 und 2 und einige organische Peroxide (§ 1, Abs. 5 GGVSee);
- Beförderung von Stoffen der Nur-Klassen;
- Bestimmungen über die Einordnung der gefährlichen Güter, z.B. über die Nichtanwendung der n.a.g. (nicht anderweitig genannt)-Positionen bei den sog. „Nur"-Klassen (§ 4 GGVSee);
- Prüfbestimmungen über zugelassene Verpackungen (§ 5 GGVSee);

- Bestimmungen über das Zusammenpacken gefährlicher Güter (§ 6 GGVSee);
- Bestimmungen über Kennzeichnung und Bezeichnung (§ 7 GGVSee);
- Bestimmungen über die Beförderungspapiere (§ 8 GGVSee);
- Vorschriften über die mitzuführenden Unfallmerkblätter (§ 9 GGVSee).

Auf den Stoffseiten der Anlage A ist unter dem Abschnitt „zusätzliche Bemerkungen" bei manchen Stoffen z.B. auf alternierende Verpackungen hingewiesen worden.

Abweichungen von den Vorschriften des IMDG-Code waren manchmal erforderlich, um sie mit dem geltenden Recht des Landverkehrs abzustimmen.

Auch auf ausländischen Schiffen gilt diese Verordnung, wenn sie in einem Hafen der Bundesrepublik Deutschland beladen werden. Sie brauchen allerdings nicht die GGVSee mit ihren Anlagen mitzuführen.

Wenn ausländische Schiffe einen Hafen der Bundesrepublik anlaufen, gelten die folgenden Bestimmungen der GGVSee:

- Die Bestimmungen über die besondere Liste mit gefährlichen Gütern (§ 12 GGVSee);
- die Vorschriften über die Unterrichtung der Besatzung und anderer an Bord beschäftigter Personen (§ 13 GGVSee);
- die Vorschriften über die regelmäßige Kontrolle der gefährlichen Ladung (§ 14 GGVSee);
- die Bestimmungen über das Rauchverbot, die elektrischen Anlagen und den Funkenflug (§§ 16, 17, 18 GGVSee);
- die Bestimmungen über besondere Maßnahmen wie Beleuchtung, Abtrennen der Stromversorgung, wenn die Anlagen nicht für das Laden gefährliche Güter betriebssicher sind, und die Maßnahmen beim Umschlag explosiver Stoffe, brennbarer Gase und leicht entzündlicher Flüssigkeiten mit einem Flammpunkt bis 55 °C (§ 19 GGVSee);
- Bestimmungen über besondere Plätze beim Umschlag bestimmter gefährlicher Güter (§ 20 GGVSee);
- Vorschriften über das Be- und Entladen von Tankschiffen (§ 21 GGVSee);
- die Bestimmungen über die Meldepflichten.

Anwendung auf Tankschiffen gleich welcher Flagge. Da die Bestimmungen der GGVSee vorwiegend für den Transport verpackter gefährlicher Güter gelten, sind für Tankschiffe nur einige Bestimmungen dieser Verordnung bindend, und zwar diejenigen, die für die Sicherheit bei Beförderung und Umschlag von Bedeutung sind. Es sind einmal die Bestimmungen, die Tankschiffe speziell betreffen (§ 11, Abs. 5, und § 21), und ferner

- die Bestimmungen über die rechtzeitige Ankündigung der Verladung gefährlicher Güter (§ 11, Abs. 1, Satz 1 GGVSee);
- die Bestimmung über die Unterrichtung an Bord befindlicher Personen, daß das Schiff gefährliche Ladung geladen hat (§ 17);
- die Bestimmung über die Ladungskontrollen (§ 14);
- die Bestimmung über die Benachrichtigung von Behörden bei Unfällen (§ 15; § 22);
- das Rauchverbot (§ 16);
- die Vorschriften über elektrische Anlagen und Beleuchtung (§ 16–19).

2.8.2.4 Einteilung der gefährlichen Stoffe in Klassen

(1) Allgemeines

Nach ihren Hauptgefahren unter den Bedingungen des Transportes werden die gefährlichen Güter in Klassen eingeteilt.

Die einzelnen Güter einer Klasse zeigen manchmal mehrere Eigenschaften, die verschiedenen Klassen zuzuordnen wären. Die Zuordnung erfolgt aber immer nur zu einer Klasse. Die Zuordnung zu einer Klasse wird geändert, wenn sich herausstellt, daß eine andere Eigenschaft die größere Gefahr darstellt.

Stoffe, die der gleichen Klasse zugeordnet sind, können sich im Grad ihrer Gefährlichkeit stark voneinander unterscheiden.

Die Grenze zwischen gefährlich und ungefährlich im Sinne des Gesetzes ist bei manchen Stoffen wenig ausgeprägt.

Wenn einige Stoffe in den gesetzlichen Bestimmungen nicht zu den gefährlichen Gütern gezählt werden, so darf daraus nicht geschlossen werden, daß sie ungefährlich sind.

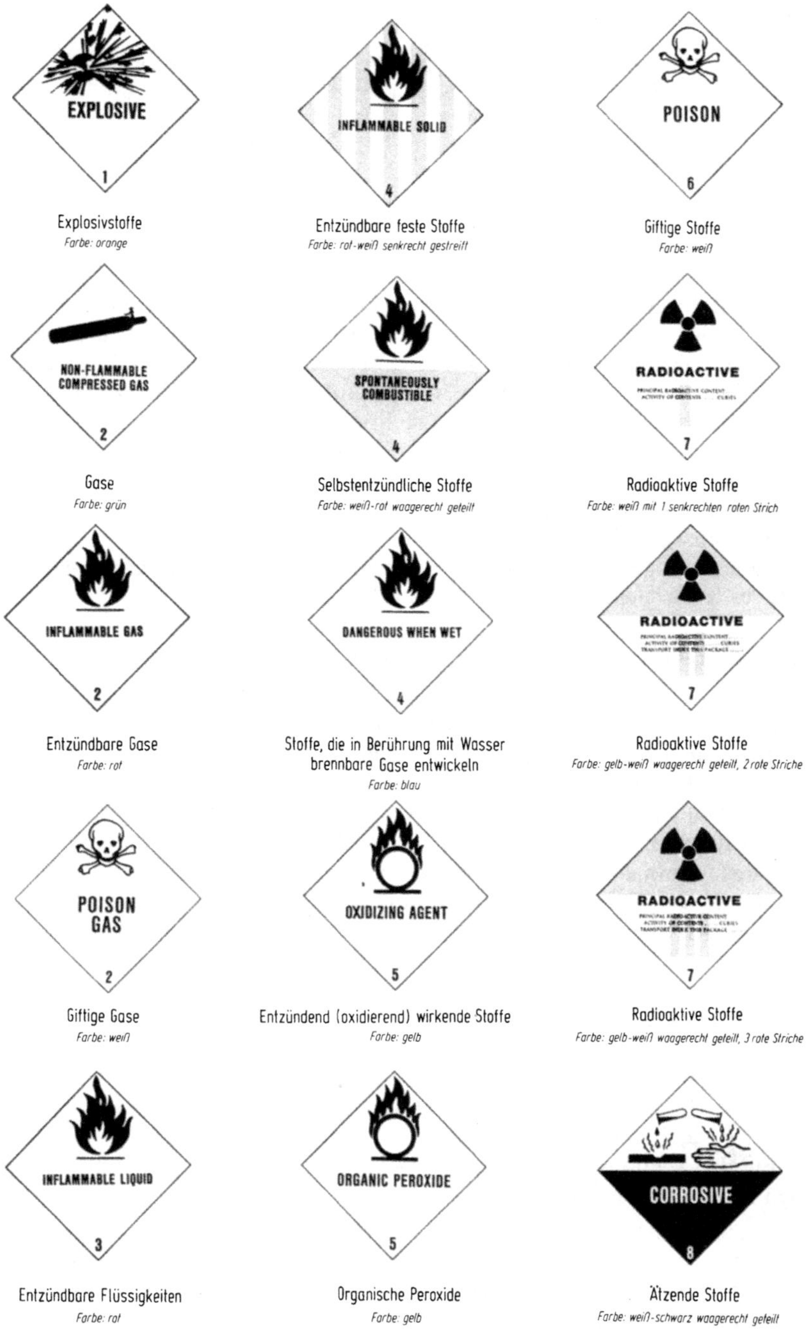

Bild 2.23. IMDG-Kennzeichen für gefährliche Seefrachtgüter

(2) Die Klassen nach der GGVSee (und dem IMDG-Code)

Klasse	Stoffe und Gegenstände
1	Explosivstoffe und Gegenstände mit Explosivstoff
2	Gase
3	Entzündbare Flüssigkeiten
4.1	Entzündbare feste Stoffe
4.2	Selbstentzündliche Stoffe
4.3	Stoffe, die in Berührung mit Wasser brennbare Gase entwickeln
5.1	Entzündend (oxidierend) wirkende Stoffe
5.2	Organische Peroxide
6.1	Giftige Stoffe
7	Radioaktive Stoffe
8	Ätzende Stoffe
9	Verschiedene gefährliche Stoffe

§ 7 GGVSee

Kennzeichnung: Jedes Versandstück (auch Container, Ro/Ro-Units, Tanks) ist mit einem Kennzeichen nach der Gefahrenklasse des Inhalts zu versehen. Hat der gefährliche Stoff neben seiner Hauptgefahr noch eine Sekundärgefahr, so ist bei einigen dieser Stoffe ein zusätzliches Kennzeichen vorgeschrieben. Ein zusätzliches Kennzeichen darf auch angebracht werden, wenn es in den Vorschriften nicht ausdrücklich verlangt ist.

Zusätzliche Kennzeichen dürfen nicht die Nummer der betreffenden Gefahrenklasse enthalten, wie sie z. B. in den einzelnen Sinnbildern des Bildes 2.23 in der unteren Spitze zu sehen sind.

In den Kennzeichnen der Klasse 1 ist zusätzlich die Unterklasse und die Gefahrengruppe anzugeben, z.B. 1.1.D.

Einige giftige Stoffe können ein Kennzeichen mit der Aufschrift „harmful" erhalten. Dieses Kennzeichen (Kreuz durch Ähre) ist nicht mitabgebildet.

§ 4 GGVSee

(3) Die Einordnung der gefährlichen Güter in die verschiedenen Klassen

Die Anlage A (IMDG-Code) der Verordnung enthält für jeden genannten gefährlichen Stoff eine Stoffseite mit einer kurzen Beschreibung der Eigenschaften, Verpackungsangaben und Bemerkungen zur Verstauung. Es gibt aber wesentlich mehr Stoffe, die aufgrund ihrer gefährlichen Eigenschaften einer Gefahrenklasse zuzuordnen wären, als im Code namentlich genannt sind. Für diese Stoffe sind im Code Stoffseiten mit der Bezeichnung n.o.s. (not otherwise specified), in der Anlage A n.a.g. (nicht anderweitig genannt), enthalten. Unter einer solchen n.a.g.-Position können ganze Stoffgruppen zusammengefaßt sein. Durch die Einführung dieser n.a.g.-Positionen soll es ermöglicht werden, auch Stoffe einer Klasse zuzuordnen, die nicht im Inhaltsverzeichnis des Code genannt sind, und damit unter den Bedingungen dieser Klasse zu transportieren.

Nach der Verordnung sind jedoch die n.a.g.-Positionen in den einzelnen Gefahrenklassen unterschiedlich zu behandeln. Nur in einigen Klassen ist der Transport nicht namentlich genannter Stoffe unter einer n.a.g.-Position gestattet. Diese Klassen werden auch als sogenannte **freie Klassen** bezeichnet.

Zu den freien Klassen gehören die Klassen:

3, 4.1, 5.1, 6, 8, 9.

Für den Seetransport von gefährlichen Stoffen, die nicht namentlich genannt sind, mit den Eigenschaften der o.g. Klassen gilt:

1. Sie sind unter dem Begriff n.a.g. zu befördern.
2. Wenn in den Klassen 3.1, 6.1, 8 eine solche Zuordnung nicht möglich ist, dürfen namentlich nicht genannte Stoffe unter den Bedingungen eines vergleichbaren Stoffes transportiert werden. Es ist dann die UN-Nummer des Vergleichsstoffes in der Formulierung: „wie UN-Nummer ..." anzugeben.

In den folgenden Klassen dürfen **nur** solche Stoffe mit Seeschiffen befördert werden, die im Inhaltsverzeichnis oder auf den Stoffseiten namentlich genannt sind. Man nennt diese Klassen auch **„Nur"-Klassen.**

Nur-Klassen sind die Klassen:

1, 2, 4.2, 4.3, 5.2, 7.

Selbst, wenn in diesen Klassen n. a. g.-Positionen vorhanden sind, darf ein gefährlicher Stoff mit den Eigenschaften dieser Klassen nicht unter den Bedingungen dieser Klassen transportiert werden, der nicht auf den Stoffseiten namentlich aufgeführt ist. Eine Beförderung wäre in der Praxis dann nur noch mit einer Ausnahmegenehmigung möglich[5].

Übersicht: Einordnung der gefährlichen Güter

Freie Klassen		Nur-Klassen
3	3.1	1 und alle Unterklassen
4.1		2
5.1		4.2
6	6.1	4.3
8	8	5.2
9		7
Wenn namentlich nicht genannt, Einordnung unter n. a. g.-Position möglich	Wenn Einordnung unter n. a. g.-Position nicht möglich, vergleichbaren Stoff heranziehen. Zusatzbemerkung: „wie UN-Nummer ..."	Stoffe dieser Klassen dürfen nur befördert werden, wenn sie namentlich nicht genannt sind. (Name auf den Stoffseiten der Anlagen)

(4) Beförderungspapiere

Anlage A Abschn. 9

Verantwortliche Erklärung. Der Hersteller oder Vertreiber eines gefährlichen Gutes kennt dessen Eigenschaften. Er muß eine Bescheinigung ausstellen, die die für eine sichere Beförderung erforderliche Angaben enthält. In der Bescheinigung sind aufzuführen:

SOLAS Regel 4 Beförd. gef. Güter

§ 8 GGVSee

- Der richtige technische Name des Stoffes, wie er in der Anlage A oder B genannt ist;
- die Klasse des Stoffes, wenn vorhanden Unterklasse;
- UN-Nummer, wenn vorhanden;
- Staukategorie und Verträglichkeitsgruppe, wenn sie für Stoffe angegeben werden;
- eine Erklärung, daß die Verpackung den Vorschriften der GGVSee und deren Anlagen entspricht und daß sich die Güter in einem für die Beförderung geeigneten Zustand befinden.

Verladeschein (Schiffszettel)[6]. Das eigentliche Beförderungsdokument für den Transport gefährlicher Güter mit Seeschiffen ist der Schiffszettel, der auf der Grundlage der verantwortlichen Erklärung auszufüllen ist. Der Schiffszettel muß die obengenannten Angaben der verantwortlichen Erklärung richtig und vollständig enthalten. Der Aussteller des Schiffszettels ist verpflichtet, die Angaben der verantwortlichen Erklärung zu

5 Es sind Bestrebungen im Gange, die Gesetze zum Transport gefährlicher Güter zu vereinheitlichen und auf deutschen Schiffen die Beförderung von Stoffen mit n.a.g. (n.o.s.)-Positionen grundsätzlich zu regeln. Zur Zeit der Drucklegung dieses Bandes gelten die oben genannten Bestimmungen der GGVSee.

6 Bezugsquellen für die Formblätter: Verlag C. H. Dieckmann, Ost-West-Str. 84, 2000 Hamburg 11; Dössel & Rademacher, Brandstwiete 42, 2000 Hamburg 11.

überprüfen, soweit sie nach den Vorschriften (z.B. den Anlagen A und B) für den Aussteller überprüfbar sind. Als Aussteller kommen neben dem Befrachter auch Ablader oder Spediteur in Frage.

Von besonderer Bedeutung ist die korrekte Wiedergabe des richtigen technischen Namens des gefährlichen Gutes, da der Name die Basis für die Beschaffung weiterer Informationen über die Natur des zu befördernden gefährlichen Gutes ist (z.B. Auswahl oder Erstellung der entsprechenden Unfallmerkblätter, der Maßnahmen zur richtigen Behandlung der Ladung an Bord usw.).

Der Schiffszettel für ein gefährliches Gut muß mit einem 1 cm breiten diagonal verlaufenden roten Strich versehen sein.

Ein Schiffszettel darf nur Güter **einer** Gefahrenklasse enthalten. Sind jedoch 2 Güter einer Gefahrenklasse miteinander unverträglich, so müssen auch sie mit getrennten Schiffszetteln angeliefert werden.

Nur wenn mehrere Güter auch verschiedener Klassen nach den Vorschriften dieser Verordnung in einem Versandstück, Frachtcontainer oder in Ladungseinheiten zusammengepackt sind, genügt es, nur einen Schiffszettel auszustellen.

Das trifft auch zu, wenn mehrere solcher Versandstücke, die an Bord zusammengestaut werden dürfen, eine Partie bilden.

Dem Schiffszettel sind alle weiteren Bescheinigungen beizugeben, die nach der Verordnung für einzelne Güter erforderlich sein können.

§ 9 GGVSee **Unfallmerkblätter** gehören zu den Beförderungspapieren, sie müssen mit dem Schiffszettel fest verbunden sein. Sie müssen folgende Angaben enthalten:

1. die Art der Gefahr, die das gefährliche Gut in sich birgt, mit den erforderlichen Sicherheitsmaßnahmen;
2. die zu ergreifenden Maßnahmen, falls Personen mit dem gefährlichen Gut in Berührung gekommen sind;
3. Angaben über Mittel zur Brandbekämpfung und die im Falle eines Brandes zu treffenden Maßnahmen;
4. Maßnahmen, die zu treffen sind, wenn Verpackungen beschädigt sind und die Gefahr des Ausbreitens des gefährlichen Inhaltes besteht oder sich die Substanz bereits ausgebreitet hat.

Für eine Anzahl von Stoffen hat der Bundesminister für Verkehr Muster für Unfallmerkblätter bekanntgemacht. Wenn solche bekanntgemachten Muster vorliegen, hat der Aussteller des Schiffszettels diese dem Schiffszettel beizufügen.

Entsprechend den von den gefährlichen Stoffen ausgehenden Gefahren müssen Unfallmerkblätter beigegeben werden:

1. den explosiven Stoffen und Gegenständen der Klasse 1 mit ihren Unterklassen;
2. den radioaktiven Stoffen der Klasse 7;
3. allen anderen gefährlichen Stoffen, wenn das Nettogewicht eines gefährlichen Gutes in einer Partie 3000 kg überschreitet.

§ 11 GGVSee

2.8.2.5 Die Übernahme von gefährlichen Gütern

(1) Beförderungspapiere

Um sicherzustellen, daß der Schiffsführung genügend Zeit bleibt, das Schiff für die Übernahme gefährlicher Güter vorzubereiten, geeignete Plätze für das Stauen bereitzustellen, sich über die Natur des gefährlichen Stoffes zu informieren usw., fordert das Gesetz die rechtzeitige Unterrichtung der Schiffsleitung. Vor der Verladung gefährlicher Güter muß der Schiffsführung der Verladeschein (Schiffszettel) mit den geforderten Angaben übergeben werden. Hat nicht der Schiffsführer oder sein Vertreter, sondern ein Beauftragter der Schiffsführung den Schiffszettel erhalten, so muß dieser die Schiffsführung schriftlich rechtzeitig vor Beginn der Verladung über alle Einzelheiten der zu verladenden gefährlichen Güter unterrichten. Der Schiffszettel muß dann spätestens vor dem Verlassen des Hafens dem Schiffsführer oder seinem Vertreter übergeben werden. Wer dem Schiff die Ladung übergibt, hat auch für die rechtzeitige Übergabe aller Papiere zu sorgen!

(2) Liste der gefährlichen Güter § 12 GGVSee

Alle an Bord befindlichen gefährlichen Güter müssen in einer Liste erfaßt sein, die Angaben über die Klasse des Gutes und den Stauplatz an Bord enthalten muß. Anstelle der Liste kann ein ausführlicher Stauplan verwendet werden, in dem alle gefährlichen Güter an Bord nach Klassen bezeichnet sind. Liste oder Stauplan und die Beförderungspapiere mit den Unfallmerkblättern müssen an Bord mitgeführt und zuständigen Personen auf Verlangen zur Prüfung ausgehändigt werden.

(3) Unterrichtung der an Bord befindlichen Personen § 13 GGVSee

Im Falle eines Unfalls mit gefährlichen Gütern ist es oft von entscheidender Bedeutung, daß möglichst schnell gehandelt wird. Daher hat der Schiffsführer (oder sein Vertreter) sicherzustellen, daß alle an Bord befindlichen Personen darüber unterrichtet werden,

1. daß gefährliche Güter an Bord sind;
2. an welchem Platz sie gestaut sind;
3. welche Gefahren von ihnen ausgehen;
4. welches Verhalten, besonders im Falle einer Gefahr, erforderlich ist.

Wenn an Bord Personen beschäftigt werden, die nicht zur Besatzung gehören, was z. B. beim Umschlag in der Regel der Fall ist, sind auch sie zu informieren, daß sich gefährliche Güter an Bord befinden und wo der Stauplatz ist.

Auch die Besatzungsmitglieder oder schiffsfremde Personen, die nicht an dem Umschlag des gefährlichen Gutes beteiligt sind, müssen unterrichtet werden, denn auch sie können durch Nichtwissen im Falle einer akuten Gefahr falsch reagieren und damit in erhöhtem Maße gefährdet sein. § 13 (2) GGVSee

Die Unterrichtung ist durch den Schiffsführer zu veranlassen, bei schiffsfremden Personen muß er den für ihren Einsatz Verantwortlichen von der Existenz und dem Stauplatz gefährlicher Güter an Bord des Schiffes Kenntnis geben.

(4) Rauchverbot § 16 GGVSee

Wenn ein Seeschiff gefährliche Ladung befördert, ist im Bereich der Ladung das Rauchen verboten. Dieses Rauchverbot ist nicht auf einzelne Klassen beschränkt, es gilt generell für alle gefährlichen Güter.

Die Schiffsführung hat den Bereich der Ladung festzulegen und für die Befolgung des Verbotes zu sorgen.

(5) Andere Zündquellen § 18 GGVSee

Bei Gefahr des Funkenfluges darf innerhalb eines Abstandes von 30 m von der Funkenquelle kein Umschlag von brennbaren Stoffen erfolgen. Das gilt für die Güter der folgenden Klassen:

- Explosivstoffe (1);
- brennbare Gase (2);
- entzündbare Flüssigkeiten (3);
- entzündbare feste Stoffe (4.1);
- selbstentzündliche Stoffe (4.3);

- entzündend wirkende Stoffe (5.1);
- organische Peroxide (5.2);
- alle Stoffe der anderen Klassen, die gleichzeitig das Kennzeichen „brennbar" haben müssen.

Die Feuerlöscheinrichtungen müssen personell und technisch einsatzbereit sein.

§ 17 GGVSee

(6) Elektrische Anlagen

Fehler in der elektrischen Anlage, beschädigte Leitungen, Schaltfunken usw. können Brandursache sein. Besonders gefährliche Stoffe wie die Explosivstoffe und die entzündlichen Flüssigkeiten mit einem Flammpunkt unter 23 °C dürfen daher nur verladen werden, wenn die elektrischen Anlagen (Kabel, Lampen, Schalter) beschädigungs- und funkensicher ausgeführt sind. Auf deutschen Schiffen muß die SeeBG die Betriebssicherheit bescheinigen.

§ 19 GGVSee Verfügt ein Schiff, das die genannten gefährlichen Stoffe laden soll, nicht über die vorgeschriebenen elektrischen Anlagen, so sind in den in Frage kommenden Räumen die elektrischen Anlagen von der Stromversorgung abzutrennen und sie dürfen nicht wieder unter Strom stehen, bevor die gefährlichen Güter vollständig entladen sind.

IMDG-Code Abschn. 9

(7) FORMULAR FÜR DIE ANMELDUNG UND BESCHEINIGUNG, FÜR DEN VERSAND/DIE VERSCHIFFUNG VON GEFÄHRLICHER LADUNG

AN: Beförderer „X" (To: Carrier „X")

Bestätigen Sie bitte den Empfang folgender Güter für den Versand/die Verschiffung mit Bahn, Straße, Binnenschiff, Flugzeug, Seeschiff, für welche die nachstehenden Angaben als richtig bescheinigt werden.

[Please confirm acceptance of the following goods for forwarding/shipment (per Rail, Road, Inland navigation, Air, Sea) for which the following information is certified to be correct.]

Marken und Nummern, Bestimmungsort oder Anschrift (Shipping/ Forwarding, Mark and Destination or address)	Anzahl der Versandstücke (Package Nos.)	Beschreibung der Versandstücke usw. (Description of packages etc.)	Stoffname, (ggf. Flammpunkt) (Substance name flashpoint if any)	Behälter Netto (Container net)	Versand stück brutto (Package gross)	Klasse oder Kennzeichen (Class number or label facsimile)	Zusätzliche Angaben (Supplementary information)

Es wird bescheinigt, daß die Güter so verpackt sind, daß sie den normalen Beanspruchungen beim Umschlag und während des Seetransportes unter Berücksichtigung der Eigenart der Güter widerstehen und daß das (die) Versandstück(e) an der Außenseite mit Kennzeichen oder Aufdrucken versehen sind, welche die Identität der Güter und die Art ihrer Gefährlichkeit ausweisen. Vorstehende Erklärungen erfolgen in Übereinstimmung mit den Forderungen des Übereinkommens zum Schutz des menschlichen Lebens auf See von 1960.

(It is certified that the goods are packed in a manner adequate to withstand the ordinary risks of handling and transport by sea having regard to the nature of the goods, and the package or packages labelled or stencilled on the outside to indicate the identity of the goods and the nature of the danger; the foregoing in accordance with the requirements of the International Convention for the Safety of Life at Sea, 1960).

Unterschrift ____________ Im Auftrage von ________
(Signature) (on behalf of)

Datum ______________ 19___ Name und Anschrift des Befrachters/Abladers
(date) (name and address of consigner)

(8) Die Behandlung der Ladung

Gefährliche Güter sind besonders sorgfältig zu behandeln. Die Laderäume, in denen gefährliche Güter geladen werden sollen, müssen in einwandfreiem Zustand sein, der Stauplatz muß sauber und trocken und auch während der Reise zugänglich sein. Eine Beschädigung der gefährlichen Güter durch schwere oder scharfkantige Ladung muß ausgeschlossen sein. § 14 GGVSee

Die Packstücke sind vor der Übernahme auf ihre Unversehrtheit zu kontrollieren. Auf die richtige Kennzeichnung, besonders auf Mehrfachkennzeichnung, ist zu achten. Beschädigte Versandstücke dürfen nicht übernommen werden. Während der Reise sind die Versandstücke mit gefährlichen Gütern regelmäßig zu kontrollieren. Wird eine Beschädigung der Verpackung festgestellt, so ist dieses dem Schiffsführer oder seinem Vertreter sofort zu melden. Sind gefährliche Güter frei geworden oder besteht die Gefahr ihres Freiwerdens, sind sofort Maßnahmen zur Beseitigung dieser Gefahr zu treffen. § 11 (4) GGVSee § 22 GGVSee

Die Vorschriften über Trennung und Zusammenladung sind zu beachten.

2.8.3 Gefahrenklassen

2.8.3.1 Klasse 1 — Explosivstoffe und Gegenstände mit Explosivstoff (Explosives)

(1) Allgemeines

Explosivstoffe und explosionsfähige Stoffe sind chemische Verbindungen oder Gemische, die sich in einem metastabilen Zustand befinden und sich ohne Hinzutreten eines weiteren Reaktionspartners sehr schnell unter Entwicklung von Wärme und Bildung von Gasen umsetzen können. Die entstehenden Gase dehnen sich durch die frei werdende Wärme plötzlich stark aus. Durch den dabei entstehenden Druck kann mechanische Arbeit verrichtet werden.

Unter Explosivstoffen versteht man Stoffe oder Stoffgemische, die zum Zwecke des Sprengens oder Treibens (Schießens) hergestellt werden.

Stoffe oder Stoffgemische mit ähnlichen Eigenschaften, die nicht als Explosivstoff hergestellt werden, bezeichnet man als explosionsfähige Stoffe. Hierzu gehören zum Beispiel als Düngemittel hergestelltes Ammoniumnitrat, Chlorate als Unkrautbekämpfungsmittel, organische Peroxide als Katalysatoren für die Kunststoffherstellung u. a. m. Auch Gemische von brennbaren Gasen mit Luft gehören zu den explosionsfähigen Stoffen, sie sind aber nicht Gegenstand dieser Klasse.

Die Explosion ist meist ein Oxidationsvorgang, der sich von der Verbrennung durch eine wesentlich höhere Reaktionsgeschwindigkeit unterscheidet. Die Explosionsgeschwindigkeit kann sehr unterschiedlich sein. Bei einem sehr schnell Abbrand spricht man von einer **Deflagration,** eine sehr schnelle Explosion nennt man **Detonation.**

In der Technik spricht man auch von einer Explosion, wenn sich eingeschlossene Gase plötzlich stark ausdehnen, z.B. beim Bersten einer Druckgasflasche durch Erhitzen. Hierbei findet keine chemische Umsetzung statt, es wird keine Wärme frei und es bilden sich auch keine Gase. Es handelt sich also nicht um eine Explosion im hier besprochenen Sinne.

Je höher die Explosionsgeschwindigkeit eines Stoffes ist, um so höher ist seine zerstörende Wirkung auf die Umgebung, desto größer ist seine Brisanz (brisant: stark zertrümmernd wirkend).

Nach ihren Eigenschaften und ihrer Verwendung unterscheidet man verschiedene Arten von Explosivstoffen:

1. Treibstoffe (Schießstoffe) sind Explosivstoffe, die mit einer relativ geringen Geschwindigkeit explodieren, so daß der zeitliche Ablauf durch Formgebung, Verdichtung usw. festgelegt werden kann. Zu dieser Gruppe gehören z.B. Schwarzpulver und gelatinierte Schießbaumwolle. Wegen der geringen Explosionsgeschwindigkeit üben die Treibstoffe bei der Explosion auf ihre Umgebung eine schiebende, keine zertrümmernde Wirkung aus. Sie werden z.B. bei Sprengungen in Steinbrüchen verwendet, wenn es auf die Gewinnung von Gesteinsquadern für die Bauindustrie ankommt.

2. Sprengstoffe explodieren sehr viel schneller als Treibstoffe. Die Geschwindigkeit der Reaktion ist von der Art der Zündung abhängig. Entzündet man einen Sprengstoff mit einer Flamme, so wird er mehr oder weniger schnell abbrennen. Wird der Sprengstoff jedoch fest eingepackt, so kann es zu einer Detonation kommen. Überhitzung größerer Mengen eines Sprengstoffes kann ebenfalls zu einer Detonation führen.

Bei einer Detonation ist die Reaktion mit einer Stoßwelle verbunden. An der Spitze der Stoßwelle ändern sich sehr schnell Druck und Temperatur. Diese Druckwelle führt zu Zerstörungen in der Umgebung der Explosion und kann zur Zündung explosionsfähiger Stoffe in der Nachbarschaft führen. Ist im Falle einer lokalen Explosion oder eines lokalen Brandes eine Explosion in der gesamten Menge des Explosionsstoffes anzunehmen, so spricht man von der Massenexplosionsfähigkeit des Explosivstoffes. Die Detonationsgeschwindigkeit — das ist die Geschwindigkeit, mit der sich die Detonation im Inneren des Sprengstoffes ausbreitet — liegt zwischen 1500 und 9000 m/s.

Beispiel für eine Massenexplosion ist die Explosion zweier französischer Frachter im Hafen von Texas-City im Jahre 1947, wobei ein Drittel der Stadt zerstört wurde. Es handelte sich bei der Ladung um Ammoniumnitrat-Düngemittel, das zur Verhinderung des Zusammenbackens mit 1 % Vaseline überzogen war.

3. Zündstoffe sind Verbindungen, die leicht durch Schlag oder Erwärmen detonieren. Sie werden zur Zündung der schwer entzündlichen Sprengstoffe verwendet. Bei ihrer Explosion entsteht eine Druckwelle, die sich auf den Sprengstoff überträgt und diesen ebenfalls zur Detonation bringt. Zur Zündung eines Spreng- oder Treibstoffes genügen sehr geringe Mengen eines Zündstoffes. In den Zündhütchen, die die Ladung einer Patrone zünden, sind 15 bis 50 mg eines Zündstoffes enthalten.

Die bei der Explosion eines Sprengstoffes frei werdende Energie ist geringer als gemeinhin angenommen. Die Explosionswärme von Schwarzpulver beträgt 2790 kJ/kg, die von Nitroglycerin 6300 kJ/kg, wogegen die Verbrennungswärmen flüssiger Kohlenwasserstoffe bei 42 000 kJ/kg liegen. Da der Energieumsatz jedoch in sehr kurzer Zeit erfolgt, ist die Leistung bei der Explosion sehr groß.

Ein Maß für die Gefährlichkeit eines Sprengstoffes gibt es nicht, da für die Wirkung mehrere Faktoren von Bedeutung sind. So spielen z. B. die Entzündungsweise und die Art des Einschlusses manchmal eine größere Rolle als die Art des Sprengstoffes. Entzündet man z. B. Schwarzpulver an der Luft, so verbrennt es mit einer Geschwindigkeit von ca. 3,5 m/s. In fester Umhüllung beschleunigt der bei der Verbrennung entstehende Druck die Reaktion, so daß es zu einer Explosion mit Geschwindigkeiten bis zu 500 m/s kommen kann.

Den Einfluß der Zündung hat man an folgendem Versuch beobachtet: Zwei gleiche Stahlzylinder wurden mit Schwarzpulver gefüllt. Der eine Stahlzylinder wurde mit einer Zündschnur gezündet, der Stahlzylinder blieb unversehrt. Die Füllung des anderen Zylinders zündete man mit einer Sprengkapsel. Dieser Zylinder wurde völlig zertrümmert[7].

Empfindlichkeit. Ein gewerblicher Sprengstoff soll möglichst handhabungssicher sein. Ausschlaggebend für seine Verwendungsmöglichkeit ist seine Beständigkeit gegen Wärme, mechanische Einflüsse, Schlag, Stoß, Reibung und gegen Detonationsstoß. Für die Bestimmung dieser Größen sind Prüfmethoden entwickelt worden und gesetzlich festgelegt, da für den Versand über die Empfindlichkeitsgrenzen genaue Bestimmungen vorliegen. Die Empfindlichkeit kann durch Phlegmatisierungsmittel herabgesetzt werden.

(2) Der Transport der explosionsfähigen Stoffe in den Vorschriften der GGVSee

Für den Seetransport der Stoffe der Klasse 1 sind die Vorschriften der Anlagen A und B heranzuziehen.

Die **Klasse 1 der Anlage A** (IMDG-Code) umfaßt Explosivstoffe und Gegenstände mit Explosivstoff. Das heißt, es handelt sich bei den Stoffen dieser Klasse um Verbindungen oder Stoffgemische, die eigens dazu hergestellt wurden, um einen praktischen Nutzen aus ihrer Explosion zu erzielen, wie zum Beispiel die Sprengstoffe oder die pyrotechnischen Artikel eines Feuerwerkes. Die Klasse 1 ist in 5 Unterklassen unterteilt:

---

7 Sprengkapseln enthalten eine kleine Menge eines hochbrisanten Sprengstoffes, der durch einen Zündstoff gezündet wird.

1.1 Explosivstoffe und Gegenstände mit Explosivstoff, die eine Massenexplosionsgefahr sind (ME), d.h., bei einer Explosion kann die gesamte Ladung fast gleichzeitig explodieren. Stoffe und Gegenstände dieser Unterklasse sind
(I) Zündstoffe, Gegenstände, die Explosivstoffe und das dazugehörige Zündmittel enthalten.
(II) Explosivstoffe, ausgenommen Zündstoffe; Gegenstände, die Explosivstoff, jedoch kein Zündmittel enthalten.
(III) Gegenstände zur Erzeugung von Licht, Brand, Nebel, Rauch oder Schall; Anzünder; Anlaßkartuschen; Munition für Kleinwaffen; pyrotechnische Gegenstände, die heftig explodieren können.

1.2 Stoffe dieser Unterklasse explodieren nicht in der Masse, sie haben eine geringe Druckwirkung, können aber die Umgebung durch Sprengstücke gefährden, hierzu gehören:
(I) Gegenstände mit Explosivstoff, mit oder ohne Zünder.
(II) Proben von Explosivstoffen, jedoch keine Zündstoffe; Proben von Gegenständen mit Explosivstoff, jedoch ohne Zündstoff.

1.3 Güter dieser Unterklasse sind Stoffe, die nicht in der Masse explodieren, die aber eine Brandgefahr darstellen und mit keiner oder nur geringer Explosionsgefahr verbunden sind:
(I) Stoffe, die nicht in der Masse explodieren, aber beim Abbrennen eine beträchtliche Hitze ausstrahlen.
(II) Gegenstände, die im Falle eines Brandes nacheinander abbrennen und dabei nur eine schwache oder keine Explosions- oder Splitterwirkung haben.

1.4 Die Stoffe dieser Unterklasse sind keine bedeutende Gefahr. Die Auswirkungen einer Entzündung bleiben weitgehend auf das Packstück beschränkt.

1.5 Stoffe, die so unempfindlich sind, daß die Wahrscheinlichkeit einer Entzündung oder der Detonation im Falle eines Brandes sehr gering ist.

Maßgebend für die Zuordnung eines Stoffes der Klasse 1 zu einer der Unterklassen ist die Gefahr, die von diesem Stoff ausgeht, wenn er mit einem Seeschiff befördert wird. Diese Gefahr wird durch Versuche ermittelt. Die Durchführung der Versuche ist im IMDG-Code beschrieben.

Für die Explosivstoffe gibt es in der **Anlage B** 3 Klassen: Anl. B I. Teil (1)

Klasse 1a: Explosive Stoffe und Gegenstände.
Klasse 1b: Mit explosiven Stoffen geladene Gegenstände.
Klasse 1c: Zündwaren, Feuerwerkskörper und ähnliche Güter.

Die Klasse 1 ist eine „Nur“-Klasse, d.h., es dürfen nur die Stoffe transportiert werden, die im Güterverzeichnis der Klasse namentlich genannt sind.

Einige Güter dieser Klasse sind sowohl im Güterverzeichnis der Anlage B als auch auf den Stoffseiten der Anlage A aufgeführt.

Die Anlage A (IMDG-Code) enthält auf ihren Stoffseiten eine Anzahl von Stoffen, die das Güterverzeichnis der Anlage B nicht nennt. Es besteht aber die Möglichkeit, einen in den Klassen 1a, 1b und 1c nicht genannten Stoff mit einer vergleichbaren Klasse 1 der Anlage A zu klassifizieren, wenn der Stoff dort namentlich genannt ist, und ihn unter Beachtung der auf den Stoffseiten genannten Bedingungen zu befördern.

Die Anlagen A und B stehen bezüglich des Transportes der Güter der Klasse 1 gleichberechtigt nebeneinander.

Das Stauen der Güter der Klasse 1. Zur Verladung im allgemeinen und zu den Zusammenladeverboten wird in der Anlage B auf die Bestimmungen der Anlage A (IMDG-Code) verwiesen.

Verträglichkeitsgruppe und Staukategorie. Nach § 8 (1) ist auf den Beförderungspapieren für gefährliche Güter Verträglichkeitsgruppe und Staukategorie anzugeben, wenn diese Angaben für die zu befördernden Stoffe vorhanden sind. Auf jeder Stoffseite der Anlage A (IMDG-Code) sind für die Güter der Klasse 1 diese Angaben vermerkt. § 8 (1) GGVSee IMDG-Code Abschn. 5.2

Staukategorien geben unterschiedliche Staumaßnahmen an, die sich aus den verschiedenen Eigenschaften der Güter der Klasse 1 ergeben.

Abschn. 5.2.2 **Staukategorie I (normal)** enthält allgemeine Regeln für das Stauen der Güter der Klasse 1. Diese Regeln sind auch dann einzuhalten, wenn auf den Stoffseiten eine andere Staukategorie angegeben ist, z.B.:

- Stauen an einem kühlen Platz, entfernt von Wärmequellen oder Orten möglicher Funkenbildung.
- Sauberer, trockener und gut belüfteter Stauplatz.
- Bilgen kontrollieren und von eventuell vorhandenen Resten früherer Ladung säubern.
- Berührung der Ladung mit Metalldeck, durch Stauholz oder Paletten vermeiden.
- Bei der Aufstellung des Stauplanes daran denken, daß es u.U. erforderlich sein kann, Versandstücke über Bord zu werfen, wenn die Gefahr besteht, daß sie in einen Brand verwickelt werden.
- Pappbehälter unter Deck stauen oder sie an Deck so schützen, daß sie niemals dem Seewasser ausgesetzt werden.
- Trennung von Wohn- und Aufenthaltsräumen (außer Kl. 1.4). Nicht unmittelbar an diese Räume angrenzend stauen. Trennung vertikal durch dazwischen liegenden Raum, horizontal durch ein wasserdichtes Schott. Vor allem die Güter der Klasse 1.1 besonders weit weg von Wohn- und Arbeitsräumen stauen.

IMDG-Code Kl. 1 Abschn. 5.2.3 **Staukategorie II (Magazin).** Diese Staukategorie verlangt eine Stauung in separaten Räumen (Magazinen). Die Staukategorie II wird in drei Typen (A, B und C) unterteilt. Sie unterscheiden sich durch die Beschaffenheit der Magazine.

Ein Magazin kann ein fest eingebauter Raum im Schiff oder ein transportabler Behälter (auch Container) sein, der abschließbar sein muß. Er soll die Güter der Klasse 1 vor Beschädigungen beim Laden und Löschen oder während der Reise schützen und verhindern, daß sich eventuell ausgetretener Inhalt an der Bordwand reibt.

IMDG-Code Abschn. 5.2.4 **Staukategorie III (pyrotechnische Gegenstände).** Es gelten die Bestimmungen der Staukategorie I, nur darf die Ladung nicht überstaut werden, auch dürfen andere Güter der Klasse 1, mit Ausnahme der Sicherheitsklasse, nicht in demselben Raum verstaut werden.

IMDG-Code Abschn. 5.2.5 **Staukategorie IV (Gegenstände für Sonderzwecke).** Es handelt sich dabei um Gegenstände, die neben Explosivstoff noch Augenreizstoff, Nebelstoff, Rauchstoff u.ä. enthalten.

Die Staumaßnahmen entsprechen der Staukategorie I mit einigen Ausnahmen. So dürfen diese Güter ebenfalls nicht überstaut werden. Für einzelne Güter dieser Gruppe gibt es besondere Auflagen, die sicherstellen sollen, daß die Besatzung durch die außer den Explosivstoffen vorhandenen Stoffe nicht gefährdet wird.

IMDG-Code Abschn. 5.3 **Stauung an Deck.** Güter der Klasse 1 können an Deck gestaut werden, wenn nicht ausdrücklich eine andere Stauweise vorgeschrieben ist. Die Güter müssen vor Spritzwasser und Sonneneinstrahlung geschützt werden. Der Abstand von Stellen mit erhöhter Feuergefahr (Feuerstellen, brennbare Schiffsvorräte) soll mindestens 6 m betragen. Gänge, Fluchtwege, Hydranten sollen freigehalten werden. Von Brücke, Unterkünften und Rettungsmitteln soll der Abstand mindestens 8 m betragen.

Abschn. 5.4 **Das Zusammenladen von Gütern der Klasse 1 und Verträglichkeitsgruppen.** Am sichersten wäre es, alle Güter der Klasse 1 getrennt voneinander zu stauen. Das ist jedoch in der Praxis meist nicht möglich. Es dürfen jedoch nur solche Stoffe der Klasse 1 zusammengestaut werden, die nicht so aufeinander wirken, daß die Wahrscheinlichkeit eines Unfalles oder das Ausmaß eines eingetretenen Unfalles vergrößert werden. Unter diesem Gesichtspunkt sind die Stoffe der Klasse 1 in Verträglichkeitsgruppen eingeteilt worden. Auf den Stoffseiten der Klasse 1 der Anlage A (IMDG-Code) sind die Verträglichkeitsgruppen vermerkt.

Güter mit der gleichen Verträglichkeitsgruppe dürfen in einem Raum gestaut werden. Gehören die Güter mit der gleichen Verträglichkeitsgruppe verschiedenen Unterklassen der Klasse 1 an, so dürfen sie ebenfalls zusammengestaut werden, es sind dann aber für die gesamte Partie die Bedingungen der Unterklasse mit der größeren Gefahr einzuhalten.

Verträglichkeitsgruppen

Gruppen-Code	Güter der Gruppe
A	Zündstoffe
B	Gegenstände, die Zündstoffe enthalten
C	Treibstoffe, Treibladungen und Gegenstände mit Treibstoffen
D	Schwarzpulver, sekundär detonierende Explosivstoffe, Gegenstände, die Sprengstoffe enthalten, ohne Zünder, ohne Treibladungen
E	Gegenstände mit Sprengstoff, ohne Zündmittel, mit Treibladungen
F	Gegenstände mit Sprengstoff, mit Zündmittel, mit oder ohne Treibladung
G	Pyrotechnische Stoffe, Gegenstände, die pyrotechnische Substanzen enthalten; Gegenstände, die Explosivstoff und einen Stoff für Leuchtzwecke, zur Branderzeugung, Augenreizstoff, Raucherzeuger enthalten (ohne durch Wasser scharf gemachte Artikel oder Gegenstände, die weißen Phosphor, Phosphide oder entzündbare Flüssigkeit oder Gel enthalten)
H	Gegenstände, die Explosivstoff und weißen Phosphor enthalten
J	Gegenstände, die Explosivstoff und entzündbare Flüssigkeit oder Gel enthalten
K	Gegenstände, die Explosivstoff und giftige Chemikalien enthalten
L	Explosivstoffe und Gegenstände mit Explosivstoffen, deren besondere Eigenschaften eine Trennung von allen Klasse-1-Stoffen erforderlich macht
S	Stoffe und Gegenstände, die so verpackt oder gestaltet sind, daß die Folgen eines Unfalles auf das Innere des Versandstückes beschränkt bleiben, es sei denn, daß die Verpackung durch Feuer zerstört wird und in diesem Falle die Folgen des Unfalles nicht wesentlich die Feuerbekämpfung behindern und auf die Umgebung des Versandstückes beschränkt bleiben

Kennzeichnung: Die Versandstücke der Klasse 1 sollen mit ihrem Namen und der UN-Nummer beschriftet sein. Auf den Kennzeichnen (Label) sollen Klasse, Unterklasse und Verträglichkeitsgruppe angegeben sein. IMDG-Code Kl. 1 Abschn. 3

Trennungsvorschriften. Über die Trennung/Zusammenladung der Güter der Klasse 1 von Gütern anderer Klassen siehe 2.8.4.

Einige Stoffe, die sich durch ihre leichte Entzündbarkeit auszeichnen, sollen überhaupt nicht auf Schiffen, die Güter der Klasse 1 geladen haben, befördert werden. IMDG-Code Kl. 1 Abschn. 6.1.7 und 6.1.8

Zu diesen Stoffen gehören z.B. Schwefelkohlenstoff und Nickelcarbonyl, beides Stoffe mit einer niedrigen Entzündungstemperatur, oder einige metallorganische Verbindungen wie Dimethylzink und Dimethymagnesium; dies sind pyrophore Stoffe, Stoffe also, die sich bei Luftzutritt von selbst entzünden. Ist es erforderlich, sehr kleine Mengen dieser Stoffe mitzunehmen, so sollen sie möglichst weit entfernt von Gütern der Klasse 1 getrennt werden.

(3) Besondere Sicherheitsmaßnahmen beim Ladungsumschlag

Blitzschutz. Das Schiff muß wirksam gegen Blitzschlag geschützt sein.

Elektrische Anlagen. Die elektrischen Anlagen müssen so beschaffen sein, daß eine Zündung durch Funken oder Erwärmen praktisch ausgeschlossen ist. IMDG-Code Abschn. 7.2

IMDG-Code Abschn. 7.3 **Beleuchtung.** Die Beleuchtung muß so beschaffen sein, daß keine starke Erwärmung der Umgebung von ihr ausgeht. Sonnenbrenner und Bogenlampen dürfen nicht benutzt werden. Die gesamte Beleuchtungsanlage muß vor Beginn des Ladens und Löschens von einem dafür verantwortlichen Schiffsoffizier überprüft werden.

IMDG-Code Abschn. 7.4 **Funksender.** Da manche elektrischen Zünder gegen elektrische Einflüsse empfindlich sind, sollen während des Ladens und Löschens von Gütern der Klasse 1 Radar- und Funksender abgeschaltet sein. Bei Decksverladung soll von Funkraum und Radarantenne ein ausreichender Sicherheitsabstand eingehalten werden.

IMDG-Code Abschn. 7.5 **Belüftungseinrichtungen.** Auf eine wirksame, den Vorschriften entsprechende Belüftungsanlage ist zu achten. Es ist zu prüfen, ob die Ventilatoren unbeschädigt, betriebssicher, frei von Verunreinigungen sind und ob ausgeschlossen ist, daß sich durch Berührung des Ventilators mit Schutzgitter oder Gehäuse Funken bilden können.

IMDG-Code Abschn. 7.6 **Gebrauch mechanischer Hilfsmittel beim Stauen.** Bei der Handhabung von Gütern der Klasse 1 der Staukategorie II Typ A dürfen keine Gabelstapler irgend eines Typs verwendet werden. Für andere Ladung in demselben Raum darf ein Gabelstapler erst dann eingesetzt werden, wenn das Magazin geschlossen ist. Für andere Güter der Klasse 1 dürfen Gabelstapler mit elektrischem Antrieb und Gummireifen verwendet werden, wenn die elektrischen Teile geschützt sind.

IMDG-Code Abschn. 7.7 **Beschädigte Verpackungen.** Auf keinen Fall dürfen Güter der Klasse 1 in beschädigten oder durch Feuchtigkeit schadhaft gewordenen Behältnissen zur Verschiffung angenommen werden. Sie sollen auch nicht an Bord instand gesetzt werden.

IMDG-Code Abschn. 7.9 **Besondere Sicherheitsmaßnahmen.** Solange die Luken von Räumen, in denen Güter der Klasse 1 geladen sind, offen sind, muß eine verantwortliche Person dafür sorgen, daß kein Unbefugter die Räume betritt. Die Magazine müssen nach Beendigung oder bei Unterbrechung des Ladens verschlossen werden.

Während des Bunkerns dürfen Güter der Klasse 1 nicht geladen oder gelöscht werden. In den Räumen mit Gütern der Klasse 1 sollen keine Instandsetzungsarbeiten durchgeführt werden. Instandsetzungsarbeiten, die eine erhöhte Feuergefahr mit sich bringen, sollen auf dem ganzen Schiff nicht durchgeführt werden. In dringenden Notfällen ist die Genehmigung der zuständigen Hafenbehörde einzuholen.

IMDG-Code Abschn. 8 u. 9 **Feuerschutzmaßnahmen.** Das Rauchverbot ist strikt einzuhalten, das Rauchen nur auf die Räume zu beschränken, die vom Kapitän für das Rauchen freigegeben wurden. Schornsteine u.ä. müssen gegen Funkenflug gesichert sein. Die Feuerlöschschläuche sollen angeschlossen sein und die Hauptfeuerlöschleitung soll unter Druck stehen. Feuerbekämpfungsmaßnahmen mit erstickend wirkenden Feuerlöschmitteln (CO_2) sind wirkungslos, wenn die Güter der Klasse 1 bereits in einen Brand verwickelt sind. Ist die Ladung durch Feuerbekämpfungsmaßnahmen feucht geworden, sind Informationen über das weitere Vorgehen einzuholen, da Feuchtigkeit die Zusammensetzung mancher Explosivstoffe verändern kann und dann eine erhöhte Gefahr aus diesen Stoffen resultieren kann.

2.8.3.2 Klasse 2 — Verdichtete, verflüssigte oder unter Druck gelöste Gase
(Gases: compressed, liquefied or dissolved under pressure)

(1) Allgemeines

Alle für die Beförderung zugelassenen Stoffe dieser Klasse werden in Druckbehältern transportiert. Das Bersten der Druckbehälter und das Entweichen der unter Druck stehenden Gase durch undichte Ventile oder Verschlüsse stellen die gemeinsame Gefahr der Güter dieser Klasse dar.

Begriffsbestimmung. Ob ein Stoff als Flüssigkeit oder Gas vorliegt, hängt von den Zustandsgrößen Druck und Temperatur ab. Die Festlegung der Grenze zwischen Flüssigkeit und Gas kann durch Angabe von Grenzwerten für die kritische Temperatur und einen maximalen Dampfdruck erfolgen (z. B. Anlage B der z. Z. geltenden GGVSee: Gas = kritische Temperatur weniger als 50 °C, Dampfdruck bei 50 °C mehr als 3 bar).

Oberhalb der kritischen Temperatur ist es nicht möglich, ein Gas unter Anwendung auch sehr hoher Drucke zu verflüssigen. Bei Temperaturzunahme dehnt sich jede Flüssigkeit aus, also auch ein verflüssigtes Gas. Damit nimmt seine Dichte ab. Mit steigender Temperatur werden immer mehr Moleküle aus dem flüssigen in den gasförmigen Zustand übergehen, damit steigt die Dichte des eingeschlossenen Gases. Wenn die kritische Temperatur erreicht wird, ist die Dichte der Flüssigkeit gleich der Dichte des darüberstehenden Gases. Eine Unterscheidung zwischen Flüssigkeit und Gas ist dann nicht mehr möglich. Der Druck, der bei einer bestimmten Temperatur von den Molekülen des von einer Flüssigkeit abgegebenen Gases auf die Gefäßwände ausgeübt wird, ist der Dampfdruck.

Im IMDG-Code werden keine Grenzwerte festgelegt, sondern allgemein aufgezählt, in welcher Form Güter der Klasse 2 befördert werden: Verdichtete Gase, verflüssigte Gase, unter Druck gelöste Gase und tiefgekühlte verflüssigte Gase.

Verdichtete Gase. Ihre kritische Temperatur liegt unter der Raumtemperatur. Diese Gase werden in starkwandigen Druckgefäßen befördert, da sie unter hohem Druck stehen. Zu diesen Gasen gehören zum Beispiel Sauerstoff und Stickstoff. Die Gase dieser Gruppe werden auch Permanentgase genannt, weil sie bei Umgebungstemperaturen immer gasförmig sind, auch unter sehr hohem Druck.

Verflüssigte Gase haben eine kritische Temperatur, die größer ist als die Raumtemperatur. Steigt die Umgebungstemperatur jedoch über den Wert der kritischen Temperatur an, so liegen diese Gase nicht mehr als Flüssigkeit vor. So hat z. B. Kohlendioxid eine kritische Temperatur von 31 °C, es steht bei dieser Temperatur unter einem Druck von 73 bar bei einer Dichte von 0,46 kg/m^3. Das bedeutet, daß auch in gefüllten CO_2-Flaschen bei höheren Temperaturen keine Flüssigkeit mehr vorhanden ist, sondern der gesamte Inhalt in gasförmigem Zustand vorliegt. Bei weiterer Temperaturerhöhung steigt der Druck stark an, deshalb müssen die Gefäße einem Prüfdruck von 190 bar standhalten. Sollen Gase als Flüssiggas befördert werden, deren kritische Temperatur über der Umgebungstemperatur liegt, so müssen sie gekühlt werden.

Tiefgekühlte, verflüssigte Gase. Die Temperatur tiefgekühlt transportierter Gase liegt noch wesentlich unter der kritischen Temperatur, da die Dampfdrucke (kritische Drucke) der Gase in der Nähe der kritischen Temperaturen noch sehr hoch liegen. Je tiefer die Temperatur eines Gases liegt, um so niedriger ist der Druck, unter dem es transportiert werden muß.

Unter Druck gelöste Gase, wie z. B. Äthin (Acetylen), werden in einem Lösungsmittel gelöst, das in einer porösen Masse verteilt ist, oder wie Ammoniak, direkt in der Flüssigkeit gelöst, in diesem Falle in Wasser.

Zu den genannten drei Gruppen, die sich durch ihren physikalischen Zustand unterscheiden, gehören Gase mit verschiedenen chemischen Eigenschaften, die bei der Beurteilung der Gefährlichkeit zu berücksichtigen sind.

Nach ihren chemischen und physiologischen Eigenschaften sind zu unterscheiden:
- nicht brennbare Gase,
- nicht brennbare giftige Gase,

- brennbare Gase,
- brennbare giftige Gase,
- chemisch instabile Gase,
- chemisch instabile giftige Gase.

Zu den instabilen Gasen gehören z.B. auch solche, die zur Polymerisation neigen. Daneben gibt es ätzende Gase, weiterhin Gase, die oxidierend wirken. Viele Gase haben mehrere der genannten Eigenschaften.

(2) Gefahren beim Transport von Gasen der Klasse 2

Allgemeine Gefahren. Gase haben einen hohen Wärmeausdehnungskoeffizienten. Bei einer Temperaturerhöhung um einen Grad dehnen sich die Gase um $^1/_{273}$ ihres Ausgangsvolumens aus.

Bei eingeschlossenen Gasen führt eine Temperaturerhöhung zu einem entsprechenden Anwachsen des Druckes im Gefäß. Der Druck p_t nach einer Temperaturerhöhung um t °C hat also den Wert

$$p_t = p_0\left(1 + \frac{1}{273}\,t\right),$$

wobei p_0 den Druck vor dem Temperaturanstieg bedeutet. Temperaturunterschiede, wie sie unter den Bedingungen des Seetransportes auftreten können, führen also bereits zu beträchtlichen Druckunterschieden in den Transportgefäßen.

Aus dem Innendruck der Behälter ergeben sich die allgemeinen Gefahren für den Umgang mit Stoffen der Klasse 2:

- Bersten der Transportgefäße. Auslösung ist durch unvorsichtigen Umgang beim Bewegen der Gefäße möglich, wenn die Gefäße gegeneinander schlagen, umfallen oder auf eine Kante schlagen. Ein Bersten ist ebenfalls durch Erwärmen des Inhaltes möglich.
- Entweichen des Gases durch undichte Ventile. Wenn die Prüfbedingungen auch vorsehen, daß die Ventile so beschaffen sein müssen, daß der Inhalt nicht austreten kann, so kommt es doch immer wieder vor, daß Gase entweichen. Die Ventile sind gegenüber mechanischen Beanspruchungen besonders empfindlich, sie müssen mit besonderen Schutzvorrichtungen versehen sein.
  Bei größeren Gefäßen (beweglichen Tanks) sollen die Ventile ein unzulässiges Anwachsen des Innendruckes im Behälter verhindern, indem sie sich bei bestimmten Drucken öffnen oder durch Berstscheiben den Überdruck freigeben, um ein Zerplatzen des Behälters zu verhindern.

In all diesen Fällen werden die Gase frei und verteilen sich in der Umgebung. Brennbare Gase bilden mit Luft in bestimmten Konzentrationsgrenzen explosive Gemische, die sich leicht entzünden und sehr heftig explodieren können. Giftige Gase können in sehr geringen Konzentrationen bereits eine Gefahr für die Besatzung oder die mit dem Umschlag befaßten Personen bedeuten. Manchmal warnt ein intensiver Geruch, doch häufig wird die Geruchschwelle erst erreicht, wenn eine gefährliche Konzentration bereits erreicht oder überschritten ist. Auch inerte Gase, die weder giftig noch brennbar sind, können gefährlich sein, da sie durch Verdrängung des Luftsauerstoffes zur Erstickung führen können.

Beförderungsvorschriften/Verladevorschriften. Für die Beförderung der Gase der Klasse 2 mit Seeschiffen gelten z.Z. die Bestimmungen der Anlage B zur GGVSee. Für die Verladevorschriften wird auf die Ziffern 3 (Verstauung) und 4 (Trennung/Zusammenladung) der Anlage A (IMDG-Code) verwiesen.

IMDG-Code Kl. 2 Abschn. 3.4–3.8

(3) Allgemeine Stauhinweise

- Giftige, brennbare Gase sollten nur „AN DECK" befördert werden, wenn nicht für einzelne Stoffe etwas anderes angegeben ist. Bei einer Stauung an Deck sind die Behälter vor Sonneneinstrahlung zu schützen.

- Bei einer Stauung unter Deck sind Druckgasgefäße entfernt von Wärmequellen und Wohn- und Aufenthaltsräumen zu stauen. Die Räume sind gut zu belüften.
- Werden Druckgasflaschen liegend gestaut, so ist durch eine Lage Stauholz zu verhindern, daß die Flaschen direkt auf dem Stahldeck zu liegen kommen. Sie müssen so verkeilt werden, daß jede Bewegung der Behälter verhindert wird.
- Stehend gestaute Druckgasflaschen müssen blockweise in einen Verschlag gestaut oder mit starkem Holz eingeschalt werden. Auch hier ist durch Stauholz sicherzustellen, daß ein ausreichender Sicherheitsabstand vom Stahldeck eingehalten und jede Bewegung der Flaschen untereinander verhindert wird.
- Kisten, Kästen oder Verschläge mit Druckgasflaschen müssen sicher abgestützt, festgekeilt und gelascht werden, damit sie unverrückbar feststehen.
- Druckgasflaschen sind niemals in Räumen mit Kohlen oder an Deck direkt darüber zu stauen.

(4) Besondere Stauhinweise für brennbare Gase

- So kühl wie möglich halten. Entfernt von allen Zündquellen, die in der Lage wären, ein durch Leckage entstandenes Gas-Luft-Gemisch zu zünden.
- Auch an Deck nicht über unverträgliche Stoffe stauen, von denen sie unter Deck getrennt werden müssen.
- Giftige Gase von Nahrungs- und Futtermitteln getrennt stauen.
- Giftige und brennbare Gase in sicherer Entfernung von Wohn- und Aufenthaltsräumen halten.
- Für ausreichende Ventilation sorgen! Manche Gase sind schwerer als Luft!
- Bei Verdacht auf Leckage bei brennbaren und giftigen Gasen sofort Raum sperren. Erst freigeben, wenn Gewißheit besteht, daß ein Aufenthalt gefahrlos ist. Sonst nur mit von der Außenluft unabhängigem Atemschutzgerät betreten.
- Bei der Auswahl des Stauplatzes daran denken, daß es im Falle eines Brandes erforderlich werden kann, die Behälter mit Druckgas außenbords zu werfen.
- Rauchverbotschilder augenfällig anbringen!

(5) Trennungsvorschriften/Zusammenladeverbote

Über Zusammenladeverbote der Gase der Klasse 2 mit gefährlichen Gütern anderer Klassen siehe 2.8.4. Einige Güter der Klasse 2 können miteinander gefährlich reagieren.

Chlor und Fluor bilden mit Wasserstoff explosive Gemische. Chlorknallgas, ein Gemisch aus Wasserstoff und Chlor, ist so labil, daß es durch Belichtung gezündet werden kann und dann heftig explodiert. Auch mit anderen Gasen wie Kohlenmonoxid, Ammoniak, Schwefelkohlenstoff und Acetylen sind heftige Reaktionen möglich. Sie sollen nur im Freien gelagert und dürfen nur an Deck gefahren werden.

Oxidierend wirkende Gase wie Distickstoffoxid N_2O, Stickstofftetraoxid N_2O_4 (NO_2), Sauerstoff, Luft unterhalten stark die Verbrennung und sollen daher von allen brennbaren Gasen getrennt werden. Zu beachten ist, daß sauerstofffreie Gase wie Fluor, Chlor, Chlortrifluorid stark oxidierende Eigenschaften haben und deshalb von allem brennbarem Material getrennt werden müssen.

(6) Feuerschutz- und Brandbekämpfungsmaßnahmen

Durch Lüften verhindern, daß sich explosive Gas-Luft-Gemische bilden können.

Im Falle eines Brandes Druckgasflaschen mit Sprühstrahl kühlen, nach Möglichkeit aus der Nähe des Brandherdes entfernen.

Acetylenflaschen, die heiß geworden sind, können auch nach Abkühlung explodieren, sie sind daher über Bord zu werfen.

Es ist daran zu denken, daß ein undichter Behälter, dessen austretendes Gas Feuer gefangen hat, auch nach dem Löschen der Flamme Gas austreten läßt, und daß sich daraufhin explosive Gas-Luft-Gemische bilden können, die sich leicht an heißen Teilen entzünden. Wenn nicht Sicherheit besteht, daß der Behälter dicht ist, muß er entfernt werden.

Bekämpfung von Bränden von Behältern mit verflüssigten Gasen muß aus sicherer Entfernung und Deckung erfolgen, da die Gefahr einer Explosion besteht.

Es ist zu beachten, daß einige Gase giftige Verbrennungsprodukte bilden können; entsprechender Atemschutz ist vorzusehen.

2.8.3.3 Klasse 3 — Entzündbare Flüssigkeiten (Inflammable liquids)

(1) Allgemeine Eigenschaften

Die Stoffe dieser Gruppe haben die gemeinsame Eigenschaft, brennbare Dämpfe abzugeben. Es kann sich bei diesen Stoffen um Flüssigkeiten, Gemische von Flüssigkeiten oder Suspensionen[8] handeln. Außer dieser Gemeinsamkeit können die Stoffe dieser Klasse entsprechend ihrer unterschiedlichen chemischen Zusammensetzung eine Anzahl weiterer gefährlicher Eigenschaften haben. Es gibt in dieser Klasse giftige, ätzende, zur Polymerisation neigende Stoffe. Einige der Stoffe sind mit Wasser mischbar, andere nicht.

Flammpunkt. Unter dem Flammpunkt einer Flüssigkeit versteht man die niedrigste Temperatur, bei der die Flüssigkeit so viel Dämpfe entwickelt, daß sich das Dampf-Luft-Gemisch an der Oberfläche der Flüssigkeit durch eine Flamme entzünden läßt. Die Flamme erlischt sofort nach der Entzündung. Erst nach Erreichen des Brennpunktes, der etwas höher liegt, brennt die Flüssigkeit weiter.

GGVSee Klasse 3 Abschn. 1.1

Der Flammpunkt ist die meßbare Stoffeigenschaft zur Festlegung, ob eine brennbare Flüssigkeit der Klasse 3 zuzuordnen ist oder nicht. Nach der Begriffsbestimmung der Klasse 3 gehört ein Stoff in diese Klasse, wenn sein Flammpunkt unter 61 °C liegt.

Auch die Einteilung in Unterklassen erfolgt nach ihrem Flammpunkt:

Unterklasse 3.1 Flüssigkeiten mit niedrigem Flammpunkt, Flammpunkt niedriger als − 18 °C (einige Stoffe mit einem höheren Flammpunkt, aber weiteren gefährlichen Eigenschaften sind ebenfalls dieser Unterklasse zugeordnet).

Unterklasse 3.2 Flüssigkeiten mit mittlerem Flammpunkt, Flammpunkt von − 18 °C bis 23 °C ausschließlich.

Unterklasse 3.3 Flüssigkeiten mit hohem Flammpunkt, Flammpunkt von 23 °C bis 61 °C einschließlich.

Flüssigkeiten mit einem Flammpunkt über 61 °C sind somit keine entzündbaren Flüssigkeiten im Sinne der GGVSee. Sie gehören also nicht zu den gefährlichen Seefrachtgütern, wenn sie nicht andere gefährliche Eigenschaften haben.

Brennbare Flüssigkeiten, deren Oberflächentemperaturen unterhalb des Flammpunktes liegen, können auch entzündet werden, wenn die Oberfläche lokal begrenzt durch die Zündquelle über den Flammpunkt erwärmt und dann das dadurch gebildete Gas-Luft-Gemisch entzündet wird. Besonders leicht gelingt die Entzündung, wenn durch Dochtwirkung die örtliche Erhitzung erleichtert wird.

Zündpunkt (Zündtemperatur). Vom Brennpunkt ist der Zündpunkt zu unterscheiden. Der Brennpunkt ist die Temperatur, die die Flüssigkeit erreichen muß, damit sie nach Zündung durch eine Zündquelle weiterbrennt. Das Gas-Luft-Gemisch kann sich aber bei

---

8 Suspension = Gemisch einer Flüssigkeit mit einem festen Stoff in fein verteilter Form.

entsprechend hoher Temperatur ohne fremde Zündquelle selbst entzünden. Die niedrigste Temperatur, bei der sich ein Gasgemisch entzünden kann, ist der Gaszündpunkt. Die Zündtemperatur, bei der sich eine brennbare Flüssigkeit beim Auftropfen auf eine erhitzte Glasplatte von selbst entzündet, wird auch Tropfzündpunkt genannt. Der Gaszündpunkt liegt im allgemeinen erheblich höher als der Zündpunkt (Zündtemperatur).

Explosionsgrenzen (Zündgrenzen). Innerhalb eines bestimmten Konzentrationsbereiches können die Dämpfe brennbarer Flüssigkeiten mit Luft explosive Gemische bilden. Die Mindestkonzentration von brennbaren Dämpfen in Luft in Vol.-% nennt man die „untere Explosionsgrenze". Unterhalb dieser Konzentration reicht die Menge des Dampfes nicht für eine Explosion. Wird die Konzentration des Dampfes in der Luft so hoch, daß der Sauerstoffgehalt der Luft für eine Explosion nicht mehr ausreicht, so ist die „obere Explosionsgrenze" überschritten. Die Differenz dieser Konzentrationen ist der Explosionsbereich. Die Explosionsgrenzen und damit der Explosionsbereich sind stoffabhängige Größen.

Je größer der Explosionsbereich, um so größer ist die Wahrscheinlichkeit der Bildung eines explosiven Gas-Luft-Gemisches. Innerhalb dieses Explosionsbereiches erfolgt die Explosion am heftigsten, wenn die Konzentration des Sauerstoffes gerade zur vollständigen Verbrennung des Dampfes ausreicht (stöchiometrisches Gemisch).

Ein explosives Gas-Luft-Gemisch kann sich nur bilden, wenn die Temperatur der Flüssigkeitsoberfläche über dem Flammpunkt liegt.

Sättigungskonzentration. Die Sättigungskonzentration gibt an, wieviel Gramm eines Dampfes bei einer gegebenen Temperatur in 1 m^3 Raum enthalten sein können. Sie läßt sich nach folgender Formel berechnen:

$$C_s = \frac{M \cdot 273 \cdot p \cdot 10^3}{22{,}4 \cdot T \cdot 1013} \text{ g/m}^3 \qquad (1)$$

In dieser Gleichung bedeuten
M Molekulargewicht des Stoffes; p Dampfdruck in mbar;
T absolute Temperatur in °K (t °C + 273).

Der Dampfdruck wird häufig für eine Temperatur von 20 °C angegeben. Für die Sättigungskonzentration gilt dann

$$C_s\,(20\,°\text{C}) = 0{,}041 \cdot M \cdot p \quad \text{g/m}^3. \qquad (2)$$

Beispiel: Wie groß ist die Sättigungskonzentration von Benzol bei 20 °C?
M(Benzol) = 78; p(20 °C) = 100 mbar.

Durch Einsetzen in die Gleichung (2) erhält man

$$C_s\,(20\,°\text{C}) = 0{,}041 \cdot 78 \cdot 100 = 319{,}8 \text{ g/m}^3.$$

Das heißt also, bei 20 °C sind in einem abgeschlossenen Raum über flüssigem Benzol 320 g Benzoldampf pro m^3 Raum enthalten.

(Ist der Dampfdruck in Torr angegeben, so gilt für die Umrechnung in mbar: 760 Torr = 1013 mbar.)

Diese Benzolmenge entspricht einer Volumenkonzentration von rund 10 Vol.-% (Näherungswert: Vol.-% = p in mbar/10; Näheres über die Rechnung siehe Chemie).

Die Explosionsgrenzen werden für Benzol mit 1,2 bis 8 Vol.-% angegeben. Bei 20 °C liegt die Konzentration des Benzoldampfes also deutlich oberhalb des Explosionsbereiches.

Für die Praxis ist zur Sättigungskonzentration unbedingt folgendes zu bedenken:

1. Es dauert eine gewisse Zeit, bis sich über einer Flüssigkeitsoberfläche die Sättigungskonzentration einstellt. Vor Erreichen der oberen Zündgrenze befindet sich im Gefäß (Tank) ein explosives Gemisch.

Ein Maß für die Verdunstungsgeschwindigkeit einer Flüssigkeit ist die Verdunstungszahl. Je höher die Verdunstungszahl, um so langsamer verdunstet eine Flüssigkeit.

2. Bei einem offenen Gefäß (Tank) befindet sich zwischen dem gesättigten Dampf an der Oberfläche der Flüssigkeit und der reinen Luft an der Öffnung des Gefäßes ein Bereich, in dem das Gas-Luft-Gemisch explosiv ist.

Für jede Temperatur erhält man eine bestimmte Sättigungskonzentration des Flüssigkeitsdampfes in der Luft. Den Gaskonzentrationen des Explosionsbereiches lassen sich also bestimmte Temperaturen als obere und untere Explosionspunkte zuordnen.

Beispiel:

	Explosionsgrenzen in Vol.-%		Explosionspunkte in °C	
	untere	obere	unterer	oberer
Benzol	1,2	8	−10	+14,4
Äthanol	3,5	15	+13	+45
Styrol	1,1	8	+29,1	+60,8

Die Explosionspunkte grenzen also einen Temperaturbereich ein, innerhalb dessen über einer Flüssigkeit ein explosives Gas-Luft-Gemisch zu erwarten ist.

(2) Weitere Eigenschaften

Die Stoffe der Klasse 3 können neben ihrer Brennbarkeit weitere gefährliche Eigenschaften haben, die beim Transport beachtet werden müssen:

Giftigkeit. Die Stoffe können giftig wirken beim Verschlucken, beim Einatmen der Dämpfe, bei Berührung mit der Haut; sie können ätzend wirken, sich in ihrer Oxidierbarkeit unterscheiden, Tendenz zur Polymerisation zeigen. Die Dämpfe fast aller Stoffe dieser Klasse haben eine narkotisierende Wirkung, die bei längerer Einwirkungsdauer zum Tode oder auch zu chronischen Schäden führen kann.

Geruchschwelle. Das Vorhandensein von Dämpfen der Stoffe der Klasse 3 erkennt man zuweilen an einem intensiven charakteristischen Geruch. Die kleinste noch wahrnehmbare Konzentration eines Gases oder Dampfes in der Luft wird durch den Geruchschwellenwert angegeben. Der Wert ist individuell verschieden, in der Literatur angegebene Zahlenwerte weichen daher voneinander ab. Die Konzentration wird in ppm (parts per million) angegeben. Der Geruchschwellenwert liegt wesentlich unter der unteren Explosionsgrenze. Auftretender Geruch sollte Anlaß zu Gegenmaßnahmen sein (Messen der Gaskonzentration-Explosimeter-, Lüften, Ursache suchen). Der Geruchschwellenwert liegt auch in der Regel unter der toxisch (giftig) wirkenden Grenzkonzentration. Auch hier sollte der auftretende Geruch Anlaß sein, mit einem Prüfröhrchen die vorhandene Konzentration zu messen, zu lüften und die Ursache festzustellen.

Es ist darauf zu achten, daß manche Stoffe dieser Klasse Lösungsmitteleigenschaften haben. Bei einem eventuellen Auslaufen können sie u. U. Kunststoffbehälter mit anderem Ladungsgut angreifen.

IMDG-Code Kl. 3 Abschn. 5.4–5.7

(3) Allgemeine Stauvorschriften für alle Güter der Klasse 3

- Kühl halten (entfernt von Wärmequellen, Funken, Flammen).
- Pappkästen immer unter Deck (wenn an Deck, vollständig vor Seewassereinwirkung geschützt).
- Von Wohn- und Arbeitsräumen entfernt stauen (wegen giftiger, narkotisierender Wirkung und Brennbarkeit).

- Lüften.
- Rauchverbotsschilder deutlich sichtbar anbringen und auf striktes Einhalten des Rauchverbotes achten.
- Beim Laden und Löschen elektrische Leitungen in den betroffenen Räumen unterbrechen, wenn sie nicht absolut sicher sind.
- Bei Verdacht auf Leckage das Betreten der Räume so lange untersagen, bis fest steht, daß keine giftigen, narkotisierenden oder explosiven Gas-Luft-Gemische vorhanden sind.
- Es ist daran zu denken, daß die Dämpfe häufig schwerer als Luft sind und sich in darunter gelegenen Räumen sammeln können.
- Im Falle eines Brandes sind die Eigenschaften des einzelnen Stoffes zu beachten, entsprechende Löschmittel wählen.
  Rechtzeitig den Feuerlöschplan aufstellen!

Wegen der Verträglichkeit mit anderen Stoffen siehe 2.8.4.

2.8.3.4 Stoffe der Klasse 4

Dies sind brennbare Stoffe, die nicht in die Klassen 1 bis 3 gehören. Die Klasse 4 besteht aus drei Unterklassen:

Klasse 4.1	Enzündbare feste Stoffe (inflammable solids).
Klasse 4.2	Selbstentzündliche Stoffe (spontaneously combustible).
Klasse 4.3	Stoffe, die in Berührung mit Wasser brennbare Gase entwickeln (dangerous when wet).

(1) Allgemeine Stauhinweise

IMDG-Code Kl. 4 Abschn. 3.4

Trotz unterschiedlicher Begriffsbestimmungen für die Unterklassen der Klasse 4 sind für die Stoffe dieser Klasse einige gemeinsame Stauhinweise zu beachten:

- Beim Laden und Löschen sowie während der Reise müssen die Güter der Klasse 4 kühl, trocken und entfernt von allen Zündquellen gehalten werden.
- Wegen der Eigenschaft mancher Stoffe dieser Klasse, Dämpfe abzugeben, sollen diese Stoffe an einem gut belüfteten Platz gestaut werden.
- Rauchverbotsschilder aufstellen und auf Befolgung der Anweisung achten.
- Den Stauplatz so wählen, daß beschädigte Gefäße entfernt werden können. Einige Güter müssen außenbords geworfen werden, wenn die Gefahr besteht, daß sie in einen Brand verwickelt werden können.
- Beim Aufstellen des Feuerlöschplanes muß man sich auf den einzelnen Stoffseiten des IMDG-Codes über die für diesen Stoff geeigneten Feuerlöschmittel informieren. So dürfen z. B. für manche Stoffe keine Kohlendioxidlöscher verwendet werden, andere dürfen nicht mit Wasser gelöscht werden usw.

Über Trennungsvorschriften siehe 2.8.4.

(2) Klasse 4.1 — Entzündbare feste Stoffe

Alle Stoffe der Klasse 4.1 sind sehr leicht entzündbar. Einige enthalten den zur Verbrennung erforderlichen Sauerstoff im Molekül eingebaut und gehörten in die Klasse 1, wenn sie nicht angefeuchtet wären. Manche Stoffe dieser Klasse reagieren mit Wasser unter Erwärmung. Viele dieser Stoffe entzünden sich schon bei Reibung oder können sich bereits bei ungünstigen Bedingungen von selbst entzünden. Wenn sie in einen Brand verwickelt sind, geben einige Stoffe dieser Klasse giftige und brennbare Gase ab. Mit Luft können diese Gase explosive Gemische bilden. Mit sauerstoffabgebenden Stoffen, wie sie in der Klasse 5.1 zusammengefaßt sind, bilden diese Stoffe empfindliche Gemische, die leicht explodieren können. Wegen der sehr verschiedenen weiteren Eigenschaften der Stoffe der Klasse 4.1 ist es unbedingt erforderlich, sich vor der Verladung über die einzelnen Stoffe und ihre Transportvorschriften zu informieren. Die Hinweise auf den einzelnen Stoffseiten des IMDG-Code sind unbedingt zu beachten.

(3) Klasse 4.2 — Selbstentzündliche Stoffe

Über den Vorgang der Selbstentzündung siehe Kap. 4. Die Stoffe dieser Klasse können fest oder flüssig, anorganischen oder organischen Ursprunges sein. Der Selbstentzündung geht meist eine Selbsterhitzung voraus. Zur Selbsterhitzung und Selbstentzündung wird Luftsauerstoff verbraucht. Manchmal begünstigt Feuchtigkeit diesen Vorgang. Die Gefährlichkeit der Stoffe dieser Klasse beruht einmal auf der Wärmebildung und zum anderen auf dem Verbrauch des Luftsauerstoffes in den Räumen. Vorsichtsmaßnahmen dienen also einmal der Verhinderung des Luftzutritts, oder, wenn das nicht möglich ist, der Ableitung der bei der langsamen Oxidation laufend entstehenden Wärme, so daß eine Steigerung der Temperatur bis zur Selbstentzündung durch Wärmestau verhindert wird.

Da die Stoffe dieser Klasse sehr reaktionsfähig sind, reagieren viele von ihnen mit anderen Chemikalien, die Bestandteil weiterer Ladungsgüter sein können. Doch auch mit CO_2 oder Wasser reagieren einige Stoffe sehr heftig. Vor dem Aufstellen des Feuerlöschplanes müssen die Hinweise auf den Stoffseiten des IMDG-Code beachtet werden. Das gleiche gilt für das Zusammenstauen der Güter dieser Klasse mit anderen Stoffen oder untereinander.

Einige Güter dieser Klasse können als Massengut befördert werden, z.B. Metallkonzentrate (siehe 2.10.1). Es handelt sich bei diesen Konzentraten meist um sulfidische Erze von Kupfer, Eisen, Zink, Blei u.a. Hier kann man zwar den Sauerstoffzutritt durch Abdecken mit Folien verhindern, allerdings wird dann auch die Wärmeableitung erschwert. Das Betreten der Laderäume ist gefährlich, weil der zum Atmen benötigte Sauerstoff vom Erz gebunden sein kann und außerdem giftige Gase bei der Oxidation entstehen können. Wenn nicht durch Messungen sichergestellt werden kann, daß das Betreten des Laderaumes gefahrlos ist, muß ein von der Außenluft unabhängiges Atemschutzgerät und eventuell Schutzkleidung getragen werden.

Bei sulfidischen Metallkonzentraten besteht die Gefahr der Selbsterhitzung, die bis zur Selbstentzündung gehen kann. Beispiele hierfür sind: Der Ladungsbrand am 15.6.1958 durch Selbsterhitzung von Galenit (sulfidisches Bleikonzentrat) auf einem deutschen Motorschiff sowie der Ladungsbrand auf einem deutschen Motorschiff am 18.1.1961, das mit Zinkkonzentrat beladen war.

Die Gefährlichkeit des Sauerstoffverbrauches durch das selbstentzündliche sulfidische Zinkkonzentrat zeigt ein Personenunfall auf einem Motorschiff. Am 15.6.1968 wurde der Erste Offizier des Schiffes in einem Laderaum liegend aufgefunden. Beim Bergungsversuch wurde ein Mann bewußtlos. Während bei diesem Mann Wiederbelebungsversuche erfolgreich waren, konnte beim Ersten Offizier nur noch der Tod festgestellt werden.

Bei vielen Stoffen begünstigen Feuchtigkeit und Verunreinigungen den Vorgang der Selbsterhitzung oder Selbstentzündung.

Bei Pflanzenfasern, Fischmehl, Ölkuchen u.ä. ist neben der Feuchtigkeit der Gehalt an Fetten, vor allem stark ungesättigten Ölen, für die Selbstentzündung von entscheidender Bedeutung.

Kohlenladungen. Kohlen neigen bei längerer Lagerung zur Selbstentzündung. In geschlossenen Räumen können sich explosive Gas-Luft-Gemische bilden, wenn das in den Kohlen eingeschlossene Grubengas (Methan) frei wird. Die Gefahr einer Selbstentzündung wächst mit der Menge der Kohlen, da die Ableitung entstandener Wärme immer schwieriger wird. Vor allem Braunkohle neigt zur Selbstentzündung (siehe 2.10.2).

(4) Klasse 4.3 — Stoffe, die bei Berührung mit Wasser brennbare Gase entwickeln

Die Bildung brennbarer Gase bei der Einwirkung von Wasser auf die Stoffe dieser Klasse ist eine exotherme Reaktion. In vielen Fällen können sich die gebildeten Gase auch entzünden, z.B. der bei der Reaktion von Wasser mit Alkalimetallen entstehende Wasserstoff. Manche der entwickelten Gase sind an sich selbstentzündlich, wie z.B. der

Phosphorwasserstoff (Phosphin) und Arsenwasserstoff (Arsin). Diese beiden Gase sind außerdem sehr giftig.

Die Gefährlichkeit von Ferrosilicium zeigt folgender Unfall: Am 15.5.1962 übernahm ein deutsches Motorschiff in Bremen 300 ts Ferrosilicium. Bei der Übernahme wurden einige Fässer beschädigt. Da es regnete, wurde ein Teil der Ladung feucht. Zwei Tage später klagten zwei Besatzungsangehörige über Leibschmerzen. Am folgenden Tag wurde ein Arzt hinzugezogen, der die Einweisung in ein Krankenhaus veranlaßte. Die beiden Männer verstarben am Abend an Kreislaufversagen. Als sich am nächsten Tag bei einem Besatzungsmitglied, das das frei gewordene Logis bezogen hatte, die gleichen Symptome zeigten, wurde der Mann sofort in ein Krankenhaus gebracht. Er konnte gerettet werden. Beim Feuchtwerden des Ferrosiliciums war hochgiftiger Phosphorwasserstoff entstanden, der in die Kammer gelangte.

Das aus Calciumcarbid mit Wasser entstehende Äthin (Acetylen) kann mit Schwermetallverbindungen hochexplosive Verbindungen bilden. Diese Schwermetallverbindungen müssen nicht gefährliche Güter im Sinne der Gefahrgutverordnungen sein. Sie sind dann also auch nicht entsprechend gekennzeichnet. Das gilt z.B. für einige Kupferverbindungen. Man muß sich daher entsprechend den Hinweisen auf den Stoffseiten des Code Informationen über die Zusammensetzung der Beiladung verschaffen.

Alle aus diesen Stoffen entwickelte Gase können mit Luft explosive Gas-Luft-Gemische bilden.

Feuerbekämpfung. Entsprechend der Klasseneigenschaft darf zur Feuerbekämpfung kein Wasser verwendet werden, das gleiche gilt für Dampf oder Schaum. Aber auch Kohlendioxid kann schädlich sein. Geeignet sind Trockenlöscher oder Sand.

Einige Stoffe sollen außenbords geworfen werden, wenn die Gefahr besteht, daß sie in einen Brand verwickelt werden (sie sind von vornherein entsprechend zu stauen). Auf keinen Fall beschädigte oder undichte Verpackungen an Bord nehmen.

Über Trennungsvorschriften siehe 2.8.4.

2.8.3.5 Stoffe der Klasse 5

(1) Klasse 5.1 — Entzündend (oxidierend) wirkende Stoffe (oxidizing agents)

Die Gefahr der Stoffe dieser Klasse beruht auf ihrer Fähigkeit, Sauerstoff abzugeben. Sie können die Entstehung eines Brandes verursachen, oder, wenn sie in einen Brand verwickelt werden, zur sehr schnellen Ausbreitung des Brandes beitragen. Die entstehende sehr große Hitze und der frei werdende Sauerstoff erschweren die Bekämpfung eines Brandes erheblich. Viele schwere Schiffsunfälle sind auf die Anwesenheit von Gütern dieser Klasse zurückzuführen.

Die Sauerstoffabgabe erfolgt bei den einzelnen Stoffen unter unterschiedlichen Bedingungen. Während alle Stoffe beim Erhitzen unter Sauerstoffabgabe zerfallen, genügt bei Peroxiden wie z.B. bei Natriumperoxid der Zutritt von Wasser. Die Sauerstoffabgabe ist mit dem Entstehen von Wärme verbunden, wodurch in der Nähe befindliche brennbare Stoffe entzündet werden können. Besonders heftig erfolgt die Entzündung, wenn die brennbaren Stoffe in fein verteilter Form vorliegen. So genügt ein Tropfen Wasser, um ein Gemisch aus Sägespänen und Natriumperoxid zu entzünden. Die Verbrennung erfolgt dann so heftig, daß eine erfolgreiche Bekämpfung des Feuers praktisch ausgeschlossen ist. Vor dem Laden müssen daher die Räume besonders sauber und trocken sein, die Behälter dürfen auf keinen Fall beschädigt sein, und auf sorgfältigen Umgang beim Laden und Löschen ist unbedingt zu achten.

Die Wirkung von freigewordenem Natriumperoxid zeigte sich an mehreren Schiffsunfällen, die mit hohem Sachschaden und zum Teil auch Personenschaden verbunden waren.

Am 22.4.1960 wurde an Bord eines Motorschiffes im Hamburger Hafen bei Ladearbeiten während feuchten Wetters Natriumperoxid frei, das brennbares Material entzündete. Der nachfolgende Laderaumbrand konnte von der Feuerwehr nur mit Mühe nach teilweisem Fluten des Laderaumes gelöscht werden. Durch die aus Natriumperoxid und Wasser entstehende ätzende Natronlauge wurden mehrere Personen verletzt.

Am 6.3.1968 ereignete sich auf einem deutschen Motorschiff bei schwerer See eine Explosion mit nachfolgendem Ladungsbrand. Das Schiff hatte Natriumperoxid in Fässern geladen, das durch die Rollbewegungen freigeworden war und brennbares Material entzündete. Da die schwere See die Löscharbeiten erschwerte, versuchte der Kapitän in schwierigem Fahrwasser ruhigere See zu erreichen. Dabei geriet das Schiff auf Grund.

Am 10.1.1977 brach auf einem deutschen Schiff bei Ladearbeiten ein Brand mit nachfolgenden Explosionen aus. Freigewordenes Natriumperoxid entzündete brennbares Material. Das Feuer entwickelte große Hitze und breitete sich sehr schnell aus. Im Unterraum arbeitende Besatzungsmitglieder konnten sich nicht mehr befreien. Die Feuerwehr konnte mit Mühe ein Übergreifen des Brandes auf die benachbarte Luke I verhindern, in der Gifte, u. a. Natriumcyanid, gestaut waren. Ein Freiwerden der Gifte in Luke I hätte eine Gefahr für die Bevölkerung der Stadt ergeben können. Neben hohem Sachschaden waren vier Menschenleben zu beklagen.

In all diesen Fällen wäre ein Feuer und der damit verbundene Schaden vermieden worden, wenn das freigewordene Natriumperoxid nicht mit brennbarem Material zusammengekommen wäre.

Bei einigen Stoffen dieser Klasse genügt die Berührung mit organischen Stoffen pflanzlichen oder tierischen Ursprungs, um einen Brand zu verursachen. Sehr empfindlich sind hier die Hypochlorite.

Mangelhafte Deklarierung und Kennzeichnung waren möglicherweise die Ursache für den Brand auf einem deutschen Motorschiff in der Nähe der afrikanischen Küste. In einem Laderaum war Calciumhypochlorit mit organischen Farbstoffen gestaut. Der ausgebrochene Brand breitete sich so schnell aus, daß die Feuerbekämpfung mit Bordmitteln wirkungslos blieb. Das Schiff mußte von der Besatzung verlassen werden. Mit Calciumhypochlorit sind eine Anzahl Schiffsunfälle bekannt, bei denen die Ursache für Brand und Explosionen nicht einwandfrei ermittelt werden konnte.

Mischungen von Permanganaten mit Glycerin (Frostschutzmittel) können sich von selbst entzünden, sie brennen dann explosionsartig ab. Mit Ammoniumverbindungen bilden die Permanganate, Chlorite und Chlorate explosive Verbindungen. Häufig genügt Reibungswärme, um Gemische von brennbaren Stoffen mit Stoffen dieser Klasse zu entzünden.

Werden feste Gefäße wie Fässer, Kanister o. ä. mit Stoffen dieser Klasse erwärmt, wenn sie zum Beispiel in einen Brand verwickelt sind, so können sie bersten. Dann gelangt plötzlich sehr viel Sauerstoff in den Brandherd, und es kann zu schweren Explosionen kommen.

Einzelne Güter dieser Klasse reagieren mit harmlosen und auch nicht harmlosen Stoffen sehr heftig. Die Zusammenladung von Stoffen dieser Klasse mit anderen Stoffen muß daher mit besonderer Sorgfalt erfolgen. Die Eigenschaften der einzelnen Stoffe der Klasse 5.1 und die der Beiladung müssen genau bekannt sein, wenn sie in einem Raum mit der Möglichkeit eines Kontaktes gestaut werden sollen.

Bei der Beschreibung der Eigenschaften der Stoffe der Klasse 5.1 auf den Stoffseiten des IMDG-Code ist immer darauf hingewiesen, daß Mischungen mit brennbaren Stoffen sehr leicht entzündlich sind und dann sehr heftig abbrennen. Mit den brennbaren Stoffen sind nicht nur die entzündbaren Flüssigkeiten der Klasse 3 oder die entzündbaren festen Stoffe der Klasse 4.1 gemeint, sondern auch die Stoffe, die unter normalen Umständen kaum eine Brandgefahr darstellen. Viele Stoffe anderer Gefahrenklassen sind brennbar, obgleich bei der Beschreibung ihrer Eigenschaften nicht auf ihre Brennbarkeit hingewiesen wurde.

In den Vorschriften wird manchmal eine Trennung von organischen Stoffen „wie Holz, Papier, Pflanzenfasern, Mehl etc." verlangt. Andere Vorschriften verlangen die Trennung von pflanzlichen Ölen. Es handelt sich also um die Aufzählung organischer Stoffe pflanzlichen oder manchmal auch tierischen Ursprunges. Die Reihe dieser Stoffe, die mit den entzündend wirkenden Stoffen der Klasse 5.1 leicht entzündliche und heftig abbrennende Gemische bilden, ist aber über die genannten Naturstoffe hinaus um die große Anzahl organischer Produkte der chemischen Industrie zu erweitern. Es können hier nur einige beispielhaft genannt werden: Kunststoffe und ihre Vorfabrikate, Farbstoffe, Farbbindemittel, Textilhilfsmittel, Arzneimittel, Pflanzenschutzmittel sowie eine unübersehbar große Anzahl organischer Chemikalien. Sie alle reagieren, obgleich zuweilen schwer oder sogar kaum entzündlich, heftig im Gemisch mit den Stoffen der Klasse 5.1.

Eine Trennung „entfernt von" ist bei vielen Stoffen nicht ausreichend, wenn man davon ausgeht, „daß sie bei einem Unfall nicht in gefährlicher Weise aufeinander wirken" dürfen. Ist einer der zu trennenden Stoffe flüssig, so sollten sie auf jeden Fall in getrennten Räumen gestaut werden.

Problematisch ist die Trennung von organischen Stoffen oder die bei einigen Stoffen vorgeschriebene Trennung von Ammoniumverbindungen, wenn diese keine gefährlichen Güter im Sinne der GGVSee sind. Es ist dann nicht verlangt, die Güter mit ihrem richtigen technischen Namen zu nennen oder sie zu kennzeichnen. Die Schiffsführung kann sich dann kaum Informationen über die Eigenschaften des Stoffes beschaffen. Kennt man die Beiladung nicht, sollte man sie nicht in die Nähe von Gütern der Klasse 5.1 stauen. Wenn es möglich ist, sollte man die gefährlichsten Güter der Klasse 5.1 isoliert in einen Raum stellen (z.B. auch Container an Deck oder Deckshaus).

Näheres über die Verträglichkeit von Stoffen der Klasse 5.1 mit anderen Stoffen oder untereinander siehe 2.8.4.

Stauhinweise

- Keine beschädigten Verpackungen übernehmen.
- Stauplatz muß sauber und trocken sein. Alles brennbare Material entfernen (notwendiges Stauholz ist nicht gemeint).
- Eventuelle Rückstände nach dem Löschen sehr sorgfältig entfernen.
- Darauf achten, daß beim Übernehmen weiterer Ladung Packstücke mit Gütern der Klasse 5.1 nicht beschädigt werden.
- Sich überzeugen, daß den Gütern der Klasse 5.1 benachbarte Ladung nicht in gefährlicher Weise mit den entzündend wirkenden Stoffen reagieren kann.
- Stauarbeiten laufend überwachen.

Feuerschutzmaßnahmen

IMDG-Code Kl. 5.1 Abschn. 5

- Wenn Güter der Klasse 5.1 in einen Brand verwickelt werden, kann das Feuer durch den freiwerdenden Sauerstoff auch ohne Luftzufuhr weiterbrennen. Maßnahmen wie Schließen der Räume, CO_2-Einleiten, Wasserdampf sind dann wirkungslos.
- Als einzige Möglichkeit bleibt manchmal, schnell große Wassermengen zu verwenden (Stabilitätsprobleme!).
- Bei einem Brand können giftige Gase entstehen (Atemschutzgeräte und Schutzkleidung gegen ätzende Dämpfe!).
- Kurze Zeit nach der Entstehung eines Brandes können sich durch berstende Behälter Explosionen ereignen.
- Wenn Güter der Klasse 5.1 geladen werden, sollte darauf geachtet werden, daß sich keine Personen in den darunter liegenden Räumen aufhalten.

(2) Klasse 5.2 — Organische Peroxide (organic peroxides)

Organische Peroxide enthalten im Molekül sowohl die sauerstoffabgebende Peroxid-Gruppe als auch brennbare organische Gruppen. Sie sind also im Gegensatz zu den Stoffen der Klasse 5.1, die nicht selbst brennen können, brennbar und brennen alle nach Zündung sehr heftig ab. Einige von ihnen sind explosiv. Die meisten organischen Peroxide sind reib-

oder schlagempfindlich. Um die Empfindlichkeit während des Transportes herabzusetzen, dürfen einige Stoffe nur in Lösung, als Paste, angefeuchtet oder mit einem inerten (nicht reagierenden) Feststoff gemischt, befördert werden. Verunreinigungen oder die Einwirkung anderer Chemikalien wie z.B. Säuren, Metalloxide oder Amine können heftige exotherme Zersetzung verursachen.

Einige organische Peroxide geben beim Zerfall giftige Dämpfe ab. Manche wirken sehr stark ätzend auf die Augen.

Einige organische Peroxide zersetzen sich bei normaler Temperatur, so daß sie gekühlt transportiert werden müssen. Die vorgeschriebene Transporttemperatur ist dann unbedingt einzuhalten.

IMDG-Code Kl. 5.2 Abschn. 5

Stauhinweise

- Keine beschädigten Behälter übernehmen.
- Streng auf Rauchverbot achten.
- Beim Laden und Löschen Zündquellen in sicherer Entfernung halten.
- Sicher entfernt von Wohn- und Aufenthaltsräumen und deren Zugängen stauen.
- Der Stauplatz soll kühl, gut belüftet und von Zündquellen entfernt sein.
- Behälter mit organischen Peroxiden dürfen nicht der direkten Sonneneinstrahlung ausgesetzt werden.

IMDG-Code Kl. 5.2 Abschn. 6

Feuerschutzmaßnahmen

- Ein benachbarter Brand kann zur Explosion von Behältern mit Peroxid führen. Wenn möglich, Behälter aus der Nähe des Brandherdes entfernen.
- Behälter mit Peroxid über Bord werfen, wenn Gefahr besteht, daß sie in einen Brand verwickelt werden (bei Wahl des Stauplatzes beachten!).
- Feuer aus Deckung mit viel Wasser bekämpfen, Peroxidbehälter mit viel Wasser kühlen.
- Von Behältern entfernt halten, die durch einen Brand erhitzt waren. Sie können nachträglich explodieren. Vor weiteren Maßnahmen, wenn möglich, Informationen des Herstellers einholen. Wenn das nicht möglich ist, Behälter nach völligem Abkühlen vorsichtig über Bord werfen.

  Über Trennungsvorschriften siehe 2.8.4.

2.8.3.6 Klasse 6 — Giftige Stoffe (poisons)

(1) Allgemeines

Mit der anwachsenden Anzahl von Chemikalien, die produziert, transportiert und in den verschiedensten Bereichen angewendet werden, wächst die Gefahr der unbeabsichtigten Aufnahme durch den Organismus und damit das gesundheitliche Risiko. Stoffe werden in die Klasse der giftigen Stoffe aufgenommen, wenn ihre Aufnahme in den Organismus den Tod oder schwere gesundheitliche Schäden zur Folge haben kann. Die Wirkung eines giftigen Stoffes ist abhängig von der aufgenommenen Menge (der Dosis), der einwirkenden Konzentration des Giftes, der Art der Aufnahme (Einatmen oder Kontakt), der Einwirkungshäufigkeit und der Einwirkungszeit.

Die Aufnahme des Giftes kann durch Inhalation (Einatmen bei Dämpfen), durch Hautkontakt oder durch den Magen-Darm-Kanal (Verschlucken) erfolgen.

Kurzfristige Aufnahme von giftigen Stoffen kann zu einer akuten Vergiftung führen. Die Maßnahmen der ersten Hilfe verfolgen mehrere Ziele: 1. Die Aufnahme weiterer Giftmengen zu verhindern und aufgenommene Giftstoffe auszuscheiden. 2. Die Aufrechterhaltung der Funktion lebenswichtiger Organe (Kreislauf, Atmung, Flüssigkeitshaushalt u.a.) — symptomatische Behandlung.

Obgleich für einige Giftstoffe wirksame Gegengifte (Antidote) entwickelt wurden, fehlen sie leider für die meisten Giftstoffe. Gegenmaßnahmen bleiben dann auf die Behandlung der Symptome (Erscheinungen) beschränkt, der Organismus hat dann Zeit, die aufgenommenen Giftstoffe auszuscheiden oder abzubauen.

Giftkonzentrationen in der Luft, von denen man annimmt, daß sie auch bei langfristiger Beschäftigung und täglicher Einwirkung keine gesundheitlichen Schäden hervorrufen, werden als MAK-Werte (Maximale Arbeitsplatzkonzentration) bezeichnet. Die Konzentrationen werden für Gase in ppm (parts per million), für Stäube in mg/m^3 angegeben. Für carzinogene (krebserzeugende) Stoffe kann man z.Z. keine gültigen Werte angeben, da die Wirkungen kleinster Konzentrationen hier noch nicht ausreichend geklärt sind. Die Tabellen der MAK-Werte werden, den Erkenntnissen der Medizin entsprechend, laufend verändert. Die MAK-Werte lassen keinen Vergleich der Giftigkeit verschiedener Giftstoffe bei kürzerer Einwirkungsdauer höherer Konzentrationen zu, da die Wirkung auf den Organismus, ihre Verweildauer und andere Einflüsse stoffspezifisch sind und zudem von der Konstitution und Verfassung des Einzelnen abhängt.

Technische Richtkonzentrationen werden für Gase angegeben, für die z.Z. keine arbeitsmedizinisch begründeten MAK-Werte angegeben werden können. Bei diesen Konzentrationen ist eine Schädigung des Organismus nicht völlig auszuschließen.

Bei einigen giftigen Stoffen ist der typische Geruch eine deutliche Warnung für ihr Vorhandensein, doch kann die Geruchschwelle so hoch liegen, daß bereits Vergiftungsgefahr besteht, wenn der Geruch wahrgenommen wird. Bei bekannten Stoffen besteht die Gefahr, daß die Warnung durch den Geruch unterschätzt wird.

Bei Gemischen verschiedener Gifte kann sich die Wirkung potenzieren, d.h., die Wirkung ist höher als die Summe der Wirkung der einzelnen Komponenten.

Einige der giftigen Stoffe der Klasse 6 können weitere gefährliche Eigenschaften haben, so sind einige von ihnen entzündbare Flüssigkeiten, andere sind ätzend.

Auch unter den gefährlichen Stoffen der anderen Gefahrenklassen sind einige Stoffe giftig.

(2) Pestizide

Pestizide ist der Sammelname für alle Stoffe, die zur Unkraut- und Schädlingsbekämpfung eingesetzt werden. Sie sind meist Stoffgemische, die aus den eigentlichen Wirkstoffen und Zusatzstoffen bestehen, die sie für ihre Anwendung als Sprüh-, Spritz-, Streumittel usw. geeignet machen. Entsprechend ihrer Hauptanwendung werden die Pestizide in Gruppen unterteilt. Der IMDG-Code nennt z.B.:

Akarizide	Mittel gegen Milben
Fungizide	Pilzbekämpfungsmittel
Germizide	Desinfektionsmittel (Keimbekämpfung)
Herbizide	Unkrautbekämpfungsmittel
Insektizide	Insektenbekämpfungsmittel
Nematizide	Mittel gegen Fadenwürmer
Rodentizide	Gegen Nagetiere wie Mäuse, Ratten, Maulwürfe.

Alle diese Stoffe sind auch schädlich für den menschlichen Organismus, unterscheiden sich aber in ihrer Toxizität.

Die akute Giftigkeit wird meist durch den LD_{50} (Letale Dosis in 50% der Tiere bei Tierversuchen) angegeben. Danach erfolgt auch die Einteilung in die verschiedenen Giftklassen.

Bezeichnung der Pestizide. Die chemische Bezeichnung, die sich aus dem Bau des Moleküls ergibt, ist meist lang und umständlich zu handhaben. Die Bezeichnung erfolgt daher unter einem Freinamen, manchmal zusammen mit dem Namen aus der Hauptanwendung. Beispiel: Handelsname

E 605, chemischer Name Diäthylparanitrophenylthiophosphat, Freiname Parathion (Insektizid). Die Namen, unter denen die Pestizide gehandelt werden, sind zwar meist aus den chemischen Bezeichnungen entwickelt, geben aber selbst keine Auskunft über die chemische Natur des Stoffes.

Der IMDG-Code enthält auf den Stoffseiten 6258–1/5 eine Zusammenstellung verschiedener Pestizide unter ihren Kurzbezeichnungen. Die Einteilung der Pestizide erfolgt nach ihrem chemischen Aufbau in organische Phosphorverbindungen, organische Halogenverbindungen, Carbamate, substituierte Nitrophenole, Alkaloide, Metallverbindungen usw. Die in den einzelnen Gruppen zusammengefaßten Pestizide unterscheiden sich in ihren Hauptanwendungsgebieten und auch in der Dosis, die für den Menschen eine schwere Gefahr darstellt. Die in einer Gruppe zusammengefaßten Pestizide zeigen ähnliche Vergiftungssymptome, die auf eine bestimmte chemische Gruppe im Molekül zurückzuführen ist. Es gibt daher Unfallmerkblätter für Gruppen von Pestiziden, z.B. „Pestizide (flüssig) (hochgiftige organische Phosphorverbindungen)“ oder „Pestizide (flüssig) (hochgiftige organische Halogenverbindungen)“, die die für diese Gruppe zu treffenden Notmaßnahmen beschreiben.

Im IMDG-Code sind die Pestizide in zwei Kategorien eingeteilt: In der Klasse 6.1 befinden sich die Pestizide „hoher Gefährlichkeit“. Die Pestizide „geringer Gefährlichkeit“ sind dagegen der Klasse 9 zugeordnet. Die Unterteilung erfolgt einmal nach der Konzentration des Pestizides an gefährlichem Wirkstoff, wenn es sich um flüssige Pestizide handelt, zum anderen werden die festen Pestizide auf einer Stoffseite der Klasse 9 zusammengefaßt. Einige Pestizide „hoher Gefährlichkeit“ sind in der Klasse 6.1 auf besonderen Stoffseiten aufgeführt.

(3) Allgemeine Gefahren bei der Beförderung von Pestiziden

- Giftwirkung bei Einwirkung auf die Haut, durch Einatmen oder Verschlucken.
- Können entzündbar und flüchtig sein.
- Können Dämpfe abgeben, die unsichtbar sind und sich am Boden ausbreiten.
- Die Dämpfe können mit Luft explosive Gemische bilden.
- Erhitzen der Behälter kann zu Drucksteigerungen führen; Berst- und Explosionsgefahr.
- Beim Erhitzen entstehen giftige Gase.
- Bei manchen Pestiziden können Vergiftungssymptome erst nach vielen Stunden nach der Einwirkung auftreten.

IMDG-Code Kl. 6.1 Abschn. 3.4

(4) Allgemeine Stauhinweise

- Gifte grundsätzlich von Nahrungs- und Futtermitteln getrennt verladen.
- Giftige Stoffe so stauen, daß eventuell gebildete Gase nicht in Wohn- oder Aufenthaltsräume gelangen können.
- Bei Verdacht auf Leckage das Betreten der Laderäume verhindern, bis alle Maßnahmen für einen sicheren Aufenthalt getroffen worden sind. — Schutzkleidung, Atemschutz, wie auf den Stoffseiten des Code angegeben —.
- Bei giftigen Stoffen, die auch brennbare Flüssigkeiten enthalten, die Stauhinweise und Maßnahmen zur Feuerbekämpfung der Klasse 3 beachten.

  Zur Trennung der giftigen Stoffe von anderen gefährlichen Gütern siehe 2.8.4.

(5) Maßnahmen bei Vergiftungen

- Über die auf den Unfallmerkblättern angegebenen Maßnahmen der ersten Hilfe hinaus, sind vergiftete Personen möglichst schnell zu behandeln. Dazu sind Anweisungen eines Arztes einzuholen.

  Für Auskünfte über Gegenmaßnahmen bei Vergiftungen stehen Informationszentralen bereit, die Tag und Nacht telefonisch zu erreichen sind.

Giftinformationszentralen (Beispiel):

Hamburg: II. Med. Abteilung des Krankenhauses Barmbek
Giftinformationszentrale
Rübenkamp 148, 2000 Hamburg 33
Tel. 040/6385-346/345

USA: New York
New York City Dept. of Health
455 First Avenue
Tel. 340-4494.

- Vor Antritt der Reise beschaffe man sich die Anschriften von Giftinformationszentralen der anzulaufenden Länder.
- Auch die Hersteller der Gifte geben Auskünfte.
- Manche Hersteller geben den giftigen Ladungsgütern Merkblätter mit, die medizinische Anweisungen für die erste Hilfe enthalten und Behandlungsmethoden für die Zeit nach der ersten Hilfe bis zum Erreichen des nächsten Hafens angeben.
- Ausgetretene Giftmengen mit geeignetem Material wie Sand oder Sägespänen aufnehmen und von Bord geben. Auf See in geschlossenen Behältern über Bord werfen.
- Wenn giftige Stoffe in einen Brand verwickelt werden, daran denken, daß Giftgase entstehen können, und entsprechende Vorsichtsmaßregeln treffen.

2.8.3.7 Klasse 7 — Radioaktive Stoffe (radioactive substances)

(1) Allgemeines

Radioaktive Stoffe zerfallen unter Abgabe ionisierender energiereicher Strahlung. Diese Strahlung ist mit den Sinnesorganen nicht wahrnehmbar, kann aber das Körpergewebe schädigen. Die Schädigung kann durch Bestrahlung von außen erfolgen oder, was gefährlicher ist, durch Aufnahme radioaktiver Stoffe durch den Körper (Inkorporation). Die Gefahr der Inkorporation ist gegeben, wenn sich ein radioaktiver Stoff in fein verteilter Form auf der Oberfläche von Gegenständen der Umgebung abgelagert hat (Kontamination) oder als Gas, Flüssigkeit oder Staub in der Luft vorhanden ist.

Einige radioaktive Elemente kommen in der Natur vor. Bekannt sind das stark strahlende Radium, ferner das sehr schwach radioaktive Isotop C-14, das als Begleiter aller organischen Stoffe auftritt, oder z. B. das Isotop K-40, das als Begleiter aller kaliumhaltigen Verbindungen in der Natur vorkommt. Durch die natürlichen radioaktiven Stoffe der Umgebung ist der menschliche Organismus einer dauernden Strahlenbelastung ausgesetzt, der man sich nicht entziehen kann.

Von den radioaktiven Elementen werden drei Arten radioaktiver Strahlen abgegeben, die α-, die β- und die γ-Strahlen. α-Teilchen sind positiv geladene He-Atomkerne, β-Strahlen bestehen aus negativ geladenen Elektronen, γ-Strahlen bestehen aus Photonen, das sind Energiequanten einer elektromagnetischen Strahlung. Während die α- und die β-Strahlen durch das Material der Verpackung vollständig absorbiert werden, werden die γ-Strahlen nur mehr oder weniger stark geschwächt.

Das Aussenden eines Strahlungsteilchens ist mit dem Zerfall eines Atoms verbunden. Die Zahl der Zerfälle und damit die Intensität der ausgesandten Strahlung ist bei natürlichen Strahlern der Umgebung gering im Verhältnis zu den insgesamt vorhandenen Atomen, also der Masse des strahlenden Stoffes. Der Quotient aus der Zahl der Zerfälle und der vorhandenen Masse des strahlenden Stoffes wird als spezifische Aktivität bezeichnet. Die Einheit für die spezifische Aktivität ist s^{-1}/g (Zahl der Zerfälle in der Sekunde dividiert durch die Masse des vorhandenen Stoffes). Häufig wird die früher (bis 31. 12. 1977) verwendete Einheit Ci/g (Curie pro Gramm) benutzt ($1\ Ci = 3{,}7 \cdot 10^{10}\ s^{-1}$).

IMDG-Code S. 7003 Als radioaktive Stoffe im Sinne der GGVSee sind Stoffe anzusehen, deren spezifische Aktivität größer ist als 2 nCi/g (Nanocurie/g), das entspricht 74 Zerfällen pro Gramm des Stoffes in einer Sekunde.

Die Strahlendosis. Die Wirkung der radioaktiven Strahlung auf den Organismus ist von der aufgenommenen Strahlungsmenge abhängig. Diese Strahlenmenge wird als „Strahlendosis" bezeichnet. Es gibt kein direktes Maß für die biologische Wirksamkeit radioaktiver Strahlung, die Wirkung beruht auf der Absorption der Energie, die vor allem zur Ionisation des absorbierenden Gewebes führt, der Ionendosis. Die gesetzliche Einheit der Ionendosis ist 1 C/kg (Coulomb durch Kilogramm) = 1 As/kg (Amperesekunde durch Kilogramm). Bisherige Einheit war das Röntgen (R), das noch häufig in der Literatur und auf Meßinstrumenten verwendet wird (1 R = 258 C/kg). Die in der Zeiteinheit wirkende Dosis ist die Dosisleistung (Einheit 1 R/h, Röntgen pro Stunde, gesetzliche Einheit 1 A/kg). Die an einem bestimmten Punkt eines Raumes gemessene Dosisleistung heißt Ortsdosisleistung.

(2) Die Verpackung

Personen, die an Orten mit höherer Strahlenbelastung (Kontrollbereich, Überwachungsbereich) arbeiten, werden ständig auf mögliche Schädigungen des Organismus untersucht.

Im Bereich des Transportes radioaktiver Stoffe erfolgt keine regelmäßige Überwachung der betroffenen Personen, die zudem meist nicht über fachliche Kenntnisse im Strahlenschutz verfügen.

Eine wichtige Aufgabe der Verpackung ist es daher, einmal die Belastung der Umgebung durch die ionisierenden Strahlen möglichst klein zu halten (Abschirmung), zum anderen zu verhindern, daß sich radioaktive Stoffe bei einem Zwischenfall in der Umgebung verteilen.

IMDG-Code S. 7009 In der GGVSee (IMDG-Code) werden verschiedene Typen von Verpackungen unterschieden:

1. Handelsübliche Verpackungen.
2. Industriemäßige Verpackung.

Für diese Verpackungen gibt es Mindestbedingungen und Prüfvorschriften, die sicherstellen sollen, daß unter normalen Beförderungsbedingungen kein Entweichen radioaktiver Stoffe eintreten kann. Die Verpackungen können für den Transport freigestellter radioaktiver Stoffe und für Stoffe geringer spezifischer Aktivität (Verpackung 1) oder für radioaktive Stoffe in fixierter Form (Verpackung 2) benutzt werden.

IMDG-Code Abschn. 2.1 Überschreitet die Aktivität eines Radionuklids (strahlendes Isotop eines bestimmten Elementes) bestimmte festgelegte Werte, so sind Verpackungen vom Typ A oder B zu verwenden.

3. A-Verpackung

Die A-Verpackung muß ihre Aufgabe auch bei kleineren Zwischenfällen, wie sie beim Transport auftreten können, sicher erfüllen. Sie muß bestimmten, genau festgelegten Prüfungen standhalten, wie z.B. Druckprüfung, Fallprüfung aus 1,2 m Höhe, Wassersprühtest u.a.

4. B-Verpackung

Die B-Verpackung muß noch strengere Bedingungen erfüllen, denn sie soll auch einem schweren Unfall standhalten. So darf ihr Inhalt nicht austreten, wenn sie aus 9 m Höhe auf eine feste Unterlage fällt oder 30 min lang auf 800 °C erhitzt wird. Bei den B-Verpackungen wird noch zwischen der B(U)- und der B(M)-Verpackung unterschieden. Die B(U)-Verpackungen bedürfen nur der Genehmigung des Ursprungslandes, da sie alle festgelegten Kriterien für die Konstruktion erfüllen (U = unilateral). Die B(M)-Verpackung entspricht dem einen oder anderen zusätzlichen Konstruktionsmerkmal nicht, für einen Transport ist daher die Genehmigung aller berührten Länder einzuholen, da unter Umständen besondere Beförderungsbedingungen einzuhalten sind (M = multilateral).

Mengenbegrenzungen, A_1- und A_2-Werte. Während bei anderen gefährlichen Gütern Mengenbegrenzungen in Masseneinheiten wie Kilogramm angegeben werden, ist bei radioaktiven Stoffen nicht die Masse, sondern die Zahl der Zerfälle entscheidend für ihre Wirkung. Angaben von Mengenbegrenzungen jeder Art, auch Freigrenzen, erfolgen daher nicht in Masseneinheiten, sondern durch ihre Aktivität. Diese Aktivitätsgrenzwerte sind für jedes Nuklid einzeln festgelegt, sie werden im IMDG-Code als A_1- und A_2-Werte bezeichnet.

Bei der Berechnung der A-Werte geht man davon aus, daß die Verpackung und damit auch die Abschirmung bei einem Unfall völlig zerstört wird und der radioaktive Stoff frei wird. Die A-Werte sind höchstzugelassene Aktivitäten für eine A-Verpackung, wobei die A_1-Werte für radioaktive Stoffe „in besonderer Form“ gelten, das sind radioaktive Stoffe, die sich auch beim Erhitzen nicht als Dampf, Flüssigkeit oder Staub in der Umgebung verteilen können. Eine Kontamination der Umgebung und damit eine Inkorporation ist ausgeschlossen. IMDG-Code S. 7050ff. Tab. III

Die Gefährdung von Personen durch radioaktive Stoffe „in besonderer Form“ kann also nur durch die Strahlung von außen her erfolgen. Bei Stoffen, die in fein verteilter Form vorliegen (pulverförmig, flüssig, gasförmig), besteht im Falle eines schweren Unfalles nicht nur die Gefahr durch die Strahlung von außen her, sondern durch die Gefahr einer Inkorporation die gefährlichere Belastung durch Strahlung im Inneren des Körpers. Die für solche Stoffe festgelegten A_2-Werte sind daher meist niedriger als die A_1-Werte für das gleiche Nuklid.

(3) Die Kategorien

Unter normalen Transportbedingungen resultiert die mögliche Gefährdung von Personen ausschließlich aus der vom Versandstück ausgehenden Strahlung, der Ortsdosisleistung. Die Dosisleistung nimmt mit dem Quadrat der Entfernung ab. Die Einteilung der Versandstücke erfolgt nach der Ortsdosisleistung an der Oberfläche des Versandstückes und in 1 m Entfernung. Der letzte Wert heißt auch Transportkennzahl. Die Einheit ist mrem/h (rem = roentgen equivalent man. In der Einheit rem wird die unterschiedliche biologische Wirksamkeit verschiedener radioaktiver Strahlung berücksichtigt).

1. Kategorie I — weiß (Farbe der Kennzeichnung). IMDG-Code Abschn. 2.2
   Höchste Strahlendosisleistung an der Oberfläche des Versandstückes 0,5 mrem/h.
2. Kategorie II — gelb.
   Strahlungspegel an der Oberfläche 0,5 bis 50 mrem/h.
   Transportkennzahl (Strahlungspegel in 1 m Entfernung) max. 1.
3. Kategorie III — gelb.
   Strahlungspegel an der Oberfläche höchstens 200 mrem/h, die Transportkennzahl darf den Wert 10 nicht überschreiten, wenn die Beförderung nicht als geschlossene Ladung erfolgt.

Geschlossene Ladung enthält mehrere Versandstücke, die von einem Versender aufgegeben wurden, dem das alleinige Nutzungsrecht an einem Fahrzeug, Container, Laderaum — auch einer Abteilung des Laderaumes —, oder einem gekennzeichneten Decksbereich eines Schiffes zusteht und dessen Umschlag nach Weisungen des Versenders oder Empfängers vorgenommen wird. IMDG-Code Abschn. 2.8

Spaltbare Stoffe. Zu den spaltbaren Stoffen gehören Plutonium-238, Plutonium-241, Uran-233, Uran-235 und alle Stoffe, die diese Radioisotope enthalten (außer natürlichem IMDG-Code Abschn. 2.9

Uran). Diese Stoffe haben neben ihrer Eigenschaft, radioaktiv zu sein, eine weitere gefährliche Eigenschaft: Ihre Kritikalität. Überschreitet die an einer Stelle vorhandene Masse spaltbarer Stoffe einen Grenzwert, so kann es zu einer unkontrollierten Kettenreaktion kommen, bei der große Energiemengen frei werden. Dieser Grenzwert heißt auch die kritische Masse.

Die spaltbaren Stoffe werden in drei Sicherheitsklassen eingeteilt:

Nukleare Sicherheitsklasse I: Versandstücke, die in beliebiger Anzahl und Anordnung unter den Transportbedingungen nuklear sicher sind.

Nukleare Sicherheitsklasse II: Versandstücke, die in einer begrenzten Anzahl in beliebiger Anordnung nuklear sicher sind.

Nukleare Sicherheitsklasse III: Versandstücke, die besonderer Vorsichtsmaßnahmen oder besonderer Kontrollen während des Transportes unterworfen sind, so daß sie unter allen Transportumständen nuklear sicher sind.

IMDG-Code Abschn. 3

Freigestellte radioaktive Stoffe. Für radioaktive Stoffe, die in sehr kleinen Mengen und mit geringer Strahlung vorliegen, die also kaum eine Gefahr darstellen können, gibt es Ausnahmen von den Vorschriften dieser Klasse. Die in dem entsprechenden Abschnitt der Verordnung festgelegten Bedingungen müssen beachtet werden.

IMDG-Code Abschn. 4

Stoffe mit geringer spezifischer Aktivität. Für diese Stoffe sind höhere Aktivitäten zugelassen als in den A-Werten angegeben. Es sind meist Stoffgemische, in denen ein geringer Anteil radioaktiver Isotope gleichmäßig verteilt ist, wie z.B. Erze. Als Transportkennzahl wird ein Wert zugrunde gelegt, der sich aus dem Zahlenwert des gemessenen Strahlungspegels in 1 m Entfernung und der jeweiligen Querschnittsfläche der Ladung ergibt.

IMDG-Code Abschn. 4.2.2

Radioaktive Stoffe mit weiteren gefährlichen Eigenschaften. Radioaktive Stoffe mit geringer spezifischer Aktivität können gefährliche Eigenschaften anderer Gefahrenklassen besitzen. Sie sind dann entsprechend zu kennzeichnen und zu behandeln. So sind Thoriumnitrat und Uranylnitrat wegen der Nitratgruppe zusätzlich mit dem Kennzeichen der Klasse 5.1 zu versehen. Uranhexafluorid ist giftig und muß das Kennzeichen der Klasse 6.1 zusätzlich erhalten.

Die Stoffseiten der Klasse 7. Auf den Stoffseiten des IMDG-Code der Klasse 7 sind nicht einzelne Stoffe angegeben, sondern die Vorschriften für Stoffgruppen zusammengefaßt. So gibt es z.B. eine Seite für leere Verpackungen. Verpackungen, die einen radioaktiven Stoff enthalten haben, können durch geringe Reste des Stoffes kontaminiert sein.

Erleichternde Ausnahmebestimmungen sind auch auf den Stoffseiten für Instrumente und Geräte mit radioaktiven Stoffen angegeben. Wenn auch die spezifische Aktivität der radioaktiven Präparate in diesen Gegenständen meist hoch ist, so ist doch die von dem Versandstück ausgehende Strahlung und damit die Gefahr gering. Die Stoffseiten der Klasse 7 umfassen folgende Gruppen:

Blatt 1: Leere Verpackungen.
Blatt 2: Fabrikate **aus** Thorium und nicht angereichertem Uran.
Blatt 3: Radioaktive Stoffe geringer Aktivität.
Blatt 4: Instrumente und Fabrikate **mit** radioaktiven Stoffen.
Blatt 5: Stoffe geringer spezifischer Aktivität (LSA (I) (LOW SPECIFIC ACTIVITY SUBSTANCES).
Blatt 6: Stoffe geringer spezifischer Aktivität LSA (II).
Blatt 7: Radioaktive Stoffe in fixierter Form LLS (LOW LEVEL SOLID SUBSTANCES).
Blatt 8: Radioaktive Stoffe in Typ A-Versandstücken.

Blatt 9: Radioaktive Stoffe in Typ B(U)-Versandstücken.
Blatt 10: Radioaktive Stoffe in Typ B(M)-Versandstücken.
Blatt 11: Spaltbare Stoffe.
Blatt 12: Nach Sondervereinbarung beförderte radioaktive Stoffe.

(4) Beförderungspapiere

IMDG-Code Abschn. 9

Der Schiffszettel muß folgende Angaben enthalten:

1. Die Bezeichnung „RADIOAKTIVER STOFF — Klasse 7 —" und die Stoffnummer; bei Sendungen mit geringer Aktivität die Worte „LOW SPECIFIC ACTIVITY"; bei Sendungen mit radioaktiven Stoffen in fixierter Form die Worte „LOW LEVEL SOLID"; bei Typ A-Versandstücken die Worte „TYP A".
2. Das Zulassungszeichen des Zulassungsscheines der zuständigen Behörde[9].
3. Die Bezeichnung des radioaktiven Stoffes oder Nuklides.
4. Die Beschreibung der physikalischen und chemischen Form des Stoffes und ob er von „besonderer Form" ist.
5. Die Aktivität des Stoffes.
6. Die Kategorie des Versandstückes.
7. Die Transportkennzahlen (nur bei Kategorie II und III).
8. Bei spaltbaren Stoffen,
   wenn freigestellt, die Wörter „SPALTBAR FREIGESTELLT";
   wenn nicht freigestellt, die nukleare Sicherheitsklasse.

Freigestellte Stoffe müssen gemäß Blatt 1–4 der Klasse 7 deklariert sein.

Informationen für den Verfrachter. Die Beförderungspapiere müssen Angaben über etwaige Maßnahmen enthalten, die vom Verfrachter zu treffen sind. Sie müssen folgende Informationen umfassen:

- zusätzliche Maßnahmen für Laden, Beförderung, Löschen, Behandlung und Stauung zur sicheren Wärmeabgabe oder
  eine Erklärung, daß zusätzliche Maßnahmen nicht erforderlich sind;
- bauartbedingte Maßnahmen für den Notfall.

Die Bestimmungen über Anmeldung von Versandstücken mit radioaktiven Stoffen bei den zuständigen Behörden müssen beachtet werden.

(5) Hinweise für den Umgang und die Stauung

- Für die Anzahl von Versandstücken der Kategorie I — weiß — gibt es keine Beschränkungen.
- Eine Gruppe von Versandstücken darf die Transportkennzahl 50 nicht überschreiten. Jede Gruppe von Versandstücken mit Stoffen der Kategorien II und III ist von der anderen durch einen Mindestabstand von 6 m zu trennen. Das gilt auch für Frachtcontainer.
- Die Summe der Transportkennzahlen darf den Wert 200 je Schiff nicht überschreiten.
- Bei Stückgut ist die Summe der Transportkennzahlen je Laderaum, Schottenabteilung oder Decksbereich auf 50 zu begrenzen. Bei Frachtcontainern darf die Summe der Transportkennzahlen 200 in einem Laderaum, einer Schottenabteilung, einem Decksbereich nicht überschreiten.

---

9 Das Zulassungszeichen besteht aus dem Buchstaben D, einer Registriernummer und Codebezeichnungen, aus denen sich das Versandstückmuster oder z. B. Genehmigungen über Beförderungen durch die zuständige Behörde ergeben.

- Bei Wärmeabgabe des Versandstückes sind die im Zulassungsschein angegebenen Bedingungen, die einen Wärmeabfluß gewährleisten sollen, einzuhalten.

Trennungsvorschriften

- Abstand ist der beste Strahlenschutz! Jede radioaktive Ladung mit möglichst großem Abstand von allen Aufenthaltsräumen von Personen stauen. Für Mindestabstände gibt es Tabellen im IMDG-Code. Wenn möglich, schwere Ladung zwischen Aufenthaltsräumen und Stauplatz der radioaktiven Versandstücke stauen.
- Radioaktives Material kann als einzige gefährliche Ladung unentwickeltes fotografisches Material schwärzen. Deshalb auch hier möglichst große Abstände einhalten, auch bei Postsäcken, sie können unbelichtete Filme enthalten! Siehe auch Tabellen IMDG-Code!

(6) Maßnahmen bei Unfällen

- Wird ein unbeschädigtes Versandstück mit radioaktiven Stoffen aus dem Laderaum entfernt, so bleibt keine Strahlung zurück, bestrahlte Stoffe sind nicht radioaktiv geworden. „Radioaktive Verseuchung" der Umgebung entsteht nur, wenn radioaktive Stoffe aus der Verpackung austreten, sich im Raum verteilen und dadurch die Umgebung kontaminieren.
- **Dekontamination.** Sind Gegenstände der Umgebung durch im Laufe des Seetransportes ausgetretene radioaktive Stoffe kontaminiert worden, so müssen sie sobald wie möglich durch einen Sachverständigen dekontaminiert werden. Die Räume dürfen erst wieder betreten werden, wenn die an der Oberfläche haftende Kontamination je nach Art des Strahlers auf 10^{-3} bis 10^{-5} μ Ci/cm^2 herabgesetzt ist. Räume, in denen radioaktive Ladung geringer spezifischer Aktivität in Bulk befördert wurde, müssen dekontaminiert werden.
- Werden Versandstücke mit radioaktivem Inhalt von einem Brand betroffen, so sind die üblichen Brandbekämpfungsmaßnahmen anzuwenden. Um zu verhindern, daß eine möglicherweise verwendete Bleiabschirmung schmilzt, sind die Versandstücke mit Wasser zu füllen.
- Sind Versandstücke mit radioaktivem Inhalt beschädigt worden, so müssen alle betroffenen Personen Kleidung und Schutzausrüstung anlegen und sehr gründlich unter Verwendung von viel Seife duschen. Die Kleidung muß im nächsten Hafen der zuständigen Behörde übergeben werden. Die Nähe der beschädigten Versandstücke ist zu vermeiden.
- Nahrungsmittel und Trinkwasser, die kontaminiert sein können, dürfen erst nach Freigabe durch einen Sachverständigen verwendet werden.

(7) Trennung radioaktiver Güter von anderen Stoffen

Über Trennung und Zusammenladeverbote für radioaktive Stoffe siehe 2.8.4.

2.8.3.8 Klasse 8 — Ätzende Stoffe (corrosives)

Die Stoffe der Klasse 8 haben die gemeinsame Eigenschaft, lebendes Gewebe mehr oder weniger stark anzugreifen und zu zerstören.

Einige dieser Stoffe sind außerdem stark giftig oder geben giftige Dämpfe ab. Manche Dämpfe wirken reizend oder ätzend auf die Schleimhäute.

Einige Stoffe dieser Klasse können auch Schäden an anderer Ladung oder am Schiff hervorrufen, wenn sie aus der Verpackung austreten.

Entsprechend der sehr verschiedenen Zusammensetzung der Stoffe der Klasse 8 können sie weitere gefährliche Eigenschaften haben. Viele von ihnen bilden mit

Feuchtigkeit Säuredämpfe, die zerstörend (korrosiv) auf die meisten Metalle der Umgebung wirken. Einige Stoffe der Klasse sind entzündbare Flüssigkeiten; manche wirken so stark reduzierend, daß sie sich im Gemisch mit leicht brennbaren organischen Stoffen selbst entzünden können, wenn Luft zugegen ist. Auch oxidierend wirkende Stoffe sind unter den Stoffen der Klasse 8. Nicht immer sind die weiteren Gefahren so stark ausgeprägt, daß zusätzliche Kennzeichen gefordert werden. Um die für einen sicheren Transport erforderlichen Maßnahmen treffen zu können, muß man sich über die Eigenschaften jedes Stoffes der Klasse informieren.

Allgemeine Stauhinweise IMDG-Code Kl. 8 Abschn. 4.3–4.5

- Beim Umgang mit Versandstücken mit ätzenden Stoffen ist Vorsicht geboten. Beim Beschädigen von Verpackungen können austretende Stoffe andere Ladung beschädigen. Das gilt besonders für Stoffe, die ätzende Dämpfe abgeben. Beschädigungen der Verpackung während des Ladens und Löschens können die mit dem Umschlag befaßten Personen schädigen.
- Tauwerk aus Naturfasern, das mit Mineralsäuren in Kontakt kam, wird zerstört. Die Beschädigung ist möglicherweise äußerlich nicht erkennbar, das Tauwerk hat aber seine Festigkeit verloren.
- Beim Umgang mit ätzenden Stoffen, die zusätzlich Gefahrenmerkmale anderer Gefahrenklassen zeigen, sind die Stauhinweise dieser Gefahrenklasse zu beachten, auch wenn keine zusätzliche Kennzeichnung auf diese Gefahren hinweist.
- Die auf den Stoffseiten angegebenen Eigenschaften der ätzenden Stoffe geben Hinweise auf die Notwendigkeit, einzelne Stoffe dieser Klasse voneinander getrennt zu stauen, da sie gefährlich miteinander reagieren können.
- Über Trennungsvorschriften siehe 2.8.4.

2.8.3.9 Klasse 9 — Verschiedene gefährliche Stoffe (miscellaneous dangerous substances)

Der Klasse 9 sind Stoffe zugeordnet, die gefährliche Eigenschaften haben, die nicht eindeutig den Gefahrenmerkmalen der anderen Gefahrenklasse entsprechen, oder Stoffe, deren gefährliche Eigenschaften nicht so stark sind, daß es erforderlich wäre, sie einer anderen Gefahrenklasse zuzuordnen.

Eine Anzahl der Stoffe der Klasse 9 ist namentlich auch in den anderen Gefahrenklassen aufgeführt. Diese Stoffe sind meist dann der Klasse 9 zugeordnet, wenn ihre Konzentration geringer ist, oder der Stoff die gefährliche Komponente in geringerer Konzentration enthält. So ist z.B. Ammoniumnitrat in drei Gefahrenklassen zu finden: Enthält Ammoniumnitrat mehr als 0,2% brennbare Stoffe, so wird es der Klasse 1 zugeordnet. Ist der Gehalt an brennbaren Stoffen geringer als 0,2% oder ist z.B. in einem Düngemittel der Anteil Ammoniumnitrat im Gemisch mit Calciumcarbonat geringer als 90% und größer als 80% bei einem Anteil brennbarer Stoffe weniger als 0,4%, so ist es ein Stoff der Klasse 5.1. Ein Ammoniumnitratdüngemittel mit Phosphor- oder Kaliumverbindungen, das nicht mehr als 70% Ammoniumnitrat und nicht mehr als 0,4% brennbare Stoffe enthält, ist ein Stoff der Klasse 9. Unabhängig davon darf sich dieses Düngemittel nicht selbst zersetzen und muß sich mit anderen Stoffen, die im gleichen Raum gestaut werden sollen, vertragen. Prüfmethoden sollen sicherstellen, daß die Gefahr, die von einem Ammoniumnitrat-Düngemittel ausgeht, so gering ist, daß es der Klasse 9 zugeordnet werden kann.

Wird durch Erfahrungswerte festgestellt, daß die Gefahr für den Seetransport bei einem Stoff der Klasse 9 doch größer ist als ursprünglich angenommen, so wird dieser Stoff einer anderen Gefahrenklasse zugeordnet. Dadurch ist es möglich, daß die Klassenangabe in

Handbüchern, die sich mit gefährlichen Gütern befassen, nicht richtig sind, wenn es sich um ältere Ausgaben handelt.

Da die Stoffe der Klasse 9 keine gemeinsamen Eigenschaften haben, gibt es auch keine allgemeinen Stauhinweise, Trennungsvorschriften und Kennzeichen für die Stoffe dieser Klasse. Die Maßnahmen beim Laden und Löschen richten sich nach den auf den Stoffseiten angegebenen Eigenschaften der einzelnen Stoffe. Man kann sie den Hinweisen bei den entsprechenden Gefahrenklassen entlehnen. So sind z.B. die giftigen Stoffe der Klasse 9 selbstverständlich ebenfalls getrennt von allen Nahrungs- und Futtermitteln zu stauen usw.

2.8.4 Zusammenladeverbote/Trennungsvorschriften für gefährliche Güter

Eine entscheidende Maßnahme zur Verringerung der Gefahren bei der Beförderung eines gefährlichen Gutes ist seine Trennung von anderen Stoffen, mit denen es in gefährlicher Weise reagieren kann.

Einige gefährliche Stoffe stellen keine Gefahr für Schiff und Besatzung dar, wenn sie allein transportiert werden, bei allen gefährlichen Gütern wird die von ihnen ausgehende Gefahr vergrößert, wenn sie mit unverträglichen Stoffen zusammengeladen werden.

Um diese Gefahren zu meiden, gibt es für viele Güter Zusammenladeverbote, deren konsequente Einhaltung für den Praktiker unter den gegebenen Umständen nicht einfach ist.

IMDG-Code Abschn. 15.8

2.8.4.1 Die verschiedenen Trennungsstufen im IMDG-Code

Nach der unterschiedlichen Gefährlichkeit der Reaktionen gefährlicher Güter miteinander unterscheidet der IMDG-Code bei Stauung unter Deck vier verschiedene Trennungsstufen voneinander:

Zeichenerklärung
(1) Bezugspackstück ■
(2) Packstück, unverträglich mit (1) ▨
(3) Gegen Feuer widerstandsfähiges und flüssigkeitsdichtes Deck
Anmerkung: Die senkrechten Linien entsprechen wasserdichten Querschotten zwischen den Luken

1. ENTFERNT VON — AWAY FROM:

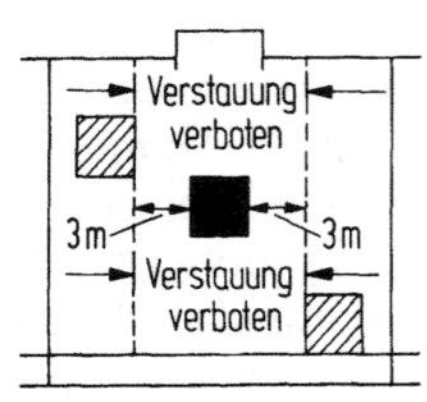

„Räumlich wirksam getrennt, damit unverträgliche Stoffe bei einem Unfall nicht in gefährlicher Weise aufeinander einwirken können.
Sie können jedoch im selben Laderaum, in derselben Abteilung oder an Deck befördert werden, vorausgesetzt, daß ein horizontaler Abstand von mindestens 3 m, auch vertikaler Projektion, eingehalten wird."

Bei Anwendung dieser Trennungsstufe ist zu bedenken, daß bei einem Seeunfall frei werdende Flüssigkeiten sich im ganzen Deck ausbreiten kann. Bei der Trennung zweier Stoffe in einem Laderaum ist zu bedenken, ob die Beiladung ausreichenden Schutz vor einem Zusammenkommen der zu trennenden Stoffe bietet.

2. GETRENNT VON — SEPARATED FROM:

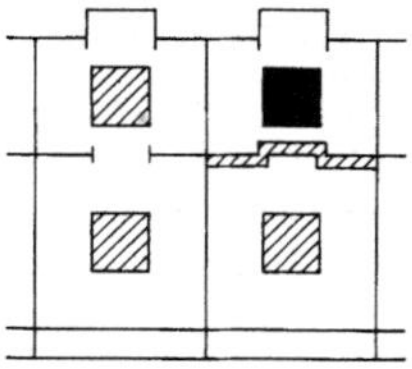

„In verschiedenen Laderäumen, wenn die Verstauung unter Deck erfolgt. Unter der Voraussetzung, daß ein dazwischen liegendes stählernes Deck gegen Feuer widerstandsfähig und flüssigkeitsdicht ist, kann eine vertikale Trennung erfolgen, z. B. in verschiedenen Abteilungen (Decks). Bei Stauung ‚AN DECK‘ ist hierunter ‚ENTFERNT VON‘ zu verstehen.“

3. GETRENNT DURCH EINE VOLLSTÄNDIGE ABTEILUNG ODER EINEN VOLLSTÄNDIGEN LADERAUM VON — SEPARATED BY A COMPLETE COMPARTMENT OR HOLD FROM:

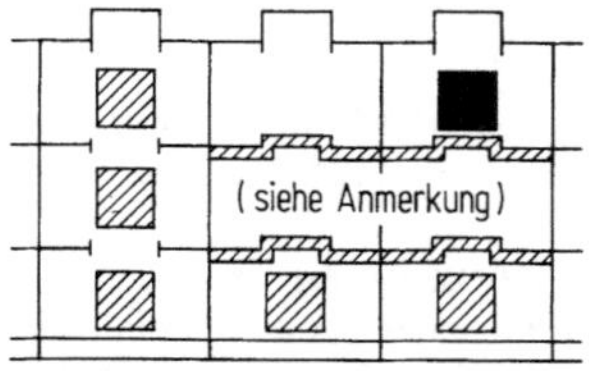

Anmerkung: Jedes der beiden Decks muß widerstandsfähig gegenüber Feuer und flüssigkeitsdicht sein

„Bedeutet entweder eine vertikale oder eine horizontale Trennung. Wenn die Decks nicht gegen Feuer widerstandsfähig und flüssigkeitsdicht sind, ist eine Trennung in Längsrichtung durch eine dazwischen liegende vollständige Abteilung erforderlich. Bei Stauung ‚AN DECK‘ ist hierunter eine Trennung durch einen entsprechenden Abstand zu verstehen.“
Hierbei muß die gleiche Sicherheit gewährleistet sein wie bei Unterdecksverladungen.

4. IN LÄNGSRICHTUNG GETRENNT DURCH EINE DAZWISCHENLIEGENDE VOLLSTÄNDIGE SCHOTTENABTEILUNG VON — SEPARATED LONGITUDINALLY BY AN INTERVEVENING COMPLETE COMPARTMENT OR HOLD FROM —:

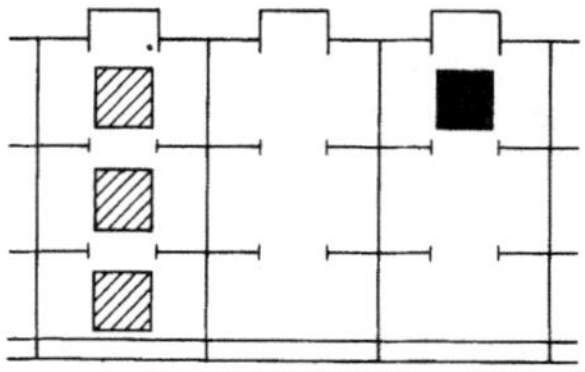

„Eine nur vertikale Trennung allein genügt diesem Erfordernis nicht. Bei Stauung ‚AN DECK‘ ist hierunter eine Trennung durch einen entsprechenden räumlichen Abstand zu verstehen.“

5. AN DECK: Hierunter ist nicht die Verstauung in einer Abteilung des Schutzdecks zu verstehen.

Unter den Bezeichnungen „Laderaum“ und „Abteilung“ sind Räume zu verstehen, die von stählernen Schotten und/oder Außenhautbeplattungen und stählernen Decks umgeben sind. Die Begrenzungen dieser Räume sollen wasserdicht und gegen Feuer beständig sein.

Abbildung Trennungsstufen:

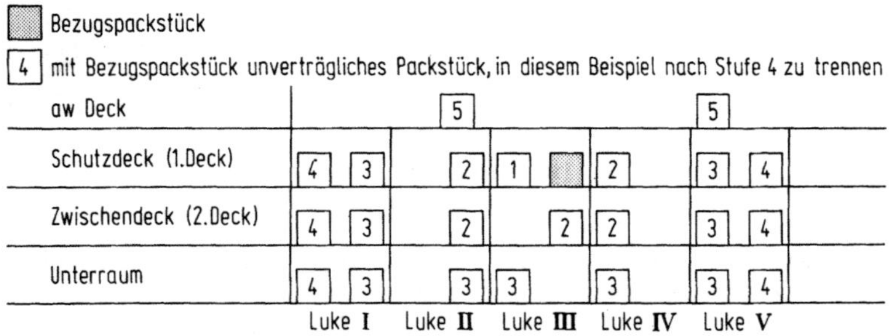

2.8.4.2 Die generelle Trennung von Gütern der einzelnen Gefahrenklassen

Beispiel: Eine Partie Natriumnitrat und eine Partie Kaliumhydroxid sind zu übernehmen.

1. Feststellung der Klassen
   (a) Natriumnitrat Klasse 5.1; UN-Nr. 1498; IMDG-S. 5184;
   (b) Kaliumhydroxid Klasse 8; UN-Nr. 1813; IMDG-S. 8205.

   Geht man in der Tabelle mit der Klasse 5.1 und der Klasse 8 ein, so erhält man die Trennungsstufe 2, Kaliumhydroxid und Natriumnitrat dürfen nicht in demselben Laderaum gestaut werden.

IMDG-Code Abschn. 15.8.6

Tabelle für die Trennung/Zusammenladung

Die nachstehende Tabelle gibt Auskunft darüber, welche generellen Trennvorschriften zwischen den einzelnen Klassen einzuhalten sind. Da die Eigenschaften der Stoffe in den einzelnen Klassen sehr unterschiedlich sein können, sind die Bedingungen auf den einzelnen Stoffseiten und in den Einleitungen zu den einzelnen Klassen und Unterklassen ebenfalls einzuhalten.

		1,1	1,2	1,3	1,4 1,5	2,1	2,2	3,1 3,2	3,3	4,1	4,2	4,3	5,1	5,2	6,1	7	8
explosive Stoffe und mit explosiven Stoffen geladene Gegenstände	1,1	O	O	O	O	4	2	4	4	4	4	4	4	4	2	2	4
	1,2	O	O	O	O	4	2	4	4	4	4	4	4	4	2	2	4
	1,3	O	O	O	O	4	2	4	4	3	3	4	4	4	2	2	2
	1,4; 1,5	O	O	O	O	2	1	2	2	2	2	2	2	2	×	2	2
brennbare Gase	2,1	4	4	4	2		×	2	2	1	2	1	2	4	×	2	1
nicht brennbare Gase	2,2	2	2	2	1	×		2	2	×	1	×	×	2	×	1	×
entzündbare Flüssigkeiten	3,1; 3,2	4	4	4	2	2	2			2	2	2	2	3	×	2	1
	3,3	4	4	4	2	2	2			1	2	2	1	3	×	2	1
entzündbare feste Stoffe	4,1	4	4	3	2	1	×	2	1		1	1	1	2	×	2	1
selbstentzündliche Stoffe	4,2	4	4	3	2	2	1	2	2	1		1	2	2	×	2	1
Stoffe, die in Berührung mit Wasser brennbare Gase entwickeln	4,3	4	4	4	2	1	×	2	2	1	1		2	2	×	2	1
entzündend (oxidierend) wirkende Stoffe	5,1	4	4	4	2	2	×	2	1	1	2	2		2	1	1	2
organische Peroxide	5,2	4	4	4	2	4	2	3	3	2	2	2	2		1	2	2
giftige Stoffe	6,1	2	2	2	×	×	×	×	×	×	×	×	1	1		×	×
radioaktive Stoffe	7	2	2	2	2	2	1	2	2	2	2	2	1	2	×		2
ätzende Stoffe	8	4	4	2	2	1	×	1	1	1	1	1	2	2	×	2	
verschiedene gefährliche Stoffe	9	Keine generellen Trennvorschriften, Einzelheiten sind den Stoffblattseiten zu entnehmen.															

Die Zahlen in der Tabelle entsprechen den nachstehenden Begriffen, die in Abschnitt 15.8 des IMDG-Code definiert sind:

1. Entfernt von:
2. Getrennt von:
3. Getrennt durch eine vollständige Abteilung oder einen vollständigen Laderaum von:

4. In Längsrichtung getrennt durch eine dazwischen liegende vollständige Schottenabteilung:
× Keine generellen Trennvorschriften, Einzelheiten sind den Stoffseiten zu entnehmen.
* Für die Trennung/Zusammenladung von Gütern der Klasse 1 untereinander sind die Bestimmungen des Abschnitts 5.4 der Einleitung zur Klasse 1 zu beachten.

Die auf den Stoffseiten für den einzelnen Stoff genannten Eigenschaften erfordern u. U. eine Trennung, die über die in der Tabelle genannten Trennungsstufen hinausgeht.

Beispiel: Chromtrioxid Klasse 5.1 und Pflanzenfasern Klasse 4.1.

Nach der Trennungstabelle für die verschiedenen Gefahrenklassen ist für Stoffe der Klasse 5.1 von Stoffen der Klasse 4.1 die Trennungsstufe 1 erforderlich. Auf der Stoffseite von Chromtrioxid steht unter „Verstauung" der Hinweis: Getrennt von brennbaren Stoffen. Das heißt, für Chromtrioxid und Pflanzenfasern gilt die Trennungsstufe 2.

Auch zwischen Gütern der gleichen Gefahrenklasse kann eine räumliche Trennung erforderlich sein. Güter derselben Klasse, die miteinander unverträglich sind, sollen zwar auf getrennten Schiffszetteln angeliefert werden (siehe Schiffszettel, 2.8.2.4), doch kann man sich nicht immer darauf verlassen.

Beispiele für unverträgliche Stoffe derselben Klasse:

(a) Filmmaterial auf Nitrozellulosebasis Klasse 4.1 ist von allen Gütern dieser Klasse entfernt zu stauen (Trennungsstufe 1).
(b) Mischmetall Klasse 4.1; UN-Nr. 1333; IMDG-Code S. 4150; mit allen anderen Gütern der Klasse 4.1 gilt die Trennungsstufe 2 (getrennt von).
(c) In der Klasse 5.1 sind alle Chlorate, Chlorite, Bromate, Nitrite und Permanganate von allen Ammoniumverbindungen zu trennen (Trennungsstufe 2 — getrennt von).
Beispiel: Ammoniumdichromat ist getrennt von Kaliumchlorat zu stauen.
Alle Permanganate müssen getrennt von Wasserstoffperoxid gestaut werden.

2.8.4.3 Trennung von Stoffen, die nicht den Vorschriften des IMDG-Code unterliegen

Beim Stauen gefährlicher Güter wird häufig der nicht als gefährlich deklarierten Beiladung zu wenig Aufmerksamkeit geschenkt. In der allgemeinen Einleitung zum IMDG-Code heißt es dazu:

„Einige in diesem Code aufgeführten Stoffe können nur dann gefährlich werden, wenn sie mit anderen Stoffen chemisch reagieren. Nicht alle Stoffe, die mit einem solchen Stoff gefährlich reagieren können, sind in diesem Code genannt. Die latente Gefahr dieser Stoffe erfordert eine Trennung von Stoffen, mit denen sie gefährlich reagieren können." IMDG-Code Allg. Einl. Abschn. 15.2

In einigen Fällen umfassen im Code angegebene Trennungsvorschriften auch Stoffe, die keiner Gefahrenklasse angehören. Ein Beispiel hierfür ist die Bemerkung „getrennt von Ammoniumverbindungen", wie sie bei den Chloraten, Nitriten usw. der Klasse 5.1 oder „entfernt von Ammoniumsalzen" beim Calciumoxid (quick lime) der Klasse 9 angegeben ist. Auch die Bemerkung „reagiert mit Ammoniumsalzen unter Bildung von Ammoniak (Gas)" bei einigen Stoffen der Klasse 8, wie z. B. den Alkalihydroxiden, unter dem Absatz „Eigenschaften" der Stoffseiten gehört dazu. Dieser Hinweis gilt nicht nur für die im Code genannten Ammoniumverbindungen wie z. B. Ammoniumnitrat, sondern auch für andere Ammoniumverbindungen, die an sich keine gefährlichen Eigenschaften haben und daher nicht den Vorschriften des Code unterliegen. Für sie gilt daher auch nicht die Bestimmung, daß sie mit ihrem richtigen Namen genannt sein müssen. So wird in der Praxis z. B. Ammoniumsulfat als „Dünger — harmlos" bezeichnet, oder Ammoniumcarbonat, das man Düngemitteln zusetzt, als „Zusatzmittel", ohne weitere Angaben.

In der Praxis ist es leider üblich, Chemikalien, für die keine Einstufung in eine Gefahrenklasse erforderlich ist, unter Bezeichnungen wie „Chemikalien — harmlos",

„Kunstharz", „Hilfsmittel", „Farbstoff" usw. anzuliefern. Diese Bezeichnungen geben keinen Hinweis auf ihre mögliche Reaktion mit irgend einem gefährlichen Stoff.

Zuweilen werden Chemikalien zwar unter ihrem richtigen technischen Namen an Bord gebracht, es fehlt aber der Hinweis, daß es sich um Zusatzstoffe für Futtermittel handelt. Diese Stoffe müssen von giftigen Stoffen getrennt werden. Ohne den Hinweis auf dem Schiffszettel kann die Trennungsvorschrift von der Schiffsleitung nicht beachtet werden.

Im Kapitel VII des Gesetzes zum Internationalen Schiffssicherheitsvertrag vom 17.6.1960 SOLAS heißt es in Regel 7 (Stauvorschriften): „Gefährliche Güter müssen sicher und ihrer Art entsprechend gestaut werden. Güter, die miteinander unverträglich sind, müssen getrennt werden."

Die Verträglichkeit der im Einzelfall zusammenzustauenden Ladung muß also bekannt sein. Für die Schiffsführung sollte daher zur Regel werden:

— Ist die Verträglichkeit von Chemikalien nicht bekannt, so sind diese zu trennen. —

2.8.5 Gefährliche Güter in Containern

(1) Allgemeines

Gefährliche Güter, die nach den Vorschriften des Code verpackt sind, werden durch die Wände des Containers zusätzlich gegen Beschädigungen beim Umschlag geschützt. Die Schiffsleitung hat dagegen in der Regel nicht die Möglichkeit, die Versandstücke mit gefährlichen Gütern auf Unversehrtheit und eventuelle Veränderungen während der Reise zu kontrollieren. Verantwortlich für die richtige Beladung des Containers ist derjenige, der den Container belädt. Er muß in einer Erklärung bescheinigen, daß der Container keine beschädigten und keine unverträglichen Güter enthält und daß die Versandstücke ordnungsgemäß gekennzeichnet und seefest gestaut und gesichert wurden.

Kennzeichnung der Gefahrgutcontainer. Jeder Container mit gefährlichen Gütern muß mindestens drei Kennzeichen tragen, davon eines an der Tür. Dieses muß nach Entladen des gefährlichen Gutes entfernt werden. Der Container muß außen den richtigen technischen Namen des Gefahrgutes tragen.

(2) Trennung von Containern mit Gefahrgut

Grundsätzlich gelten die Vorschriften für die Trennung von Versandstücken mit gefährlichem Gut auch für die Trennung von Gefahrgutcontainern. Auf Ro/Ro-Schiffen und Containerschiffen (cellular ship) kann eine Trennung durch Stauen in verschiedenen Laderäumen in der Regel nicht durchgeführt werden, hier hat der Code Regelungen vorgesehen, durch die die Sicherheit durch entsprechende Abstände gewährleistet wird.

Die Trennungsstufen auf Containerschiffen

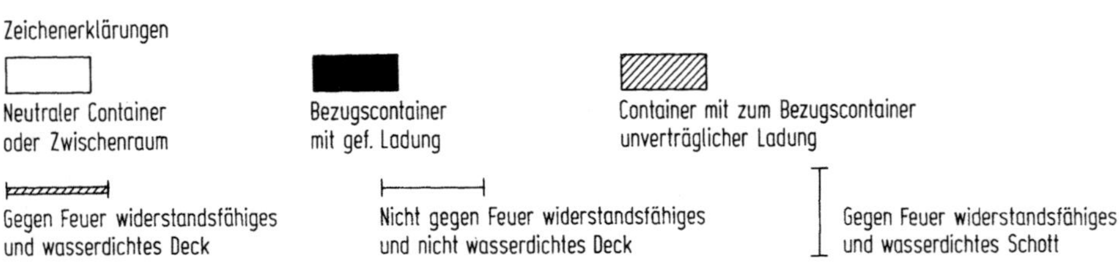

Bei den einzelnen Trennungsstufen ist zwischen offenen und geschlossenen Containern zu unterscheiden.

Trennungsstufe 1 — Entfernt von:

Keine Übereinanderstauung, wenn die Container nicht durch ein feuerfestes und wasserdichtes Deck getrennt sind.

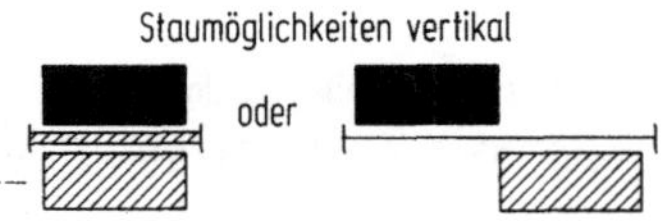

Geschlossene Container mit festen gefährlichen Stoffen können übereinander gestaut werden, wenn ein Abstand eingehalten wird.

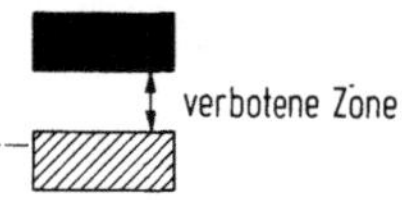

Horizontale Stauung: Keine Einschränkung bei **geschlossenen** Containern an Deck oder unter Deck. **Offene** Container sind an Deck oder unter Deck durch einen Containerabstand oder durch ein feuerfestes und wasserdichtes Schott zu trennen:

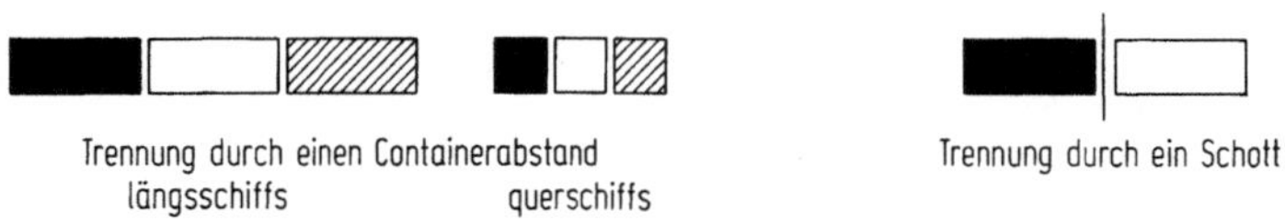

Plan:

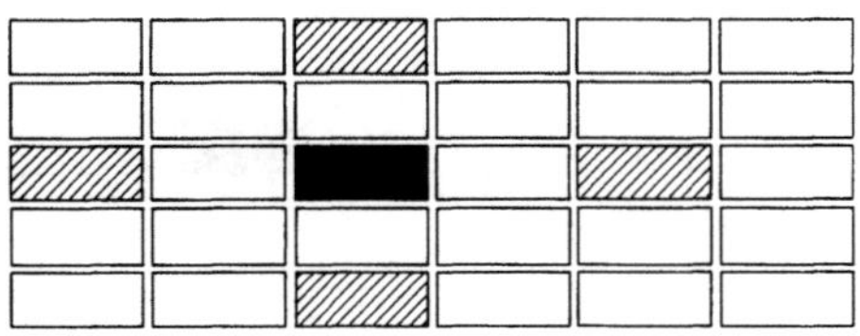

Trennungsstufe 2 — Getrennt von:

Geschlossene Container an oder unter Deck und offene Container an Deck:

längsschiffs –
trennen durch einen Containerzwischenraum oder ein wasserdichtes und feuerfestes Schott.

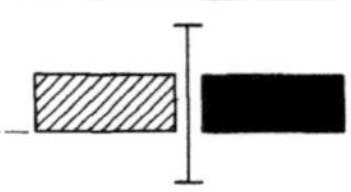

querschiffs –
trennen durch zwei Containerzwischenräume.

Offene Container unter Deck:
trennen durch ein feuersicheres und wasserdichtes Schott.

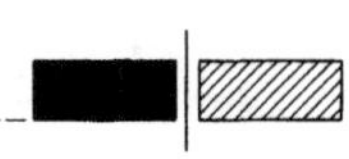

Plan:

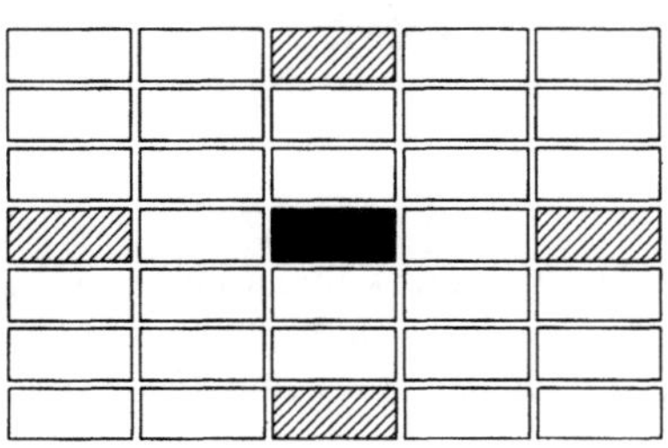

Trennungsstufe 3 — Getrennt durch eine vollständige Abteilung oder einen vollständigen Laderaum von:

Geschlossene oder offene Container an Deck:

längsschiffs – sind durch einen Containerzwischenraum zu trennen.

querschiffs – sind durch drei Containerzwischenräume zu trennen.

Plan:

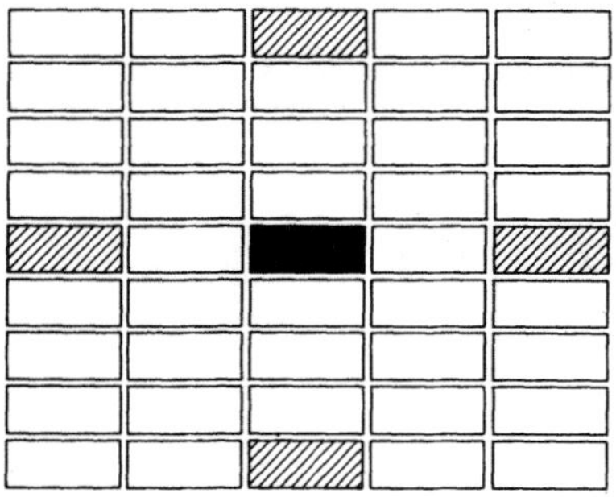

Geschlossene Container unter Deck:

sind durch ein gegen Feuer widerstandsfähiges und wasserdichtes Schott zu trennen.

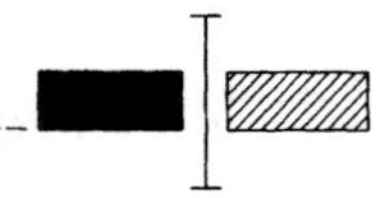

Offene Container unter Deck:

sind durch zwei gegen Feuer widerstandsfähige und wasserdichte Schotte zu trennen.

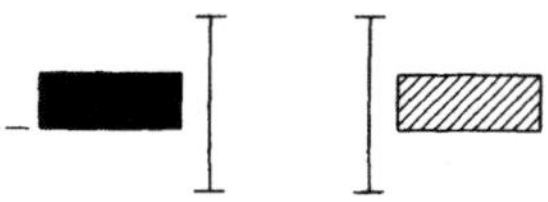

Trennungsstufe 4 — In Längsrichtung getrennt durch eine dazwischenliegende vollständige Abteilung oder einen vollständigen Laderaum von:

Offene und geschlossen Container unter Deck:

Trennung durch mindestens zwei gegen Feuer widerstandsfähige und wasserdichte Schotte.

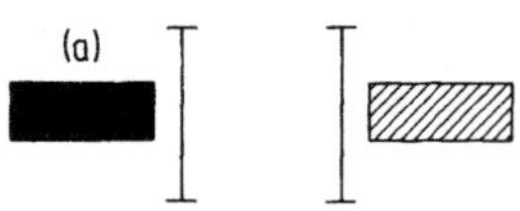

Geschlossene Container unter Deck:

Trennung durch ein Schott, wenn der Abstand der zu trennenden Container voneinander mindestens 24m und von dem Schott mindestens 6,1m beträgt.

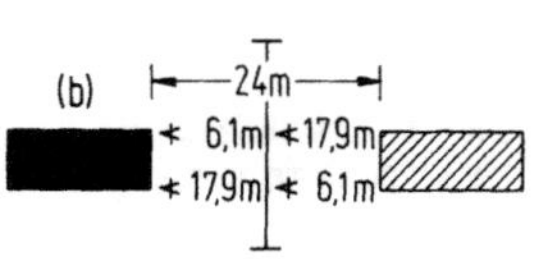

Geschlossene und offene Container an Deck:

Trennung durch 24m Abstand.

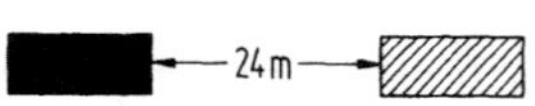

(3) Stauhinweise

- Enthält ein Container Stoffe, die entzündbare Dämpfe entwickeln können, darf er nicht in derselben Abteilung mit Containern gestaut werden, die Heiz- und Kühleinrichtungen besitzen. Sie wären eine mögliche Zündquelle für entzündbare Gas-Luft-Gemische.
- An Deck sind diese Container getrennt zu stauen.

- Beschädigte Container mit gefährlichen Gütern dürfen nicht zur Verschiffung angenommen werden.
- Ist erkennbar, daß der Inhalt austritt (Leckage), so müssen die beschädigten Packstücke vor der Verschiffung entfernt werden.
- Wenn die Türen eines Containers geöffnet werden, muß man bei Chemikalien und bei Produkten, die mit Chemikalien behandelt wurden, davon ausgehen, daß sich giftige oder entzündbare Gasgemische gebildet haben. Vorsicht beim Betreten des Containers! Niemals offenes Licht verwenden. Es sind tödliche Unfälle durch Verwenden eines Feuerzeuges bei Containern mit an sich ungefährlichem Inhalt bekannt.
- Bei manchen gefährlichen Gütern wird empfohlen, sie über Bord zu werfen, wenn die Gefahr besteht, daß sie in einen Brand verwickelt werden. Container mit größeren Mengen dieser Güter sollen leicht zugänglich an Deck und soweit wie möglich vom Wohn- und Brückenbereich entfernt gestaut werden.
  Wenn es nicht möglich ist, ein Übergreifen eines Brandes auf Container mit diesen Stoffen zu verhindern, muß sich die Besatzung in sicherer Entfernung vom Gefahrenherd aufhalten.
- Eine besondere Gefahr kann auch von gefährlichen Gütern ausgehen, die in Kühlcontainern befördert werden müssen, weil sie sich bei höheren Temperaturen leicht zersetzen. Diese Container mit Stromaggregat müssen an Deck befördert und während der Reise auf ordnungsgemäßen Betrieb kontrolliert werden. Für den Fall des Versagens der Kühleinrichtungen sind rechtzeitig Informationen über Maßnahmen einzuholen.

2.8.6 Behandlung gefährlicher Güter auf Ro/Ro-Schiffen

In den Vorschriften zur Behandlung gefährlicher Güter auf Ro/Ro-Schiffen ist anstelle des Begriffes „Versandstück" der Begriff „Unit" eingeführt. Ein Unit ist danach als eine insgesamt zu bewegende Staueinheit anzusehen, z.B. ein Lkw, ein Container, eine Palette, ein beweglicher Tank oder sonst ein Behälter, der als Einzelstück bewegt werden kann.

In einem „geschlossenen Unit" sind die gefährlichen Güter von einer ausreichend starken Wand umgeben, wie z.B. bei Containern, Tanks und Fahrzeugen.

Die Units sind wie Versandstücke mit den Kennzeichen der gefährlichen Stoffe zu versehen. Für die Verstauung gelten grundsätzlich die Forderungen, wie sie im IMDG-Code für die verschiedenen gefährlichen Güter festgelegt sind.

Units mit gefährlichen Gütern sind zugänglich zu stauen, ihr Zustand soll während der Reise regelmäßig überprüft werden, um entstehende Gefahren möglichst frühzeitig zu erkennen. IMDG-Code Abschn. 17.6

Die Notwendigkeit, eine sorgfältige Trennung eines gefährlichen Gutes von der übrigen Ladung durchzuführen, zeigt ein Unfall auf einem Ro/Ro-Schiff in der Biskaya. In schwerer See wurden Fässer mit einer Chemikalie beschädigt, die kein gefährliches Gut im Sinne der Vorschriften darstellt. Die Chemikalie breitete sich im ganzen Fahrzeugdeck aus. Als bei andauerndem schlechten Wetter eine Partie mit Natriumchlorit (Kl. 5.1) beschädigt wurde, reagierte dieses mit der ausgelaufenen Chemikalie unter Explosionserscheinungen mit nachfolgendem Brand. Im Verlaufe des Unfalles kamen sechs Seeleute ums Leben.

Für die Verstauung ortsbeweglicher Tanks gibt es besondere Vorschriften. IMDG-Code Abschn. 13.15 13.35

In Fahrzeugdecks dürfen Stoffe der Klassen 3.1 und 3.2 nur nach Bestimmungen der zuständigen Behörde verladen werden.

Können aufgrund der Bauart des Schiffes die für Trennung und Zusammenladung festgelegten Bedingungen nicht eingehalten werden, gilt für die Trennungsstufen auf Ro/Ro-Schiffen folgendes:

Trennungsstufe 1 — **Entfernt von:** IMDG-Code Abschn. 17.6.7

Units mit unverträglichen Stoffen müssen mindestens 3 m voneinander gestaut werden.

Bei geschlossenen Units, die von der zuständigen Behörde als geeignet angesehen werden, ist keine Trennung erforderlich.

Trennungsstufe 2 — **Getrennt von:**
Units mit unverträglichen Stoffen sollen bei Verladung unter Deck durch ein Schott oder Deck getrennt sein. Bei geeigneten geschlossenen Units ist die Stauung im Fahrzeugdeck gestattet, wenn ein Mindestabstand von 12 m eingehalten wird. Bei Stauung auf dem Wetterdeck gilt eine Trennung wie „entfernt von".

Trennungsstufe 3 — **Getrennt durch eine vollständige Abteilung oder einen vollständigen Laderaum von:**
Units mit unverträglichen Stoffen sollen durch zwei Schotte oder zwei Decks getrennt werden. Geschlossene Units können durch ein Schott oder Deck getrennt gestaut werden, wenn zwischen ihnen ein horizontaler Mindestabstand von 20 m eingehalten wird.

Bei Stauung auf dem Wetterdeck ist bei geschlossenen Units ein Abstand von 20 m einzuhalten. Dieser Abstand gilt auch zur unverträglichen Ladung im angrenzenden Fahrzeugdeck.

Trennungsstufe 4 — **In Längsrichtung getrennt durch eine dazwischen liegende vollständige Schottenabteilung von:**
Units mit unverträglicher Ladung sind durch zwei Schotte zu trennen, wenn sie unter Deck verladen werden. Bei Trennung von geschlossenen Units durch zwei Decks ist ein horizontaler Mindestabstand von 40 m einzuhalten.

Bei Stauung auf dem Wetterdeck ist ebenfalls ein Mindestabstand von 40 m einzuhalten.

Allgemeine Hinweise

- Bei der Beförderung flüssiger Stoffe ist daran zu denken, daß sich austretende Flüssigkeit im ganzen Fahrzeugdeck ausbreiten kann. Auch bei einer Trennung durch Abstand kann daher ein gefährliches Gut mit dieser Flüssigkeit in Kontakt kommen. Unverträgliche Stoffe sollten daher auf keinen Fall in einem Deck gestaut werden, wenn Flüssigkeiten dabei sind.
- Türen und Schotte, die vom Fahrzeugdeck zu Wohn- und Maschinenräumen führen, müssen geschlossen sein, wenn sich gefährliche Ladung an Bord befindet, um das Eindringen von Flüssigkeiten und Dämpfen in diese Räume zu verhindern.
- Ladung, für die Stauung an Deck vorgeschrieben ist, darf nicht in einem Fahrzeugdeck gestaut werden.
- Wird Ladung, die Dämpfe abgeben kann, in einem geschlossenen Deck transportiert, ist für ausreichende Lüftung zu sorgen.
- Fahrzeugdecks mit gefährlichen Gütern sind regelmäßig zu kontrollieren.

2.8.7 Die Feststellung der Trennungsstufen bei Übernahme mehrerer verschiedener gefährlicher Güter

Die Trennung weniger unverträglicher Güter an Bord bereitet in der Praxis kaum Schwierigkeiten. Bei einer größeren Anzahl verschiedener Stoffe muß die Verträglichkeit oder Trennung zwischen jedem einzelnen Stoff mit jedem anderen festgestellt werden. Das gilt besonders, wenn die Anzahl der für die Stauung gefährlichen Gutes vorhandenen Räume begrenzt ist.

Man kann nach folgendem Verfahren vorgehen:

Es wird eine Liste erstellt, in der die gefährlichen Güter numeriert aufgeführt werden.

Beispiel: Folgende gefährliche Güter sollen übernommen werden:

	Klasse	IMDG-Nr.
1. Mirbanöl — Nitrobenzol	6.1	6251
2. Chloressigsäure, flüssig	8	8143
3. Calciumchlorit	5.1	5136
4. Kaliumpermanganat	5.1	5176
5. Guanidinnitrat	9	9031
6. Methylhydrazin	3.2	3247
7. Ammoniumdichromat	5.1	5121
8. Natriumsulfid	4.2	4266
9. Natriumcyanid	6.1	6279

Nach der Tabelle in 3.8.4.2 ergeben sich aus den Klassen folgende generelle Trennungsstufen:

Stoff mit Klasse	1 (6.1)	2 (8)	3 (5.1)	4 (5.1)	5 (9)	6 (3.2)	7 (5.1)	8 (4.2)	9 (6.1)
1. (6.1)		×	1	1	(×)2	×	1	×	×
2. (8)	×		2	2	(×)2	(1)2	2	(1)2	(×)1
3. (5.1)	1	2		×	(×)1	2	(×)2	2	1
4. (5.1)	1	2	×		(×)1	2	(×)2	2	1
5. (9)	(×)2	(×)2	(×)1	(×)1		×	(×)1	×	×
6. (3.2)	×	(1)2	2	2	×		2	2	×
7. (5.1)	1	2	(×)2	(×)2	(×)1	2		2	×
8. (4.2)	×	(1)2	2	2	×	2	2		×
9. (6.1)	×	(×)1	1	1	×	×	×	×	

Die in den Spalten links stehenden Ziffern sind die generellen Trennungsstufen zwischen den Klassen. × bedeutet kein generelles Zusammenladeverbot. Die rechts daneben stehenden Ziffern sind die Korrekturen, die sich aus den Stauvermerken auf den einzelnen Stoffseiten ergeben.

Für die einzelnen Stoffe findet man auf den Stoffseiten folgende Angaben:

1. 6251: Giftige Dämpfe; entfernt von Wohn- und Aufenthaltsräumen.
2. 8143: Dämpfe reizen die Schleimhäute.
3. 5136: Verstauung: Getrennt von Ammoniumverbindungen; entfernt von pulverförmigen Metallen und Cyaniden.
   (Stoff 3 und 7 sind also getrennt zu stauen, das × der Trennungstafel ist also durch eine 2 zu ändern. Eine Korrektur der Trennungsstufe zwischen 3 und 9 ist nicht erforderlich, da dort bereits eine 1 steht.)
4. 5176: Verstauung: Getrennt von Ammoniumverbindungen und Wasserstoffperoxid.
   (Bei Stoff 7 handelt es sich um eine Ammoniumverbindung, das zwischen 4 und 7 stehende × ist also durch eine 2 zu ersetzen.)
5. 9031: Verstauung: Getrennt von Nitroverbindungen, Chloraten oder Säuren.
   (Für die Klasse 9 gibt es kein generelles Zusammenladeverbot. Unter der Spalte 5 steht also überall ein ×. Der Stauvermerk verlangt eine Trennung von Stoff 1 und Stoff 2. Das × in der Tabelle ist durch eine 2 zu ersetzen. Guanidinnitrat ist ein brennbarer fester Stoff; wegen der allgemeinen Eigenschaften der Stoffe der Klasse 5.1 soll man es mit Stoffen dieser Klasse nicht zusammenstauen. (In der Trennungstabelle in den Spalten des Stoffes Nr. 5 mit Stoffen der Klasse 5.1 ist das × durch mindestens eine 1 zu ersetzen.)
6. 3247: Verstauung: Getrennt von oxidierenden, entzündend wirkenden Stoffen und anderen ätzenden Flüssigkeiten. 2. Kennzeichen: Ätzender Stoff.
   (Der Stoff Nr. 6 ist also von Stoff Nr. 2 und allen Stoffen der Klasse 5.1 getrennt zu stauen. In den entsprechenden Spalten 2, 3, 4, 7 muß also bei Stoff 6 eine 2 stehen.)

7. 5121: Verstauung: Entfernt von Nahrungs- und Futtermitteln, giftig.
8. 4266: Verstauung: Getrennt von flüssigen Säuren.
(Also zwischen Stoff Nr. 2 und Nr. 8 Ersatz der 1 durch eine 2).
9. 6279: Verstauung: Entfernt von Säuren.
(Das × zwischen den Stoffen Nr. 2 und Nr. 9 ist durch eine 1 zu ersetzen.)

Mit Hilfe dieser Tabelle ist dann leicht zu kontrollieren, ob zwei Stoffe, die in einem Raum gestaut werden sollen, verträglich sind. Sie erleichtert das Zusammenladen mehrerer Versandstücke mit verschiedenen gefährlichen Gütern in einem Raum.

(Das Aufstellen der speziellen Trennungstabelle wird durch die Verwendung der vom Verlag Storck, Hamburg, herausgegebenen Tafel erleichtert: Stowage & Segregation to IMDG-Code. Die Tafel enthält die für die einzelnen Stoffe auf den Stoffseiten angegebenen Stauvermerke in übersichtlicher Zusammenstellung.)

Grundsätzlich soll sich der Ladungsoffizier über die Eigenschaften gefährlicher Stoffe an Bord auf den IMDG-Codeseiten informieren.

Die in diesem Kapitel vorhandenen Angaben über Vorschriften beim Transport gefährlicher Güter sollen eine Orientierung geben. Sie sind auf den zur Zeit (1978) geltenden Stand bezogen und ohne Gewähr. Sie entbinden nicht vom Studium der Gesetze und Verordnungen in der jeweils gültigen Fassung.

2.9 Kühlladungen

2.9.1 Allgemeines

Die besondere Empfindlichkeit vieler Kühl- und Gefriergüter erfordert eine enge Zusammenarbeit zwischen Ablader/Charterer und Schiffsführung. Vor Beginn der Ladungsübernahme müssen alle technischen Voraussetzungen erfüllt sein, und es muß absolute Klarheit über die korrekte Ladungsbehandlung herrschen. Alle Maßnahmen, die der Ladung dienen, sind zum Zwecke der Beweissicherung sorgfältig zu protokollieren (Atteste; Zertifikate; Aufzeichnungen von Temperatur, CO_2-Gehalt und relativer Luftfeuchte; Fotos, Checklisten und andere Bordaufzeichnungen). Soweit möglich, sind detaillierte Anweisungen des Abladers oder Charterers einzuholen.

2.9.2 Ladungstüchtigkeit

Das Ladungskühlsystem muß sich in einwandfreiem Zustand befinden. Der allgemeine Nachweis wird durch das Kühlanlagenzertifikat einer Klassifikationsgesellschaft erbracht (der GL erteilt das Klassenzeichen KAZ). Ist ein besonderer Nachweis erforderlich, so muß durch die zuständige Klassifikationsgesellschaft eine Besichtigung im Ladehafen durchgeführt werden.

Die bordinterne Überprüfung der Kühlanlage soll sich vor allem auf folgende Teile erstrecken:

- Überprüfung der gesamten Kühlanlage im Betrieb, am besten während des Vorkühlens.
- Messung der Ein- und Austrittstemperaturen an den Luft- bzw. den Solekühlern.
- Überprüfung der Wärmetauscher (äußerliche Beschaffenheit), der Kältemittel- bzw. Solerohrschlangen (Leckagen) und deren Isolierung sowie der Luftkühler bzw. Solerohrleitungen oder Direktverdampfer in den Kühlräumen.
- Überprüfung aller Lüfter, der Ozonanlage und der Entfeuchtungsanlage.
- Überprüfung der Kühlraumisolierungen sowie der Luken- und Türdichtungen.
- Funktionskontrolle der Meß- und Registriereinrichtungen von Temperatur, CO_2-Gehalt und relativer Luftfeuchtigkeit (Vergleichsmessungen mit Eichthermometer oder Gasspürgerät bzw. Psychrometer).

- Überprüfung der Peil- und Entwässerungseinrichtungen der Kühlraumbilgen und -brunnen.
- Bei Übernahme von Kühlcontainern ohne eigene Kühlaggregate Überprüfung der Luftkanäle und der Luftkanalkupplungen auf Dichtigkeit.

Nach Erfüllung der technischen Voraussetzungen ist bei der Vorbereitung zur Ladungsübernahme besonders auf folgende Punkte zu achten:

Die Kühlräume müssen sauber, trocken und geruchfrei sein. Wenn gewaschen werden muß, sollten Hochdruck-Wassersprühgeräte verwendet werden, die die Zugabe von Reinigungschemikalien erlauben. Im Abstand von maximal sechs Monaten sind die Kühlräume zu desinfizieren (mit Hochdruck-Wassersprühgerät möglich; es eignen sich aber auch Farbspritzpistolen). Man verwendet hierzu im allgemeinen Desinfektionschemikalien auf Ammoniak- oder Chlorbasis. Die Geruchfreiheit wird in vielen Fällen nur durch Deodorieren der Räume zu erreichen sein. Dies geschieht am wirksamsten, indem die trockenen Räume mit ca. 6%iger Wasserstoffperoxidlösung ausgesprüht werden.

Wasserstoffperoxid ist in unterschiedlicher Konzentration in den meisten Häfen leicht erhältlich (englisch: hydrogene peroxide). Es muß mit Frischwasser verdünnt werden. Es wird davon abgeraten, Wasserstoffperoxid in höherer als 40%iger Konzentration an Bord zu bevorraten, weil es sich mit zunehmender Konzentration unter Abgabe von Sauerstoff schnell zersetzt und einen Brand erheblich vergrößern kann bzw. selbst heftig verbrennt. Beim Arbeiten mit Wasserstoffperoxidlösung ist Schutzkleidung zur Vermeidung von Irritationen der Haut zu tragen.

Ungefähr eine Stunde nach dem Ausspritzen der Räume kann nachgewaschen werden. Wenn die Geruchbelastung weniger stark ist, reicht eine mehrstündige Zwangsdurchlüftung aus (ca. 10 h), gefolgt von einer Kühlraumozonisierung mit ca. 15 mg pro m^3 und h über ca. 4 h.

Wird vor dem Laden eine Ballastreise durchgeführt, so ist während der ganzen Reise zu lüften. Erlaubt es das Wetter, so können die Luken auch zeitweise offen gefahren werden. Es soll jedoch erst kurz vor Ladebeginn bei geschlossenen Luken und Außenluftklappen ozonisiert werden.

Die Binslatten, Schottverkleidungen und Grätings müssen sauber und geruchfrei sein und fest aufliegen bzw. befestigt sein. Ihre Reinigung und Desinfizierung erfolgt in gleicher Weise wie die der Kühlräume. Fehlende Teile sind zu erneuern. Sind die Zwischendeckluken mit beweglichen Grätings ausgestattet, so ist auf gute Markierung zu achten, damit die Ladeoperation beim Auslegen der Grätings nicht unnötig gestört wird.

Bei Tiefkühlladung (bzw. ab ca. $-10\,°C$) ist Salz in die Wannen der Kühlraumbatterien in den einzelnen Decks und in die Abflüsse der Laderaumbilgen einzustreuen, um nach dem periodischen Abtauen während der Reise zu gewährleisten, daß das Wasser ablaufen kann und nicht in den Leitungen gefriert (Gefahr schwerer Schäden am Lenzsystem). Die Kästen in den Luken, in denen Meßfühler untergebracht sind, sollten mit starkem Draht verschlossen werden (Gefahr der Beschädigung bzw. des Diebstahls). Die Raumbeleuchtung, die Raumleitern und die Einstiege müssen in einwandfreiem Zustand sein. Wetterdecksluken und Seiten- bzw. Heckpforten sind auf Dichtigkeit zu prüfen. Das für die Übernahme und die Beförderung der Ladung erforderliche Material wie Garnier, Stroppen, Palettengeschirr, Separationsnetze und -farben und Laschmaterial ist zu überprüfen und bereitzulegen.

2.9.3 Vorkühlen

Das Vorkühlen der Räume muß so zeitig geschehen, daß die geforderte Temperatur entsprechend der erforderlichen Vorkühlzeit vor Ladebeginn erreicht ist. Um Verzögerungen bei Ladebeginn zu vermeiden, muß an Bord Klarheit über die Vorkühltemperatur und die Vorkühlzeiten herrschen. Die erforderlichen Angaben sind vom Ablader/Agenten oder vom Charterer zu erfragen.

Einige ausgewählte Vorkühltemperaturen (nach Salén Instructions, Dez. 1975).

Ladung	Verpackung	Vorkühltemperatur in °C
Äpfel	Kisten/Kartons	+ 1
Bananen	Kartons	+ 7
Butter	Kartons/Kisten	−15
Egg pulp	Dosen	−15
Eier, frische	Kartons	+ 0,5
Fisch	Kartons	−18
Kaninchen	Kartons	−15
Kartoffeln	Säcke	+ 4
Schweinefleisch	Kartons	−18
Schweinehälften	Jute	−15

Die Vorkühldauer, d.h. die Zeit, während der die Vorkühltemperatur vor Ladebeginn im Raum gehalten werden muß, richtet sich nach der Vorkühltemperatur. Eine Vorkühltemperatur von −18 °C ist mindestens 24 h vor Ladebeginn zu halten, wogegen für eine Vorkühltemperatur von +7 °C im allgemeinen 12 h vor Ladebeginn ausreichen. Es ist darauf zu achten, daß Garnier- und Laschmaterial mit vorgekühlt wird. „Warmes" Stauholz kann bei Gefriergut leicht zu Claims führen.

2.9.4 Beladungsplanung und Stauung

Die Ladung ist so zu verteilen, daß möglichst kurze Lade- und Löschzeiten erzielt werden. Ein Separieren nach Bestimmungshäfen reicht im allgemeinen nicht aus. Bedeutende Charterer, z.B. Salén Reefer Services AB (SRS), verlangen bzw. wünschen konnossementsgerechte Stauung im Blockstau. Dies ist auch in den Stauplänen deutlich zu machen. Die Blockstauweise läßt überdies auch codierte Staupläne zu. Die Ladungsverteilung und die Stauweise sind dem Charterer bzw. dem Agenten im Bestimmungshafen mitzuteilen.

Die Ladungsübernahme und die Stauung sind bei Kühl- und Gefrierladungen in weit höherem Maße zu überwachen als bei normaler Stückgutladung. Im Vordergrund stehen dabei die Vermeidung von Ladungsschäden durch Schiffsverschulden und die Abwehr von ungerechtfertigten Claims der Empfänger gegen das Schiff. Auch die Anwesenheit vom Ablader beauftragter Kontrolleure macht eine schiffsseitige Überwachung nicht überflüssig. Diese erstreckt sich auf den Zustand der Verpackung und des Gutes sowie auf die Stauung. Notwendige Hilfsmittel sind bei Kühlgütern Pulpthermometer und Messer sowie bei Gefrierladungen Bohrmaschine (oder Handbohrer) und Steckthermometer zur Zustandsuntersuchung und Messung der Kerntemperatur. Die gemessenen Werte sind zu protokollieren.

Schriftliche Angaben des Abladers oder des Charterers über höchstzulässige Pulptemperaturen, die Beförderungstemperatur, den Reifezustand bei Fruchtladungen sowie weitere, zur korrekten Ladungsbehandlung erforderliche Angaben sollten unbedingt angefordert werden. Problematisch ist besonders die Verträglichkeit verschiedener Kühl- und Gefriergüter untereinander. Anweisungen sind strikt einzuhalten, denn durch die gegenseitige Beeinflussung verschiedener Ladungen ist es schon zu schwersten Ladungsclaims gekommen.

Nicht einwandfrei erscheinende Packstücke, z.B. angetaute Kartons mit Gefriergut, sind zurückzuweisen. Beharrt der Ablader auf Übernahme, so ist ein Ladungsbesichtiger hinzuzuziehen und gegebenenfalls der Charterer zu verständigen.

Die Stauung der Kühl- bzw. Gefriergüter richtet sich nach der Art der Laderaumventilation. Heute werden Kühlschiffe im allgemeinen mit vertikaler Luftführung gebaut; es

gibt aber auch noch Schiffe mit der etwas nachteiligen horizontalen Luftführung. Staugrundsätze sind:
- kurze Luftwege ohne Luftstau (Luftkurzschluß),
- glatte Lüftungskanäle,
- jedes Ladungsteil muß von der Kühlluft erreicht werden.

Kartons mit Lüftungsöffnungen (z. B. Bananen) sind so zu stauen, daß die Lüftungsöffnungen genau aneinander anschließen. Die Laderaumentlüftungslöcher und die Lüftungsschlitze sind während des Beladens sorgfältig freizuhalten (u. U. einen Mann für diese Aufgabe abstellen). Es ist so standfest zu stauen, daß Lüftungskanäle nicht während der Seereise durch umstürzende Ladung verstopft werden können. Zu diesem Zweck ist neben Stauholz der Gebrauch von Airbags und von Sidefences (Sideshorings) zur Abstützung der Paletten gegen schräge Bordwände sinnvoll. Kühlfleisch (chilled beef), das zur Vermeidung von Druckstellen (Entsaftung) und Schimmelbildung nur hängend transportiert werden darf, muß besonders sorgfältig befestigt werden, damit Seegang nicht Druck- und Stoßstellen verursachen kann. Gefrierfleisch-Tierhälften sind bei vertikaler Durchlüftung längsschiffs, bei horizontaler Durchlüftung querschiffs auf ihrer schmalen Seite liegend zu stauen. Bei größeren Stauhöhen kann im Kreuzverband gestaut werden. Die unregelmäßige Form der Ladungsstücke gewährleistet im allgemeinen eine ausreichende Durchlüftung.

Befindet sich in dem Ladungskühlraum bereits eine Gefrierteilladung, so ist diese vor dem Öffnen der Luke zur Vermeidung von Reifbildung auf der Ladung sorgfältig abzudecken. Besteht die Gefahr, daß durch schleppendes Beladen die Qualität des Ladegutes im Raum beeinträchtigt werden kann, so ist beim Stauer zu protestieren. Bei schubweiser Anlieferung kleiner Partien (z.B. durch Lastkraftwagen) muß nötigenfalls nach jeder Teilpartie die Luke geschlossen werden. In Häfen mit hohen Außentemperaturen ist vorzugsweise nachts zu laden. Nach Beendigung des Ladens sind die Luken sorgfältig abzudichten. Gute Dienste leistet bei der Abdichtung von Zwischendecksluken (Pontondeckel) und Kühlraumtüren Papierklebeband, mit dem alle Spalten und Schlitze luftdicht verklebt werden können.

2.9.5 Verträglichkeit einiger ausgewählter Kühl- bzw. Gefriergüter

(Unter der Voraussetzung, daß jede Abteilung luft- und kühltechnisch unabhängig voneinander betrieben wird)

	Kühlgüter					Gefrierladungen		
	Orangen	Bananen	Rindfl.	Eier	Fette	Fleisch	Fisch	Fette
Kühlgüter:								
Orangen	—	3	3	3	3	4	4	4
Bananen	4	—	3	3	3	4	4	4
Rindfleisch	3	3	—	3	2	3	4	3
Eier	3	3	3	—	2	3	4	3
Fette	3	3	3	2	—	3	4	3
Gefrierladung:								
Fleisch	4	4	3	3	3	—	4	1
Fisch	4	4	4	4	4	4	—	4
Fette	4	4	3	3	3	1	4	—

Zusammenladung in einer Abteilung zulässig	1
in getrennten Abteilungen (ohne Isolierung)	2
in getrennten Abteilungen (thermisch und lüftungstechnisch gegen andere Abteilungen isoliert)	3
in verschiedenen Schottenabteilungen	4

Hinweis: Butter ist besonders geruchempfindlich; sie darf daher im allgemeinen nicht mit anderen Gütern zusammengestaut werden. Einige Empfänger erlauben lediglich bei Gefrierbutter die Zusammenstauung mit Gefrierfleisch.

2.9.6 Ladungsfürsorge während der Reise

Es ist unbedingt anzustreben, vom Ablader oder Charterer eine schriftliche Kühl- bzw. Reiseorder mit Angabe weiterer, neben der Temperatur zu überwachender Parameter wie Luftwechsel, Generallufterneuerung, relative Luftfeuchte und höchstzulässigen CO_2-Gehalt zu bekommen. Zusammen mit den während der Seereise registrierten Meßdaten ist dies der sicherste Weg, um ungerechtfertigte Claims der Empfänger abzuwehren. In der meistens in englischer Sprache geschriebenen Kühl- bzw. Reiseorder wird bei den Temperaturen unterschieden zwischen

delivery temperature	– Temperatur der Laderaumzuluft
hold bzw. carrying temperature	– Raum- bzw. Transporttemperatur
pulp temperature	– Temperatur des Ladegutes
return temperature	– Ablufttemperatur

Zweifel über die gemeinte Temperatur sind unbedingt aufzuklären.

Nach dem Schließen der Luken ist möglichst schnell auf die Transporttemperatur herunterzukühlen. Gelegentlich wird vorher noch eine Generallufterneuerung zum Abführen von Gerüchen vorgenommen. Eine Ozonisierung ist nur nach Absprache mit dem Ablader/Charterer durchzuführen. Bei Butterladung darf z.B. nicht ozonisiert werden.

Die vorgegebenen Temperaturen müssen möglichst sorgfältig eingehalten werden. Ein Abweichen nach oben oder nach unten kann Ladungsschäden zur Folge haben (Kaltlagerschäden). Die Temperaturregelung erfolgt im allgemeinen durch Thermostaten. Während der Reise sind die Zu- und Ablufttemperaturen sowie die durch im Raum befindliche Temperaturfühler gemessenen Raumtemperaturen fortlaufend zu registrieren (Trendwerte).

Fruchtladungen erfordern vorsichtiges Zuführen von Frischluft. Bei extremen Außentemperaturen ist darauf zu achten, daß die zulässigen Raumtemperaturen nicht über- oder unterschritten werden. Unter Umständen muß die Frischluft beheizt werden. Die relative Luftfeuchte ist dabei auf ca. 90% zu halten, um ein Austrocknen der Früchte zu verhindern. Die Laderaumlüfter werden im allgemeinen auf maximalen Luftwechsel (ca. 70fach per h) eingestellt.

Ist bei Gefrierladung die Transporttemperatur erreicht, so ist die Zulufttemperatur auf ca. 2 bis 3 °C unter der geforderten Raumtemperatur zu regeln und der Luftwechsel auf Minimum (ca. 10fach per h) einzustellen. Frischluftzufuhr ist nicht erforderlich. Bei Geruchentwicklung im Raum können nach Absprache mit dem Ablader/Charterer geringe Mengen Ozon zugeführt werden. Die relative Luftfeuchte ist auch hier bei ca. 90% zu halten, um Gewichtsverluste durch Austrocknen zu verhindern.

Sollten während der Reise Schwierigkeiten auftreten, die u.U. Ladungsschäden zur Folge haben können, so ist zur Ankunft im Bestimmungshafen unbedingt ein Ladungsbesichtiger über den Agenten anzufordern. Der Charterer/Reeder ist über alle Einzelheiten zu unterrichten.

2.9.7 Löschen

Grundsätzlich gelten die für die Beladung gemachten Ausführungen auch für das Löschen. Es ist darauf zu achten, daß Temperaturkontrollen unmittelbar während des Löschens der Ladung vorgenommen werden. Nicht selten werden ungerechtfertigte Claims gegen das Schiff gerichtet, weil nach unzulässig langer Verweildauer der Ladung an der Pier bei hohen Außentemperaturen die Ladungstemperaturen von Land aus zu spät kontrolliert wurden.

2.9.8 Einige wichtige Kühlladungen

Die angegebenen Daten können nur ungefähre Richtwerte sein. Unter demselben Oberbegriff wie z. B. Äpfel sind häufig sehr verschieden zu behandelnde Sorten zu finden. Es wird daher dringend empfohlen, sich grundsätzlich vom Ablader oder Charterer eine schriftliche Lade- bzw. Reiseorder geben zu lassen, in der alle wichtigen Angaben festgehalten sind.

Ladung	Kühltemperatur Relative Feuchte Luftwechsel	Bemerkungen
Äpfel, Birnen	0 bis +3 °C 85–90% 40–60fach per h	Möglichst nicht zusammenstauen. Trocken verladen. Kisten auf die Seite legen, gewölbter Deckel gegen Boden der nächsten. Wenn mehr als 10 Lagen, Zwischenboden aus Brettern. Nach Übernahme täglich 4mal, später 2mal Generallufterneuerung. CO_2-Gehalt zwischen 1 und 0,5 Vol.-% halten. 2mal täglich ca. 1 h ozonisieren (ca. 0,4 mg pro m^3 und h).
Bananen	+11,4 bis +14,5 °C 85–90% (grüne B.) ca. 80% (reife B.) 40–65fach per h	Auf +6 bis +10 °C vorkühlen (je nach Sorte und Ablader). Nach Übernahme in 24–48 h Ladung auf Transporttemperatur bringen. 2–4mal täglich Generallufterneuerung. 2mal täglich ca. $^1/_2$ h ozonisieren (ca. 0,5 mg pro m^3 und h). Gegen Reifezeit sorgfältige Kontrolle.
Butter, Lagerdauer < 2 Wochen	0 bis −1 °C 80–90% 25fach per h	Sehr geruchempfindlich. Jedes Eindringen von Fruchtgasen verhindern. Langsam herunterkühlen.
Butter, Lagerdauer > 2 Wochen	−12 bis −18 °C ca. 85% 25fach per h	Sehr geruchempfindlich. Jedes Eindringen von Fruchtgasen verhindern. Langsam herunterkühlen.
Citrusfrüchte:		
Apfelsinen Grapefruits Zitronen	+1 bis +6 °C +8 bis +10 °C +2 bis + 8 °C 82–90% 40–60fach per h	Vor Übernahme Räume auf 0° kühlen. Geruch ist für Eier, Butter, Fleisch, Äpfel schädlich. Möglichst schnell herunterkühlen, 1–2mal täglich Generallufterneuerung. Frischluftzusatz (23%/min). 2mal täglich ca. 1 h ozonisieren (ca. 0,4 mg pro m^3 und h).
Eier, frisch	0 bis +0,5 °C 75–85% 25–40fach per h	Sehr empfindlich gegen Feuchtigkeit und Geruch. Täglich Generalluftwechsel. Ozonisierung nur nach Absprache mit Ablader/Charterer.
Eier/Gefrier (in Tins)	< −18 °C < 85% 10fach per h	Raum auf −16 °C vorkühlen. Stichproben: Deckel öffnen, bis Mitte Inhalt vorbohren und mit Steckthermometer Temperatur prüfen. Geruchempfindlichkeit.
Fisch/Gefrier	ca. −20 °C 80–95%	Ladungsübernahme häufig direkt von Frosttrawlern bzw. Fabrikschiffen. Räume nach Löschen sofort sorgfältig reinigen, bevor verbliebene Ladungsreste auftauen (starker Geruch).
Fleisch/Kühl- (chilled beef bzw. meat)	−0,5 bis −2 °C ca. 85%	Viertel sind nur außen gefroren und werden an Haken unter Deck und an Ketten hängend befördert. Sehr empfindliche Ladung. Druckstellen (Entsaftung) müssen vermieden werden.
Fleisch/Gefrier-	−12 bis −18 °C ca. 90% 10fach per h	Tiefgefrorene Ladung, eingenäht. Wird in Bulk gestaut. Vor dem Laden Raum auf −18 °C herunterkühlen. Ozonisierung bei fettem Fleisch die ersten beiden Tage voll, danach täglich 2 bis 3 h (ca.

Ladung	Kühltemperatur Relative Feuchte Luftwechsel	Bemerkungen
		4 mg pro m³ und h), bei magerem Fleisch ebenfalls die ersten beiden Tage voll, danach ca. 4 h täglich in gleicher Dosierung.
Käse	+2 bis +4 °C ca. 75% 20fach per h	Schnell übernehmen, damit Käse sich nicht erwärmt. Geruchempfindlich. Vorsicht, Käse kann giftige Gase absondern!

Weitere Kühltemperaturen (auch für Proviantkühlräume)

Kartoffeln	+4 °C	Fleischkonserven	+ 1 °C
Kohl	−2 °C	Schmalz	+ 1 °C
Tomaten	+1 °C	Gefrorenes Geflügel	− 7 °C
Weintrauben	+3 °C	Gefrorener Fisch	−12 °C
Zwiebeln	+2 °C	Fischkonserven	+ 1 °C
Kastanien	+3 °C	Kaviar	− 3 °C
Schnittblumen	+3 °C	Gefriermilch	− 7 °C
Maiblumenkeime	+2 °C	Dosenmilch	+ 1 °C
Kühlfleisch	+2 °C	Bier	+ 6 °C
Räucherwaren	+2 °C	Hefe	+ 3 °C

2.9.9 Vergleich der Thermometerskalen

°C	°F	°C	°F	°C	°F	°C	°F
+40	104,0	+20	68,0	± 0	32,0	−20	− 4,0
+39	102,2	+19	66,2	− 1	30,2	−21	− 5,8
+38	100,4	+18	64,4	− 2	28,4	−22	− 7,6
+37	98,6	+17	62,6	− 3	26,6	−23	− 9,4
+36	96,8	+16	60,8	− 4	24,8	−24	−11,2
+35	95,0	+15	59,0	− 5	23,0	−25	−13,0
+34	93,2	+14	57,4	− 6	21,2	−26	−14,8
+33	91,4	+13	55,2	− 7	19,4	−27	−16,6
+32	89,6	+12	53,6	− 8	17,6	−28	−18,4
+31	87,8	+11	51,8	− 9	15,8	−29	−20,2
+30	86,0	+10	50,0	−10	14,0	−30	−22,0
+29	84,2	+ 9	48,2	−11	12,2	−31	−23,8
+28	82,4	+ 8	46,4	−12	10,4	−32	−25,6
+27	80,6	+ 7	44,6	−13	8,6	−33	−27,4
+26	78,8	+ 6	42,8	−14	6,8	−34	−29,2
+25	77,0	+ 5	41,0	−15	5,0	−35	−31,0
+24	75,2	+ 4	39,2	−16	3,2	−36	−32,8
+23	73,4	+ 3	37,4	−17	1,4	−37	−34,6
+22	71,6	+ 2	35,6	−18	−0,4	−38	−36,4
+21	69,9	+ 1	33,8	−19	−2,2	−39	−38,2

2.10 Schüttladungen

2.10.1 Erze und Konzentrate[10]

Erze, Erzkonzentrate und andere Mineralstoffe werden heute fast ausschließlich auf Spezialschiffen als Schüttladung transportiert. Kleinere Partien kommen als Teilladungen aber auch auf Stückgut- und Mehrzweckfrachtern zur Verschiffung.

Besondere Eigenschaften. Als Schüttgüter neigen diese Ladungen zum Übergehen in schwerem Wetter, was zu Krängung und sogar zum Kentern des Schiffes führen kann. In den „Richtlinien für die sichere Behandlung von Schüttladungen" der SeeBG vom April 1975 wird empfohlen, Ladungen, die einen Schüttwinkel von 35° oder weniger haben, gut zu trimmen, d. h. im Laderaum einzuebnen. Auch sollten die Laderäume unter Beachtung der zulässigen Belastung (siehe Bd. 3B, Kap. 1.7) möglichst voll gefüllt werden. Ist der Schüttwinkel größer als 35°, so genügt es im allgemeinen, die Schüttkegel im Bereich des Lukenschachtes abzutragen und die Ladung in die Seiten zu verteilen. Bei sehr schweren Erzen (z. B. Eisenerz, Bleierz) ist ein Trimmen allein aus Gründen der gleichmäßigeren Belastung der Tankdecke erforderlich.

Der Schüttwinkel (englisch: Angle of repose) einer Massengutladung kann als Maß für die „Standfestigkeit" dieser Ladung angesehen werden. Er stellt sich an der Basis eines Schüttkegels ein. Man erhält diesen Wert vom Ablader oder als groben Anhalt aus den Richtlinien der SeeBG oder durch eigene Messung (Bild 2.24).

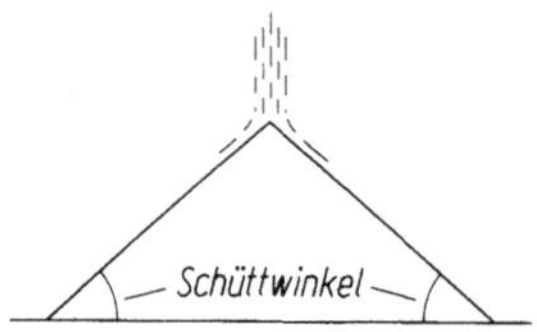

Bild 2.24. Schüttwinkel

Wird eine schwere Schüttladung ausschließlich in den Unterräumen gefahren, so wird das Schiff sehr „steif" sein. Die relativ große metazentrische Anfangshöhe ist einerseits von Vorteil, da sie die Krängung aus einem möglichen Übergehen von Ladung gering hält. Andererseits ist ein übermäßig steifes Schiff starken Beanspruchungen in Verbänden, Ausrüstung und Einrichtung ausgesetzt, und die Besatzung wird spürbar belastet. Daher könnte es ratsam sein, einen kleinen Teil der Ladung im Zwischendeck zu befördern. Dort ist sie allerdings nahezu eben zu trimmen und u. U. durch ein Längsschott oder „Bins" zu sichern. Gleichzeitig muß auch die Unterraumladung mehr getrimmt werden. Aus wirtschaftlichen Gründen wird meist von einer Beladung des Zwischendecks Abstand genommen. Auch darf die Gefahr der Beschädigung der Zwischendeckslukendeckel durch Greifer nicht übersehen werden.

Erzkonzentrate sind überwiegend feinkörnige Aufbereitungen üblicher grober Erze, aus denen ein Großteil des tauben Gesteins durch Schlämmverfahren entfernt worden ist. Besitzen Konzentrate und andere feinkörnige Schüttladungen einen Feuchtegehalt von weniger als ca. 5 %, so neigen sie zum „trockenen" Übergehen und zeigen dann auch relativ kleine Schüttwinkel (z. B. Phosphat aus Marokko). Die meisten Konzentrate werden jedoch mit einem höheren Wassergehalt verschifft. Bei einer prozentualen

10 Empfehlenswerte Literatur: Bes, J.: Bulk Carriers. London: Barker & Howard Ltd. Ferner IMCO: Code of Safe Practice for Bulk Cargoes, 1977.

Feuchte, die gleich oder größer als der sogenannte „Verflüssigungspunkt" ist (englisch: Flow moisture point, meist um 10 %), kann eine Konzentratladung durch Verdichtung und Feuchtigkeitsverlagerung breiartig werden und dadurch übergehen. Auslösende Faktoren sind die normale Vibration und Bewegungen des Schiffes im Seegang. Die UVV der SeeBG sehen daher grundsätzlich den Bau extra starker Längsschotte vor, die die Stabilitätsbeeinträchtigung durch das „feuchte" Übergehen eines Konzentrates verringern sollen.

Die Kosten für den Bau solcher Schotte fallen natürlich nicht an, wenn das Schiff über fest eingebaute Längsschotte oder über andere bauliche Einrichtungen (z. B. Seitenhochtanks) verfügt, durch die die freie Oberfläche des Konzentrates wirksam unterteilt oder verkleinert wird. Allerdings darf auch die Zunahme des statischen Druckes auf Schotte und Bordwände nicht übersehen werden, wenn ein Konzentrat oberhalb des Verflüssigungspunktes breiartig wird. Über die Eignung des Schiffes zur Beförderung „feuchter" Konzentrate sollte ein amtliches Zertifikat (SeeBG) ausgestellt werden.

Ebenso kann auf den Bau eines Schottes verzichtet werden, wenn der Kapitän vom Ablader den Nachweis erhält, daß die Feuchte des zu ladenden Konzentrates nicht größer als 90 % der Feuchte im Verflüssigungspunkt ist. Solche Nachweise werden von unabhängigen Surveyfirmen nach einem vorgeschriebenen Verfahren erbracht. Ein darüber ausgestelltes Attest muß neben der Identifikation der betreffenden Ladungspartie folgende Angaben tragen:

Beispiel:	Texas Gulf zinc concentrate (High silver)	
	Moisture contents (Datum):	7,73 %
	Flow moisture point:	10,73 %
	Maximum transportable limit:	9,66 %.

Der Flow moisture point bleibt als Materialkonstante über einen längeren Zeitraum unverändert, somit auch die Feuchtigkeitsgrenze für den Transport. Hingegen ist es ratsam, besonders bei regnerischem Wetter, die tatsächlich vorhandene (aktuelle) Feuchte des zu übernehmenden Konzentrates nachzuprüfen. Dies geschieht am einfachsten durch die Messung des Gasdruckes eines Konzentrat-Carbid-Gemisches in einem geschlossenen, geeichten Meßbehälter (z. B. „Speedy moisture tester" der Firma Th. Ashworth, Lancashire, England). Etwas länger dauert das Verfahren der exakten Wägung, Trocknung im Backofen und Wiederwägung einer Probe. Der Feuchtegehalt ergibt sich dann nach der Formel:

$$\text{Feuchte in Prozenten} = \frac{\text{Feuchtgewicht} - \text{Trockengewicht}}{\text{Feuchtgewicht}} \cdot 100.$$

Ist in einem Hafen vom Ablader oder von den Hafenbehörden kein Zertifikat zu bekommen, so nützt die Bestimmung der aktuellen Feuchte nur wenig, wenn der Verflüssigungspunkt und damit die zugelassene Transportfeuchte unbekannt sind. Für diesen Fall geben die Richtlinien der SeeBG über Schüttgüter ein Behelfsverfahren an, mit dem die Schiffsleitung eine grobe Abschätzung einer etwas vorhandenen Gefahr des Breiigwerdens vornehmen kann.

Obwohl diese Gefahr schon seit längerem bekannt war, ging im Jahre 1966 ein rund 18000 tdw tragender Massengutfrachter unter deutscher Flagge im Ausgang des Englischen Kanals mit einer Ladung Eisenerzkonzentrat aus dem Schwarzen Meer unter. Die Ladung war durch Vibration und Seegangsbewegungen in der Biscaya zuerst in einer Luke breiig geworden und führte so zu Schlagseite. Durch Übergehen weiterer Ladung kenterte das Schiff schließlich. Auch später hat es im Ausland noch derartige Unfälle gegeben.

Eine weitere, gefährliche Eigenschaft einiger Konzentrate, meist solcher, die Schwefelverbindungen enthalten, ist die Neigung zur Selbsterhitzung, wenn sie zu trocken verschifft werden. Andererseits gibt es Berichte[11] von erheblichen Korrosionserscheinungen an Tankdecken und Laderaumwänden durch schwefelhaltige Konzentrate mit höherem Feuchtigkeitsgehalt, vor allem nach Kontakt mit Seewasser. Es wird daher empfohlen, vor der Übernahme einer Konzentratladung Erkundigungen über solche Eigenschaften einzuholen, damit man rechtzeitig Schutzvorkehrungen treffen kann: Bestellen eines Sachverständigen, genaue Kontrolle der Feuchte, Setzen von Thermometerrohren, sorgfältiges Abdecken der Konzentratladung mit Plastikfolie, vor Betreten der Räume gründliches Lüften und genaue Messung des Sauerstoffgehaltes wegen Gasentwicklung und Sauerstoffmangels.

Etliche Unfälle mit tödlichem Ausgang zeigen, daß oxidierende Konzentrate den Sauerstoffgehalt im Laderaum drastisch herabsetzen können, besonders wenn die Ladungstemperatur schon zugenommen hat. Ohne Wissen des Wachoffiziers darf ein solcher Raum nie betreten werden. Ist das Betreten erforderlich, so sind die in § 69 UVV (Gefährliche Räume) genannten Verhaltensregeln streng zu befolgen.

Praktische Hinweise. Neben den bereits genannten gefährlichen Eigenschaften einiger Konzentrate sollte man möglichst schon vor Ankunft im Ladehafen vom Makler folgende Angaben zu erhalten versuchen: Staufaktor der Ladung, Schüttkapazität der Anlage, Anzahl, Höhe und Beweglichkeit der Schütten, Wassertiefe am Liegeplatz, Tidenhub, Dichte des Hafenwassers, Höhe der Pier. Mit diesen Angaben läßt sich die Beladungsplanung durchführen (siehe 2.2). Sie umfaßt hier auch die Rotationsplanung (Reihenfolge der Luken) mit dem Ablauf des Deballastens. Obwohl man vor Ankunft möglichst viel Ballast gelenzt haben sollte, muß doch soviel an Bord verbleiben, wie das Schiff je nach

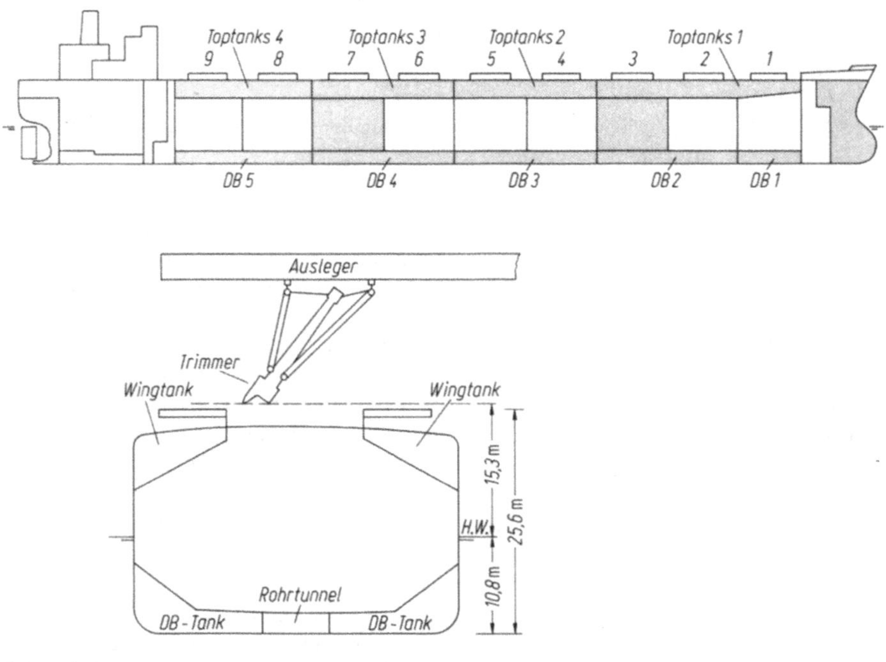

Bild 2.25. Beispiel der Beballastung eines 112 000-tdw-OBO-Carriers bei Ladebeginn in Hampton Roads (Kohle)

---

11 Ghys, R.: The Carriage of Metal Sulphide Concentrates in Bulk. Safety at Sea (Oktober 1977), S. 46.

Windverhältnissen zum sicheren Manövrieren braucht. Auch sollte man darauf achten, daß das Schiff so tief liegt, daß die Schütten bei Ladebeginn arbeiten können.

Beispiel: Ein 112000 tdw OBO-Carrier (Bild 2.25) soll in Hampton Roads Kohle laden. Die Höhe der Schütte über Hochwasser wird mit 15,3 m angegeben. Bei einer Seitenhöhe plus Lukensüll von 25,6 m muß das Schiff auf ebenem Kiel mit einem Mindesttiefgang von 10,8 m liegen. Das erfordert vollen Ballast (39050 t) plus 24700 t Seewasser in den Laderäumen 3 und 7. Das Schiff besitzt zwei Ladeölpumpen mit je 3500 m^3/h und zwei Ballastpumpen mit je 1500 m^3/h Förderleistung. Es wird mit zwei Schütten von je 8000 t/h geladen. Mit Hilfe eines üblichen Beladungsrechners läßt sich eine Rotation aufstellen, bei der Biegemomente und Querkräfte in den zulässigen Hafengrenzen bleiben und das Schiff bis kurz vor Ladeende leicht achterlastig liegt, damit der Ballast gut gelenzt werden kann (siehe Bd. 3B, Kap. 1).

Die Ladefolge ist der Stauerei unbedingt schriftlich zu übergeben (Bild 2.26).

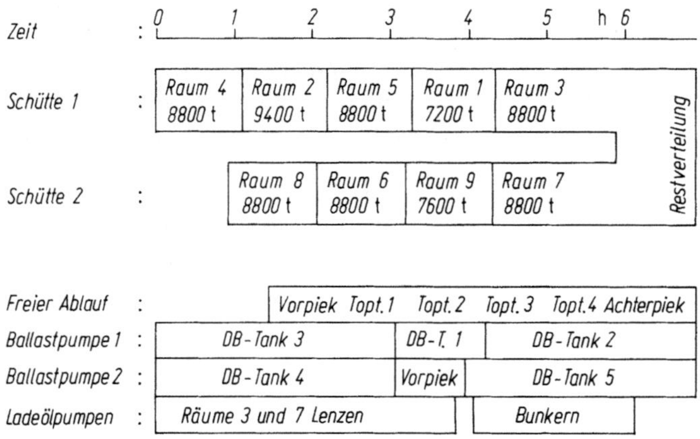

Bild 2.26. Zeitlicher Ablauf von Laden, Deballasten und Bunkern auf einem 112000-tdw-OBO-Carrier (Kohle aus Hampton-Roads)

Die Laderäume müssen bei Ankunft besenrein und möglichst trocken sein. Vor und nach der Beladung wird meist auf Veranlassung des Abladers ein Draught-Survey (Deadweight-Survey) durchgeführt, bei dem die Masse der eingenommenen Ladung aus der Tiefgangszunahme bestimmt wird. Die Schiffsleitung sollte alle Ablesungen, Messungen und Rechnungen kontrollieren und nötigenfalls eine eigene Rechnung aufmachen (siehe Bd. 3B, Kap. 1.6). Beim Laden von schweren, nicht raumfüllenden Erzen und Konzentraten ist darauf zu achten, daß die Erzhaufen gemäß Erzbeladungsempfehlung Mitte Raum geschüttet werden. Bei Ladung, die zum Übergehen neigt, sollte man durch entsprechende Führung der Schütten möglichst keine Schüttkegel entstehen lassen, um das anschließende Trimmen zu verkürzen. Wenn etwa 95 % der Ladung an Bord ist, wird der Ladevorgang gestoppt. Man liest die Tiefgänge vorn und hinten ab, berechnet die genaue Restmenge und bestimmt die Luken, in die dieser Rest zur Erzielung des gewünschten Abfahrtstrimms geladen werden soll.

Auch für das Löschen der Ladung ist die Rotation (hier Löschfolge) schriftlich an die Stauerei zu geben. Ebenso ist ein nochmaliger Draught-Survey zu empfehlen, damit vom Makler die genaue Kapazität an Leichtern, Waggons oder Haldenraum bestellt werden kann. Die Schiffsleitung sollte darauf achten, daß Leichter, Waggons bzw. Pierplatz sauber sind. Erforderlichenfalls muß ein Statement darüber erstellt werden, um spätere Reklamationen gegen das Schiff abzuwehren. Falls durch Wettereinfluß Wasser in die Ladung gelangt ist, sollte Verklarung abgelegt werden.

Das Löschen mit Greifern führt oft zu Schäden am Schiff. Diese sind sofort schriftlich der Stauerei und ggf. dem Zeitcharterer mitzuteilen und gemeinsam in einem Statement zu dokumentieren. Manchmal werden kleinere Schäden durch die Stauereien selbst kurzfristig repariert. Viele Stauereien zeichnen sich von angerichteten Schäden frei.

Während des Entladens muß das Schiff ballasten. Dies geschieht überwiegend durch Fluten. Müssen auch Hochtanks mit den Pumpen gefüllt werden, so ist für eine zuverlässige Aufsicht zu sorgen, damit es nicht zum Überlaufen in längsseits liegende Leichter kommt, oder durch Leckagen in den Tanks (nach Schlechtwetterreisen) Wasser in die Ladung dringt.

2.10.2 Kohle

Die Gefahren einer Kohlenladung sind Explosion von Grubengasen, Selbstentzündung und Übergehen. Gegen das Übergehen schützt man sich durch gutes Trimmen. Vorbereitung der Laderäume ist wie bei Erzen und Konzentraten (siehe 2.10.1).

Explosion von Grubengasen. Steinkohle enthält neben einigen Fremdstoffen (Tonerde, Kalk, Eisenoxid, Salz, Schwefelkies) stets unter Druck eingeschlossenes Grubengas, das hauptsächlich aus Methan besteht. Methan bildet bei einer Konzentration zwischen 5 und 15 Vol.-% mit Luft ein explosionsfähiges Gemisch. Die Menge des in der Kohle eingeschlossenen Gases ist gering bei Anthrazit, größer bei Fett- und bei Gaskohle. Das Grubengas entweicht besonders dann, wenn die Kohle beim Schütten ins Schiff stark zerkleinert wird. Naß gewordene Kohle bekommt beim Trocknen Risse und setzt so Gase frei. Kohle, die lange auf der Halde gelegen hat, gast weniger als frisch gebrochene. Starker Barometerfall fördert erfahrungsgemäß den Gasaustritt.

Lüften. Um die Bildung eines explosionsfähigen Gemisches zu verhindern, muß der Freiraum über der Kohle ständig belüftet werden (Oberflächenbelüftung). Werden dabei mechanisch betriebene Lüfter eingesetzt, so müssen sie ex-geschützt sein. Eine Ventilation innerhalb der Kohlenladung ist unter allen Umständen zu vermeiden, weil hierdurch Oxidation und Selbstentzündung begünstigt würden. Lüfter, die in die Ladung hinabreichen, sind daher abzudichten.

Auf modernen Bulkfrachtern (Bild 2.25) ist der Freiraum über der Ladung auf den Lukenschacht begrenzt. Deshalb sind während einer Kohlenreise die dafür vorgesehenen Lüfter auf die Lukendeckel oder an die Lukensülle zu flanschen.

Auf Schiffen mit festen Zwischendecks dürfen die Zwischendecksluken nicht angelegt werden. Auch dürfen auf die Kohlen keine Güter gestaut werden, die den Abzug der Gase behindern. Die elektrische Laderaumbeleuchtung ist wirksam stillzulegen durch Herausnehmen der Sicherungen. Die Laderäume dürfen nicht betreten werden.

Besonders zu beachten ist die Gefahr, daß durch Undichtigkeiten in Laderaumschotten, Wellentunnel oder Vermessungsöffnungen (auf alten Schiffen) Grubengase in benachbarte Räume (z.B. Kettenkasten, Kabelgatt, Maschinenraum) eindringen können. Solche Räume sind während und nach der Beladung ständig gut zu belüften und frei von Zündquellen zu halten (Rauchverbot, elektrische Sicherheitslampe). Der MAK-Wert von Methan liegt bei 1000 ppm, d.h. 0,1 %. Bevor Explosionsgefahr eintritt, ist die Luft in solchen Räumen für Menschen nicht mehr atembar. Es besteht daher grundsätzlich auch die Gefahr von Personenunfällen durch Gasvergiftung. Diese Gefahr kann, auch bei Lüftung, nur durch den sachgemäßen Gebrauch eines Gasspürgerätes rechtzeitig erkannt werden.

Selbstentzündung. Oxidation und Wärmestauung können zur Selbstentzündung einer Kohlenladung im Verlauf einer längeren Reise führen. Da die Oxidation bei höheren

Temperaturen schneller abläuft, kann durch Wärmezufuhr von außen (z. B. Maschinenraumschott, beheizte Bunkertanks) eine entscheidende Initialerwärmung stattfinden. Starke Zerkleinerung der Kohle beim Laden und das Trocknen naß gewordener Kohle fördern durch vermehrten Sauerstoffzutritt die Selbsterwärmung. Man sollte daher möglichst nur abgelagerte und trockene Kohle laden. Die UVV der SeeBG schreiben das Setzen von Thermometerrohren und tägliche Temperaturmessungen in der Ladung vor. Temperaturen über 40 °C sind ein Zeichen für Gefahr und verlangen nähere Untersuchung. Besonders nach schwerem Wetter, bei dem die Kohle in den unteren Schichten stark zerrieben worden ist, muß die Ladung auf Temperaturerhöhung und Rauchabsonderung sorgfältig überprüft werden.

Besteht der dringende Verdacht eines Brandnestes in der Kohle, so kann auf kleinen Schiffen versucht werden, die Luke zu öffnen, Wasser auf die Kohle zu geben und, wenn die Rauchentwicklung nachläßt, den Brandherd freizuschaufeln und mit Wasser zu ersäufen. Erscheint dies nicht durchführbar, so bleibt nur die Hilfe in dem ohnehin anzulaufenden Nothafen. Auf großen Schiffen ist der Laderaum mit CO_2 zu fluten. Die Schotten der angrenzenden Räume sind mit Wasser zu kühlen. Damit kann der Brand zwar nicht gelöscht, aber doch niedergehalten werden, bis das Schiff den Löschhafen oder einen Nothafen erreicht hat.

Braunkohlenbriketts werden vorwiegend in der kleinen Fahrt transportiert und neigen ebenfalls zur Gasentwicklung und Selbstentzündung. Sie dürfen nur vollständig ausgekühlt übernommen werden. Der Laderaum muß von den übrigen Schiffsräumen durch gasdichte Schotte getrennt sein (UVV).

2.10.3 Getreide

Getreide ist nach SOLAS 1974 (Kap. VI) Weizen, Mais, Hafer, Roggen, Gerste, Reis, Hülsenfrüchte, Saatgut und einige Getreideprodukte.

Eigenschaften von Getreide. Man unterscheidet Schwergetreide (z. B. Weizen mit 1,3 bis 1,4 m^3/t) von Leichtgetreide (z. B. Hafer mit 1,8 bis 2,1 m^3/t). Geschüttetes Getreide sackt während des Seetransportes bis zu 2 % des Volumens nach, weil die meist länglichen Körner sich durch Vibration umlagern. Die Schüttwinkel der Getreidearten liegen zwischen 30° und 45°. Wegen der glatten Oberfläche und der kleinen Partikelgröße der Körner „fließt" Getreide. Es kann daher zum Verstopfen von Bilgen, Lenzbrunnen und Lenzleitungen führen. Bilgen und Brunnen sind vor der Beladung mit Jutekleidern getreidedicht abzudecken.

Getreide unterliegt einem feuchte- und temperaturabhängigen Stoffwechsel. Feuchte und Wärme können bei einer Bulkladung nicht durch Lüftung abgeführt werden. Daher darf nur „verschiffungstrockenes" Getreide mit maximal 13 %, im Winter auf dem Nordatlantik mit maximal 15 % Feuchtegehalt verschifft werden (Zertifikat). Reis ist im allgemeinen feuchter und wird daher nur in Säcken unter Verwendung von besonderen Ventilationskanälen und -schächten verschifft. Beim Stoffwechsel atmet das Getreide, d. h. es nimmt Sauerstoff auf und gibt Kohlendioxid (CO_2) ab. Daher sind ganz oder teilweise mit Getreide beladene Räume „gefährliche Räume" im Sinne der UVV der SeeBG und dürfen ohne besondere Vorkehrungen (Lüften, Prüfen der Atembarkeit oder Preßluftatmer) nicht betreten werden. Beim Löschen sorgt der Saugrüssel des Getreidehebers zusätzlich für kräftige Luftumwälzung.

Saatgetreide verliert durch höhere CO_2-Konzentration die Keimfähigkeit und wird daher meist in Säcken verschifft, die gut belüftet werden müssen. Brotgetreide in Bulk wird durch höheren CO_2-Gehalt nicht geschädigt. Er verlangsamt lediglich die Atmung.

Getreide ist sehr nässeempfindlich (Stocken, Schimmel, Auskeimen). Man lüftet daher auf See nur bei gutem Wetter und muß im übrigen streng darauf achten, daß beim Laden, Löschen und auf See bei schlechtem Wetter weder Regen noch Spritzwasser an die Ladung gelangen (siehe auch 2.11). Gegen Schweißwasser an den Bordwänden ist man machtlos. Es bleiben häufig nach dem Löschen Getreidekörner dort kleben. Dies führt zu einem gewissen Schwund an der Gesamtmenge, der allgemein akzeptiert wird.

Brotgetreide ist ein Nahrungsgrundstoff. Die Ladungsfürsorge sollte daher wesentlich auf die Reinhaltung dieser Ladung gerichtet sein. Verunreinigungen durch andere Ladungsrückstände, insbesondere Chemikalienstäube, Ungeziefer und Fremdgeruch müssen durch gründliche Reinigung der Laderäume ausgeschaltet werden. In den meisten Getreideexporthäfen (USA, Kanada, Argentinien, Australien) werden die Laderäume vor der Beladung durch einen amtlichen Besichtiger untersucht und abgenommen. (Vorbereitung der Laderäume siehe 2.3.)

Stabilität bei Getreideverschiffung. Fließfähigkeit und teilweise kleine Schüttwinkel von Getreide führen leicht zum Übergehen dieser Ladung, wenn das Schiff in schwerem Wetter rollt. Nachteilig ist ferner, daß Getreide in den Räumen nachsackt, und so — auch bei anfangs vollständiger Füllung der Laderäume — Platz zu einseitiger Gewichtsverlagerung geschaffen wird. Zahlreiche Kenterunfälle in der Vorkriegszeit haben zur Entwicklung von Getreideladevorschriften geführt, die in Kap. VI der SOLAS-Konvention international verbindlich niedergelegt sind.

Nach SOLAS 1974 werden folgende Maßnahmen zur Sicherung der Stabilität bei Getreideladung anerkannt:

- weitgehendes Füllen der Laderäume und möglichst wenig teilgefüllte Räume,
- Ebentrimmen des Getreides in teilgefüllten Räumen,
- unter Umständen Bau eines Mittellängsschottes zur Verringerung der möglichen Menge des übergehenden Getreides,
- unter Umständen Überstauen des losen Getreides mit Getreide in Säcken in vorgeschriebener Stauhöhe,
- unter Umständen Überstauen oder Laschen einer Getreideoberfläche in vorgeschriebener Weise,
- unter Umständen Bau von Füllschächten zum Nachfüllen für gesacktes Getreide.

Da die Wirksamkeit dieser einzelnen Maßnahmen nur durch umfangreiche, den Schiffsleitungen kaum zumutbare Berechnungen festgestellt werden kann, schreibt SOLAS 1974 weiter vor, daß Schiffe, die Getreide laden sollen, mit amtlich (SeeBG, GL) beglaubigten Getreideladeplänen in englischer oder französischer Sprache ausgerüstet sein sollen, die von Werften oder Konstruktionsbüros erstellt werden.

Getreideladepläne enthalten unter anderem:

- Tabellen der volumetrischen Krängungsmomente (volumetric heeling moments) für das mögliche Übergehen von Getreide in vollen Räumen (full holds) oder in Kombinationen von Unterräumen und Zwischendecks (common loading). (Anmerkung: Das Übergehen in vollen Räumen ist im wesentlichen wegen des Nachsackens möglich und wird bei der Erstellung der Unterlagen mit 15° Neigung der Getreideoberfläche angenommen.)
- Diagramme der volumetrischen Krängungsmomente, Schwerpunkthöhen und Ladungsvolumina in teilgefüllten Räumen (slack holds), abhängig von der Füllhöhe. (Anmerkung: In teilgefüllten Räumen wird bei Erstellung der Unterlagen mit 25° Neigung der Getreideoberfläche gerechnet. Vol. Krängungsmoment dividiert durch Staufaktor = Massenkrängungsmoment.)
- Gerechnete Ladefälle für verschiedene Staufaktoren.
- Anweisungen für die Schiffsleitung zur Auswertung der Unterlagen und zur Durchführung von Maßnahmen in den Laderäumen (Trimmluken öffnen, Schotten bauen usw.).

Die Auswertung dieser Unterlagen durch die Schiffsleitung ergibt Prüfkriterien für die Stabilität des Schiffes, gerechnet für den ungünstigsten Zeitpunkt der Reise (worst condition), die vor Ladebeginn den örtlichen Hafenbehörden vorgelegt werden müssen. Diese Kriterien sind für gewöhnliche Stückgut- oder Mehrzweckfrachter (Bild 2.27):

1. *GM* darf unter Berücksichtigung freier Oberflächen in Tanks nicht kleiner als 0,30 m sein.
2. Der Krängungswinkel als Folge des vorausberechneten Übergehens des Getreides darf nicht größer als 12° sein.
3. Die Fläche unter der Resthebelarmkurve (schraffiert in Bild 2.27) darf nicht kleiner als 0,075 m · rad sein. Die rechte Begrenzung dieser Restfläche ist bei dem kleinsten der folgenden drei Winkel zu setzen: Winkel des größten Resthebels, Flutwinkel des Schiffes (Neigungswinkel, bei dem größere Öffnungen zu Wasser kommen), Winkel von 40°.

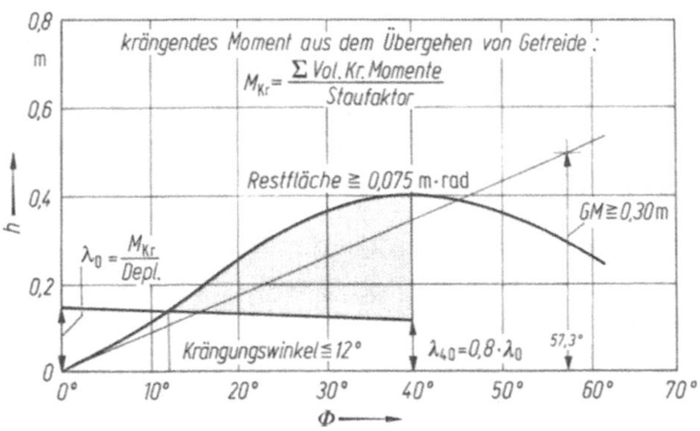

Bild 2.27. Stabilitätskriterien für die Verschiffung von Getreide auf „normalen" Schiffen nach SOLAS 1974

Ist eine dieser Bedingungen nicht erfüllt, so muß eine andere Kombination der vorgerechneten Möglichkeiten von Teilfüllung, Oberflächenbefestigung usw. gewählt und die Aufstellung der Kriterien wiederholt werden. In den meisten Fällen können die Kriterien ohne den kostspieligen Bau von Getreideschotten erfüllt werden.

Für besonders geeignete Schiffe (special suitable ships), z. B. Bulkcarrier mit Upper-Wingtanks, gilt nach SOLAS 1974:

Nach Sacken der Ladung um 2 Vol.-% und Übergehen um 12° in vollen Räumen (Bild 2.28), 12° (oder mehr nach Maßgabe der Aufsichtsbehörde) in teilgefüllten Räumen und um 8° in teilgefüllten Räumen mit wirksamer Oberflächenbefestigung des Getreides, darf der Krängungswinkel des Schiffes nicht größer als 5° sein.

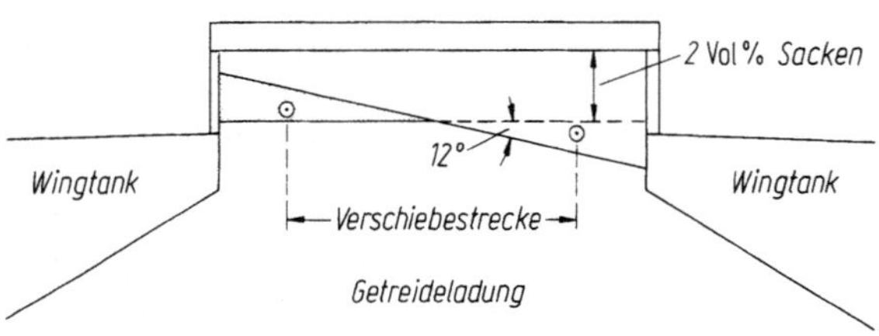

Bild 2.28. Zur Berechnung des krängenden Momentes aus dem Übergehen von Getreide auf „special suitable ships" nach SOLAS 1974

Schiffe ohne amtliche Getreideunterlagen müssen kostspielige Getreideschotte oder Oberflächenbefestigung in allen vollen Räumen und Oberflächenbefestigung in allen teilgefüllten Räumen einrichten. Darüber hinaus wird für *GM* nach einer Formel, in die Daten aus der jeweiligen Getreidestauung eingehen, ein Mindestwert festgesetzt, der während der bevorstehenden Reise nicht unterschritten werden darf (siehe SOLAS 74, Kap. VI).

Schiffe unter 500 BRT unterliegen nicht den SOLAS-Vorschriften und laden Getreide im allgemeinen nach den UVV der SeeBG. Diese sehen im wesentlichen Längsschotte und Oberflächenbefestigung vor und verlangen nicht den rechnerischen Nachweis bestimmter Stabilitätswerte.

2.11 Laderaummeteorologie

Bei Überseetransporten treten immer wieder Ladungsschäden auf, die zu großen Wertverlusten führen. Besonders extrem können Ladungsschäden sein, wenn Schiffe stark unterschiedliche Klimagebiete berühren bzw. durchqueren. Dabei kann es durchaus vorkommen, daß auf demselben Schiff auf einer Fahrt ein Teil der Ladung unbeschädigt bleibt, ein anderer Teil gleichartiger Ladung jedoch verdorben das Ziel erreicht. Ein großer Teil der Schäden an Gütern in Schiffsladeräumen beruht auf meteorologisch-klimatischen Faktoren, sei es, daß Ladungsteile aus Metall korrodieren, sei es, daß hygroskopische (d.h. wasserdampfaufnehmende) Güter Feuchteschäden bis hin zur Fäulnis- und Schimmelbildung erleiden, oder daß es zur Selbsterhitzung und zu Ladungsbränden bzw. Explosionen kommt. Solche Schäden lassen sich durch gezielte Lüftungsmaßnahmen verhindern bzw. verringern.

2.11.1 Begriffserklärungen

Absolute Luftfeuchte:	Wasserdampfgehalt in g/m^3
Sättigungsmenge:	Höchstmenge an Wasserdampf (in g/m^3), den die Luft aufnehmen kann. Sie ist abhängig von der Temperatur.
Dampfdruck:	Druck des Wasserdampfes in der Luft (in mbar). Mit dem Barometer mißt man die Summe des Druckes der trockenen Luft und des Dampfdruckes.
Sättigungsdampfdruck:	Höchstmöglicher Dampfdruck, wie die Sättigungsmenge abhängig von der Temperatur.
Relative Luftfeuchte (100facher Wert, angegeben in %)	$\frac{\text{Absolute Feuchte}}{\text{Sättigungsmenge}}$ oder $\frac{\text{Wasserdampfteildruck}}{\text{Wasserdampfsättigungsdruck}}$

Die relative Luftfeuchte gibt den prozentualen Anteil der in der Luft enthaltenen Wasserdampfmenge (absolute Luftfeuchte) zu der bei dieser Temperatur maximal von der Luft aufnehmbaren Wasserdampfmenge (Sättigungsmenge) an. Die Sättigungsmenge ist temperaturabhängig; je höher die Temperatur, desto höher die Sättigungsmenge. Wenn die Luft abkühlt, wird die Sättigungsmenge kleiner, während die absolute Feuchte etwas zunimmt, weil das Luftvolumen kleiner wird. Beides bewirkt ein Steigen der relativen Feuchte. Die Temperatur, bei der die relative Feuchte 100% erreicht, heißt **Taupunkt.** Es beginnt die Kondensation. Der Taupunkt bezeichnet also die Temperatur, bei der die bei Abkühlung in der Luft enthaltene Wasserdampfmenge gleich der Sättigungsmenge wird. Der Taupunkt eignet sich für laderaummeteorologische Überlegungen besonders gut, da man sofort erkennt, bei welcher Temperatur im Laderaum mit einer Schweißwasserbildung gerechnet werden muß.

Zur Ermittlung des Taupunktes bedient man sich eines Psychrometers. Das Psychrometer enthält zwei Thermometer, von denen das eine einen Gazestrumpf um das

Quecksilbergefäß trägt, der vor der Messung befeuchtet werden muß. Mit der z.B. über das Schleuderpsychrometer erhaltenen Trocken- und Feuchttemperatur kann man über Psychrometertafeln oder Diagramme sehr einfach die zugehörige relative Luftfeuchtigkeit und den Taupunkt feststellen. Solche Tafeln befinden sich in der Regel an Bord, ein Diagramm wird später beschrieben.

Sättigungsmenge in Abhängigkeit von der Temperatur. (Quelle: Rotermund/Koch: Die Ladung)

Lufttemperatur in °C	Wasserdampf in g/m³ bei 100% relativer Feuchtigkeit	Lufttemperatur in °C	Wasserdampf in g/m³ bei 100% relativer Feuchtigkeit
−10	2,4	+11	10,0
− 9	2,5	+12	10,7
− 8	2,7	+13	11,4
− 7	3,0	+14	12,1
− 6	3,2	+15	12,9
− 5	3,4	+16	13,7
− 4	3,7	+17	14,5
− 3	3,9	+18	15,4
− 2	4,2	+19	16,3
− 1	4,5	+20	17,3
0	4,8	+21	18,4
+ 1	5,2	+22	19,4
+ 2	5,6	+23	20,6
+ 3	6,0	+24	21,8
+ 4	6,4	+25	23,1
+ 5	6,8	+26	24,4
+ 6	7,3	+27	25,8
+ 7	7,8	+28	27,2
+ 8	8,3	+29	28,8
+ 9	8,8	+30	30,3
+10	9,4		

Im Zusammenhang mit der Laderaummeteorologie und eventuell zu ergreifenden Lüftungsmaßnahmen sind nachstehende Temperaturen von Interesse, auf sie wird in den folgenden Texten zurückgegriffen:

t_A Temperatur der Außenluft,
t_R Temperatur der Laderaumluft,
t_W Wassertemperatur,
t_{LO} Temperatur der Ladungsoberfläche (Grenzflächentemperatur),
t_C Ladungstemperatur,
t_{dA} Taupunkt der Außenluft,
t_{dR} Taupunkt der Raumluft.

2.11.2 Schweißbildung/Kondensation

An allen Körpern, die kälter sind als der Taupunkt der sie umgebenden Luft, kondensiert Wasserdampf (Schweißwasserbildung). Es ergeben sich für die praktische Laderaummeteorologie folgende Fälle:

Schiffsschweiß. Es kondensiert Wasserdampf an Konstruktionsteilen des Schiffes, wenn z.B. warme Laderaumluft an der kalten Bordwand unter ihren Taupunkt abgekühlt wird. (Beispiel: Wände und Fenster einer Waschküche beschlagen bei kühlen Außentemperaturen.)

Ladungsschweiß. Wasserdampf kondensiert auf der Ladung. Es wird z. B. von außen zugeführte Warmluft an der kalten Ladungsoberfläche unter ihren Taupunkt abgekühlt. (Beispiel: Gläser einer Brille beschlagen im Winter beim Betreten eines warmen Raumes.)

Kondensation in der Ladung

Bei **hygroskopischer (wasserhaltiger) Ladung** unterscheidet man „passive" Ladungen (z. B. Verpackungsmaterialien wie Holz und Pappe) und „aktive" Ladungen (z. B. Ladungen, in denen Enzyme oder Mikroorganismen bei günstigen Temperatur- und Feuchteverhältnissen biochemische Prozesse verursachen). Hygroskopische Ladungen (z. B. Kaffee, Kakao, Getreide, Salz usw.) nehmen Feuchtigkeit auf und geben sie ab in Abhängigkeit von ihrem Wassergehalt und der relativen Luftfeuchte der näheren Umgebung. Diese Aufnahme/Abgabe erfolgt so lange, bis der hygroskopische Gleichgewichtszustand erreicht ist (Sorptionsgleichgewicht, s. Bild 2.29).

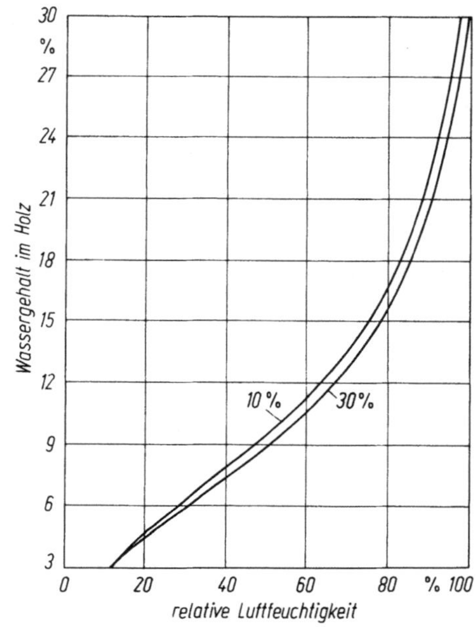

Bild 2.29. Sorptionsisothermen für Holz. (Quelle: Seewetteramt)

An dieser Stelle ist auf die „Schweißbildung 3. Art" hinzuweisen. Kalte Außenluft trifft punktförmig auf wärmere (grobkörnige) Ladung. Die warme und feuchte Luft innerhalb der Ladung, die in der Regel nicht an der allgemeinen Luftzirkulation teilnimmt, kann unter ihren Taupunkt abgekühlt werden, es kommt zu Feuchteschäden **innerhalb** der Ladung (wobei man an der Ladungsoberfläche keinen Schaden erkennen kann).

Nicht-hygroskopische Ladung enthält keine mit der Luft in Kontakt gelangende Eigenfeuchte (z. B. unverpackte Stahlkonstruktionsteile). Diese Ladung besitzt eine größere Wärmekapazität und Wärmeleitfähigkeit als die Restluftmenge im beladenen Raum und beeinflußt damit das Klima im Laderaum wesentlich. Äußere Temperaturänderungen wirken sich deshalb im beladenen Laderaum langsamer aus als im leeren Laderaum.

Herkunft des Schweißwassers

1. Wasserdampfgehalt der durch Lüftung zugeführten Luft. Größere Mengen gelangen in den Laderaum, wenn mit zu feuchter Luft gelüftet wird (Reise kalt–warm).
2. Wassergehalt der Ladung. Besonders vegetabile Güter können viel Feuchtigkeit abgeben; sie sind eine der intensivsten Schweißwasserquellen im Laderaum. Diese Güter sind ohne sachgerechte Lüftung stark gefährdet (Reise warm–kalt).
3. Wassergehalt der Verpackung, des Holzgarniers und z. B. der Paletten aus frischem Holz. Kisten und Stauholz können durch ihre vorherige Lagerung im Freien feucht sein. Die Feuchtigkeit verdunstet während der Reise und kann je nach Reiserichtung an der Ladung oder an der Bordwand kondensieren.
4. Regenwasser. Hier sind vor allem tropische Regengüsse zu nennen, bei denen z. B. die Luken nicht schnell genug geschlossen werden konnten. Regenwasser kann sowohl direkt als auch als Schweißwasserquelle schädlich wirken.

Weitere Gefahrenquellen während der Reise sind:

Temperaturänderungen, besonders Temperaturstürze; Temperaturerhöhung bzw. -erniedrigung an den Decks; falsche Lüftungsmaßnahmen, z. B. unkontrollierte Durchlüftung; Kaltwassergebiete (kalte Strömungen, Auftriebswasser).

Je nach Gefahrenquelle ist die Frage zu stellen, ob sich der angesammelte Wasserdampf durch Laderaumlüftung entfernen oder auf ein erträgliches Maß erniedrigen läßt. Diese Frage läßt sich für feucht übernommene Ladungsgüter in aller Regel verneinen. Auch feuchte Holzverpackungen und feuchtes Stauholz lassen sich durch Lüftung nicht ohne weiteres trocknen. Daher sollte feuchte Ladung nach Möglichkeit nicht übernommen werden, um Schäden an anderen Gütern in derselben Luke zu vermeiden.

2.11.3 Bedeutung der Grenzflächen für die thermodynamischen Vorgänge im Laderaum

Nach U. Scharnow (Laderaummeteorologie, erschienen im Transpress-Verlag) kommt den Grenzflächen im Laderaum eine erhöhte Bedeutung zu (Bild 2.30). Er unterscheidet dabei folgende Hauptluftkörper:

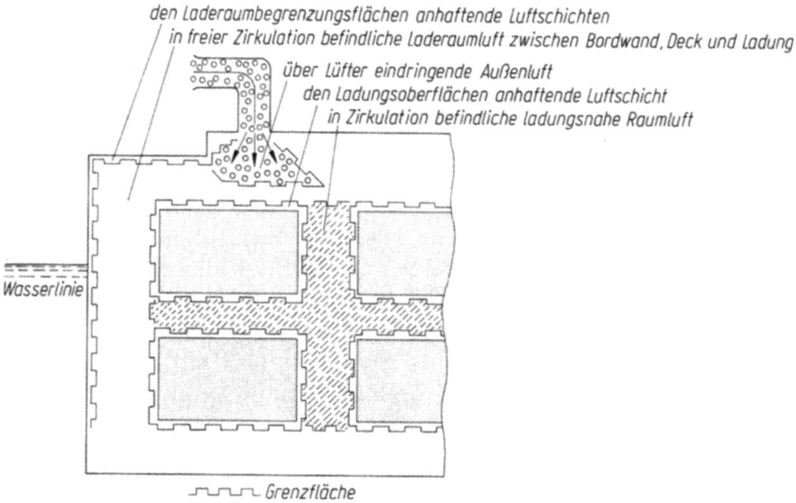

Bild 2.30. Luftkörper und Grenzflächen im Laderaum. (Nach Scharnow)

1. Die den Ladungsflächen anhaftende Luft, die an der allgemeinen Zirkulation kaum teilnimmt. Hierzu gehört auch die Luft innerhalb einer körnigen geschütteten Ladung. Hat diese Luft einen höheren Taupunkt als die Temperatur der Oberfläche der Ladung, so tritt Schweißwasserbildung in/an der Ladung ein (siehe 2.11.2, Schweißbildung 3. Art).
2. Die in der Zirkulation befindliche ladungsnahe Raumluft, deren Temperatur und Feuchte weitgehend von der Ladung bestimmt wird.
3. Die in freier Zirkulation zwischen Bordwand, Deck und Ladung befindliche Luft (Laderaumluft). Diese Luft wird weitgehend durch die Ladung einerseits und die Bordwände andererseits beeinflußt. Beim Einschalten einer mechanischen Lüftung wird dieser Luftkörper sehr schnell durch Außenluft verdrängt.
4. Die den Laderaumbegrenzungsflächen anhaftende Luft, die an der allgemeinen Zirkulation nicht teilnimmt. Ist der Taupunkt dieser Luft höher als die Temperatur der Bordwand oder der Laderaumdecken, so kommt es an diesen zur Kondensation des Wasserdampfes.
5. Die über die Lüfter in den Laderaum zugeführte Außenluft; sie stellt einen Luftkörper dar, der sich während seines Aufenthaltes im Laderaum stark verändern kann.

Im Grenzbereich zweier Luftkörper ändern sich häufig sprunghaft das Temperatur- und Feuchtigkeitsfeld. In diesem Grenzbereich laufen ständig physikalische Prozesse (Vermischung) ab, die die vorhandenen Unterschiede auszugleichen versuchen. Auch an den Grenzflächen zwischen Luft und Ladungsoberfläche treten diese Prozesse auf, es findet aber häufig nur ein Wärmeaustausch statt, der Wasserdampftransport wird jedoch vielfach unterbrochen (Güter sind z.B. in Schrumpffolie eingeschlagen). Mitentscheidend dafür, ob und wieviel Schweißwasser entstehen kann, ist die Geschwindigkeit, mit der die Ausgleichsprozesse an den Grenzflächen ablaufen. Schweißwasserbildung setzt ein, wenn die Temperatur der an der Ladung „haftenden“ Luft unter den Taupunkt der Umgebungsluft abfällt. Zusammenfassend läßt sich sagen, daß alle im Laderaum gemessenen Temperaturen und Feuchtigkeitswerte wegen der Schichtung der Luftmassen nur für einen begrenzten Teil des Laderaumes gelten und daß daher der Meßplatz sorgfältig ausgewählt werden muß (grundsätzlich nahe der Stellen, wo Schweißwasserbildung erwartet wird).

Ursachen von Schweißwasserschäden. Alle zum Seetransport auf Schiffen anstehenden Waren bringen ihre Temperatur, hygroskopische Güter zusätzlich noch ihre Gutsfeuchtigkeit mit in den Laderaum ein. Temperatur und Gutsfeuchte ergeben sich aus dem Herstellungsprozeß, dem Antransport, dem Lagerzeitraum, der Lagerungsart sowie dem Lager- und Versandgebiet. Nach einer gewissen Zeit kann sich ein Gleichgewichtszustand einstellen zwischen den hygroskopischen Stoffen und der sie umgebenden Luft. Der Feuchtegehalt pflanzlicher Produkte kann auch noch von weit zurückliegender Witterung während der Vegetationsperiode beeinflußt sein. Wenn die Ladung den größten Teil des Laderaumes ausfüllt, sind ihre mitgebrachten Eigenschaften auch ein bestimmender Faktor für das sich während der Reise einstellende Laderaumklima. Der Einfluß der nach der Beladung im Raum verbleibenden Restluft ist dagegen weniger bedeutend.

Intensive und rasche Änderungen von Temperatur und Feuchtigkeit der Luft im Laderaum, wie sie bei Fahrten durch stark unterschiedliche Klimagebiete auftreten, stören das vorher nahezu erreichte Feuchtegleichgewicht. Aber auch andere ständig wechselnde Einflüsse von außen auf das Laderaumklima, z.B. Sonnenstrahlung und Wind von der jeweils anderen Seite, verhindern, daß in Wirklichkeit ein länger anhaltender Gleichgewichtszustand erreicht wird. Kommt es hierbei zur Unterschreitung des Taupunktes der Luft an der abgekühlten Seite, so tritt dort Kondensation (Schweißwasserbildung) auf. Man spricht von den sogenannten Schäden auf der abgekühlten Seite. Mit Zunahme der

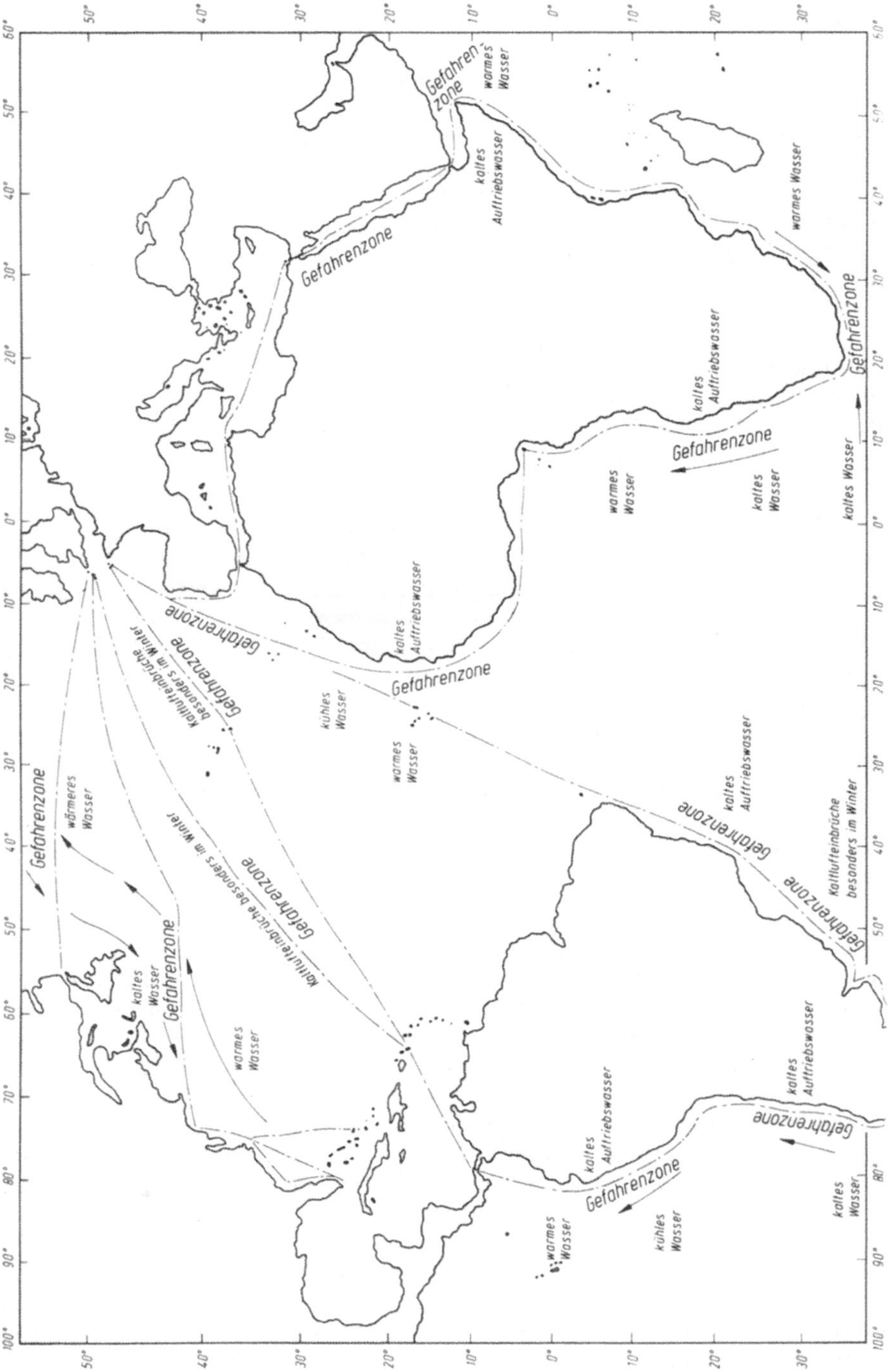

Bild 2.31. Laderaummeteorologische Gefahrenzonen. (Quelle: Seewetteramt)

Schiffsgeschwindigkeit wächst die Diskrepanz zwischen rasch wechselnden Umweltverhältnissen einerseits (Wasser- und Lufttemperatur sowie Luftfeuchtigkeit) und sich nur zögernd verändernden Temperatur und Feuchtegehalt der Ladung andererseits. Damit steigt die Gefahr von Ladungsschäden.

2.11.4 Arten des Lüftens

Man unterscheidet generell eine natürliche Lüftung (ohne Einsatz technischer Mittel) und eine künstliche Lüftung.

Natürliche Lüftung. Laderaumlüftung ohne elektrische Lüfter. Bei der natürlichen Lüftung wird lediglich der scheinbare Wind, also die relative Bewegung der Luft zum Schiff ausgenutzt. Die Lüfter müssen jeweils in den Wind (Zuluft) bzw. aus dem Wind (Abluft) gedreht werden, je nach gewählter Lüftungsart. Das Öffnen von Laderaumluken ohne gleichzeitige Betätigung der elektrischen Lüfter kann ebenfalls als natürliche Lüftung bezeichnet werden. Mit einer natürlichen Lüftung kann in der Regel keine gezielte Lüftungsmaßnahme durchgeführt werden; in Fahrtgebieten mit großen Temperaturunterschieden in kurzer Zeitfolge kann sie als untauglich angesehen werden.

Künstliche (mechanische) Lüftung. Die künstliche Lüftung wird mit Hilfe von Lüftern (Ventilatoren) betrieben. Wünschenswert ist es, daß sich alle Lüfter (in der Regel auf größeren Schiffen zwei Lüfter an der Vor- und zwei Lüfter an der Achterkante einer Luke) auf Zuluft und Abluft (Drücken und Saugen) stellen lassen. In Abhängigkeit von der Leistung der Lüfter läßt sich ein hoher Luftaustausch erreichen. Eine Kombination zwischen natürlicher und künstlicher Lüftung ist das Öffnen der Luken unter gleichzeitigem Einsatz der Lüfter.

Für die Schiffsleitung sind vor allem die verschiedenen Lüftungsarten von Interesse, die nachfolgend beschrieben werden:
Durchlüftung, DL (natürlich oder künstlich). An einer oder an mehreren Stellen wird Luft in den Raum hineingedrückt und an einer oder mehreren Stellen möglichst weit vom Lufteintritt entfernt die Luft aus dem Laderaum herausgesaugt. Alle anderen Raumöffnungen sind geschlossen.

Unterschiede:
1. DL eines leeren Raumes (optimaler Luftaustausch).
2. DL der Ladung (nur möglich mit besonderen Kanälen oder sonstigen Hilfsmitteln).
3. DL des Freiraumes über der Ladung (Oberflächenlüftung bzw. Freiraumdurchlüftung) wie z.B. bei Kohlenladung. Die Luft soll nur über die Ladung streichen und Methangas entfernen. Lüftungsöffnungen müssen also unten in der Luke geschlossen werden.

Ablüftung, AL (bloßes Ablüften, Entlüften). Sämtliche Lüftungseinrichtungen müssen dazu auf Abluft gestellt werden, es darf kein natürlicher oder künstlicher Zuluftstrom vorhanden sein. In der Luke kommt es zu einem leichten Unterdruck. Selbstverständlich gelangen geringfügige Luftmengen durch Ritzen (Luken, Türen) in den Laderaum. Es erfolgt aber nur ein sehr geringer Luftaustausch. Beim Aufmachen bzw. Aufsetzen der Luken entsteht eine DL und keine AL! Bei z.B. vier Lüftern an einer Luke müssen alle vier Lüfter auf AL stehen. Ist ein Lüfter zugebunden, spricht man ebenfalls von AL. Die AL verhindert die Ausbildung möglicherweise schädlicher Zirkulationen im Laderaum.

Luftabschluß. Alle Luken und Lüfter sind dicht verschlossen.

Umwälzlüftung. Die Umwälzlüftung hat immer einen geschlossenen Luftkreislauf. Lediglich zur Lufterneuerung kann ein Teil oder die gesamte Zuluft von außen genommen und entsprechend die Abluft ins Freie geführt werden. Die Umwälzlüftung ist bisher nur auf wenigen Stückgutschiffen, dafür aber verstärkt auf solchen Schiffen zu finden, die Kühl- und Fruchtladungen befördern. Man will möglichst homogene und in ihrer Zusammensetzung günstige Luftkörper in einem oder in mehreren Räumen erzielen.

Cargocaire Lüftung. In Abhängigkeit von den Taupunkten der Laderaum- und Außenluft erfolgt eine Durchlüftung oder Umwälzlüftung. Die Anlage wird von Hand gesteuert oder automatisch geregelt.

Die Zuluft kann getrocknet oder erwärmt werden. Damit kann auch unabhängig von der vorhandenen Außenluft ein gewünschtes Laderaumklima herbeigeführt werden.

2.11.5 Praktische Beispiele für verschiedene Reisen

Im folgenden sollen an vier Beispielen die Probleme der Laderaummeteorologie gezeigt sowie Stau- und Lüftungsregeln gegeben werden:

Reise kalt–warm. In einem kalten Ladehafen, z. B. im Winter in Europa, wird eine Ladung bei folgenden Außenbedingungen übernommen: $t_A = 2$ °C, $t_{dA} = 0{,}5$ °C, relative Luftfeuchtigkeit = 90%. Es darf angenommen werden, daß die Temperatur der übernommenen Ladung der Außentemperatur entspricht. In einem tropischen Bestimmungshafen hat das Schiff dagegen eine Außentemperatur von 30 °C und einen Taupunkt von 25 °C zu erwarten.

Die Aufgabe des Lüftens besteht also darin, die Temperatur der Ladung so zu erhöhen, daß diese im Bestimmungshafen eine Temperatur aufweist, die über dem Taupunkt der Außenluft liegt, im vorliegenden Fall also über 25 °C. Diese Bedingung ergibt sich aus der Tatsache, daß im Bestimmungshafen auf jeden Fall die Luken zu öffnen sind und somit die Außenluft in den Laderaum eindringen kann und die gesamte Ladung umspült. Liegt die Temperatur der Ladung unter dem Taupunkt der Außenluft, so kommt es unmittelbar nach dem Öffnen der Luken zur Bildung von Schweißwasser an der Ladung (Ladungsschweiß). Aufgabe der Schiffsführung ist es, während der Reise bei jeder sich bietenden Gelegenheit zu versuchen, die Ladung zu erwärmen. Dabei muß jedoch während eines eventuellen Lüftens dafür gesorgt werden, daß an der Ladung kein Schweißwasser entsteht. Das ist nur möglich, wenn der Taupunkt der zum Lüften verwendeten Luft niedriger ist als die Temperatur der Ladungsoberfläche. Andernfalls würde es schon während der Reise zur Bildung von Ladungsschweiß kommen.

Während der Reise findet ein ständiger Wärmetransport von der Bordwand und dem Hauptdeck durch die Laderaumluft und durch direkte Wärmestrahlung zur Ladung statt. Bei langen Seereisen, z. B. von Europa nach Westindien, besteht in der Regel ausreichend Zeit zur Erwärmung der Ladung über den Taupunkt der Außenluft im Löschhafen. Es entsteht kein Schweißwasser.

Problematisch ist jedoch eine große Temperatur- und Taupunktänderung, z. B. eine Winterreise von Europa nach der Westküste Afrikas oder Kanada–Westindien (Papierladung) mit einem schnellen Schiff. Hier reicht die Zeit für eine Erwärmung der Ladung nicht aus. Zur Vermeidung von Ladungsschweiß und zur Erwärmung der Ladung darf gelüftet werden, wenn die Temperatur der Ladungsoberfläche höher als der Taupunkt der Außenluft und niedriger als deren Temperatur ist. Diese Möglichkeit des Lüftens läßt sich in folgender Formel zusammenfassen:

$$\boxed{t_A > t_{LO} > t_{dA}.}$$

In der Regel kommt als Lüftungsmaßnahme nur ein Luftabschluß in Frage, vor allem bei Gütern, die keine Feuchtigkeit abgeben. Unter Umständen sind die Laderaumlüfter mit Abdeckungen dichtzubinden. Sollten die vorstehenden Bedingungen erfüllt sein (z. B. in Zonen warmer und trockener Luft, wie man sie zeitweise im Suez-Kanal antrifft), so sollte die Ladung zur Erwärmung intensiv durchgelüftet werden. Bei Transporten im Winter auf schnellen Schiffen in die feuchten Tropen läßt sich dennoch häufig eine Ladungsschweißbildung zum Zeitpunkt des Lukenöffnens an großen Ladungspartien nicht verhindern. Es muß eine aufgelockerte Lagerung der Ladung nach dem Löschen angestrebt werden, um einen raschen Temperaturangleich und ein Abtrocknen des Schweißwassers zu erreichen, damit die Schäden in Grenzen bleiben.

Auf keinen Fall darf während der Seereise mit Gewalt gelüftet werden, um die Ladung zu erwärmen, wenn gleichzeitig eine Schweißwasserbildung an der Ladungsoberfläche in Kauf genommen werden muß. Das Schweißwasser könnte nicht rasch genug abtrocknen und würde im weiteren Verlauf der Reise zu weitaus größeren Schäden führen als dies bei einer kurzfristigen Schweißwasserbildung im Löschhafen geschieht.

Werden auf einer Reise von einem kalten in ein warmes Gebiet verschiedene Ladungen in einem Laderaum befördert, z. B. eine vegetabile Ladung und eine Eisenladung, so sollte man versuchen, die von der vegetabilen Ladung stammende Feuchtigkeit durch zeitweises Ablüften aus dem Laderaum abzuführen, damit es nicht zur Ladungsschweißbildung und Korrosion an der Eisenladung kommt. Nach Möglichkeit ist ein Zusammenstauen zweier so verschiedener Güter zu vermeiden, jedoch läßt sich dieses in der Praxis nicht immer bewerkstelligen. Ein intensives Durchlüften ist nur zulässig, wenn aufgrund des Taupunktes der Außenluft und der Temperatur der Ladungsoberfläche es zu keiner Schweißwasserbildung kommen kann. Auch hier gilt:

$$t_A > t_{LO} > t_{dA}, \text{ außerdem } t_{dR} > t_{dA}.$$

Es sind häufige Kontrollen erforderlich.

Ähnliche Probleme können auftreten, wenn anstelle von vegetabilen Gütern Chemikalienladungen, die ständig Gase abgeben, mit einer Eisenladung in einem Raum befördert werden. Zur Abführung der Gase muß abgelüftet werden.

Weitere Gesichtspunkte sind: Die Stauung der Ladung sollte luftig in trockenen Laderäumen erfolgen, nicht kompakt, um eine Erwärmung der Ladung zu beschleunigen. Bodengarnier und Schweißlatten sind wünschenswert. Feuchtes oder „grünes" Stauholz darf nicht benutzt werden. Falls die Möglichkeit besteht, sollte die Reiseroute entsprechend gewählt und das Durchfahren von Kaltwassergebieten vermieden werden (Bild 2.31).

Außerdem sollte für die Stauung hochwertiger Güter in Erwägung gezogen werden, soweit vorhanden: Stauung in beheizbare Tanks, Stauung in vorgewärmte Isoliercontainer und Umwälzlüftung mit Erwärmung.

Reise warm–kalt. In einem tropischen Ladehafen, z. B. im Nordwinter in Westindien, werden vegetabile Güter übernommen. Dabei ergeben sich folgende Werte:

$t_A = 30$ °C, $t_{dA} = 26$ °C, relative Luftfeuchtigkeit 80%, Ladungstemperatur 30 °C. In einem europäischen Bestimmungshafen hat das Schiff dagegen z. B. eine Außentemperatur von 5 °C und einen Taupunkt von 4 °C bei einer relativen Luftfeuchtigkeit von 93 % zu erwarten.

Es muß die warme und in aller Regel auch feuchte Luft während der Reise abgeführt und die Ladung abgekühlt werden. Sinkt die Temperatur des Schiffskörpers unter den Taupunkt der Luft im Laderaum, so bildet sich am Schiffskörper Schweißwasser, also z. B. an der Bordwand und unter Deck. Vor allem Ladungen wie Kakao und ähnliche vegetabile

Güter geben während der Reise ständig Feuchtigkeit ab, die abgeführt werden muß, daher lautet die Grundregel: Feuchtigkeit abführen und Laderaumluft und Ladung abkühlen. Je größer die Temperaturdifferenz Ladung–Bordwand ist, um so stärker tritt auch der Wasserdampftransport von der Ladung zur Bordwand und damit die Schweißwasserbildung an der Bordwand auf (wenn $t_{dR} > t_A$).

Um diese Temperaturdifferenz möglichst klein zu halten, müßte das Abkühlen der Bordwand und damit die klimatisch bedingte Temperaturänderung langsam geschehen. Die feuchte Raumluft muß ständig durch trockenere Luft ersetzt werden, d.h. der Taupunkt der Außenluft muß niedriger liegen als der Taupunkt der Laderaumluft.

Es gelten folgende Regeln:

Zur Abkühlung der Ladung lüften, wenn $t_A < t_{LO}$.
Zur Abführung von Wasserdampf immer lüften, wenn $t_{dA} < t_{dR}$.
Um Schweißwasserbildung auf der Ladung zu vermeiden, nur lüften, wenn $t_{dA} < t_{LO}$.
(Diese Bedingung ist in der Regel erfüllt.)

Der Taupunkt der Außenluft sinkt bei der Reise warm–kalt, der Taupunkt im Laderaum würde ohne Lüftungsmaßnahmen durch Wasserdampfabgabe der (vegetabilen) Güter normalerweise über dem Taupunkt der Außenluft bleiben. In der Praxis wird jedoch durchgelüftet, damit sinkt auch der Taupunkt im Laderaum ständig langsam ab.

Wenn die drei vorstehenden Bedingungen für eine Lüftung erfüllt sind und das ist der Regelfall auf dieser Reise, so ist kräftig durchzulüften. Eine Faustregel für die Reise warm–kalt besagt: „Man lüfte so viel und so kräftig durch wie möglich“. Im allgemeinen kann auch nachts durchgelüftet werden, jedoch immer unter den vorstehend beschriebenen Voraussetzungen. Erst wenn eine der drei vorgenannten Bedingungen nicht erfüllt ist, darf nicht durchgelüftet werden. In einem solchen Falle sind alle Laderaumlüfter zur Abführung von Wärme und Feuchtigkeit auf Abluft zu stellen.

Während des Lüftens ist darauf zu achten, daß zu kalte Außenluft nicht punktförmig auf die wärmere Ladung trifft. Ein kleiner Teil der Ladung wird sonst direkt von der Außenluft getroffen und stärker abgekühlt. An dieser Stelle wird im Ladungsinnern „Schweißwasser 3. Art“ gebildet, weil hier der Taupunkt der Luft im Innern der Ladung unterschritten wird. Dabei befindet sich die Ladungsoberfläche in einem augenscheinlich einwandfreien Zustand, während es im Inneren der Ladungspartie zu Feuchteschäden kommen kann. Die Feuchtigkeit für die Kondensation stammt im Gegensatz zur Ladungsschweißbildung aus dem Ladegut selbst. Abhilfe kann das Anbringen von Luftverteilungsblechen oder Matten unter den Zulufteintrittsöffnungen zur Auffächerung der Zuluft bringen. Ein zeitweises Absetzen der Laderaumlüfter kann das Temperaturgefälle unter der Ladungsoberfläche in angemessenen Grenzen halten (intermittierende Lüftungsmethode).

Schweißwasser an Schiffseisenteilen ist nicht immer zu vermeiden, vor allem nicht bei schnellen Schiffen und großen Temperatursprüngen. Durch geschicktes Wählen des Schiffskurses muß versucht werden, den Temperaturabfall der Außenluft- bzw. die Wassertemperatur gleichmäßig zu gestalten, indem man z.B. vermeidet, durch Gebiete mit kaltem Auftriebswasser zu fahren. In solchen Gebieten kann innerhalb weniger Fahrtstunden die Wassertemperatur um 5 bis 10 °C und auch mehr fallen; dabei muß insbesondere unter der Wasseroberfläche mit Schiffsschweißbildung gerechnet werden (Bild 2.31).

Als Hauptgrundsatz gilt: Ladung „luftig“ stauen, viel Garnier sowie Schweißlatten benutzen. Ladung nicht direkt gegen Schiffseisenteile stauen, an denen Schweißwasserbildung zu befürchten ist. Die Ladung sollte an der Oberfläche mit einem entsprechenden luftdurchlässigen Material abgedeckt werden, um von den Decks herabtropfendes

Schweißwasser von der Ladung fernzuhalten. Werden zum Abdecken Persenninge oder sogar Plastik benutzt, so sind diese so unter Deck aufzuspannen, daß über der Ladung ca. 2 bis 3 Fuß Freiraum verbleibt, um eine genügende Durchlüftung zu gewährleisten.

Reise warm–kalt–warm. Es gelten zunächst die Grundsätze wie für die Reise von einem warmen in ein kaltes Gebiet, also unter Temperaturkontrolle Durchlüften bzw. Ablüften. Kommt man wieder in ein warmes Gebiet, so ist das Abführen von Feuchtigkeit wünschenswert, also leichtes Ablüften. Gibt die Ladung keine Feuchtigkeit ab, so gilt auf jeden Fall Luftabschluß als Lüftungsmaßnahme. Eine Durchlüftung darf nur unter Kontrolle der entsprechenden Temperaturen durchgeführt werden, und es darf durch die zugeführte Luft an der Ladungsoberfläche nicht zur Kondensation kommen. Im wesentlichen kommt es also auf die Art der Ladung an. Die Hauptgefahr liegt auf dem ersten Teil der Reise.

Reise kalt–warm–kalt. Es kommen hier zunächst die Regeln für eine Fahrt von einem kalten in ein warmes Gebiet zur Anwendung. Es muß versucht werden, die Ladung etwas zu erwärmen.

Generell gilt aber wiederum Luftabschluß. Lüfter zubinden. Im zweiten Teil der Reise besteht prinzipiell keine Gefahr.

Die Situation ist allerdings anders, wenn in einem warmen Zwischenhafen in einer Luke Ladung gelöscht oder zugeladen werden soll. Es gelten dann die getrennten Grundsätze für Fahrten in den einzelnen Teilgebieten.

2.11.6 Zusätzliche Hinweise für die Schiffsführung

Die Ladung muß so gestaut werden, daß Kontrollgänge während der Reise in den Laderäumen durchgeführt werden können. Diese Kontrollgänge sind je nach Lage ein- oder mehrmals täglich durchzuführen. Zu kontrollieren sind der Stau (insbesondere die Lüftungsschächte/-kanäle), die äußere Beschaffenheit (Fühlen, Riechen) und die Temperaturen t_{LO}, t_{dR}, t_A, t_W, t_R (Abluft) und t_{dA} (Zuluft). Immer nur mit trockenerer Luft durchlüften ($t_{dA} < t_{dR}$), Ausnahme: Abführen von giftigen Gasen und ähnliches.

Notwendig ist in jedem Fall das Führen eines laderaummeteorologischen Tagebuches. Dieses kann später eine wertvolle Hilfe sein, Regreßansprüche gegen die Reederei abzuwehren. Einzutragen sind die vorstehend erwähnten wichtigen Temperaturen. Außerdem sind die Zeiten und die Art des Lüftens festzuhalten. Kann aus irgendwelchen Gründen nicht gelüftet werden, z. B. infolge schlechten Wetters, so ist dieses ebenfalls im Tagebuch festzuhalten (Bild 2.32).

Steht fest bzw. wird vermutet, daß die Ladung während der Reise Schäden durch unzureichende Lüftungsmaßnahmen erlitten hat, so ist zur Ankunft im Löschhafen über den zuständigen P + I-Club unbedingt ein Besichtiger zu bestellen (siehe Bd. 2, Kap. 15.7 und 15.8).

Es sei an dieser Stelle auf folgenden Ladungsschaden als warnendes Beispiel hingewiesen: Ein deutsches Stückgutschiff mit Holzwegerung übernahm in Hamburg für einen südafrikanischen Hafen eine volle Ladung Zucker in Säcken, Außentemperatur 5 °C und relative Luftfeuchtigkeit 98 %. Im warmen Löschhafen stellte der Empfänger den Verderb der Zuckerladung fest und bestellte beim Lloyd's Agent einen Surveyor zur Schadensfeststellung. Die Schiffsleitung wurde nicht unterrichtet und bemerkte ihrerseits auch keinen Ladungsschaden. Das Schiff fuhr in Reisecharter, der Agent des Reeders war auch gleichzeitig Agent des Charterers und hat lediglich für letzteren einen Besichtiger bestellt. Im Tagebuch hatte der Kapitän vermerkt: „Wegen schlechten Wetters (starker Seegang, Regen) konnte nicht gelüftet werden". Ein Durchlüften der Ladung wäre ohnehin falsch gewesen und hätte zur Bildung von Ladungsschweiß geführt.

Als eigentliche Schadensursache stellte sich folgendes heraus: Auf der Fahrt von einem anderen europäischen Hafen nach Hamburg wurden die Laderäume ausgewaschen, bis zur Ankunft in

Laderaummeteorologie Schiff: Luke: Reise von: bis: Name des Beobachters:

Datum	Uhrzeit in MGZ	Uhrzeit an Bord	Position oder Hafen	Wetter zur Zeit der Beobachtung	Windrichtung	Windstärke	wie trifft der Wind auf das Schiff	Sonneneinstrahlung während der Messung	Wassertemp.: Pütz	Wassertemp.: Maschineneinlauf	Lüftungsmaßnahmen: saugen	Lüftungsmaßnahmen: drücken	Lüftungsmaßnahmen: saugen und drücken	Lüftungsmaßnahmen: keine Lüftung	Lüftungsmaßnahmen: Luke offen	Lüftungsmaßnahmen: natürliche Lüftung	Lüftungsmaßnahmen: Verschluß der Luke und Niedergänge	Temperaturen in der Außenluft: trocken	feucht	relative Luftfeuchte	Taupunkt	Dampfdruck	Temperaturen im Laderaum: trocken	feucht	relative Luftfeuchte	Taupunkt	Dampfdruck	Luke a/z	Bemerkungen z.B. über starke Niederschläge, hohe Luftfeuchten, Lukenöffnungszeiten, Lüfterbetriebsstunden usw.
							0	0																					
11	16	13	Salvador/Bahia	02	W	2/3	↘	↙	27,0	27,0	—	—	—	—	L	—		28,5	24,0	68,5	22,2	20,0	29,5	25,5	69,5	23,5	21,2	a	
12	11	08	Auslaufen Salvador	20	W	3	↗	↘	25,5	26,0	—	—	—	KL	—	—		24,5	23,5	92,0	23,5	21,1	26,0	24,0	85,0	23,0	21,2	z	
12	16	13	φ = 12,4 S; λ = 37,6 W	02	E	3/4	↖	↙	27,0	26,0	—	—	—	KL	—	—		26,0	23,0	78,0	22,0	19,4	28,0	25,5	82,5	24,5	23,0	z	
13	10	08	φ = 8,3 S; λ = 34,8 W	01	E	3	↙	↙	27,0	26,0	—	—	—	KL	—	—		27,0	23,0	71,0	18,9	21,0	27,5	23,5	71,5	21,5	19,6	z	
13	15	13	φ = 7,0 S; λ = 34,2 W	25	ESE	3	↙	↗	27,0	27,0	—	—	—	KL	—	—		28,5	24,0	68,5	22,2	20,0	30,5	25,5	67,0	23,5	22,0	z	
14	10	08	φ = 2,0 S; λ = 31,5 W	01	ESE	4	↙	↙	26,5	26,0	—	—	—	KL	—	—		27,0	23,5	74,5	22,0	19,8	27,0	23,5	74,5	22,0	19,8	z	
14	15	13	φ = 0,7 S; λ = 31,3 W	02	ESE	4	↙	↗	26,5	26,0	—	—	—	KL	—	—		28,0	23,5	68,5	21,5	19,3	29,5	24,5	66,5	22,5	20,4	z	
15	10	08	φ = 4,3 N; λ = 29,1 W	50	NE	5	↓	↖	27,0	27,0	—	—	—	KL	—	—		27,0	23,5	74,5	22,0	19,8	27,5	24,0	75,0	22,5	20,5	z	
15	15	13	φ = 5,5 N; λ = 28,7 W	03	NE	5/6	↓	↗	27,0	27,0	—	—	—	KL	—	—		27,0	23,5	74,5	22,0	19,8	28,5	24,5	72,0	23,0	20,9	z	
16	10	08	φ = 10,5 N; λ = 26,4 W	01	NNE	5	↓	↖	26,0	26,0	—	—	—	KL	—	—		26,0	22,5	74,5	21,0	18,5	26,5	23,0	74,5	22,0	19,1	z	
16	15	13	φ = 11,8 N; λ = 25,7 W	01	NE	5	↓	↑	26,0	25,5	—	—	—	KL	—	—		26,5	22,0	67,5	20,0	17,4	28,0	23,0	65,0	21,0	18,4	z	
17	09	08	φ = 16,6 N; λ = 23,4 W	03	NNE	5	↓	↖	23,0	23,0	S VK	tagsüber		—	—	—		22,5	18,5	68,5	16,5	13,9	23,5	20,0	73,0	18,5	15,7	z	
17	14	13	φ = 17,9 N; λ = 22,8 W	02	NNE	5	↓	↗	23,5	22,0	S VK	tagsüber		—	—	—		22,5	18,5	68,5	16,5	13,9	24,5	20,0	66,0	17,5	15,2	z	
18	09	08	φ = 22,7 N; λ = 20,4 W	01	NNE	5	↓	↖	21,0	20,0	S VK	tagsüber		—	—	—		20,5	16,5	66,5	14,5	12,0	21,0	17,5	79,0	17,0	14,6	z	
18	14	13	φ = 23,9 N; λ = 19,8 W	01	NNE	4	↙	↖	21,0	21,0	S VK	tagsüber		—	—	—		20,5	16,0	63,0	13,5	11,3	23,0	18,0	62,0	15,0	12,9	z	
19	09	08	φ = 28,7 N; λ = 17,2 W	80	SSW	2	↑	↖	20,5	20,0	S VK	(08–18)		—	—	—		19,5	16,0	69,0	13,5	11,9	20,5	18,0	78,5	16,5	13,9	z	Bei Regenschauern wurden Lüfter abgeschaltet für ca. 20 min um 10.00 Uhr
19	14	13	φ = 30,2 N; λ = 16,4 W	01	SSW	2	↗	↖	20,0	20,0	S VK	(08–18)		—	—	—		19,0	16,0	74,0	14,0	12,1	20,0	13,5	87,0	18,0	15,1	z	
20	09	08	φ = 35,2 N; λ = 13,8 W	03	SW	2/3	→	←	17,0	17,0	S VK	(08–18)		—	—	—		17,0	14,0	72,0	12,0	10,4	17,5	15,5	81,5	14,5	12,1	z	
20	14	13	φ = 36,4 N; λ = 13,2 W	02	SW	3	→	↖	18,5	17,0	S VK	(08–18)		—	—	—		17,5	15,0	77,0	13,5	11,5	19,0	16,0	74,0	14,0	12,1	z	

Bild 2.32. Laderaummeteorologisches Tagebuch. (Quelle: Seewetteramt)

Hamburg waren sie jedoch infolge der kühlen, feuchten Witterung nicht mehr trocken geworden. Daraufhin wurden die feuchten Laderäume mit Plastik ausgeschlagen und die Zuckerladung übernommen, ein eindeutiger Fehler.

Es ist in der Praxis nicht möglich, einen nassen Laderaum so mit Plastik auszuschlagen, daß keine Feuchtigkeit direkt an die Ladung gelangt. Außerdem verdampft das Wasser im Laderaum, die vom Ladehafen herrührende hohe relative Luftfeuchtigkeit im Laderaum bleibt trotz steigender Außentemperaturen erhalten, der Taupunkt der Laderaumluft steigt. Die Feuchtigkeit kann nicht abgeführt werden. Im Grenzflächenbereich zur Zuckerladung, die sich nur langsam erwärmt, wird die Laderaumluft unter ihren Taupunkt abgekühlt, es bildet sich auch ohne von außen zugeführte Warmluft Ladungsschweiß. Die Ladung mußte Schaden nehmen.

Eine rechtzeitige Benachrichtigung des Reeders und ein Ladebeginn nach dem Trocknen der Laderäume sind richtige Maßnahmen.

2.11.7 Laderaummeteorologische Probleme bei Containerverschiffung

Die Ausführungen über die Gefahren, die der Ladung aus laderaummeteorologischer Sicht während des Transportes drohen, gelten für Güter in Containern entsprechend. Es wird z.Z. mit mehreren Containertypen experimentiert, um z.B. auch vegetabile Güter befördern zu können. Beim Containertransport treten folgende Probleme auf:

1. Eine gezielte Belüftung des Containers ist in der Regel nicht möglich. Die teilweise an Stahlcontainern angebrachten Lüftungstaschen bewirken keine gezielte Zirkulation, sondern ermöglichen lediglich einen unkontrollierten Außenluftzutritt (Gefahr der Ladungsschweißbildung bei Reisen kalt–warm). Neuere Containertypen sollen hier zu einer Verbesserung führen.
2. Die geringe verbleibende Luftmenge in einem beladenen Container kann nur Spuren von Wasserdampf aufnehmen. Schon feuchte Paletten bzw. „grünes Holz“ oder ein feuchter Container-Holzfußboden können zur Schweißwasserbildung im Innenraum führen.

Insbesondere die Güter in den in der obersten Lage an Deck gestauten Containern sind bei Fahrten durch unterschiedliche Klimagebiete erheblichen Temperaturbelastungen ausgesetzt. Sonneneinstrahlung mit anschließenden Regengüssen führen zu großen Temperaturänderungen am Containergehäuse. Messungen haben ergeben, daß insbesondere in subtropischen Trockengebieten im oberen Containerbereich mit Temperaturen von 70 °C gerechnet werden muß, wenn z.B. der kühlende Wind auf entsprechenden Kursen ausgefahren wird (achterliche Winde).

Die Anpassung des Containerinhalts an klimabedingte Temperaturänderungen verläuft günstiger als bei gefüllten Laderäumen, da die Wärmekapazität des Containerinhalts wesentlich kleiner ist als die eines gefüllten Laderaumes. Während des Seetransportes muß zwischen Containern, die an Deck gefahren werden und solchen, die sich im Laderaum befinden, unterschieden werden. Laderaummeteorologisch ist der Transport im Laderaum günstiger zu beurteilen, da an Deck gestaute Container und ihr Inhalt extremen Temperaturänderungen teilweise innerhalb kürzester Zeit unterliegen. Es wird auf z.Z. laufende Untersuchungen in der Fachpresse verwiesen.

2.11.8 Laderaumlüftung nach Diagramm (Bild 2.33)

Abschließend soll kurz das laderaummeteorologische Diagramm des Seewetteramtes (nach Puls/Cuno) erläutert werden, das die Wahl der richtigen Lüftungsmaßnahme erleichtert. Dieses Diagramm ist vorgestellt worden in der Zeitschrift „Der Wetterlotse“ im November/Dezember 1977. Die Anwendung des Diagramms beruht auf der Erkenntnis, daß sich zwischen einem wasserdampfaufnehmenden und -abgebenden Gut und der angrenzenden Raumluft ein Feuchtegleichgewicht einstellt (Sorptionsgleichgewicht).

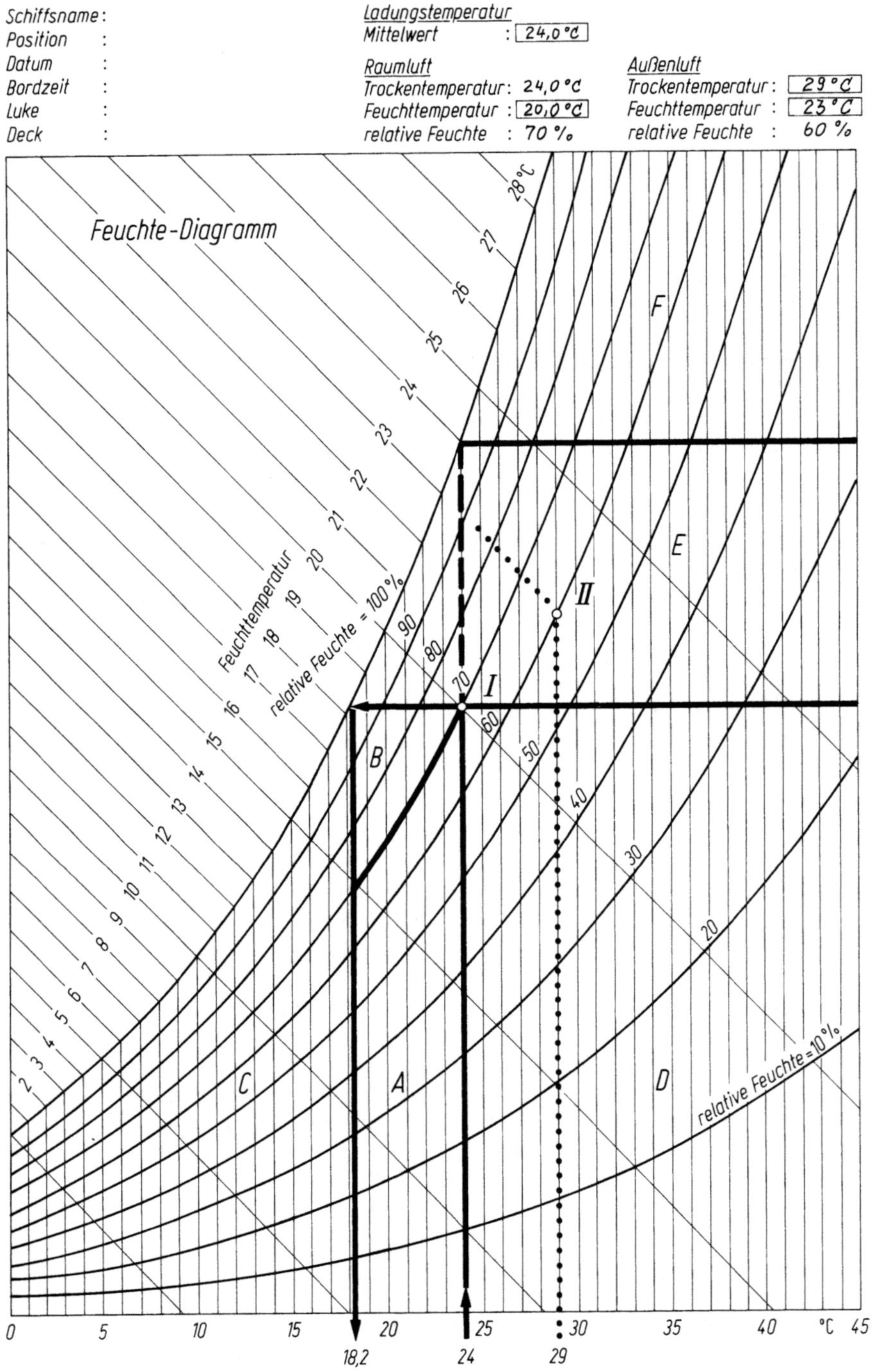

Bild 2.33. Laderaummeteorologisches Diagramm. (Quelle: Seewetteramt)

Das Diagramm enthält: Trockentemperatur, Feuchttemperatur, Taupunkt und relative Luftfeuchte. Trocken- und Feuchttemperatur sind die beiden Meßwerte des bereits erwähnten Psychrometers (Schleuderthermometer). Die Skala auf der Abszisse gilt für Trockentemperatur und Taupunkt. Die Feuchttemperatur ist auf den von links oben nach rechts unten verlaufenden Geraden abzulesen. Von links unten nach rechts oben verlaufen die Kurven gleicher relativer Luftfeuchte. Wenn zwei beliebige der vier oben genannten Größen bekannt sind, kann man stets die beiden anderen mit Hilfe des Diagramms bestimmen. Für Zwischenwerte ist innerhalb der Linien zu interpolieren.

Aus der Ladungstemperatur und der Feuchttemperatur der Raumluft in Ladungsnähe wird im Diagramm der Laderaumbezugspunkt *I* ermittelt. In diesem Beispiel Ladungstemperatur 24 °C, Feuchttemperatur der Raumluft 20 °C. Um die relative Feuchte und den Taupunkt zu bestimmen, geht man auf der Abszisse bei 24 °C senkrecht nach oben bis zum Schnitt mit der von links oben kommenden 20 °C-Geraden der Feuchttemperatur. Die durch diesen Schnittpunkt laufende Kurve von 70 % ergibt die zugehörige relative Luftfeuchte. Zur Taupunktbestimmung geht man waagerecht von diesem Schnittpunkt aus nach links bis zur 100 %-Kurve der relativen Feuchte und von dort senkrecht nach unten auf die Abszisse. Dort wird für dieses Beispiel der Taupunkt 18,2 °C abgelesen. Diese Verfahrensweise im Diagramm ist durch dicke Pfeile markiert.

Mit Hilfe der Trocken- und der Feuchttemperatur der **Außenluft** (29° bzw. 23 °C) wird der Außenluftbezugspunkt *II* eingetragen. Es ist in diesem Beispiel der Schnittpunkt zwischen der Trockentemperatur der Außenluft 29 °C (auf der Abszisse senkrecht nach oben gehen) und der Verlängerung der diagonal nach rechts unten verlaufenden Feuchttemperatur 23 °C; als Taupunktwert erhält man 20,5 °C. Im Diagramm wird nun ausgehend von dem Laderaumbezugspunkt *I* eine Unterteilung des Diagramms in die Felder *A* bis *F* vorgenommen (im Beispiel dick markiert). Die Linie der Trockentemperatur durch den Bezugspunkt *I* wird nach oben verlängert bis zum Schnittpunkt mit der Kurve relative Feuchte 100 %, von diesem Schnittpunkt wird eine waagerechte Linie nach rechts gezogen. Ebenfalls wird eine waagerechte Linie durch den Bezugspunkt *I* gelegt, außerdem die Kurve der relativen Feuchte der Raumluft (im Beispiel 70 %) dick ausgezogen. Die Buchstaben *A* bis *F* sind wie im Beispiel vorgegeben einzusetzen. In diesem Beispiel liegt der Bezugspunkt *II* im Feld *E*, er kann aber in einem anderen Beispielfall entsprechend den Werten der Außenluft in einem der Felder *A* bis *F* liegen. Bei den im Beispiel angegebenen Werten für die Ladungs- und Raumlufttemperaturen (Bezugspunkt *I*) würde der Bezugspunkt der Außenluft *II* bei den nachstehenden Außenlufttemperaturen z. B. in folgenden Feldern liegen:

Trockentemperatur	21 °C	Feuchttemperatur	14 °C	Feld	*A*
„	21 °C	„	18 °C	„	*B*
„	17 °C	„	12 °C	„	*C*
„	29 °C	„	20 °C	„	*D*
„	29 °C	„	23 °C	„	*E*
„	29 °C	„	26 °C	„	*F*

Abhängig davon, in welchem Feld der Außenluftbezugspunkt *II* liegt, wird die Lüftungsmaßnahme getroffen. Der **Taupunkt im Laderaum** ist im Vergleich zum **Taupunkt der Außenluft** die für alle Lüftungsmaßnahmen entscheidende Größe. Es gilt die Grundregel, daß man immer mit der Luftmasse mit dem niedrigeren Taupunkt arbeiten soll, sofern das Ziel ausschließlich die Vermeidung von Feuchteschäden ist. Muß gelüftet werden, um Wärme oder schädliche Gase abzuführen, so ist dieses Ziel vorrangig, und begrenzte Feuchteschäden müssen u. U. in Kauf genommen werden.

Lüftungsregeln

Feld A. Trocknung und Abkühlung sind möglich. Die Außenluft ist kühler als die Ladung. Der Taupunkt der Außenluft liegt unter dem Taupunkt der Laderaumluft. Es kann mit Außenluft gelüftet werden, wenn eine Abkühlung der Ladung erwünscht ist, außerdem wird Feuchtigkeit abgeführt.

Feld B. Trocknung und Abkühlung sind bedingt möglich. Der Taupunkt der Außenluft ist niedriger als der Taupunkt der Laderaumluft. Eine Feuchteabfuhr aus dem Raum ist möglich, auch eine Abkühlung der Ladung findet noch statt. Die Ladung kann mit

Außenluft durchlüftet werden. Da jedoch das Feld *B* und auch der Trocknungseffekt sehr klein sind, sind häufigere Kontrollmessungen geboten. Bei Annäherung an die Felder *C* und *E* muß mit Feuchteschäden gerechnet werden.

Feld C. Schiffsschweiß kann beseitigt werden, aber Gefahr von Schweißbildung der dritten Art. Wärme und Feuchtigkeit werden bei Durchlüftung der Ladung abgeführt. Der Taupunkt der ladungsnahen Raumluft liegt über der Temperatur der Außenluft, es besteht die Gefahr der Schiffsschweißbildung. Eine Lüftung mildert oder verhindert die Schweißwasserbildung. Soll mit Außenluft gelüftet werden, so muß durch geeignete Auffächerung des Zuluftstromes dafür gesorgt werden, daß es nicht zur Schweißbildung der 3. Art kommt. Die Kontrollen in den Räumen sind zu verstärken, um rechtzeitig Kondensationsnester zu erkennen und Schutzgarnier auszulegen. In dieser Situation ist auch die Seewassertemperatur von Bedeutung, um die Gefahr der Schiffsschweißbildung unter der Wasserlinie frühzeitig zu erkennen.

Feld D. Trocknung ist möglich. Feuchtigkeit wird aus dem Raum abgeführt, weil der Taupunkt der Außenluft der niedrigere ist; die Außenluft ist wärmer als die Ladung. Ist eine Erwärmung der Ladung bei einer Durchlüftung unerwünscht, können alle Lüfter auf Abluft geschaltet werden.

Feld E. Gefahr von Wasserdampftransport in die Ladung. Der Taupunkt der ladungsnahen Raumluft ist niedriger als der Taupunkt der Außenluft. Damit keine Feuchtigkeit zugeführt wird, sollte Außenluft nicht in den Laderaum gelangen, daher Ablüftung oder Umwälzlüftung.

Feld F. Gefahr von Ladungsschweiß. Wie in Feld *E* darf keine Außenluft in den Laderaum gelangen, weil sie Feuchtigkeit einbringen würde. Außerdem besteht die Gefahr der Bildung von Ladungsschweiß, weil der Taupunkt der Außenluft höher liegt als die Ladungstemperatur. Lüftungsmaßnahme: Umwälzlüftung oder Luftabschluß.

Da in den Laderaumbezugspunkt *I* die Temperatur der Ladung und nicht die Temperatur der Raumluft eingeht, kann es vorkommen, daß dieser Punkt links von der 100 %-Kurve der relativen Luftfeuchtigkeit liegt, z. B. außergewöhnliche Erwärmung der Laderaumluft und daraus resultierender Feuchtigkeitsaufnahme. Die Feuchtetemperatur ist also höher als die mittlere Ladungstemperatur. Es entstehen nur die Felder *C*, *D* und *F*, für die die obigen Ausführungen gelten.

Sind in verschiedenen Luken unterschiedliche hygroskopische Güter oder gleiches Gut mit unterschiedlicher Feuchte gestaut, so sind auch die Lüftungsüberlegungen anhand gesondert aufzustellender Diagramme durchzuführen. Sind in der gleichen Luke Güter sehr unterschiedlicher Temperatur und Feuchte gestaut, so sind zusätzliche Überlegungen notwendig.

Das Diagramm ist auch für die Vermeidung von Schweißschäden an bzw. für die Beeinflussung der Temperatur von **nichthygroskopischen** Ladungen anwendbar. Dabei sind vor allem die beiden folgenden Fälle interessant:

1. Schnittpunkt *II* liegt im Feld *C*, Gefahr von Schiffsschweiß, es muß durchgelüftet werden.
2. Schnittpunktwert *II* liegt im Feld *F*, Gefahr von Ladungsschweiß, es darf nicht gelüftet werden.

Zu beachten sind die Grenzen der Anwendbarkeit des Diagramms. Zwischen der Ladung und der sie umgebenden Raumluft muß sich annähernd das Sorptionsgleichgewicht eingestellt haben. Da jedoch im Raum immer eine gewisse Luftzirkulation durch

Belüftung, einseitige Erwärmung oder Abkühlung, Öffnen der Niedergänge zu den Laderäumen usw. vorhanden ist, wird sich kaum jemals das Sorptionsgleichgewicht völlig ausprägen können. Die hieraus bei der Benutzung des Diagramms entstehenden Ungenauigkeiten müssen bei den Lüftungsmaßnahmen berücksichtigt werden. Die hier aufgezeigten Lüftungsregeln sind Grundregeln, die in der Praxis sehr nützlich sein können. In besonderen Fällen sind jedoch Abweichungen durchaus möglich.

In der Praxis genügt es oft, das Diagramm zur Kontrolle von Lüftungsmaßnahmen zu benutzen, d.h. ein tägliches Führen ist nicht immer notwendig. Diagramme von entscheidenden laderaummeteorologischen Situationen sollten für eine eventuell notwendige spätere Beweisführung aufgehoben werden.

Das im Seewetteramt im DIN-A-4-Format verfügbare Diagramm enthält auf der Rückseite ein zusätzliches Protokollschema für ergänzende Angaben zur Lüftungsmaßnahme, so z. B. für Angaben zur Ladung, zur Wetterlage, zu Meßstellen usw.

2.11.9 Ausblick

In diesem Handbuch können nur allgemeingültige Angaben zur Laderaummeteorologie mit einigen wenigen Beispielen gebracht werden. Deshalb ist von der Schiffsführung besonders bei hygroskopischen Gütern und gefährlichen Ladungen (IMDG-Code, siehe 2.8) die einschlägige Literatur zu beachten. Neben diversen Veröffentlichungen des Seewetteramtes sind vertiefende Angaben zu finden in der Schriftenreihe „Seetransport", erschienen im Transpress VEB Verlag für Verkehrswesen, Berlin, mit den Titeln: Warenkundliche Testfahrten, Warenkunde — Ladungspflege sowie Laderaummeteorologie. Sollte Literatur an Bord während der Beladung nicht verfügbar sein, sind Auskünfte über Stauung und Lüftung von schwierigen Ladungen von der Reederei oder von einem Experten einzuholen. Weiterhin steht das Seewetteramt, Hamburg, für Beratungen zur Verfügung.

2.12 Stauraumangaben

Die folgenden Angaben sind zum Teil dem Handbuch „Ladung vermessen" (Verlag K. O. Storck & Co, Hamburg) entnommen und sollen als Auszug einen groben Überblick über das Verhältnis von Raum zu Masse (Gewicht) der wichtigsten Ladungsgruppen geben. Die Raumangaben entsprechen der Ladungsvermessung gemäß den Vermessungsgrundsätzen der Frachtkonferenzen und enthalten nicht den an Bord sich stets ergebenden Stauverlust (siehe auch 2.2).

Der Stauverlust hängt von verschiedenen Einflüssen ab. Er kann nur durch gesicherte Erfahrung vorweg abgeschätzt werden. Der Stauverlust ist größer auf kleineren Schiffen, in niedrigeren Zwischendecks, in schlank zulaufenden Endladeräumen. Er wächst ebenfalls bei kleineren Partien, bei schwer hantierbaren Kolli und besonders, wenn Lüftungskanäle eingestaut werden müssen. In neuerer Zeit haben mechanisierte Stauverfahren (palettisierte Ladung) die Stauverluste bei vielen Gütern zugunsten einer höheren Umschlagsleistung anwachsen lassen.

Der Stauverlust wird in Prozenten des Ladungsmaßes (nicht des eingenommenen Schiffsraumes) ausgedrückt. Üblich ist aber auch die Raumangabe „gestaut im Schiff". Die Umrechnung wird unter 2.2.3 beschrieben. Die Angaben selbst sind Mittelwerte, sie können z.T. beträchtlich schwanken.

Güter — Verpackung	Ladungsmaß m³/t	Stauverlust %
Nahrungsmittel in Säcken		
Cocosnüsse in Säcken zu 60 kg	1,63	25
Erbsen in Säcken zu 60 kg	1,21	15
Erdnüsse in Säcken zu 62 kg	3,2–4,5	15
Kaffee in Säcken zu 60 kg	1,66	11
Kakao in Säcken zu 60 kg	2,32	16
Mehl in Säcken zu 50 kg	1,40	14
Milchpulver in Säcken zu 46 kg	1,90	25
Zucker in Säcken zu 90 kg	1,30	10
Getreide		
Weizen (USA) lose	1,28	3
Roggen (USA) lose	1,30	3
Gerste (USA) lose	1,40	3
Hafer (USA) lose	1,80	3
Mais in Säcken (La Plata)	1,72	10
Reis in Säcken zu 62 kg (Ostasien)	1,40	40 (mit Lüftungskanälen)
Nahrungsmittelkonserven		
Ananas in Kartons zu 35 kg	1,20	20
Lebertran in Fässern zu 180 kg	1,65	10
Kondensmilch in Kartons zu 25 kg	1,20	20
Fleisch gefroren, lose	2,8–3,5	12
Expeller		
Fischmehl in Säcken	1,5	40 (mit Lüftungskanälen)
Ölkuchen (Indien) in Säcken zu 62 kg	1,45	20
Ölkuchen (Mittelmeer) in Säcken zu 102 kg	1,47	20
Düngemittel		
Ammoniumnitrat in Säcken zu 50 kg	1,67	10
Thomasmehl in Säcken zu 100 kg	0,90	10
Mischdünger in Säcken	1,20	10
Erze, Konzentrate u.a. Mineralien		
Bleierz in Säcken zu 68 kg	0,45	10
Zement in Säcken	0,90	10
Zement in Säcken (pre-slung)	1,35	14
Manganerz lose	0,57	—
Eisenerz lose	0,35	—
Bauxit lose	0,90	—
Metalle und Metallerzeugnisse		
Baustahlträger lose	0,36	35
Eisenbahnschienen lose	0,22	30
Eisenbleche in Bündeln	0,6–0,8	40
Eisendraht in Ringen	0,8–0,9	30
Kupfer als Ingots zu 23,4 kg	0,22	10
Zinn in Blöcken zu 60 kg	0,30	17
Holzprodukte		
Balsaholz in Bündeln zu 62 kg	7,0	50
Pitchpine geschnitten	1,22	50
Fichte geschnitten, gebündelt	1,88	125
Poukholz in Stämmen	0,70	25
Mahagoni in Stämmen	1,00	20
Zellulose in Ballen	1,2–1,9	20
Papier in Rollen (USSR)	1,20	30

Güter — Verpackung	Ladungsmaß m^3/t	Stauverlust %
Faserrohstoffe		
Baumwolle (Ägypten) in Ballen zu 195 kg	2,44	20
Baumwolle (China) in Ballen zu 230 kg	1,60	20
Baumwolle (USA) in Ballen zu 230 kg	2,70	23
Cocosfibre (Ceylon) in Ballen zu 146 kg	2,00	25
Jute (Bangladesh) in Ballen zu 182 kg	1,54	25
Wolle (Australien) in Ballen zu 180 kg	2,60	20

3 Tankschiffahrt

3.1 Öltankfahrt

Vorbemerkung. Öltankschiffe weisen im Hinblick auf die Grundkonzeption weitgehend übereinstimmende Merkmale auf. Die technische Einrichtung jedoch ist im einzelnen von Schiff zu Schiff verschieden, weil es jedem Reeder überlassen bleibt, die für den vorgesehenen Einsatzbereich optimale Ausstattung seines Schiffes zu bestimmen. Hieraus ergeben sich unterschiedliche Armaturen, Pumpen, Leitungssysteme, Tankreinigungssysteme usw. Die vorliegende Beschreibung der Öltankschiffahrt ist deshalb allgemein gehalten. Sie soll dem tankerunerfahrenen Seemann einen ersten Überblick verschaffen.

Der neu an Bord kommende Seemann muß sich so schnell wie möglich mit den Grundlagen des Tankschiffbetriebes vertraut machen. Die genaue Kenntnis der Funktion jedes einzelnen Bedienungselementes und des gesamten Rohrleitungssystem ist eine Grundvoraussetzung für den Einsatz an Bord eines Tankschiffes.

Im Jahre 1861 wurde die erste volle Ladung Rohöl in Fässern mit dem Segler ELIZABETH WATTS über den Atlantik befördert. Leckagen aus den Holzfässern verursachten gefährliche Gase, die das Leben auf dem Schiff ausgesprochen unbequem machten — wegen der Explosionsgefahr mußten sämtliche Kombüsenfeuer gelöscht werden.

1866 wurde die GLÜCKAUF als erster Tanker mit Dampfantrieb und Segelunterstützung sowie mit dampfgetriebenen Kolbenpumpen für die deutsch-amerikanische Petroleumgesellschaft gebaut. Damit war ein Prototyp geschaffen, dessen Konzeption — Trennung der Laderäume vom hinten angeordneten Maschinenraum und Brückenaufbauten am Ende des vorderen Drittels — bis in die Mitte der sechziger Jahre des 20. Jahrhunderts nahezu unverändert blieb.

Zwischen den beiden Weltkriegen hat sich nach und nach die Längsspantenbauweise durchgesetzt; die wenigen Querspanten wurden als Rahmenspanten ausgebildet, während alle übrigen Spanten längsschiffs angeordnet wurden. Allerdings brachte das Längsspantensystem Schwierigkeiten bei der Tankreinigung mit sich, weil sich die im Rohöl enthaltenen Sinkstoffe während der Reise auf den Längsspanten ablagerten und bei der damals üblichen Tankreinigungsmethode durch Ausdampfen der Tanks mit anschließendem Spülen der Tanks mit heißem Wasser von Hand mit dem Deckwaschschlauch nur sehr mühsam zu entfernen waren.

Aus dem Belastungsdiagramm eines Kastenträgers ergibt sich, daß Längsspanten im Bereich der neutralen Achse die Längsfestigkeit nicht beeinflussen (siehe Bd. 3B, Kap. 1.7 und 1.8). Es entwickelte sich daher im Laufe der Zeit das sogenannte Isherwood-System, eine Kombination aus Längs- und Querspanten. Die Rahmenspanten sind dabei lediglich im Boden- und im Oberdeckbereich stark ausgeführt, und sogenannte Scherbalken erbringen die erforderliche Querfestigkeit. Die weitgehend geschlossenen Querschnitte eines Tankschiffes bewirken eine relativ große Unempfindlichkeit gegen Torsionsbeanspruchungen. Die Tankreinigung machte keine Schwierigkeiten mehr, weil etwa zur gleichen Zeit die ersten Tankwaschmaschinen in Gebrauch kamen.

Die Entwicklung der Technik erbrachte den großen Sprung zu den ersten „Supertankern" mit zunächst etwa 45000 t Tragfähigkeit im Jahre 1953. Seitdem haben die Dimensionen der Tanker ständig zugenommen (Bild 3.1).

Die Sicherheitsmaßnahmen und die Technik sind zwar verbessert worden, doch nehmen die Gefahren für die Umwelt z. B. im Falle einer Strandung oder einer Kollision gigantische Ausmaße an. In diesem Zusammenhang muß auch gesehen werden, daß für Tankschiffe die Einrichtung von

Bild 3.1. Rohrleitungen an Oberdeck eines Großtankers.
1 Ladeöl-Druckleitung; *2* Dampfleitungen – Decksmaschinen; *3* Bunkerleitungen; *4* Inertgashauptleitung; *5* Inertgaszweigleitung; *6* Feuerlöschleitung; *7* Tankreinigungsleitung; *8* Tankreinigungszweigleitung; *9* Manifold; *10* Manifold-Querverbindung; *11* Gangway

Doppelböden im Ladetankbereich nicht üblich ist, weil die Auftriebsverhältnisse eines vollbeladenen Tankers sich wesentlich verschlechtern, wenn bei Festkommen auf felsigem Grund z.B. der Doppelboden beschädigt ist.

3.1.1 Wichtiges über Tankereinrichtung und -ausrüstung

Allgemeines. Die besonderen transporttechnologischen Eigenschaften der Rohöle und ihrer Produkte machen an Bord von Tankern eine Anzahl von Sicherheitsvorkehrungen notwendig, die auf Trockenfrachtern nicht vorkommen. Diese Sicherheits- und Vorsichtsmaßnahmen verfolgen im wesentlichen vier Kernziele:

- Vermeidung von Zündquellen (siehe 3.1.1.11),
- Vermeidung von brennbaren Gas-Luft-Gemischen (siehe 3.1.1.7),
- Verhinderung von Personenunfällen durch Gase (siehe 3.1.1.12),
- Verhinderung von Umweltbelastungen durch Öle und deren Rückstände (siehe 3.1.5.6).

Noch in der Zeit nach dem Zweiten Weltkrieg wurden die auf Tankern notwendigen Sicherheitsvorkehrungen an Bord erlernt, in Reedereirichtlinien festgelegt und konnten außerdem in den bekannten Handbüchern nachgelesen werden[1].

Einige Tankerexplosionen in den fünfziger und sechziger Jahren (z.B. STANVAC JAPAN und BRITISH CROWN) hatten das Tätigwerden von übergreifenden Schiffahrtsinstitutionen zur Folge, und es entstanden für die Tankerschiffahrt maßgebende Veröffentlichungen, z.B.:

International Oiltanker and Terminal Safety Guide. Herausgegeben von der International Oiltanker Terminal Safety Group.

---

1 King, G. A. B.: Tankerpractice, 4th edn. London: The Maritime Press Ltd. 1965.

Weitere Hinweise zur sicheren Abwicklung neuerer betrieblicher Abläufe auf Tankern finden sich in nachfolgend genannten Druckschriften, die von der International Chamber of Shipping (ICS) herausgegeben wurden:

- Tanker Safety Guide (Petroleum),
- Guide to Helicopter-/Tanker Operations,
- Clean Seas Guide for Oiltankers, the Operation of Load on Top (LOT),
- Supplement to the Clean Sea's Guide for Oiltankers,
- Ship to Ship Transfer Guide.

Diese Veröffentlichungen bilden die Grundlage für die betrieblichen Anweisungen der Tankerreedereien und werden in Zusammenarbeit mit Vertretern der Reedereien fortlaufend überarbeitet.

Für bundesdeutsche Tankschiffe gibt die SeeBG die Richtlinien für Tankschiffe E 4 heraus, die in gewissem Umfange den vorgenannten Veröffentlichungen entsprechen.

Es ist selbstverständlich, daß jeder Tankeroffizier — und in erster Linie der Leitende Offizier — diese Unterlagen mit den betrieblichen Anweisungen in Einklang bringt und sich Gewißheit verschafft, wie die Anweisungen zu verstehen sind und wie man sie in der Tankerpraxis realisieren kann. Jedes neu an Bord kommende Besatzungsmitglied muß umgehend mit den betrieblichen Sicherheitsanweisungen vertraut gemacht werden.

3.1.1.1 Ladetanks

Nachstehend wird überwiegend von dem in Bild 3.2 dargestellten Tanker gesprochen.

Anordnung und Fassungsvermögen. Auf einem Tanker von 48 000 t Tragfähigkeit wurde in den fünfziger Jahren die Ladung in etwa 30 bis 36 Einzeltanks gefahren. Der Laderaum war in 10 bis 12 Tanksektionen unterteilt mit je einem Mittel- oder Centertank und je zwei Seiten- oder Wingtanks. Ein Mitteltank faßte etwa 2000 t Ladung, die Seitentanks etwa je 1000 t.

Am Prinzip der Unterteilung des Gesamtladeraumes in mehrere voneinander getrennte Einzeltanks durch entsprechend angeordnete Längs- und Querschotten ist auf einem Großtanker (VLCC: Very large crude carrier) mit 240 000 t Tragfähigkeit nichts geändert worden. Die Abmessungen und damit das Fassungsvermögen der Einzeltanks haben sich jedoch hier relativ stark vergrößert. Die Kapazität eines Mitteltanks liegt bei etwa 25 000 t, die eines Seitentanks bei etwa 18 000 t. Das genaue Fassungsvermögen der Einzeltanks eines 240 000-t-Tankers ist aus Bild 3.2 ersichtlich.

Zwischen der Vorpiek und der Tankgruppe *1* ist ein Heizöltieftank (HÖTT) angeordnet mit einer Kapazität von etwa 2900 t Heizöl.

Eignung zur Aufnahme von Wasserballast. Der weitaus größte Teil der zur Zeit in Fahrt befindlichen Tanker ist gezwungen, zur Sicherstellung der Seetüchtigkeit während der Ballastreise je nach Wetter- und Seegangsbedingungen eine Anzahl von Ladeöltanks mit Wasserballast zu füllen, weil die Kapazität der permanenten Ballasttanks allein hierfür nicht ausreicht (siehe 3.1.1.2).

Die für die Ballastaufnahme bestimmten Tanks (Ladereise: Öl; Ballastreise: Seewasser) werden als Wechseltanks bezeichnet und müssen, weil sie periodisch ganz oder teilweise mit Ballast gefahren werden, kathodisch geschützt sein[2].

Aufgrund der Erfahrungen und der daraus resultierenden Vorschriften der Klassifikationsgesellschaften ist das früher bei Anoden bevorzugt verwendete Magnesium nur noch in permanenten Ballasttanks zugelassen. An seine Stelle sind Zinkanoden und Aluminiumanoden getreten, wobei Zinkanoden unbeschränkt und Aluminiumanoden mit Einschränkungen zugelassen sind. Da Magnesium nicht nur Wasserstoff zum explosiven Gasgemisch im Tank beisteuert, sondern bei Absturz von Anoden durch Funkenreißen

2 Determann, H.: Schriftreihe Erdöl und Kohle 15 (1962) und Korrosion 19 (1962).

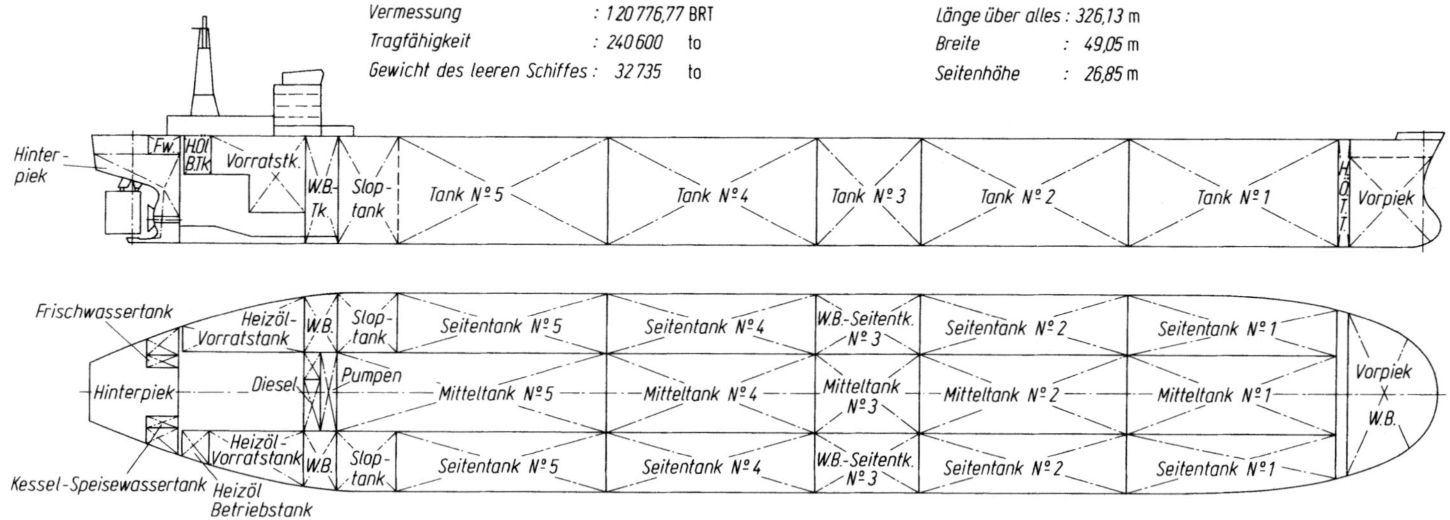

Benennung		100 % m³	Benennung		100 % m³
Mitteltank	Nº 1	26477	Seitentank	Nº 4 Stb	19503
Seitentank	Nº 1 Bb	17745	Mitteltank	Nº 5	34113
Seitentank	Nº 1 Stb	17745	Seitentank	Nº 5 Bb	19071
Mitteltank	Nº 2	26248	Seitentank	Nº 5 Stb	19071
Seitentank	Nº 2 Bb	19503	Total Ladeöltanks		277841
Seitentank	Nº 2 Stb	19503	Sloptank	Bb	4803
Mitteltank	Nº 3	13111	Sloptank	Stb	4803
Mitteltank	Nº 4	26248	Total		287447
Seitentank	Nº 4 Bb	19503			

Benennung		100 % m³
Vorpiek		8951
W.B.-Seitentank	Nº 3 Bb	9749
W.B.-Seitentank	Nº 3 Stb	9749
W.B.-Tank	Bb	2039
W.B.-Tank	Stb	2039
Hinterpiek		1420
Total Wasserballast		33947
Heizöl-Tieftank H. ö. T. T.		2963
Heizöl-Vorratstank	Bb	2967

Benennung		100 % m³
Heizöl-Vorratstank	Stb	2664
Heizöl-Betriebstank	Stb	302
Total Heizöl		8896
Dieselöl-Vorratstank		214
Schmieröl-Vorratstank		75
Tank für gebr. Schmieröl	Bb	75
Db. Schmutzöltank	Stb	21,7
Db. Schm.-Sammeltk. f. Ladeölturb.		9,8
Db. Schmieröl-Sammeltank M. S.		70,2

Benennung		100 % m³
Schmieröl-Falltank	Bb	36
Total Schmieröl		287,7
Kessel-Speisewassertank	inn. Stb	107
Kessel-Speisewassertank	auß. Stb	145
Frischwassertank	inn. Bb	107
Frischwassertank	auß. Bb	145
Total Speise- u. Frischwasser		504
Db. Leerzelle		860

Bild 3.2. Tankeinteilung

gefährlich werden kann — was beides bei Zink nicht der Fall ist — wurde ersteres ausgeschlossen.

Auch Aluminiumanoden können bei Absturz aus größeren Höhen Funken reißen, deshalb dürfen diese nur in Bodennähe verwendet werden. Die Höhe ergibt sich aus der mit 30 kp · m festgelegten Fallenergie (gem. Vorschrift von DET NORSKE VERITAS). Eine Aluminiumanode darf bei 10 kg Gewicht daher nicht höher als 3 m über Boden angebracht werden.

Um die Bestückung der großen Mitteltanks mit Anoden auf den Bodenbereich zu beschränken, werden die Tankböden, Schotten und Konstruktionsteile mit öl- und seewasserfesten Anstrichen versehen.

3.1.1.2 Tanks für permanenten Wasserballast

Für permanenten Ballast ist zusätzlicher Tankraum eingeplant. Insgesamt 34 000 t werden in Vorpiek, Achterpiek, Seitentanks 3 und 6 aufgenommen. Dieser Ballasttankraum hat keine Verbindung zu den benachbarten Ladeöltanks.

Über ein separates Leitungssystem werden die permanenten Ballasttanks mit einer gesonderten Ballastpumpe simultan mit dem Löschvorgang gefüllt bzw. simultan mit dem Ladevorgang gelenzt (siehe Bild 3.6). Hierdurch wird erreicht, daß das Schiff einen bestimmten Tiefgang behält, der sicherstellt, daß die Kühlwasserein- und -austritte des Maschinenbetriebes unter Wasser bleiben und daß Rücksicht auf die landseitigen Lade- und Löscheinrichtungen genommen wird, die mit ihren verschiedenartigen Schlauchanschlüssen Schaden nehmen können, wenn beispielsweise beim Löschen und/oder bei Flutstrom das hoch aus dem Wasser ragende leere Schiff die Auslegungsgrenzen der Lade- oder Löschanschlüsse überschreitet.

Gemäß IMCO-Vorschriften sind neue und existierende Tanker über 20 000 tdw ab Juni 1981 auszurüsten mit

Tanks für separates Ballastwasser (segregated ballast tanks — SBT),
Tanks für sauberes Ballastwasser (clean ballast tanks — CBT)
und/oder
Einrichtungen zum Crudewaschen (crude oil washing — COW) (COW siehe 3.1.4.6)[3].
(Zum Begriff „permanenter Ballast“ und zu seiner Menge siehe Intern. Oil Tanker and Terminal Safety Guide, 2nd edn., sec. 3.2.1.)

3.1.1.3 Sloptanks (siehe auch 3.1.5.2)

Bei der auf jeder Ballastreise erforderlichen Reinigung der Ladeöltanks werden die Ölrückstände zusammen mit dem Waschwasser von den Ejektoren aus dem jeweils zur Reinigung anstehenden Tank abgesaugt und in die Sloptanks (Spültanks) gedrückt. Im Sloptank trennt sich das Öl vom Wasser; den verbleibenden Ölrückstand nennt man Slop. Zur Anordnung der Sloptanks siehe Bilder 3.2 und 3.3

Zur Anwendung der Sloptanks bei der Tankreinigung und zur Ölrückgewinnung wird auf Abschnitt 3.1.5.6 verwiesen.

Jeder Sloptank kann etwa 4000 t Waschrückstände oder Ladung aufnehmen. Es wäre natürlich wenig sinnvoll, diese Tankkapazität ausschließlich zur Tankreinigung zu benutzen. Zwar ist der Hauptzweck die Ölrückgewinnung und damit die Vermeidung der Meeresverschmutzung — die Menge der bei Ankunft im Ladehafen im Sloptank vorhandenen Ölrückstände beträgt etwa 0,3 bis 0,5 % der letzten Ladungsmenge —,

---

3 Näheres über Zeiträume der Nachrüsttoleranzen sind aus der IMCO-Veröffentlichung 1978 zu ersehen. „International Conference on Tanker Safety and Pollution Prevention 1978“.

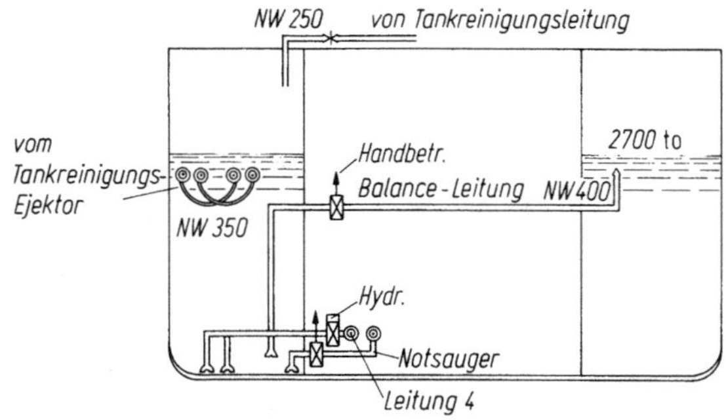

Bild 3.3. Sloptankanordnung

jedoch werden die Sloptanks genau wie die anderen Ladetanks beladen und die vor Ladebeginn aufgemessene Slopmenge wird bei der Berechnung der übernommenen Ladung abgezogen (siehe 3.1.2.4 Load on top — LOT).

In den Ladehäfen wird den Slopmengen große Bedeutung beigemessen. Ein Tanker, der weniger als 0,25 % der letzten Ladungsmenge als Slop mit sich führt, gerät in den Verdacht, Ölrückstände bei der Tankreinigung nach See gepumpt zu haben. Hiernach ist bei einem 240000-t-Tanker mit einer Slopmenge von mindestens 600 t zu rechnen.

3.1.1.4 Leitungssystem für Ladeöl

Vorbemerkung. Das Leitungssystem für Ladeöl ist vollständig getrennt von den Leitungssystemen für permanenten Ballast und für Bunkeröl.

In der Zeit vor dem Zweiten Weltkrieg gingen die Tankergrößen kaum über 10000 t Tragfähigkeit hinaus, und die Ladung wurde über eine oder mehrere Ringleitungen geladen und gelöscht. Durch Querverbindungen (crossover) in den Pumpenräumen und in den Tanks waren die Leitungsstränge miteinander verbunden, und es war sichergestellt, daß jeder Tank mit jeder einzelnen Pumpe erreicht werden konnte. Derartige Leitungssysteme finden sich heute nur noch auf kleineren Produktentankern.

Die Leitungen. In der Rohöltankschiffahrt kommen fast nur noch Sektionsleitungen zur Anwendung. Zum Leitungssystem gehören:

- die Saugeleitungen,
- die Zweigleitungen zu den Einzeltanks,
- die Querverbindungen,
- die Sauger in den Einzeltanks am Ende der Zweigleitung,
- die Druckleitungen,
- das Manifold (Schlauchanschlußstation),
- die direkten Fülleitungen,
- Schieber und Absperrklappen, Hydraulikanlage, Notsauger.

Der Unterteilung des Tankers entsprechend ist eine Anzahl von Saugeleitungen etwa 2 m über dem Schiffsboden verlegt. Ist der Tanker in 4 Tanksektionen unterteilt, so liegen 4 Saugeleitungen im Schiff, die als Sektionsleitungen bezeichnet werden und in den Mitteltanks liegen. Zu jedem Tank einer Sektion wird von der Saugeleitung eine Zweigleitung geführt.

Die Saugeleitungen sind untereinander verbunden durch Querverbindungen, die durch hydraulisch betätigte Absperrklappen je nach Bedarf geöffnet oder geschlossen werden können. Am Ende der Zweigleitungen sind in jedem Einzeltank einer oder mehrere Sauger installiert, die Saugerfüße enden 25 mm über dem Tankboden und sind am

Schiffsboden oder an den Bodenlängsspanten bzw. in geeigneter Weise an den Schotten befestigt (Bild 3.4).

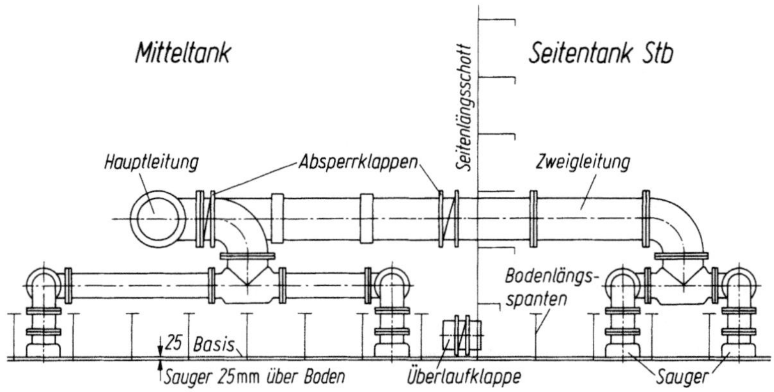

Bild 3.4. Anordnung der Zweigleitung zu einem Seitentank von der Saugeleitung (Hauptleitung). Saugeranordnung im Seiten- und Mitteltank. Anordnung der Überlaufklappe

Die Unterteilung des Leitungssystems für Ladeöl in Sauge- und Druckleitungen hat ihren Ursprung in der Tatsache, daß die Ladung von den Ladeölpumpen aus den Tanks gesaugt und über das Manifold an Land gedrückt wird. Hieraus ist erkennbar, daß die Leitungen von der Pumpe über Oberdeck zum Schlauchanschluß (Manifold) als Druckleitungen bezeichnet werden, wobei von den Pumpen u. U. erhebliche Gegendrücke von den Landtanks überwunden werden müssen, so daß diese Leitungen größeren Druckbelastungen unterliegen als die Saugeleitungen.

Am Manifold (Schlauchanschluß) werden über genormte Flanschverbindungen, ggf. unter Zuhilfenahme von Reduzierstücken, Schläuche und/oder Metallrohre (Chicksanarms) zum Löschen oder Laden angeschlossen (Bild 3.5).

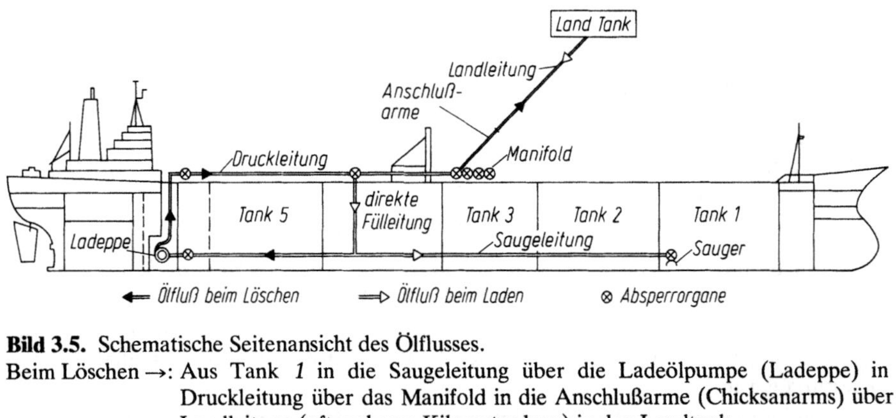

Bild 3.5. Schematische Seitenansicht des Ölflusses.

Beim Löschen →: Aus Tank *1* in die Saugeleitung über die Ladeölpumpe (Ladeppe) in die Druckleitung über das Manifold in die Anschlußarme (Chicksanarms) über die Landleitung (oft mehrere Kilometer lang) in den Landtank.

Beim Laden ←: Vor dem Pumpenraum werden Druck- und Saugeleitung geschlossen und der Ölstrom fließt über die jetzt geöffnete direkte Fülleitung in die Saugeleitung zu den einzelnen Tanks

Die Anschlußstation (Manifold) befindet sich meistens im Mittschiffsbereich, weil die Lösch-/Ladeplätze fast ausnahmslos für die Ladungsabgabe bzw. Ladungsübernahme entsprechend vorgesehen und eingerichtet sind. Auch die Übernahme von Bunkerölen wird am Manifold vorgenommen. Die Anschlußstation ist stets so eingerichtet, daß sowohl an Bb-Seite als auch an Stb-Seite angeschlossen werden kann.

Die an Deck verlegten Druckleitungen sind durch direkte Fülleitungen mit den Saugeleitungen in den Tanksektionen verbunden. Beim Laden werden die Druck- und Saugeleitungen vor dem Pumpenraum geschlossen, und die direkten Fülleitungen werden geöffnet. Durch diese Maßnahme fließt das Ladeöl beim Laden über die direkten Fülleitungen unter Umgehung des Pumpenraumes in die zur Beladung anstehenden Einzeltanks. Der Hauptzweck der direkten Fülleitungen ist jedoch die Umgehung des Pumpenraumes, damit dieser bei den hohen Laderaten, die auf einem VLCC 25 000 t/h und mehr erreichen können, nicht ständig unter Druck steht und nicht dauernd beobachtet werden muß.

Absperrorgane für Ladeöltanks. Bis zum Ende der fünfziger Jahre wurde jedes einzelne Ventil und jeder Schieber in sämtlichen an Bord vorhandenen Leitungssystemen über ein Gestänge direkt mit einem Handrad betätigt. Die einzelnen Handräder der an Deck stehenden Bedienungselemente der Schieber in den Ladeöl-, Nachlenz- und Ballastsystemen wurden in verschiedenen Farben gekennzeichnet, so daß sie nach entsprechendem Studium ohne weiteres ihrer Tanksektion und ihrer Funktion zugeordnet werden konnten.

Dagegen findet man auf einem VLCC kaum noch Ventilräder für das Ladeölsystem an Deck — hier sind lediglich noch einige per Handrad zu bedienende Ventile oder Schieber vorhanden für die Betätigung der Notsauger, für das Ballastsystem, für das Bunkersystem, für das Inertgassystem sowie eine Reihe von Ventilen für die Wasserversorgung zur Tankreinigung und für die Dampfversorgung der Decksmaschinen und Bunkertankheizungen.

Im Ladeölleitungssystem eines Großtankers sind keine herkömmlichen Ventile und Schieber vorhanden, sondern es befinden sich in den Leitungen vor den Saugern, in den Querverbindungen, in den direkten Fülleitungen, am Manifold und dort, wo die Leitungen zur Umgehung des Pumpenraumes abgesperrt werden müssen, hydraulisch betätigte Absperrklappen (Butterflyklappen).

Die Schieberfunktionen und der gesamte Leitungsverlauf im Schiff und im Pumpenraum müssen jedem Tankerseemann absolut geläufig sein. Falsche Ventilstellungen sind auf Tankern ein unentschuldbares Vergehen, sie verursachen meistens Ölverschmutzungen, Ölvermischungen und/oder sogenannte „Overflows" (d.h. Überlaufen eines Tanks, der entweder versehentlich nicht rechtzeitig geschlossen oder nach dem Füllen versehentlich wieder geöffnet wird). Diese Vorkommnisse müssen unbedingt vermieden werden und haben im eintretenden Fall sehr weitreichende behördliche Konsequenzen zur Folge, weil die entsprechenden internationalen Vorschriften zur Vermeidung von Ölverschmutzungen heute in allen Häfen konsequent gehandhabt werden. Es drohen drastische Geldstrafen und große Zeitverluste.

Hydraulikanlage. Die Anlage zur Erzeugung des erforderlichen hydraulischen Druckes befindet sich in einem Hydraulikraum im Achterschiffsbereich, der von Oberdeck aus zugänglich ist. Die Hydraulikleitungen zu den einzelnen Absperrklappen laufen in diesem Raum zusammen, wo eine Hydraulikpumpenanlage in Verbindung mit einem Hydrauliköltank installiert ist. Die Steuerung der einzelnen Absperrklappen über Magnet- und Pilotventile wird vom Ladekontrollraum aus vorgenommen. Dort ist im Ladekontrollpult für jede einzelne Absperrklappe ein Bedienungselement vorhanden zum Öffnen und Schließen der Absperrklappen. Dieses Bedienungselement ist mit einer Anzeige versehen, aus der sich die jeweilige Stellung der Klappe ablesen läßt. In Verbindung mit der den tatsächlichen Gegebenheiten entsprechenden schematischen Anordnung der Bedienungsknöpfe zum Öffnen und Schließen der Klappen wird so der Ölfluß vom Ladekontrollraum aus gesteuert. Verlangt wird heute von einem hydraulisch betätigten Be- und Entladesystem unbedingte Betriebssicherheit und besondere Genauigkeit der Stellungskontrollen der betätigten Absperrklappen (siehe 3.1.1.9).

Infolge der immer größer werdenden Laderaten werden außerdem kurze Schließ- und Öffnungszeiten der Absperrklappen erwartet. Der Schwenktrieb- bzw. Betätigungszylinder einer Klappe wird so dimensioniert, daß die Klappe unter allen Betriebsbedingungen einwandfrei zu öffnen bzw. zu schließen ist. Die Öffnungs- und Schließzeiten der Klappen, die Nennweiten zwischen 300 und 800 mm haben (NW 300 bis 800), liegen zwischen 30 und 90 s. Geringere Zeiten sind technisch möglich, jedoch zu vermeiden, da infolge des plötzlichen Druckstoßes Schäden im Rohrleitungssystem, an den Pumpen und an den Klappen auftreten können. Die Steueröldrücke liegen zwischen 130 und 150 bar. Die einzelnen Systeme unterscheiden sich im wesentlichen nur durch ihre Lokalisierung (örtlich an Deck oder im Ladekontrollraum zu steuern) und durch ihre Betätigungsart (von Hand oder elektrohydraulisch).

Notsauger. Für den Fall, daß die Hydraulikanlage ausfallen sollte, ist ein System von sogenannten Notsaugern für jeden Einzeltank installiert. Jeder dieser Notsauger ist mit einer gesonderten Zweigleitung mit der entsprechenden Saugeleitung verbunden und ebenso dimensioniert wie die übrigen — lediglich mit dem Unterschied, daß die Absperrklappen der Notsauger nicht hydraulisch, sondern per Ferngestänge mit einem Handrad von Oberdeck aus zu betätigen sind. Hierdurch ist gewährleistet, daß die Ladung nötigenfalls über diese Notsauger gelöscht werden kann.

Auf einzelnen Großtankern sind etwas abweichende Notvorkehrungen getroffen worden. So kann auf die Installierung der relativ aufwendigen Notsauger in den Seitentanks verzichtet werden, wenn statt dessen einfache Überlaufklappen, die ebenfalls per Ferngestänge und Handrad von Deck aus zu bedienen sind, in die Seitenlängsschotten am Boden eingebracht sind. Die zugehörigen Mitteltanks sind mit einem Notsauger versehen; im Bedarfsfall können die angrenzenden Seitentanks jetzt durch Niveauausgleich bei geöffneten Überlaufklappen über den Notsauger des Mitteltanks gelöscht werden (Bild 3.4).

3.1.1.5 Leitungssystem für permanenten Wasserballast und Absperrorgane

Die Dimensionierung der Ballastleitungen entspricht derjenigen des Ladeölsystems. Wie aus Bild 3.6 zu erkennen ist, verlaufen die Ballastleitungen durch die für Ladeöl vorgesehenen Mitteltanks. Die Gefahr einer Ölverschmutzung infolge von Leckagen in der Ballastleitung ist daher latent, und es ist selbstverständliche Praxis auf einem Tanker,

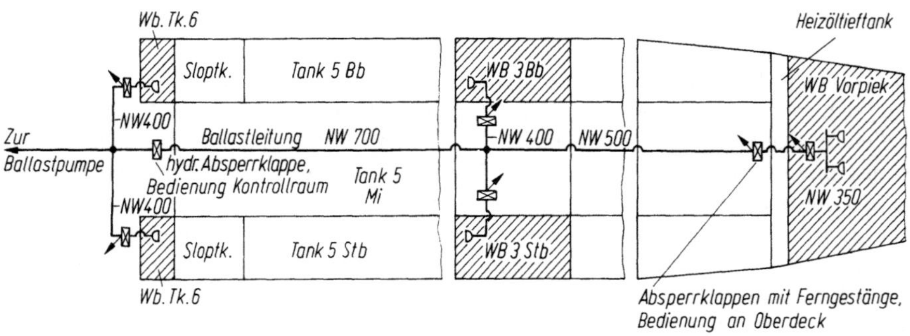

Bild 3.6. Ballastleitungen in den Tanks

daß diese Ballastleitungen häufig auf Zustand und Dichtigkeit überprüft werden. Das Öffnen und Schließen der Sauger in den einzelnen Tanks geschieht per Handrad über ein Ferngestänge von Deck aus, lediglich die Hauptabsperrklappe der Ballastleitung im Pumpenraum wird hydraulisch betätigt.

In Notfällen besteht die Möglichkeit, die Ballastleitung mit einer Ladeölleitung im Pumpenraum sowohl sauge- als auch druckseitig zu verbinden. Diese Verbindung ist während des Normalbetriebes blindgeflanscht. Erst wenn die Blindflanschen entfernt und die entsprechenden im Pumpenraum gehalterten Zwischenstücke in die Rohrleitungen eingebaut worden sind, ist die Verbindung hergestellt.

3.1.1.6 Pumpenraum

Allgemeines über die Leitungsführung. Im Pumpenraum eines Tankers sind sämtliche Leitungen zusammengeführt für

- den Ladebetrieb,
- den Löschbetrieb,
- das Beballasten und
- den Tankreinigungsbetrieb.

Jedem unerfahrenen Tankerseemann wird zunächst die drangvolle Enge des Pumpenraumes und das Leitungsgewirr mit den vielen Handrädern der Absperrorgane als sehr unübersichtlich erscheinen. Nach wie vor wird als beste Methode zum Begreifen der verschiedenen Leitungsfunktionen empfohlen, die betreffenden Rohrleitungspläne zu studieren und anhand dieser Pläne jede einzelne Leitung im Pumpenraum zu verfolgen.

Beim **Ladebetrieb** (siehe 3.1.2.4) ist der Pumpenraum dadurch zu entlasten, daß die ins Schiff strömende Ladung über die direkten Fülleitungen in die Ladeöltanks geleitet wird. Hierzu sind die Absperrungen im Ladeölleitungssystem in Druck- und Saugeleitungen zu schließen. Weiterhin ist vor Ladebeginn sicherzustellen, daß sämtliche Verbindungen vom Ladeölsystem zu den Seekästen und „Über-Bord-Ausgußleitungen" verschlossen sind, wobei die Handräder der Absperrungen durch Anbringung von Plomben oder ähnlichen Sicherungen vor irrtümlichem Öffnen gesichert werden sollen.

Wenn ausnahmsweise durch den Pumpenraum geladen werden muß, so sind die Ladeölpumpen zu umgehen, indem die Verbindungen zwischen Druck- und Saugeleitungen im Pumpenraum geöffnet und die entsprechenden Absperrungen vor den Ladeölpumpen, die sich auch hier sowohl in der Druckleitung als auch in der Saugeleitung befinden, geschlossen werden. In einem solchen Fall ist eine ständige Kontrolle des Pumpenraumes aufÖlleckagen unbedingt erforderlich[4].

Beim **Löschbetrieb** (siehe 3.1.4.2) hingegen sind die Verbindungen zwischen Sauge- und Druckleitungen geschlossen zu halten, damit eine Umwälzung des Ladeöls von der Druckleitung zurück in die Saugeleitung vermieden wird. Bei hohem Gegendruck, z. B. bei größerer Entfernung zu den erheblich höher angeordneten Vorratstanks an Land, kann außerdem bei geöffneter Verbindung der Fall eintreten, daß Öl aus den Vorratstanks ins Schiff zurückläuft, wenn die Rückschlagklappen eventuell einmal versagen. Auch beim Löschen der Ladung müssen alle Verbindungen des Ladeölleitungssystems zu den Seekästen und Ausgußleitungen verschlossen und gesichert sein.

Für den Fall, daß parallel zum Löschbetrieb das „Crudewaschen" durchgeführt wird (siehe 3.1.4.5), ist die Verbindung zwischen Druckleitung und Tankreinigungsleitung zum Betrieb der Tankreinigungskanonen zu öffnen.

---

4 Siehe International Oil Tanker and Terminal Safety Guide, 2nd edn. Editor: Oil Comp. Int. Marine Forum 1974; p 68: 4.3.4 Sea and overboard discharge valves, p 85: 5.1.3 Checks during cargo handling.

Während des Löschbetriebes sind Dichtigkeitskontrollen der Leitungen im Pumpenraum in kurzen Abständen erforderlich. Dies wird infolge des großen Höhenunterschiedes vom Oberdeck bis zum Flurboden des Pumpenraumes (ca. 25 m), der durch steile Treppen zu überwinden ist, manchmal unterlassen; es bedarf daher der Kontrolle.

Beim **Be- oder Entballasten** der Ladeöltanks während oder nach dem Löschen bzw. vor Ladebeginn sowie beim Ballastpumpen auf See nach der Tankreinigung (siehe 3.1.2.3, 3.1.4.4, 3.1.4.6, 3.1.5.3) sind wiederum einige Rohrleitungen und Verbindungen durch Änderung der Klappenstellung entsprechend zu schalten.

Besonders bei der Beballastung während des Löschens und nach Löschende muß sehr sorgfältig auf richtige Klappenstellung und vorherige Entleerung der Ladeöldruckleitungen geachtet werden. Es darf nicht vorkommen, daß beim Öffnen des Seeventils die Druckleitung bis Oberdeckshöhe voll Öl steht und jetzt bei geöffneter Verbindung zwischen Druckleitung und Saugeleitung im Pumpenraum über das Seeventil ins Hafenwasser gelangt, wenn u. U. die Absperrung zwischen Saugeleitung und Seekastenverbindung noch nicht geschlossen ist.

Beim **Tankreinigungsbetrieb** (siehe 3.1.5.2) wird eine Ladeölpumpe in Betrieb genommen zur Lieferung von Treibwasser für die Tankreinigungskanonen und des Nachlenzejektors. Hierbei saugt die Ladeölpumpe aus dem Seekasten und drückt über eine entsprechende Leitungsverbindung in die Tankreinigungsleitung zur Versorgung der Tankreinigungskanonen sowie in die Treibwasserleitung für die (den) Ejektoren. Die Absperrung der Saugeleitung der in Betrieb befindlichen Ladeölpumpe zu den Tanks ist geschlossen, der Ejektor ist über eine andere Saugeleitung mit dem zur Reinigung anstehenden Tank verbunden.

Grundsätzlich sollten sämtliche Leitungen und Absperrungen/Schieber/Ventile an gut sichtbarer Stelle mit einem gut lesbaren Markierungsschild versehen bzw. durch geeignete Beschriftung gekennzeichnet sein. In Verbindung mit Sauberkeit des Pumpenraumes erleichtert eine gute Beschriftung das Zurechtfinden.

Anordnung der Ladeöl- und der Ballastpumpen. Die Ladeölpumpen und die zugehörigen Ladeölleitungen bilden das „Ladegeschirr“ eines jeden Öltankschiffes.

Ladeölpumpen dienen dazu, die Ladung im Löschhafen aus dem Schiff zu befördern und bewerkstelligen das für Trimmzwecke u. U. erforderliche Umpumpen eines Teils der Ladung von einem Tank in den anderen. Weiterhin werden die Ladeölpumpen eingesetzt, um nach Löschende — bei Bedarf auch während einer Löschunterbrechung — über die entsprechenden Leitungsverbindungen mit den Pumpenraumseekästen Wasserballast in die dafür vorgesehenen Ladeöltanks zu pumpen (siehe 3.1.4.4 und 3.1.4.6).

Sämtliche Ladeölpumpen sind in einem Pumpenraum untergebracht, der sich auf VLCCs durchweg unmittelbar vor dem Maschinenraum befindet und von diesem durch ein gasdichtes Schott getrennt ist.

Die Installierung der Ladeölpumpen muß infolge ihrer beschränkten Saugekapazität stets möglichst nahe am Schiffsboden erfolgen. Je mehr Saugeleistung eine als Kreiselpumpe ausgebildete Ladeölpumpe zu erbringen hat, desto größer werden die Schwierigkeiten und der Zeitaufwand besonders beim Nachlenzen (Resten) der Ladeöltanks.

Das Löschen wird heutzutage mit dampfturbinengetriebenen Kreiselpumpen betrieben, deren Förderkapazität auf einem Großtanker bis zu 6000 m^3 Wasser/h beträgt.

Der Pumpenantrieb ist jeweils innerhalb des Maschinenraumes angeordnet, die Antriebswellen verlaufen je nach den baulichen Gegebenheiten an Bord entweder horizontal oder vertikal über gasdichte Stopfbuchsen durch das Schott zu den Ladeölpumpen.

Die Leistungsaufnahme der Antriebsturbinen erreicht bei vollem Pumpenbetrieb angenähert die gleiche Größenordnung, welche die Hauptantriebsanlage bei Marschfahrt benötigt. Unter Umständen ist es nötig, beim Umtrimmen von Ladung auf See bzw. beim Tankreinigungsbetrieb, wenn eine oder zwei Ladeölpumpen in Betrieb sind, die Geschwindigkeit des Schiffes entsprechend herabzusetzen.

Einen Eindruck von der Anordnung der Leitungen und Pumpen im Pumpenraum vermittelt Bild 3.7. Weil die Pumpenräume schachtförmig bis auf den Schiffsboden hinabreichen und Leckagen an den Stopfbuchsen und/oder Rohrverbindungen immer auftreten können, wodurch oftmals eine intensive Gasbildung hervorgerufen wird, dürfen Pumpenräume nur bei in Betrieb befindlichen Entlüftungsanlagen betreten werden. In jedem Pumpenraum müssen vorhanden sein:

- künstliche Entlüftungen;
- eine vom Oberdeck zu bedienende separate Lenzpumpe für den Pumpenraum;
- Druckanzeigegeräte im oberen Teil des Pumpenraumes;
- Bedienungselemente für den Betrieb der Pumpen einschließlich einer Schnellschlußvorrichtung, um den Pumpenbetrieb im Falle von Leckagen oder dgl. sofort stoppen zu können[5].

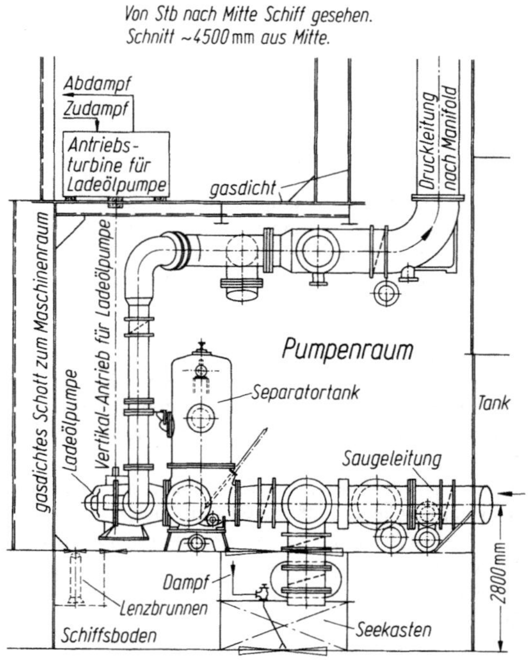

Bild 3.7. Pumpenraumanordnung einer vertikal angetriebenen Ladeölpumpe mit Darstellung der Saugeleitung, der Druckleitung sowie eines Seekastens. Der Separatortank erfüllt eine Schlüsselaufgabe beim Nachlenzen mit der Vacuumanlage (Vac-Strip)

Nachlenzeinrichtungen. Die frühere Nachlenzeinrichtung bestand aus einem separaten Leitungssystem, welches in der Anordnung dem Ladeölleitungssystem zwar entsprach, jedoch wesentlich kleiner dimensioniert war. In jedem Ladeöltank war ein Nachlenzsauger (oftmals auch mehrere) angeordnet, der mit zwei im Pumpenraum stehenden Nachlenzpumpen verbunden war, die als Dampfkolbenpumpen mit einer Förderkapazität bis zu 400 m^3/h Wasser ausgebildet waren. Dieses System findet auch heute noch auf vielen kleineren Tankern und auf einzelnen VLCCs Verwendung.

5 Vgl. International Oil Tanker and Terminal Safety Guide, 2nd edn. p 68: 4.3.3 Pumproom precautions.

Neben der Robustheit und Zuverlässigkeit von dampfangetriebenen Nachlenzpumpen sind einige Nachteile zu erwähnen:

- Wenn die Pumpe Gas zu fördern beginnt, reißt die Strömung ab und, um Beschädigungen zu vermeiden, muß die Pumpe stark reduziert, wenn nicht sogar gestoppt werden.
- Da diese Pumpen keine festen Bestandteile, wie z.B. Sand usw., fördern können, müssen sie saugeseitig mit einem Filter ausgerüstet werden. Diese Filter müssen während der letzten Nachlenzphase sehr oft gereinigt werden.
- Bedingt hierdurch ist die Anwesenheit eines erfahrenen Pumpenfachmannes an Bord erforderlich. Um Zeitverluste möglichst gering zu halten, die verursacht werden durch das häufige Auf und Ab im Pumpenraum für die Reinigung der verstopften Filter und für das Anfahren der gestoppten Pumpen, sind in den letzten 20 Jahren wasserangetriebene Nachlenzejektoren mehr und mehr in Gebrauch gekommen.

Nachlenzejektoren. Bedingt durch die Anforderungen (Antikorrosivität, Funkensicherheit, Kavitationsbeständigkeit) werden Ejektoren ausschließlich mit Nickel/Aluminium/Bronzegehäuse und Moneldüsen hergestellt (Monel: Kupfer-Nickel-Legierung). Als Antriebsmittel wird Treibwasser (sauberes Seewasser von einer Ladeölpumpe) benötigt. Durch die Düsenwirkung entsteht im hinteren Raum des Ejektors ein Unterdruck, der zum Saugen benötigt wird. Im Diffusor erfolgt eine Energieumwandlung der Geschwindigkeit in Druck, denn Treib- und Waschwasser müssen zusammen zum Sammeltank oder in den Sloptank gedrückt werden.

Die Vorteile der Nachlenzejektoren sind gegenüber den konventionellen Nachlenzpumpen folgende:

- Es sind keine beweglichen Teile vorhanden, daher wenig Verschleiß.
- Für den Antrieb der Ejektoren wird keine besondere Pumpe benötigt. Eine der ohnehin in Betrieb befindlichen Ladeölpumpen wird als Lieferant des Treibwassers eingesetzt.
- Ejektoren können ohne saugeseitigen Filter eingebaut werden, da sie Feststoffe und Sand ohne Schwierigkeiten befördern können.
- Ejektoren sind in der Lage, nach Abreißen der Strömung die Förderung wieder aufzunehmen, weil sie auch größere Gasmengen fördern können.

Vacuumanlage. Die ersten Nachlenzanlagen nach dem Vac-Strip-System (Vac: Vacuum; Strip: Stripping = Nachlenzen) wurden etwa Mitte der sechziger Jahre in Betrieb genommen mit der Zielsetzung, das separate Nachlenzsystem überflüssig zu machen (erhebliche Kosten- und Gewichtsersparnis), indem durch geeignete Apparaturen die Förderleistung der Ladeölpumpe während der Nachlenzphase optimiert wurde.

Solange der Füllstand im Ladeöltank beim Löschen über dem Niveau des Pumpeneinlaufes der Saugeleitung liegt, läuft das Öl (oder das Ballastwasser) der Pumpe zu, und ein Einbruch von Luft oder Gas-Luft-Gemisch ist nahezu ausgeschlossen. Hat der Füllstand im Ladeöltank jedoch etwa die Höhe der Bodenwrangen erreicht, so muß die Pumpe mit sinkendem Füllstand immer mehr Saugeleistung erbringen. Es bilden sich um die Sauger herum Wirbel, die Folge ist Lufteintritt (bzw. Gas-Luft-Gemisch) in die Saugeleitung.

Besonders gering ist der Füllstand beim Nachlenzen (nur wenige Zentimeter), hier findet ein stetiger Luft- oder Gas-Luft-Gemisch-Eintritt in die Saugeleitung statt.

Das Prinzip der Vac-Strip-Anlage besteht darin, das beim Nachlenzen in das Leitungssystem gelangende Gas-Luft-Gemisch vor der Ladeölpumpe aus der Saugeleitung zu entfernen und die Fördermenge der Ladeölpumpe während des Nachlenzens so zu steuern, daß ein kontinuierliches Pumpen ohne Beimischung von Luft und/oder Ölgasen erreicht wird.

Der Verdampfungspunkt der zu transportierenden Flüssigkeit (Öl oder Öl-Wasser-Gemisch oder Wasser) soll zu keinem Zeitpunkt erreicht werden, weil sonst bei längerem Betrieb Schäden an den Pumpenläufern, Rohrleitungen und Armaturen kaum zu vermeiden sind.

Im Bordbetrieb ist jede Ladeölpumpe mit einem Separatortank in der Saugeleitung und einem Filtertank bestückt. Im Separatortank wird die Luft bzw. das Gas-Luft-Gemisch der

Flüssigkeit entzogen und durch die Vacuumpumpe (Luftpumpe mit E-Motor) über den Filtertank, das Vacuum-Regelventil und den Kühltank entweder in den Sloptank oder in die Atmosphäre gedrückt. Im Filtertank werden etwa mitgerissene Ölpartikel gesammelt und über eine Rücklaufleitung dem Separatortank wieder zugeführt. Zum Schutze der Pumpe vor Fremdkörpern, die eventuell aus dem Ladeöltank mitgerissen werden können, ist der Separatortank mit einer Siebplatte bestückt, die als Grobfilter Fremdkörper ausfiltert, welche eine bestimmte Größenordnung überschreiten (z. B. nach der Tankreinigung im Tank zurückgebliebene Putzlappen, Spachtel und dgl.).

Am Separatortank ist das eigentliche „Gehirn" der Vac-Strip-Anlage angeschlossen, der Niveauregler, welcher alle weiteren Komponenten der Anlage — vor allem die in der Druckleitung befindliche Drosselklappe — so steuert, daß die Fördermenge der Ladeölpumpe etwa dem Zulauf zu den Saugern entspricht. Dieser Vorgang kann auch über einen Regelknopf vom Kontrollpult des Ladekontrollraumes manuell vorgenommen werden, wobei für die manuelle Betätigung der Drosselklappenstellung die Kennlinie der Ladeölpumpe für den jeweiligen Betriebszustand dient.

Der manuelle Regelbetrieb für die Drosselklappe sollte jedoch nur dann vorgenommen werden, wenn der Ausführende über große Erfahrung und über genaue Kenntnisse des Betriebsablaufes der Vac-Strip-Anlage verfügt.

Es sei darauf hingewiesen, daß auf jedem Tanker, der über eine Vacuum-Nachlenz-Anlage verfügt, auch genaue Betriebsanweisungen und Funktionsbeschreibungen von Reederei und Hersteller vorhanden sind. Zur Erlangung von Detailkenntnissen, die für einen optimalen Einsatz der Anlage unerläßlich sind, wird empfohlen, die Betriebsanweisungen und Funktionsbeschreibungen genau zu studieren.

3.1.1.7 Spezielle Sicherheitseinrichtungen

P/V-Ventile (Reiseventile). Jeder Ladeöltank ist an ein flammensicheres Pressure/Vacuum-Ventil (P/V-Ventil) angeschlossen, über das sich während der Reise zu hoher Druck im Tank selbsttätig abbaut. Bei Bildung von Unterdruck im Tank infolge Abkühlung der Ladung läßt das Ventil Luft nachströmen. Diese Ventile werden auch als Reiseventile bezeichnet.

Die Anbringung der Reiseventile ist bei den verschiedenen Tankertypen unterschiedlich. Auf vielen Tankern werden die erforderlichen Rohrleitungen für die Reiseventile dicht über Oberdeck in den Tankdom der Einzeltanks geführt, die Leitungen sind an Oberdeck gehaltert und werden zur Laufbrücke geführt, wo die Reiseventile etwa 2,5 m über Oberdeck installiert sind. Auf anderen Tankschiffen findet man die Reiseventile am Ende einer etwa 2,5 m bis 3 m langen Rohrleitung, die vom Tankdom (Tankluke)

Bild 3.8. Einrichtungen und Armaturen an Deck eines Tankers. *1* Tankwaschkanonen (Getriebe); *2* Füllstandsmeßgerät; *3* Reiseventil (P/V-Ventil), Handrad Unterseite; *4* Absperrklappe Inertgaszweigleitung Tank 2 Stb; *5* Inertgaszweigleitung; *6* Bedienungshandrad Überlaufklappe Tank *1* Stb → Tank *2* Stb; *7* Feuerlöschkanone (Wasser und Schaum); *8* Tankluke; *9* Ullageöffnung (Schauloch)

senkrecht nach oben geführt ist. Auf Tankern mit einer Inertgasanlage befindet sich das P/V-Ventil des jeweiligen Tanks auf der Inertgaszweigleitung zur Versorgung des betreffenden Tanks mit Inertgas, und zwar zwischen dem Decksdurchbruch der Inertgaszweigleitung in den Tank und dem Absperrventil für die Inertgaszufuhr (Bild 3.8).

Für Rohöltankschiffe beträgt die Druckeinstellung gemäß GL-Forderung +1400 mmWS (WS: Wassersäule) Öffnungsdruck auf der Überdruckseite und −350 mmWS Öffnungsdruck auf der Unterdruckseite.

Unter dem Boden des P/V-Ventilgehäuses befindet sich eine Anliftvorrichtung, mit der es durch Eindrehen des Handrades bis zum Anschlag möglich ist, den Ventilteller anzuliften, wodurch eine Druckentlastung und somit freier Durchgang gegeben ist. In angelifteter Stellung sind die P/V-Ventile „offen", z.B. dann, wenn die Tanks belüftet werden.

Während der Ladereise stehen die P/V-Ventile geschlossen in Betriebsstellung, damit gemäß der Funktion dieser Ventile konvexe oder konkave Verformungen der Tankschotten und/oder des Oberdecks vermieden werden.

Hochgeschwindigkeitsentlüftung. Beim Beladen der Tanks treten zündfähige Gas-Luft-Gemische durch die Tankentlüftungsöffnungen aus. Daher werden diese Öffnungen so gestaltet, daß einerseits auch bei sehr großen Gesamtladeraten (bis zu 30 000 t/h auf einem VLCC) genügend Querschnitt zur Entlüftung zur Verfügung steht, andererseits diese Öffnungen aber gegen den Rückschlag von Flammen oder anlaufende Explosionen sicher geschützt werden.

Bisher geschah dieses ausschließlich mit Hilfe von Band- oder Drahtnetzsicherungen, die nach dem Prinzip der Davyschen Sicherheitslampe die Verbindung in viele kleine Kanäle aufteilten und somit dem Gas zwar den Durchtritt ließen, anlaufende Flammen jedoch so weit herunterkühlten, daß sie nicht zurückschlagen konnten. Mit steigenden Laderaten verschmutzten die Bandsicherungen durch mitgerissene Rost- und/oder Ölpartikel immer schneller, so daß der erforderliche Druckausgleich nicht mehr sichergestellt war. Hierdurch wurde der Ladebetrieb empfindlich gestört — oftmals sogar gefährdet.

Abhilfe wurde geschaffen durch das Hochgeschwindigkeitsentlüftungsventil, das man als „dynamische Sicherung" bezeichnen kann (Bild 3.9). Dieses besteht im wesentlichen aus dem Gehäuse, der Abdeckhaube und einem gewichtsbelasteten Schnellhubventil. Letzteres läßt das Gas-Luft-Gemisch erst nach Erreichen eines Überdruckes im Tank von etwa 400 mmWS ausströmen.

Die Gase verlassen die Öffnung dabei mit einer Geschwindigkeit von mehr als 30 m/s. Diese Geschwindigkeit ist immer größer als die Brenngeschwindigkeit der austretenden

Bild 3.9. Hochgeschwindigkeitsentlüftungsventil (verschlossen) (*1*); *2* Inertgashauptleitung

Gase, auch im ungünstigsten Fall. Auf diese Weise wird sicher verhindert, daß Flammen von Bränden oder Explosionen in die Tanks zurückschlagen.

Weiterhin ermöglicht diese Armatur das Abblasen auch großer Gasmengen, ohne daß die Querschnitte verstopfen. Das Gas wird durch die hohe Austrittsgeschwindigkeit in große Höhen geworfen, wo es sich verteilen und verdünnen kann.

Auf einem Tanker der 240000-t-Klasse sind zwei Hochgeschwindigkeitsentlüfter vorhanden, jeweils einer bei den Mitteltanks 2 und 4.

Notbelüftung. Am vorderen Ende der Inertgashauptleitung ist ein Notbelüftungsventil angeordnet (Bild 3.10). Dieses Ventil ist normalerweise durch einen verschraubbaren Deckel fest verschlossen und wird **nur** geöffnet bei Ausfall der Inertgasanlage während des Entladens.

Das Ventil erlaubt bei einer Nennweite von 350 mm (NW 350) einen Luftdurchsatz zwischen 30000 und 36000 m^3/h, und zwar je nachdem, ob es mit oder ohne Schwallschutz eingerichtet ist.

Bild 3.10. Notbelüftungsventil (verschlossen) (*1*); *2* Inertgashauptleitung

Allgemeines über die Inertisierung. Nachdem in den späten sechziger Jahren auf einigen Großtankern verheerende Explosionen während oder unmittelbar im Anschluß an die Tankreinigung stattgefunden hatten, haben viele Organisationen und Tankreedereien Untersuchungen nach dem Ursprung der Zündquellen eingeleitet, die von der International Chamber of Shipping (ICS) koordiniert wurden. Dabei hat sich ergeben, daß mit sehr großer Wahrscheinlichkeit elektrostatische Aufladungen die Ursache für die Explosionen in den Ladetanks gewesen sind.

Zu Beginn der siebziger Jahre kam die Anwendung von Inertgas in Gebrauch, welches an Bord von Turbinentankern durch die Kesselrauchgase in ausreichender Menge zur Verfügung steht, um den O_2-Gehalt der Tankatmosphäre so weit zu reduzieren, daß eine Zündung nicht mehr möglich ist[6].

Gemäß IMCO-Vorschriften sind neue und existierende Tanker über 20000 tdw ab Juni 1981 mit einer Inertgasanlage auszurüsten[7].

Inertgas = inaktives, nicht brennbares Gas (O_2-Gehalt < 11 Vol.-%).

---

6 Siehe Mau, R.: Unfälle auf Tankschiffen und sicherheitstechnische Maßnahmen. Schiff und Hafen (1972), Heft 12, und Shell Research BV. AMSR 0007.73, Januar 1973, Fairplay Februar 1975. — Vgl. auch 3.3.

7 Näheres über Zeiträume der Nachrüsttoleranzen für verschiedene Tankergrößen ist aus der IMCO-Veröffentlichung 1978 zu ersehen: „International Conference on Tanker Safety and Pollution Prevention 1978“.

Eine ölgefeuerte Kesselanlage hat bei vollständiger Verbrennung folgende Abgaszusammensetzung, die je nach Brennstoffqualität etwas variieren kann:

O_2 (Sauerstoff)	3,5	Vol.-%
CO_2 (Kohlendioxid)	14,0	Vol.-%
H_2O (Wasserstoff)	4,5	Vol.-%
SO_2 (Schwefeldioxid)	0,3	Vol.-%
N_2 (Stickstoff)	77,0	Vol.-%
feste Bestandteile	0,14	g/Nm^3.

Hierbei liegt eine Rauchgastemperatur von etwa 325 bis 350 °C zugrunde.

Die aus dem Rohöl austretenden flüchtigen Bestandteile, im wesentlichen Methan, Äthan, Propan, Butan, Pentan und Hexan (Hydrocarbongase), sind in bestimmtem Mischungsverhältnis mit Luft entzündbar und können, wenn es im Ladeöltank zur Funkenbildung kommt, explodieren. Hierbei beträgt der kleinste zur Explosion erforderliche Hydrocarbonanteil am Gasgemisch im Tank etwa 2,0 Vol.-%. Diesen Punkt in Verbindung mit der theoretischen O_2-Konzentration des Gas-Luft-Gemisches nennt man untere Explosionsgrenze UEG (LEL: lower explosion limit). Bei einem Anteil von weniger als maximal 2 Vol.-% an Hydrocarbongasen ist das Gas-Luft-Gemisch „zu mager", und eine Explosion kann nicht stattfinden, auch dann nicht, wenn der O_2-Anteil größer als 11 % ist (Bild 3.11).

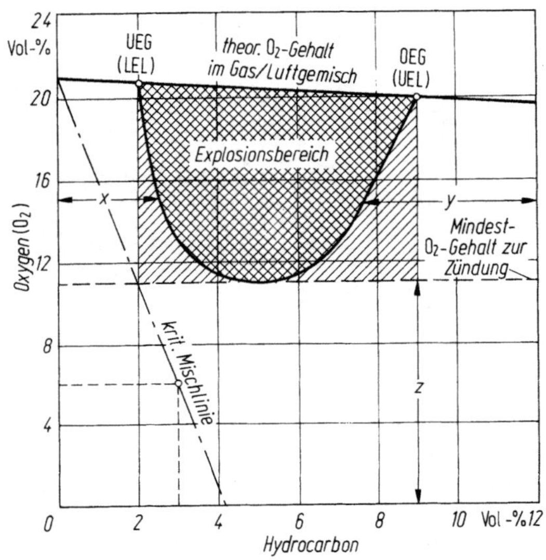

Bild 3.11. Explosionsbereich der Tankatmosphäre.
x zu magerer Bereich (zu wenig Hydrocarbon); *y* zu fetter Bereich (zu viel Hydrocarbon); *z* zu wenig Oxygen (O_2)

Das hier dargestellte Diagramm wurde bei den eingangs erwähnten Versuchen und Untersuchungen nach dem Ursprung der Zündquelle in den Ladeöltanks entwickelt.

Als obere Explosionsgrenze OEG (UEL: upper explosion limit) wird ein Punkt bezeichnet, der gebildet wird von einem Hydrocarbonanteil von 9 Vol.-% in Verbindung mit der theoretischen O_2-Konzentration des Gas-Luft-Gemisches.

Bei einem Hydrocarbonanteil von mehr als 9 Vol.-% ist das Gas-Luft-Gemisch „zu fett" und selbst bei einem O_2-Anteil von mehr als 11 Vol.-% nicht zündfähig.

Der geringste zur Explosion der Tankatmosphäre erforderliche O_2-Anteil liegt bei mindestens 11 Vol.-%. (Über Messung der Anteile siehe 3.1.5.5, Explosimeter und Bio-Marine.)

Wie Bild 3.12 zeigt, kann bei bestimmten Mischungsverhältnissen zwischen Hydrocarbongasen und Luft (Oxygen) eine hochexplosive Fläche (doppelt schraffiert) entstehen, die im Tankerbetrieb unbedingt vermieden werden sollte, was bei der Verwendung von

Inertgas zur Füllung der leeren Tanks bzw. des Freiraumes über der Ladung sichergestellt werden kann.

Bei Löschbeginn wird der Tankatmosphäre Inertgas mit einem O_2-Gehalt von etwa 4 Vol.-% zugesetzt, welches anstelle von Luft das beim Löschen frei werdende Tankvolumen auffüllt. (Die Inertgasanlage und das zugehörige Leitungssystem werden später in diesem Abschnitt kurz erklärt.)

Hierdurch wird der Hydrocarbongehalt der Tankatmosphäre zwar nur unwesentlich verringert, der O_2-Gehalt wird jedoch relativ schnell unter die 11-Vol.-%-Grenze gebracht, und der Explosionsbereich wird vermieden.

Nach dem Auslaufen zur Ballastreise wird mit Inertgas gespült (purging) (Bild 3.12). Der Erfolg des Spülens ist abhängig von der aufgewendeten Zeit, von der eingeblasenen Inertgasmenge, von der Anbringung des Entlüftungsrohres (purgepipe) und von der Größe des Tanks.

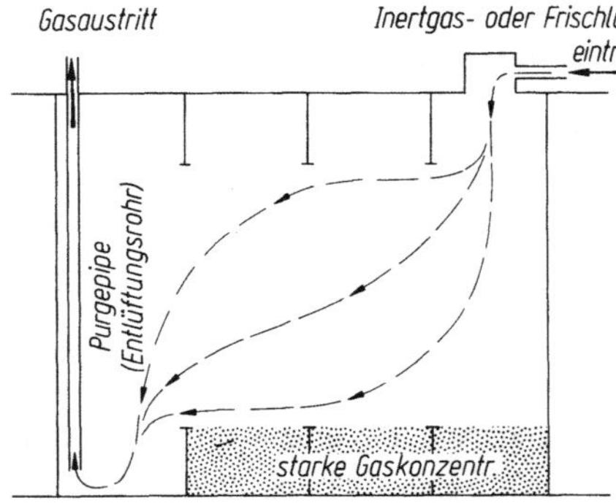

Bild 3.12. Spülen mit Inertgas (purging) oder Entgasen mit Frischluft

Es ist zu berücksichtigen, daß Inertgas schwerer ist als Hydrocarbongase (Kohlenwasserstoffgase) und letztere wiederum schwerer sind als Luft. Wichtig ist auch das Schließen sämtlicher Absperrungen in der Saugeleitung, um das Eindringen von Inertgas in den Pumpenraum bzw. bereits gasfreie Ladeöltanks zu verhindern.

Am wirksamsten ist das Spülen, wenn die „purgepipe" bis nahe an den Tankboden herangeführt ist. Je größer der Abstand vom Tankboden bis zum Einlaß der purgepipe ist, desto schwieriger ist es, die zwischen den Bodenwrangen liegenden Hydrocarbongase zu entfernen. Es kann deshalb vorkommen, daß bei unzureichender Spüldauer die Konzentration der Tankatmosphäre sich durch langsame Vermischung mit den übrig gebliebenen Hydrocarbongasen rechts von der kritischen Mischlinie einpendelt und dadurch beim Entlüften der Tanks mit Frischluft den explosiven Bereich durchwandert (Bild 3.11).

Bei ständiger Anwendung von Inertgas sieht der Ablauf wie folgt aus:

Rechtzeitig vor Erreichen des Ladehafens werden alle Ladeöltanks inertisiert. Beim Löschen des sauberen Ballastes aus den Ladeöltanks wird das freigegebene Tankvolumen mit Inertgas gefüllt, so daß bei Ladebeginn sämtliche Ladeöltanks unter Inertgasdruck stehen.

Nach Beendigung des Ladens wird während der Reise fortlaufend Inertgas nachgedrückt, um einen ständigen Überdruck von etwa 800 mmWS in den Ladeöltanks zu halten. Hierdurch wird der explosive Bereich mit Sicherheit vermieden.

Während des Löschens der Ladung wird der Freiraum mit Inertgas aufgefüllt. Ein Sicherheitssystem sorgt dafür, daß bei einem Druckabfall der Tankatmosphäre auf unter 300 mmWS (z. B. bei Ausfall der Inertgasanlage oder bei Leckagen in den Inertgasleitungen) die Ladeölpumpen automatisch gestoppt werden. Nach Beginn der Ballastreise befindet sich das Schiff also wiederum in voll inertisiertem Zustand, eine Explosionsgefahr ist somit nicht gegeben. Infolge des Überdruckes wird auch bei einer Kollision zunächst Inertgas austreten, was eine sofortige Explosion mit großer Wahrscheinlichkeit ausschließt.

Während der Ballastreise und während des Tankwaschens wird ständig Inertgas nachgedrückt, so daß bei richtiger Anwendung der Inertgasanlage eine Zündung der Tankatmosphäre nahezu unmöglich ist.

Erst wenn der Waschvorgang beendet ist, wird nochmals mit Inertgas gespült. Danach werden die Ladeöltanks mit den Inertgasgebläsen unter Anwendung von Frischluft entgast, bis die Tankatmosphäre bei einem O_2-Gehalt von 21 Vol.-% keine Hydrocarbongase mehr enthält. Die sicherste Methode der vollständigen Befreiung der Ladeöltanks von Inertgasen besteht darin, die sauberen Tanks bis zum Überlaufen nacheinander mit Wasser zu füllen und danach ggf. wieder zu lenzen. Dieser Methode stehen jedoch entgegen der große Zeitaufwand, die der Geschwindigkeit abträgliche Leistungsaufnahme von z. B. zwei Ladeölpumpen und u. U. die Überschreitung der zulässigen Biegemomente der Längs- und der Querfestigkeit.

Inertgasanlage und -leitungen. Gemäß SOLAS (Safety of Life at Sea)-Abkommen 1974 und 1978 ist für alle Tankerneubauten nach 1975, und zwar gestaffelt nach Baujahr und Größe, die Ausrüstung mit einer Inertgasanlage vorgesehen. Mit ihr wird eine bestimmte Menge Inertgas mit einem O_2-Gehalt von weniger als 5 Vol.-% über eine Gebläseanlage durch entsprechend dimensionierte separate Rohrleitungen den Ladeöltanks zugeführt, wobei die Tanks unter einem Überdruck von ca. 800 mmWS gehalten werden. Es ist selbstverständlich, dieses Sicherheitssystem nicht nur während der Tankreinigung, sondern permanent einzusetzen. Dadurch ergeben sich folgende Vorteile:

Das Waschen der großen Ladeöltanks kann als sicher gelten, weil durch die Inertisierung die statische Aufladung der Tankatmosphäre ohne Bedeutung ist.

Die Explosionsgefahr, z. B. bei oder nach einer Kollision, ist bei inertisierten Ladeöltanks weitgehend ausgeschaltet.

Die Korrosion innerhalb der Ladeöltanks ist durch die Herabsetzung des O_2-Gehaltes der Tankatmosphäre auf weniger als 5 Vol.-% wesentlich eingeschränkt.

Der Weg des Rauchgases. Die Rauchgase werden vor dem Luftvorwärmer (Luvo) über eine Eingangsklappe aus dem Rauchgaskanal der Hauptkesselanlage angesaugt. Dieser Anzapfort wurde gewählt, weil sich im Luvo der Oxygengehalt (O_2-Gehalt) der Rauchgase bei eventuellen Leckagen unerwünscht erhöhen würde. Eine Anzapfung hinter dem Luvo scheidet also aus.

Im Bereich der Eingangsklappe ist eine Blasvorrichtung angeordnet, um eine Vorreinigung der Rauchgase von Feststoffen zu erzielen. Zur Überwachung der Rauchdichte befindet sich hier ein Fotozellenwächter.

Durch Edelstahlkompensatoren gelangt das Gas mit einer Eingangstemperatur von etwa 115 °C in den Wäscher und wird hier durch die Seewasserbrausen abgekühlt auf einen Wert, der etwa 5 °C über der Seewasser-Eintrittstemperatur liegt. Durch den direkten Kontakt der Rauchgase mit dem Seewasser wird der eigentliche Hauptzweck des Wäschers erfüllt, nämlich die Befreiung der Rauchgase von SO_2 (Schwefeldioxid).

Zur Kontrolle des Seewasserniveaus im Wäscher ist ein Schwimmerschalter vorhanden, der die Inertgasanlage bei zu hohem Wasserstand abschaltet und einen entsprechenden Alarm auslöst.

Im unteren und mittleren Teil des Wäschers sind mehrere Prallringe (Prallplatten) angeordnet, die als Filter zur Abtrennung von Feststoffen dienen. Bei der ersten Plattenstufe handelt es sich um eine Konstruktion, in der die mit großer Geschwindigkeit fließenden Gasströme (Venturi-Düseneffekt) mit dem Waschwasser in Berührung gebracht werden.

Hierdurch wird eine Anhäufung der im Gasstrom vorhandenen, sehr feinen Staub- und SO_2-Gasteilchen bewirkt, womit infolge der hier erzwungenen Zusammenballung an der nächstfolgenden Aufprallstufe ein sehr wirksamer Abscheideeffekt für die Feststoff- und SO_2-Anteile bewirkt wird. Gleichzeitig wird nochmals eine Auswaschung mit der Seewasserbrause vorgenommen.

Im oberen Teil des Wäschers wird das Inertgas durch den Demister (Entfeuchter) von mitgeführtem Wasser getrennt. Danach hat das Gas nur noch einen Feststoffanteil von maximal 2 mg/m^3, und die Temperatur liegt etwa 2 °C über der Seewassertemperatur.

Vom Entfeuchter werden die Gase von den Gebläsen über einen weiteren Kompensator abgesaugt und auf eine Gebläsepressung von etwa 1500 mmWS verdichtet. In einem angeschlossenen Sauerstoffanalysengerät mit Einfachlinienschreiber wird der Sauerstoffgehalt gemessen und aufgezeichnet. Übersteigt dieser den Wert von ca. 2,5 Vol.-%, so ertönt Analysenalarm, und die Anlage schaltet ab. Das Gerät ist im Maschinenkontrollraum angeordnet.

Über eine Regulierdrosselklappe gelangt das Inertgas durch die Ausgangsklappe in das Druckwasserschloß, welches die Inertgasanlage bei einem eventuellen Versagen der P/V-Ventile und des Vacuumbrechers bei zu hohem Überdruck im Tank gegen den Rückfluß von Inertgas aus den Tanks sichern soll. Das Druckwasserschloß besteht aus einem Zweikammerbehälter, es wird durch eine Pumpe über einen Reservebehälter mit Sperrwasser versorgt. Bei stehender Inertgasanlage befindet sich die Sperrflüssigkeit in der unteren Kammer und blockiert so den Weg zu dieser Anlage. Die Wassersäule im Druckwasserschloß ist so bemessen, daß sie einem Überdruck von 1700 mmWS in den Tanks standhalten kann. Bei Erzeugung von Inertgas und entsprechender Öffnung der Ausgangsklappe wird die Sperrflüssigkeit durch die Pumpe von der unteren in die obere Kammer befördert, womit der Weg für das Inertgas zu den Ladeöltanks freigegeben ist.

Als zusätzliche Sicherheitsmaßnahme gegen Druck und Vacuum ist ein Druck- bzw. Vacuumbrecher installiert, eingestellt auf einen Höchstdruck von 1400 mmWS und einen Unterdruck (Vacuum) von −500 mmWS.

Jeder einzelne Ladeöltank (einschl. der Sloptanks) ist mit einer Zweigleitung an die an Oberdeck verlaufende Inertgashauptleitung angeschlossen. Jede Zweigleitung ist kurz vor Eintritt in den Ladeöltank mit einer Absperrklappe versehen, so daß jeder Einzeltank bei Bedarf zu- oder abgeschaltet werden kann (Bild 3.13).

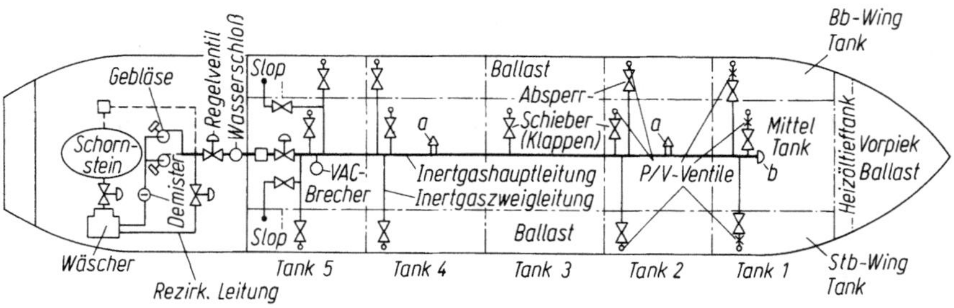

Bild 3.13. Schematische Darstellung der Inertgashaupt- und -zweigleitungen. *a* Hochgeschwindigkeitsentlüfter; *b* Notbelüftung

Die Eintrittsrohre enden dicht unter Oberdeck. Der Entlüftungsvorgang wird auf verschiedenen Tankschiffen unterschiedlich gehandhabt. Viele Tankerreeder haben auf den Einbau von Entlüftungsrohren verzichtet — in dem Fall wird die Entgasung durch die geöffneten Tankluken vorgenommen, während Frischluft durch die Inertgasleitungen eingeblasen wird (Bild 3.12).

Auf einem inertisierten Tanker wird der Druckausgleich meistens über die Inertgasleitung vorgenommen, denn sowohl Hochgeschwindigkeitsentlüftungsventile als auch P/V-Ventile sind in die Inertgasleitung einbezogen.

Es wird empfohlen, die an Bord vorhandenen Betriebsanweisungen und die Einzelbeschreibungen der Anlagenteile, die von Schiff zu Schiff wegen der verschiedenen Fabrikate im Detail etwas variieren können, genau zu studieren, bevor mit der Anlage gearbeitet wird.

3.1.1.8 Tankwascheinrichtung

Allgemeines. Ladeöltanks müssen in regelmäßigen Abständen von den Ladungsrückständen befreit werden, die sich während der bis zu 8 Wochen dauernden Reise vom Lade- zum Löschhafen (Ladereise) auf dem Tankboden und auf den Verbänden im Tank in einer mehrere Zoll starken Schicht, die vorwiegend aus Sand und Paraffin besteht, abgelagert haben.

Wenn die regelmäßige Reinigung nicht stattfindet, wächst die Ablagerungsschicht nach mehreren Reisen so stark an, daß die Durchflußöffnungen in den Bodenverbänden verstopfen, wodurch sich große Schwierigkeiten ergeben, die Ladung restlos aus dem Schiff zu pumpen. In einem solchen Fall kommt es sicherlich zu Protesten der Ladungsempfänger wegen nicht vollständig ausgelieferter Ladung, weil die Menge der sogenannten „nicht pumpbaren Rückstände" zu groß ist.

Waren bis in die Mitte des 20. Jahrhunderts hinein die Tankreinigungsmethoden oftmals mit außerordentlicher Belastung und Gefährdung der Besatzung verbunden, so wird die Tankreinigung auf einem VLCC heutzutage weitgehend maschinell durchgeführt, wobei es lediglich nötig ist, aus den vorher gasfrei gemachten Ladeöltanks die nach dem Waschen noch verbliebenen Rückstände per Hand durch die Besatzung zu entfernen (siehe 3.1.4.6, 3.1.5.2 und 3.1.5.5).

Bedingt durch die großen Dimensionen der Ladeöltanks (*L* ca. 50 m, *B* ca. 30 m, *H* ca. 26 m bei einem Mittel- oder Centertank), wurde es erforderlich, Tankreinigungssysteme einzuführen, deren Wasserstrahl über eine Entfernung von ca. 25 m mit solcher Kraft auftrifft, daß eine ausreichende Reinigungswirkung erzielt wird. (Es besteht die Möglichkeit, bei besonderem Bedarf das Waschwasser aufzuheizen.)

Von verschiedenen Herstellern wurden Tankwaschkanonen entwickelt, die durch druckluftbetriebene Motoren von Oberdeck aus angetrieben werden (Bild 3.14). Die Tankwaschkanonen sind etwa 5 m unter Oberdeck im Ladeöltank mit einem Führungsrohr fest montiert. Dieses Rohr dient der Wasserversorgung des Düsenarmes.

Gleichzeitig wird durch den Druckluftmotor ein Gestänge angetrieben, welches die Tankwaschkanone in der Vertikalen fortlaufend um 360 °C dreht und den Düsenarm

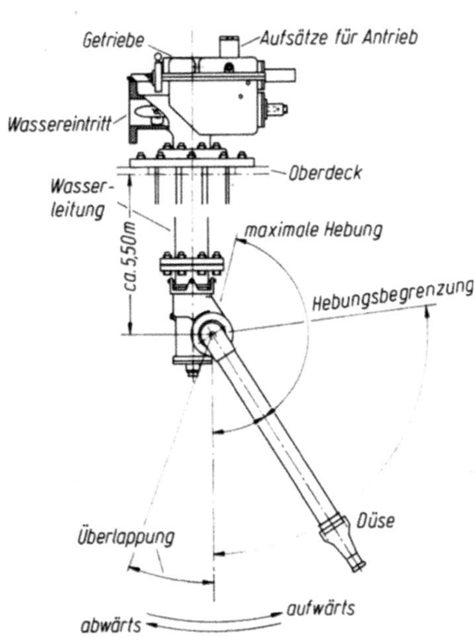

Bild 3.14. Tankwaschkanone

dabei eine regulierbare Schwenkbewegung aus der Nullage (senkrecht nach unten) bis zu einer Hebung von etwa 120° ausführen läßt.

Der optimale Betriebsdruck der Tankwaschkanonen liegt bei 10 bis 12 bar, so daß an der Pumpe ein Druck von mindestens 12 bis 14 bar vorgegeben werden muß.

Die Aufnahme derartig hoher Drücke ist für Spezialschläuche durchaus möglich, die Beschädigung von Schläuchen kann jedoch leicht zum Platzen führen. Deshalb sind alle Tankwaschkanonen direkt mit einer an Oberdeck fest verlegten Rohrleitung (Tankreinigungsleitung) zur Versorgung mit Waschwasser oder Crudeoil (beim Crudewaschen) verbunden.

Wasserversorgung der Tankwaschkanonen. Die Tankreinigungsleitung ist im Pumpenraum über ein mit Absperrschiebern versehenes Zwischenstück mit der Druckleitung der Ladeölpumpen verbunden. Eine Ladeölpumpe übernimmt den Dienst als Förderpumpe des Waschwassers, das über den Seekasten aus See oder aus dem Stb-Sloptank angesaugt wird.

Jede einzelne der im Beispielfall insgesamt 68 installierten Tankwaschkanonen ist in der zugehörigen Zweigleitung mit einem Absperrventil versehen (Bilder 3.15 und 3.16).

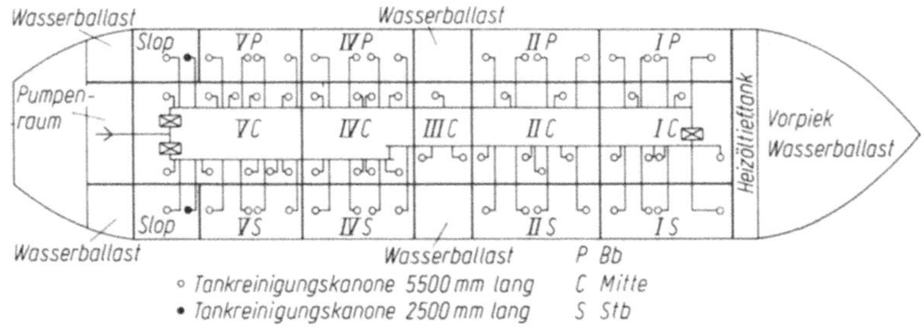

Bild 3.15. Schema der Tankreinigungsleitungen an Oberdeck

Bild 3.16. Tankreinigungsarmatur an Oberdeck.
1 Aufsatz für Preßluftmotor; *2* Getriebe für Tankwaschkanone; *3* Manifold Stb; *4* Absperrung Waschwasser oder Crudeoil (Crudewaschen); *5* Füllstandsmeßgerät; *6* Gangwaylagerung

Bei vollem Betriebsdruck der Tankwaschkanonen (etwa 10 bis 12 bar) wird pro Einheit eine Wassermenge von ca. 180 t/h benötigt. Gleichzeitig werden nicht mehr als 4 Tankreinigungskanonen in Betrieb genommen, weil die parallel betriebenen Tankreinigungsejektoren (2 Stück) insgesamt nur 800 t Wasser/h aus dem jeweils zum Waschen anstehenden Tank absaugen und in den Bb-Sloptank drücken können (siehe 3.1.5.2).

(Beweglichkeit siehe 3.1.4.6.)

Transportable Tankwaschmaschinen und ihre Wasserversorgung. Innerhalb der Ladeöltanks sind, bedingt durch die bauliche Anordnung der Verbände, besonders in den Ecken der Tanks sowie in den vorderen und hinteren Abteilungen, tote Winkel vorhanden, die durch den Wasserstrahl der fest installierten Tankwaschkanonen nicht mit dem direkten Wasserstrahl erreicht werden können. Um auch hier einen guten Reinigungsgrad zu erreichen, werden transportable Tankwaschmaschinen eingesetzt. Es handelt sich hierbei um die Geräte, die vor der Einführung der festen Tankwaschkanonen auf allen Tankschiffen zur Tankreinigung benutzt wurden.

Diese Maschinen sind mit speziellen, ölfesten und mit einem Erdungskabel versehenen Schläuchen verbunden und werden über die im Oberdeck über den kritischen Stellen im Tank angeordneten sogenannten „Waschöffnungen" (etwa 30 cm Durchmesser) in Verbindung mit einer Feststellvorrichtung auf die erforderliche Höhe im Tank gefiert und festgesetzt. Der Anschluß der Schläuche erfolgt über Schraubkupplungen an die Feuerlöschleitung, die auch die Wasserversorgung übernimmt. Die transportablen Maschinen haben einen zwei- oder dreistrahligen Düsenkopf (System Butterworth oder Victor Pyrate), der innerhalb von etwa 30 s eine permanente Drehbewegung in vertikaler Ebene um 360° ausführt, während die Waschmaschine selbst etwa in der gleichen Zeit eine Drehbewegung in horizontaler Ebene um 360° ausführt. Die Drehbewegungen werden durch das mit einem Druck von ca. 6 bar strömende Waschwasser über einen entsprechenden Mechanismus in der Waschmaschine bewirkt.

Bei diesem Druck liegt der Wasserdurchsatz einer Maschine bei ca. 60 t/h.

Wenn sich bei der Tankbegehung ergibt, daß der Reinigungszustand an einzelnen Stellen nicht befriedigend ist, wird eine transportable Waschmaschine im Tank so zurechtgezurrt, daß die Stellen, die nachgereinigt werden müssen, von den Wasserstrahlen gut erreicht werden. Bei sorgfältiger Durchführung der Tankreinigung kann sichergestellt werden, daß eine Nachreinigung von Hand sich in mäßigen Grenzen hält bzw. gar nicht erforderlich ist.

3.1.1.9 Ladekontrollraum

Allgemeines über die Einrichtung

Mit der Entwicklung von Großtankern wurde es erforderlich, auch die Entwicklung von Geräten voranzutreiben, die während des Lade- oder Löschbetriebes von einer Zentrale aus die Überwachung und Steuerung des Ölflusses im Schiff, die Kontrolle des Tiefganges, die Regelung der Pumpenförderleistung und die fortlaufende Kontrolle der auftretenden Biegemomente (Längs- und Querkräfte) möglich machten. Hiermit zu verbinden war die optische und akustische Anzeige von Betriebszuständen, z.B. der Pumpen und/oder der Inertgasanlage, die ein sofortiges Eingreifen der wachhabenden Besatzungsmitglieder verlangten.

Ein weiteres Kriterium für die Einrichtung eines Ladekontrollraumes war die Tatsache, daß infolge der räumlichen Ausdehnung des Oberdecks (ca. 300 × 50 m) eine sichere Überwachung der Füllstände in den einzelnen Tanks vom Oberdeck aus nicht gegeben ist. Der durch den Gasaustritt an den Hochgeschwindigkeitsentlüftern bei hohen Laderaten (> 20000 t/h) entstehende Lärm macht eine Rufverbindung unmöglich.

Die Kontrollapparatur

Im Anzeigenpult:

(1) Die digitale **Füllstandsanzeige** eines jeden Einzeltanks einschließlich des Ballast- und Sloptanks. Die Anzeige wird von den Füllstandsmeßgeräten vor Ort am Tank übertragen, so daß im Ladekontrollraum jederzeit eine genaue Übersicht vorhanden ist, wieviel Ladung bereits im Schiff oder aus dem Schiff ist (Bild 3.17).

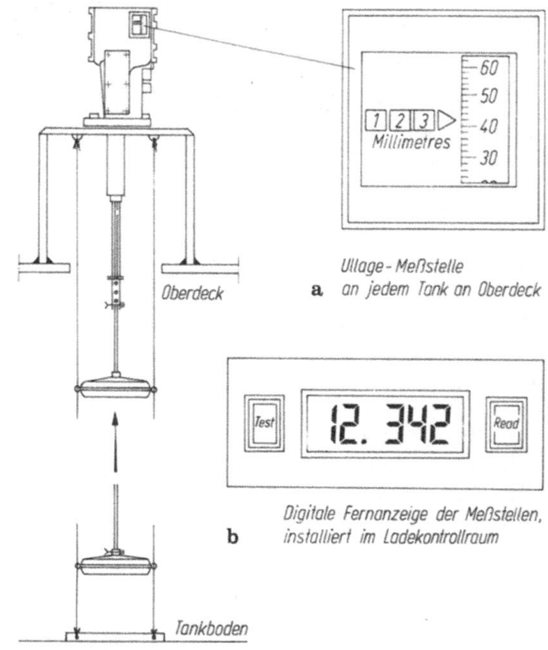

Bild 3.17. Füllstandsmeßgerät.
a Anzeige am Gerät; **b** Anzeige (dig.) im Pult des Ladekontrollraumes

(2) Die **Temperaturüberwachung** der Ladeölpumpen, wobei jeweils kontrolliert werden:
- Antriebswelle, oberes Lager Decksdurchführung,
- Antriebswelle, unteres Lager Decksdurchführung,
- Pumpenlauflager,
- Pumpendrucklager,
- Pumpengehäuse.

Wenn die vorgegebenen Werte überschritten werden, geht die betreffende Pumpe in Schnellschluß.

(3) Die **Drucküberwachung im Inertgassystem** im Hinblick auf allgemeine Störung und zu niedrigen Inertgasdruck. Während des Löschbetriebes gehen die Ladeölpumpen in Schnellschluß, wenn ein Überdruck in den Ladeöltanks von 200 mmWS unterschritten wird.

(4) Die **Drucküberwachung im Hydrauliksystem** für die Betätigung der Absperrklappen, und zwar unterteilt nach „Druck zu niedrig" und „Füllstand zu niedrig".

(5) Weiterhin ist ein Alarmtableau vorhanden, in welchem für jeden Ladeöltank (einschließlich der Sloptanks) 3 Alarme vorgesehen sind:

Niedrigalarm, ausgelöst beim Löschen, wenn der Füllstand im Tank 1,50 m über Basis erreicht hat. Dies ist der Zeitpunkt, an dem die Pumpendrehzahl reduziert und die Vac-Strip-Anlage zugeschaltet wird.

Hochalarm, ausgelöst beim Laden, wenn die Tankfüllung 95 % des Tankvolumens erreicht hat.

Überlaufalarm, ausgelöst beim Laden, wenn die Tankfüllung 98 % des Tankvolumens erreicht hat.

Hierzu ist zu bemerken, daß die Ladeöltanks — besonders wenn Gebiete mit warmem Wasser passiert werden — stets nur bis zu höchstens 98 % des vorhandenen Tankvolumens aufgefüllt werden sollten.

(6) **Absperrklappen.** Im Pult ist ein Leitungsschema für das Ladeöl- und für das Ballastsystem, worin sämtliche hydraulisch und manuell zu bedienenden Absperrklappen dargestellt sind. Entsprechend darunter angeordnet sind die Betätigungsarmaturen zum Öffnen und Schließen der hydraulisch angetriebenen Absperrklappen. Diese Betätigungsarmatur ist jeweils mit einer Anzeige versehen, die die genaue Stellung der betreffenden Absperrklappe angibt. Auf diese Weise ist sichergestellt, daß jederzeit ein genauer Überblick über den Ölfluß im Schiff gegeben ist.

(7) Eine **Drehzahlregelung der Ladeölpumpen** und der Ballastpumpe ist vom Ladekontrollpult möglich, wo die entsprechenden Regelknöpfe, verbunden mit Anzeigeinstrumenten für Druck und Drehzahl, untergebracht sind.

(8) Die **Trimmwerte** sind im Ladekontrollraum direkt von der Tiefgangsmeßanlage zu erhalten, so daß die Einhaltung eines vorgegebenen Trimms bzw. Tiefganges möglich ist. Dies ist besonders dort von Bedeutung, wo auf Reede geladen wird und eine Tiefgangsablesung an den Tiefgangsmarken nicht möglich ist.

Der Loadmaster-Computer. Die Biegebeanspruchung eines Schiffes wird zur Beurteilung einer Ladungsverteilung durch die Größe der vertikalen Querkräfte und Biegemomente bestimmt, die das Schiff in glattem Wasser (Hafen) erfährt. Die Gesamtquerkräfte und -biegemomente werden in schwerem Wetter aufgrund statischer und dynamischer Zusatzbeanspruchungen erheblich größer und lassen sich an Bord nicht berechnen. Sie werden jedoch für jedes Schiff von den Klassifikationsgesellschaften auf stochastischer Grundlage ermittelt.

In früheren Zeiten war die Längsfestigkeit eines Seeschiffes im wesentlichen gewährleistet, wenn der Entwurf richtig und der Bau ohne Mängel ausgeführt war. Hierfür sorgten die Klassifikationsgesellschaften mit gutem Erfolg. In der Praxis hatten sich für eine richtige Beladung eine Reihe von Faustregeln herausgebildet, nach denen der Nautiker zweckmäßig und richtig verfahren konnte.

Mit dem Auftreten der Großtanker hat sich die Situation in den letzten 15 Jahren grundlegend gewandelt. Die Schiffe sind empfindlicher geworden, weil die Materialstärken geringere Reserven aufweisen. Faustregeln sind kaum anwendbar, weil sie auf Schiffe dieser Größe nicht zutreffen[8].

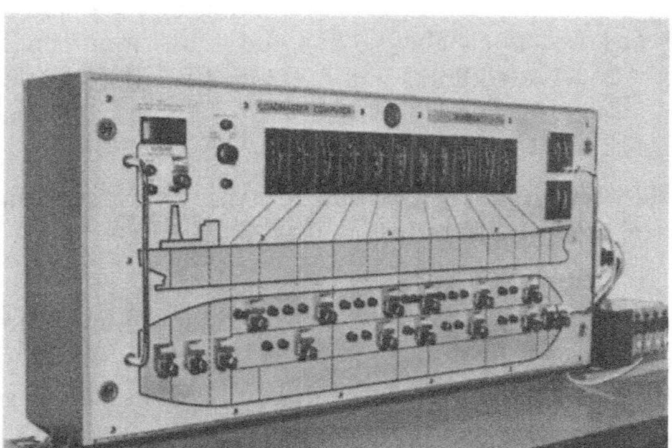

Bild 3.18. Loadmaster-Computer

8 Kaps, H.: Sicherung der Längsfestigkeit im Betrieb moderner Seeschiffe. HANSA (1975) Heft 23. Germanischer Lloyd: Vorschriften für Klassifikation und Bau von stählernen Seeschiffen, Bd. 1, 1970.

Wegen des großen Rechenaufwandes kommen zur Ermittlung der relevanten Glattwasserbiegemomente heutzutage nur Elektronenrechner in Frage, wobei in der Praxis der Loadmaster-Computer sich offenbar durchgesetzt hat (Bild 3.18).

Das Gerät berechnet und zeigt gleichzeitig den mittleren Tiefgang, die Nutzlast, den Trimm sowie entweder die Querkräfte oder die Biegemomente für die gewählten Ablesepunkte, wobei Querkräfte oder Biegemomente durch einen Schalter wählbar sind. Die Anzeige geschieht in Prozenten der zugelassenen Belastung, d. h., der Zeigerausschlag darf 100 % nicht überschreiten.

Über die im Bild 3.18 sichtbaren Drehknöpfe wird die aktuelle Belastung eines jeden Tanks eingestellt. Das Resultat kann danach von den Zeigerinstrumenten abgelesen werden.

Normalerweise arbeitet das Gerät unter Hochseebedingungen. Durch Eindrücken eines entsprechend markierten Druckknopfes werden jedoch auch die Querkräfte und Biegemomente auf der Grundlage der Hafenverhältnisse (Glattwasser) sichtbar gemacht.

Der Loadmaster-Computer ist für das betreffende Schiff berechnet und geeicht, bei Nullstellung eines jeden Potentiometers ist der Zustand „Schiff ohne Ladung" (Besatzung und Vorräte jedoch eingeschlossen) gegeben. Diese Voraussetzung wird von der Klassifikationsgesellschaft überwacht.

Weitere technische Einzelheiten sind den an Bord vorhandenen Beschreibungen zu entnehmen.

3.1.1.10 Füllstandsmeßgerät (Tankinhaltsmeßgerät)

Eine der Routinearbeiten auf Tankern ist das Messen der Tankinhalte, wofür in früheren Jahren lediglich das Meßband oder die Meßlatte zur Verfügung standen.

Der Einsatz von Inertgas macht das Öffnen der Tanks jedoch unmöglich. Heute sind auf Großtankern mechanische Füllstandsmeßgeräte verschiedener Hersteller im Gebrauch (siehe 3.1.1.9, Bild 3.17).

Die Hauptforderung, die an ein Tankinhaltsmeßgerät gestellt werden muß, ist die Genauigkeit.

Störquellen: Aufstellung des Meßgerätes außerhalb des Tankschwerpunktes (hierfür ist jedoch eine Korrekturtabelle vorhanden, deren Werte berücksichtigt werden müssen).

Falsche Einjustierung des Meßbandes.

Zerstörung durch Gewalteinwirkung (Seeschlag, Wasserstrahl der Tankwaschkanone).

Verschleiß durch mangelhafte Pflege.

Alle Einheiten sind an Oberdeck der Feuchtigkeit und dem Salz ausgesetzt; die Korrosionsprobleme sind jedoch im Tank durch die aggressiven Bestandteile des Rohöles schwerwiegender.

Als Meßmethode kommt vorwiegend das semi-direkte Verfahren zur Anwendung, wobei der Füllstand durch einen Schwimmer über ein Meßband mechanisch zum Meßstand an Oberdeck übertragen wird. Hierzu ist zur Fernübertragung auf die digitale Anzeige im Ladekontrollraum ein Transmitter in die Deckseinheit integriert, der die Meßdaten überträgt.

Zu beachten ist, daß der Schwimmer während der Reise und vor allem während der Tankreinigung in die Endlage hochgedreht werden muß, um Beschädigungen, die mit Bordmitteln nur schwer zu beheben sind, zu vermeiden.

3.1.1.11 Wichtiges aus der Tankereinrichtung an Deck

Feuerschutz (siehe auch 3.1.1.1). Der Ausbruch eines Feuers an Bord von Öltankschiffen ist eine außerordentlich große Gefahr, die um jeden Preis vermieden werden muß.

Die Feuerschutzausbildung der Besatzung durch häufige, entsprechend organisierte Übungen, bei denen immer wieder auf die tankerspezifischen Gefahrenmomente hingewiesen werden muß, ist ein wichtiges Element zur Vermeidung von gefahrenträchtigen Situationen.

Alle herkömmlichen Feuerlöschsysteme unter Einbeziehung von Feuerstoßtrupps, Atemschutzgeräten, Schläuchen mit verschiedenen Düsen, Schaumstrahlrohren und fest montierten Feuerlöschmonitoren (letztere sind auf Bild 3.1 erkennbar) sind hinlänglich bekannt und bedürfen hier keiner Erörterung. Es muß jedoch in diesem Zusammenhang erwähnt werden, daß im Falle eines schweren Unfalles (z.B. einer Kollision) mit anschließendem Feuerausbruch, verbunden mit dem Ausfall der Energieversorgung, die Feuerbekämpfung mit Bordmitteln problematisch ist. Wenn in einem solchen Fall auch das Notstromaggregat ausfällt bzw. durch Feuereinwirkung nicht gestartet werden kann, so ist die bordeigene Feuerbekämpfung lahmgelegt. Aus diesem Grunde ist das Inertgassystem, welches die Bildung von brennbaren Gas-Luft-Gemischen in geschlossenen Ladeöltanks ausschließt, als Feuerverhütungsmaßnahme von großer Bedeutung. Hierbei ist allerdings nicht auszuschließen, daß es im Falle einer Kollision mit Beschädigung von Ladeöltanks trotzdem zur Entzündung des Gas-Luft-Gemisches kommen kann, weil durch den Lufteinbruch die Tankatmosphäre wieder in den brennbaren Bereich zurückgeführt wird (siehe 3.1.1.7).

Werkzeuge. Sind an Bord eines Tankschiffes in nicht gasfreiem Zustand im Pumpenraum oder im Decksbereich Arbeiten zu verrichten, welche die Anwendung von Geräten und/oder Werkzeugen erforderlich machen, so muß streng darauf geachtet werden, daß ausschließlich funkensicheres Arbeitsgerät verwendet wird (z. B. Bronze).

Eventuell nötige Brenn- und Schweißarbeiten dürfen nur dann ausgeführt werden, wenn sich das Schiff in absolut gasfreiem Zustand befindet. Dies gilt selbstverständlich auch für sonstige Arbeiten, die den Einsatz von nicht funkensicheren Werkzeugen erfordern. Auf Tankschiffen ist die Anwendung von Preßluft zum Antrieb von schweren Schraubenschlüsseln und anderen transportablen Werkzeugen gebräuchlich (z. B. Dreheinheiten zum Lösen von handbetätigten Schiebern und Ventilen).

Decksmaschinen. Wegen der latenten Explosionsgefahr sind nahezu sämtliche Deckshilfsmaschinen mit Dampfantrieb versehen, um der Ausbildung von Zündfunken vorzubeugen. Andere Antriebe, die auf Tankern zum Einsatz kommen, z. B. die Antriebseinheiten der Tankreinigungskanonen, die Antriebe der transportablen Winden zum Aufholen der Ölrückstände nach der Tankreinigung, die Antriebe von transportablen Lüftern und der Gangway, sind mit preßluftgetriebenen Turbinen ausgestattet. Einzelne transportable Lüftertypen, so z. B. der sogenannte Axia-Lüfter, werden mit Wasser (Druck etwa 6 bar) aus der Feuerlöschleitung angetrieben.

Tragbare Funksprechgeräte. Auf einem VLCC sind im täglichen Bordbetrieb Entfernungen zu überbrücken, die den Einsatz von tragbaren Funksprechgeräten in zugelassener und explosionssicherer Bauausführung rechtfertigen. Die Geräte ermöglichen den direkten Kontakt aus dem Pumpenraum zur Kommandobrücke, bei der Begehung von gasfreien Ladeöltanks mit dem beaufsichtigenden Offizier an Deck, beim Laden zwischen den Kontrollposten an Oberdeck und dem Ladekontrollraum. Auf den Einsatz der Funksprechgeräte sollte nicht verzichtet werden, weil sowohl Sicht- als auch Rufkontakt in vielen Fällen nicht gegeben ist.

Pumpenschnellschlüsse. Es gibt eine Reihe von Betriebszuständen, die eine automatische Betätigung der Pumpenschnellschlüsse auslösen, um die Pumpen vor Schaden zu bewahren und/oder Schäden oder erhebliche Gefahren vom Schiff abzuwenden.

Ladeölpumpen gehen in Schnellschluß, wenn die Lager- bzw. die Gehäusetemperaturen bestimmte Werte überschreiten und bei der entsprechenden Alarmauslösung innerhalb einer vorgegebenen Zeitspanne keine manuelle Reaktion erfolgt. Der Schnellschluß wird außerdem ausgelöst, wenn bestimmte Betriebskriterien im Inertgasbetrieb während des Löschens der Ladung nicht eingehalten werden (siehe 3.1.1.9).

Nachstehend werden die Möglichkeiten der Schnellschlußauslösungen aufgeführt, die in bestimmten Situationen von Hand zu bedienen sind.

An Oberdeck sind an jeder Seite des Manifolds und an jeder Seite des Pumpenraumes Schalter installiert, bei deren Betätigung die Schnellschlüsse der Ladeölpumpen ausgelöst werden, was in nachfolgenden Situationen dringend erforderlich und schnell ausgeführt werden muß:

- Bruch des Schlauchanschlusses an Bord oder an Land,
- Brechen der Festmacher und drohender Bruch des Schlauchanschlusses,
- Ausbruch von Feuer an Bord des eigenen oder an Bord eines anderen in der Nähe befindlichen Schiffes,
- Ausbruch von Feuer an Land,
- Auftreten von starken Leckagen im Rohrleitungssystem an Oberdeck oder im Pumpenraum,
- Austritt von Öl aus Überbordausgüssen und/oder Seeventilen.

Es ist von großer Wichtigkeit, daß das wachhabende Personal den Standort der Schnellschlüsse kennt und über die Bedingungen informiert ist, unter denen eine Schnellschlußbetätigung erforderlich ist.

3.1.1.12 Verhalten der Besatzung

Jede eingefahrene Tankerbesatzung kennt die notwendigen Verhaltensweisen, die zur Aufrechterhaltung eines sicheren Betriebes an Bord eines Tankers unumgänglich notwendig sind. Tankerneulinge müssen intensiv eingewiesen werden. Nachstehend ist das Wichtigste zusammengestellt, das die Besatzungsmitglieder ständig berücksichtigen müssen, solange sie an Bord eines Tankers sind:

Das Rauchen und der Gebrauch von offenem Licht oder Feuer sind im gesamten Oberdecksbereich grundsätzlich verboten. Gestattet ist das Rauchen nur in den Unterkünften, den Messen und an Deck nur im Bereich hinter dem Schornstein. Während des Ladens und Löschens darf nur in den behördlich freigegebenen Räumen (Mannschafts- und Offiziersmesse) geraucht werden.

Beim Laden, Löschen und während der Tankreinigung sind sämtliche Fenster und Türen in den Aufbauten geschlossen zu halten. Wenn der Wind ungünstig weht und das Lüftungssystem u. U. Gas-Luft-Gemisch ansaugt, muß die Lüftungs-(Klima-)Anlage abgeschaltet werden.

Der Alkoholgenuß muß sich in mäßigen Grenzen halten. Betrunkene neigen zu unvorhersehbaren Handlungen und stellen in jedem Fall ein erhöhtes Sicherheitsrisiko dar, sie sind daher an Bord von Tankern — nötigenfalls mit angemessener Gewalt — von Deck zu entfernen und unter Aufsicht zu halten. Betrunkene bordfremde Personen sind am Betreten des Schiffes zu hindern.

Tanker haben einen relativ niedrigen Freibord und eine offene Reling. Das Betreten des Oberdecks bei schwerem Wetter und/oder bei Dunkelheit ist nur mit Wissen und auf Anordnung der Schiffsleitung gestattet, wenn vorher die nötigen Maßnahmen eingeleitet wurden, um das Übernehmen von Brechern und schweren Seen zu vermeiden. Der Aufenthalt an Deck muß sich auf den Zeitraum beschränken, der zur Durchführung der erforderlichen Kontroll- oder Sicherungsmaßnahmen benötigt wird.

Das Betreten des Pumpenraumes darf nur mit Wissen des Wachoffiziers und nur bei in Betrieb befindlichen Lüftern geschehen.

Ladeöl- und/oder Ballasttanks dürfen auch in gasfreiem Zustand nur mit Wissen des Wachoffiziers unter Aufrechterhaltung eines Rufkontaktes, möglichst bei in Betrieb befindlichen Lüftern, betreten werden (vorher Kontrolle: Hydrocarbongas 0,0 Vol.-%, $O_2 > 20$ Vol.-%).

Jegliche Manipulation an Bedienungsarmaturen im Ladeöl-, Bunker- und Ballastsystem ist zu unterlassen. Bedienungsarmaturen dürfen nur auf ausdrückliche Anordnung der Schiffsführung bewegt werden.

Private elektrische Geräte, z.B. Rasierapparate, Radiogeräte, Taschenlampen, Armbanduhren mit Batteriebetrieb, Elektronenrechner etc., dürfen an Bord eines Tankers nur dann benutzt werden, wenn sie explosionssicher hergestellt und ggf. vom Bordelektriker entsprechend überprüft worden sind.

Das Mitführen von mechanischen Feuerzeugen, die sich bei Aufschlag u.U. öffnen und einen Zündfunken produzieren, wenn sie aus der Tasche womöglich in den offenen Tank oder in den Pumpenraum fallen, ist untersagt.

Werden zu irgendeiner Zeit Ölleckagen — auch geringen Umfanges — sowie Gasgeruch festgestellt, so muß unverzüglich der Wachoffizier benachrichtigt werden.

Im übrigen wird empfohlen, die einschlägigen reedereiinternen Anweisungen für das Verhalten an Bord einzusehen und genau zur Kenntnis zu nehmen.

3.1.2 Vorbereitung der Ladungsübernahme

3.1.2.1 Umrechnungsfaktoren, API-Gravity, einige Rohölsorten, Heizungsanweisungen

Umrechnung von britischen und amerikanischen in metrische Maße

	Faktor		Faktor		
Einheit	Brit.	Am.	Brit.	Am.	Einheit
inch	2,539998	2,540005	0,393701	0,393700	cm
foot	30,47997	30,48006	0,0328084	0,328083	cm
yard	0,9143992	0,9144018	1,093614	1,093611	m
statute mile	1,6093426		0,62137173		km
square inch	6,4515898	6,4516254	0,1550006	0,1549997	cm^2
square foot	0,0929029	0,0929034	10,763927	10,763868	m^2
gallon	4,5460858	3,785434	0,2199695	0,264171	dm^3
cubic foot	28,31677	28,31700	0,035315	0,035314	dm^3
barrel (petr.)	—	0,1635	—	6,1162	m^3
cubic yard	0,7645529	0,7645595	1,3079541	1,3079428	m^3
register ton	2,831677	2,83170	0,353148	0,353145	m^3
longton	1016,047		0,0009842		kg
PSI (pounds/sq. inch)	51,71439		0,019337		Torr
PSI	0,070306		14,22354		bar

Umrechnung von Temperaturen

$$t\,(°F) = \frac{9}{5}\,t\,(°C) + 32 \qquad t\,(°C) = \frac{5}{9}\,t\,(°F) - 32.$$

Die API-Gravity (API: American Petroleum Institute) hat sich aus der Formel entwickelt:

$$\text{API-Gravity} = \frac{141{,}5}{\text{S.G. } 60/60\,°F} - 131{,}5.$$

Specific Gravity (S. G.) ist das Verhältnis des Gewichtes eines Petroleum-Volumens bei 60 °F zu dem Gewicht des gleichen Volumens Wasser bei 60 °F:

$$\text{S.G. } 60/60\ ^\circ\text{F} = \frac{141{,}5}{\text{API-Gravity} + 131{,}5}\ .$$

Die Dichte (density) in den ASTM-Tabellen bezeichnet die „density" (die Masse) pro Volumeneinheit bei 15 °C, ausgedrückt in kg/l.

Als spezifische Gewichtsgröße dient die API-Gravity 60/60 °F, die Temperaturen werden in Fahrenheit angegeben (Umrechnungstabelle F° in C° siehe 2.9.9).

Die American Society for Testing Material und das Institute of Petroleum in London haben Berechnungstabellen veröffentlicht, die sogenannten ASTM-Tabellen, die weltweit bei Flüssigkeitsberechnungen angewandt werden. Die verschiedenen Berechnungsgrundlagen dieser Tabellen teilen sich in verschiedene Systeme, mit denen sie dem Maßsystem verschiedener Länder angepaßt werden können, und zwar in British Edition, American Edition, Metric Edition.

Heizungsanweisungen

Grade of Cargo	Heating Instructions
1. Crudes	
Agha Jari	Cargo temperature is not to drop below 65 °F and should not exceed 70 °F during voyage and throughout discharge. The temperatures refer to measurement 2 feet above the tank bottom.
Arabian (Aramco) Basrah Brega Edjeleh Es Sider Gach Saran Hassi Measaoud Iraq Khursaniyah Kuwait Murban Qatar Safaniya (Arabian Heavy) Tia Juana (all grades)	No heating required
2. Products	
Fueloil (all grades)	During sea passage in master's option, but minimum 135 °F on arrival discharge port and throughout discharge.
Marine Diesel Fuels Crudeoil-Component	No heating required

3.1.2.2 Ladungsmenge und -verteilung

Allgemeines. Auf Großtankern ist während der Ladereise ein mehr oder weniger ausgeprägtes „Sagging" vorhanden — während in Ballast mit „Hogging" zu rechnen ist. Dem Sagging wird schon von der Konstruktion her dadurch entgegengewirkt, daß z. B. zwei Seitentanks im Hauptspantbereich nicht für Ladung, sondern für permanenten Ballast vorgesehen sind.

Ladeöltanks werden nur bis zu maximal 98 % ihres Fassungsvermögens gefüllt, damit ein genügender Freiraum verbleibt, um bei Erwärmung der Ladung ein Überlaufen infolge Ausdehnung sicher zu vermeiden. In der Vorauskalkulation wird festgelegt, bis zu welchem Ullage die einzelnen Tanks zu füllen sind und welcher Tank als Resttank vorgesehen ist.

Wenngleich normalerweise auf Tankschiffen Stabilitätsprobleme nicht zu erwarten sind, wird doch darauf geachtet, daß nur so viel Tanks mit freien Oberflächen gefahren werden, wie Resttanks (siehe unten, Ladungsverteilung) für die verschiedenen Sorten benötigt werden. Dieses hängt damit zusammen, daß bei nur teilweise gefüllten Tanks erhebliche Belastungen durch die bei Seegang in Bewegung geratende Ladung von den Schotten und Verbänden aufgenommen werden müssen[9].

Die Ladungsverteilung ist weitgehend abhängig davon, ob das Schiff eine volle Ladung in einem Ladehafen für einen Löschhafen oder z.B. zwei verschiedene Ladungen, die in jedem Fall voneinander getrennt zu halten sind, in zwei verschiedenen Ladehäfen für einen oder mehrere Löschhäfen übernehmen soll.

Wird lediglich eine volle Ladung übernommen, so ergeben sich hinsichtlich der Ladungsverteilung im Schiff kaum Probleme. Zu beachten ist jedoch der für die Ankunft im Löschhafen oftmals vorgeschriebene maximale Tiefgang, der nicht überschritten werden darf.

In Abhängigkeit vom Gewicht der Ladung steht das gesamte Volumen der Ladeöltanks, nämlich 5 Center-(Mittel-)tanks, 8 Seitentanks und 2 Sloptanks, zur Verfügung. Bei relativ leichter Ladung, z.B. bei einem spezifischen Gewicht von 0,80, wird mehr Tankvolumen benötigt als bei einer schweren Ladungssorte, bei der für eine volle Beladung u.U. nur 14 Tanks benötigt werden, so daß hierbei z.B. ein Mitteltank leer bleiben könnte. Aus Gründen der Längsfestigkeit oder des Trimms kann sich jedoch die Notwendigkeit ergeben, daß zwei Mitteltanks „slack", d.h. teilbeladen, gefahren werden müssen, damit das Schiff bei Abfahrt vom Ladehafen auf ebenem Kiel liegt und die Trimmänderung, hervorgerufen durch täglichen Bunkerverbrauch in der Größenordnung von etwa 150 t, bei voller Leistung vor Ankunft im Löschhafen durch Umlaufenlassen oder Umpumpen von Ladung wiederum auf ebenen Kiel getrimmt werden kann.

Werden mehrere Ladungen übernommen, so muß für jede Ladung ein Resttank zur Verfügung stehen (siehe unten, Ladungsverteilung). Wenn diese Ladungen in verschiedenen Häfen gelöscht werden, so muß jede Einzelladung so verteilt werden, daß die im Schiff befindliche beim Versegeln zum nächsten Lade- oder Löschhafen bzw. beim Laden oder Löschen keine Festigkeits- und/oder Trimmprobleme verursacht.

Es ist eine wichtige Aufgabe der Schiffsführung, diese Eingangsbedingungen so zu koordinieren, daß ein optimaler Beladungszustand und ein gutes Seeverhalten erreicht werden.

Die einzelnen Situationen werden anhand des Loadmaster-Computers im Hinblick auf ihre Durchführbarkeit kontrolliert. Die Schiffsführung darf sich im eintretenden Fall nicht scheuen, unzulässige Biegebeanspruchungen durch entsprechende Mengenänderungen zu beheben. Eine entsprechende Mitteilung per Funk an Reederei/Charterer und Ablader ist in einem solchen Fall geboten.

Beispiel von telegrafischen Anweisungen und Berechnung der Ladungsmenge. Etwa 1 Woche vor dem Erreichen des Persisch-Arabischen Golfes trifft von der Reederei die Ladeorder per Funktelegramm ein:

Erster Ladehafen Ras Tanura	Es bedeuten:	
100000 metric tons Arab light ex Petromin	Arab light:	Arabian light Crudeoil
Zweiter Ladehafen Al Bakr	Petromin:	liefernde Ölgesellschaft
125000 metric tons Kirkuk ex Inoc stop	Kirkuk:	Kirkuk Crudeoil, benannt nach den
Bunkern Ras Tanura, wo via ESSO		Ölfeldern im Irak
3300 t nominiert	Inoc:	liefernde Ölgesellschaft

9 Söding: Berechnung der Beanspruchung von Schiffen im Seegang. Schiff und Hafen (1971) S. 752. Olsen, H.: Det Norske Veritas: Dynamic Loads in Slack (Ballast) Tanks. Motor Ship (Februar 1971).

Hiernach erfolgt die eta-Angabe an den ersten Ladehafen Ras Tanura (ETA = expected time of arrival). Die Anmeldung im zweiten Ladehafen Al Bakr erfolgt nach Abgang vom ersten Ladehafen.

Mit Hilfe des Loadmaster-Computers werden jetzt die verschiedenen möglichen Beladungsfälle simuliert, um eine günstige Ladungsverteilung unter Berücksichtigung der Ladefolge und der Löschfolge zu erreichen. Hierbei darf die Kurve der Biegemomente den zulässigen Bereich nicht verlassen, der Trimm darf die vorgegebenen Grenzwerte nicht überschreiten, und das Löschen der Ladung im Löschhafen muß die Einhaltung günstiger Biegebeanspruchungen sicherstellen.

Für den zweiten Ladehafen muß die Tatsache berücksichtigt werden, daß durch den hohen Bunkerverbrauch auf der Ladereise Biegemomente und Querkräfte einen ungünstigen Kurvenverlauf bekommen, so daß ein Umpumpen von entsprechenden Ladungsmengen nötig wird, um die Belastung in sicheren Grenzen zu halten.

Ladungsverteilung. Etwa 3 bis 4 Tage vor Ankunft melden sich die Ablader aus Ras Tanura mit folgender Nachricht:

We hold nom your vessel barrels approx API-Gravity at sixty degs F temperature and destination Arabian light 750000 33.6 105 for Wilhelmshaven stop please reply soonest your agreement to load the above nom within ten percent plus minus otherwise advise your exact requirements stop also advise grade last cargo loaded and if your vessel coming from drydock stop.

Es bedeuten:
nom: Nomination = Bestellmenge
barrels: Mengenangabe 750000 barrels
API-Gravity at sixty degs F: API-Gravity bei 60 °Fahrenheit = 33.6
temperature: Ladungstemperatur = 105 °F
destination: Bestimmungshafen Wilhelmshaven.

Mit diesen Werten wird jetzt eine Vorauskalkulation der Ladungsmenge und der Verteilung der Ladung vorgenommen. Hierzu dienen die von der Bauwerft erstellten und mitgelieferten Tankpeiltabellen, die für jedes Ullagemaß in Fuß, Zoll und $^1/_4$ Zoll die exakten Tankinhalte in m^3 und in Barrels angeben. „Ullage" ist der Freiraum von der Flüssigkeitsoberfläche bis zur Oberkante der Schaulochöffnung im Tankdom, Bild 3.19.

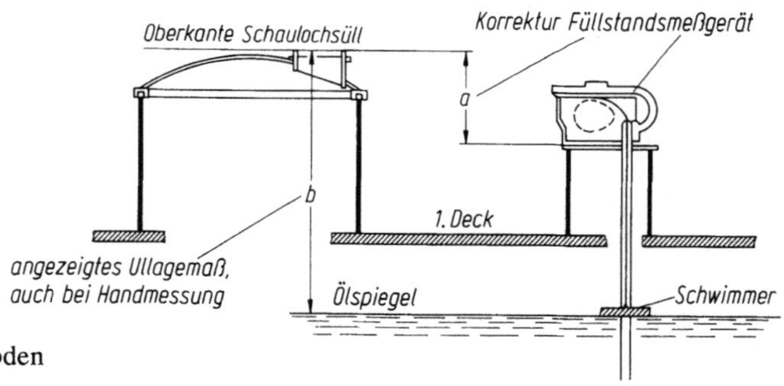

Bild 3.19. Ullage-Meßmethoden

Es wird festgestellt, daß die Ladung in Ras Tanura am günstigsten in folgende Ladeöltanks übernommen werden kann:

Nr. 1 Seitentanks Bb und Stb
Nr. 2 Mitteltank
Nr. 3 Mitteltank
Nr. 4 Mitteltank
Nr. 5 Mitteltank.

Unter der Prämisse, den Mitteltank Nr. 3 als Resttank mit einem Freiraum von ca. 3250 t zu benutzen, ergibt sich nach der Vorausberechnung eine Ladungsmenge von 106732 metric tons. Hierbei werden die Ladeöltanks außer Mitteltank *3* mit 98% gefüllt, während der Resttank (*3* Mitte) auf 18′ Ullage abgetoppt wird. (Abtoppen: Schließen eines Ladeöltanks bei Erreichen des Soll-Füllstandes und bei reduzierter Laderate.)

Mit Hilfe der ASTM-Tafeln wird die Ladungsmenge in Barrels umgerechnet.

Beispiel: Ladungsmenge: 106732 metric tons
= 105046 long tons
Faktor aus Tafel 11
zur Umrechnung in Net-Barrels bei 60 °F: 0.13397
= 784104 Net-Barrels
Faktor aus Tafel 6
zur Beschickung von Net-Barrels bei 60 °F in Gross-Barrels bei 105 °F: 0.9803
= 799861 Gross-Barrels.

Für die Füllung der Ladeölleitungen im Schiff wird eine Menge von etwa 250 bis 300 t benötigt. Diese Menge muß bei der endgültigen Ladungsberechnung der aufgemessenen Menge zugeschlagen werden.

Der Ablader wird per Telegramm über die exakte Ladungsmenge, die eingenommen werden soll, unterrichtet.

3.1.2.3 Vorbereitung der Ladeöltanks

Inertisieren zum Laden. Wenn während der abgelaufenen Ballastreise eine Tankreinigung mit anschließender Entfernung der verbliebenen Rückstände durch die Besatzung stattgefunden hat, befinden sich die Ladeöltanks in gasfreiem Zustand. Es ist anzustreben, daß aus Sicherheitsgründen alle Ladeöltanks bei Ankunft im Ladehafen voll inertisiert sind (siehe 3.1.1.7). Dies gilt auch für die Ladeöltanks, die mit sauberem Ballastwasser gefüllt bzw. teilgefüllt sind.

Ballastlenzen. Die Anforderungen, die an sauberen Ballast gestellt werden, sind in Kap. 3.2.1, Anlage 1, des Int. Oil Tanker and Terminal Safety Guide behandelt (siehe auch Bd. 2, Kap. 3).

Auf einem Tanker ist es übliche Praxis, schon vor Erreichen des Ladehafens auf offener See sauberen Ballast aus den Ladeöltanks laufen zu lassen und ggf. kurzzeitig über die Ausgußleitungen und Seekästen mit allen Pumpen abzupumpen. Hierdurch kann weitgehend sichergestellt werden, daß sich im für das Ballastlenzen vorgesehenen Leitungsweg keine Ölreste befinden, was trotz aller Vorsichtsmaßnahmen und Spülvorgänge vorkommen kann.

Nach Übernahme des Lotsen gibt dieser u.U. schon während des Festmachens oder kurz vorher die Erlaubnis, Ballastwasser laufen zu lassen. Zweckmäßigerweise hat der Pumpenmann die hierfür erforderliche Klarstellung des Leitungssystems so weit vorgenommen, daß nur noch die Seeventile und die Sauger in den Tanks zu betätigen sind, damit keine Zeit verloren geht.

Nach dem Festmachen, wenn für die Hauptantriebsanlage kein Dampf mehr benötigt wird, werden die Ladeölpumpen zum Ballastlöschen angefahren (die Antriebsturbinen für die Pumpen wurden schon während des Festmachens vorgewärmt).

Sobald der Ballast abläuft, ist selbstverständlich sicherzustellen, daß die Inertgasanlage in Betrieb ist und Inertgas in die ablaufenden Ladeöltanks nachgedrückt wird.

Eine gute Zusammenarbeit und ein guter Informationsfluß zwischen den Abteilungen Deck und Maschine sind zur Erreichung eines optimalen Betriebsergebnisses von großer Wichtigkeit. Wenn Ladeölpumpen benötigt werden oder die Inertgasanlage anzufahren ist, dann muß dies der Maschinenleitung rechtzeitig genug mitgeteilt werden.

Sobald der gesamte saubere Ballast aus den Ladeöltanks gelenzt ist, erfolgt eine entsprechende Meldung an die Landinstallation, und die weiteren Vorbereitungen zur Ladungsübernahme werden getroffen.

3.1.2.4 Ladebeginn

Sicherheitsmaßnahmen. In allen Ladehäfen und Löschhäfen, in denen Crudeoil und andere gefährliche Ölprodukte umgeschlagen werden, sind sehr umfangreiche Sicherheitsrichtlinien herausgegeben worden, die außerordentlich streng gehandhabt werden. In diesen Richtlinien wird der Kapitän für die Einhaltung der nachfolgend aufgeführten Punkte verantwortlich gehalten:

1. Das Rauchen ist ausschließlich in einem einvernehmlich mit dem Inspektor der Landinstallation festgelegten Raum in den achteren Aufbauten gestattet.
2. Kombüsenfeuer dürfen nur nach ausdrücklicher Genehmigung des Landinspektors benutzt werden.
3. Es dürfen nur explosionssichere Lampen benutzt werden.
4. Sämtliche Kabelführungen transportabler Elektrogeräte im Decksbereich sind zu unterbrechen.
5. Radar- und FT-Antennen sind zu erden.
6. Taschenlampen dürfen nur benutzt werden, wenn sie explosionssicher sind.
7. Transportable Kofferradios dürfen im Decksbereich nicht benutzt werden.
8. Sämtliche Außentüren und -fenster im Aufenthaltsbereich sind geschlossen zu halten.
9. Ventilatoren sind so zu trimmen, daß der Eintritt von explosiven Gasen verhindert wird.
10. Die Klimaanlage ist zu stoppen, wenn die Gefahr des Ansaugens explosiver Gase besteht.
11. Sämtliche Festmacher sind jederzeit steif zu halten. Alle Mooringwinden müssen auf „Handbremse" festgesetzt werden.
12. Die Schläuche zur Übernahme von Ladung und Bunker müssen sich in einwandfreiem Zustand befinden, und die Schlauchanschlüsse sind zu kontrollieren.
13. Nicht benötigte Übernahmestutzen sind blindzuflanschen.
14. Sämtliche Seeventile und Überbord-Ausgußventile sind dichtzusetzen und durch Plomben zu sichern.
15. Sämtliche Wasserdurchlauföffnungen (Speigatten) im Schergang sind in geeigneter Weise während des Ladens dichtzusetzen.
16. Die Sicht- und Rufverbindung mit dem Landinspektor ist durch einen Schiffsoffizier aufrechtzuerhalten, Änderungen in der Laderate sind rechtzeitig anzukündigen.
17. Sämtliche Tanköffnungen (Schaulöcher) sind geschlossen zu halten. Wenn eine Kurzinspektion erforderlich ist, müssen die entsprechenden Schaulöcher mit Flammensicherungen versehen sein.
18. Die Feuerlöschanlage ist für den sofortigen Gebrauch bereitzuhalten.
19. Für Notfälle ist am Vorschiff und im Heckbereich je ein Festmacherdraht auf Pollern zu belegen und mit genügend Lose so beizubändseln, daß das Auge eben über der Wasseroberfläche hängt, damit ein Schlepper festmachen kann.
20. Die Maschinenanlage ist in Bereitschaft zu halten, so daß das Schiff kurzfristig manövrierfähig ist.
21. Die Manifold-Ventile dürfen nur nach vorheriger Absprache mit dem Landinspektor geschlossen werden. Hydraulisch betätigte Absperrklappen dürfen nur dann gegen den Ladedruck geschlossen werden, wenn die Schließdauer mehr als 30 s beträgt, um Druckstöße und Schäden an der Übernahmeeinrichtung zu vermeiden.
22. Es dürfen keine Arbeiten ausgeführt werden, die das Risiko der Funkenbildung beinhalten.
23. Kesselrohre dürfen nicht geblasen werden, und der Schornstein muß mit einem fest eingebauten Funkenfänger versehen sein.
24. Die vereinbarten Notsignale für Feuerausbruch o. ä. sind an gut sichtbarer Stelle durch Aushang bekanntzugeben.

Werden die vorstehenden Sicherheitsrichtlinien nicht eingehalten, so wird das Laden unterbrochen, und das Schiff muß die Pier verlassen. Am Ankerplatz findet dann eine zeitraubende Untersuchung statt, die oftmals mit hohen Geldstrafen endet.

Es muß daher der gesamten Besatzung immer wieder vor Augen geführt werden, daß der Einhaltung der tankerspezifischen Sicherheitsrichtlinien eine außerordentlich große Bedeutung zukommt.

Anschluß der Ölübernahmeeinrichtung. Sobald das Schiff festgemacht ist, beginnt das Landpersonal unverzüglich mit dem Anschließen der Übernahmeschläuche oder der sogenannten „Chicksanarms" (Metallrohre mit Gelenken) an den Anschlüssen des Manifolds. Üblicherweise sind die Blindflanschen vor Ankunft im Ladehafen durch das Bordpersonal entfernt worden.

Der Anschluß der Verbindung darf nur mit einwandfreien Schraub- oder entsprechenden Schnellverbindungen hergestellt werden, ebenso müssen die verwendeten Packungen von einwandfreier Beschaffenheit sein. Nach Herstellung der Verbindung ist diese von der Schiffsleitung zu kontrollieren. Sowohl Schläuche als auch „Chicksanarms" sind in geeigneter Weise durch entsprechende Auflagen abzustützen, weil insbesondere Schläuche dazu neigen, bei plötzlichen Druckstößen hin- und herzuschlagen.

Auf den meisten Großtankern sind Ölleckwannen zum Auffangen von Ölresten beim späteren Lösen der Verbindung bzw. bei Leckagen fest eingebaut, anderenfalls muß für jeden Schlauchanschluß eine entsprechend große Ölleckwanne bereitgestellt werden.

Kontrolle der Ladeöltanks vor Ladebeginn. Sobald der saubere Ballast vollständig gelenzt ist, erfolgt die Abnahme der Ladeöltanks auf „Trockenheit" durch den Inspektor der Landinstallation im Verein mit dem Wachoffizier und/oder dem Ersten Offizier. Diese Abnahme geschieht in der Praxis eines VLCC, der unter Inertgasdruck steht, durch Kontrolle der Füllstandsmeßgeräte an jedem Einzeltank bzw. im Ladekontrollraum. Erst dann, wenn die Ladeöltanks als „trocken" abgenommen worden sind, erfolgt die Freigabe zur Beladung.

Klarstellen des Ladeölleitungssystems. Sobald das Lenzen des sauberen Ballastes aus den Ladeöltanks beendet ist und die Ladeölpumpen abgesetzt sind, wird das Leitungssystem zur Beladung der Tanks klargestellt, die im ersten Ladehafen gefüllt werden sollen.

Zunächst werden im Pumpenraum die Seeventile, die Verbindungen zu den Seekästen und zu den Ausgußleitungen sowie die Absperrschieber in Sauge- und Druckleitungen aller Ladeölpumpen geschlossen. Danach werden die Absperrklappen der zu beladenden Ladeöltanks, die Absperrklappen in den Leitungsquerverbindungen sowie die Absperrschieber der direkten Fülleitungen geöffnet. Im Ladekontrollraum werden die Bedienungselemente der Tanks, die beladen bzw. nicht beladen werden sollen, in geeigneter Weise deutlich gekennzeichnet, damit ein irrtümliches Öffnen eines nicht zur Beladung anstehenden Tanks vermieden wird.

Jetzt wird dem Landinspektor das Schiff ladeklar gemeldet mit der Bemerkung, daß nur noch die Manifold-Absperrungen zu öffnen sind.

Ladebeginn. Nach Absprache mit der Landinstallation wird das Manifold geöffnet, und die Beladung beginnt zunächst mit reduzierter Laderate. An Bord wird jetzt das gesamte Leitungssystem einschließlich des Pumpenraumes auf eventuell auftretende Leckagen kontrolliert.

Die zur Beladung geöffneten Tanks und die hier nicht benötigten Tanks werden an den Tankinhaltsmeßgeräten beobachtet. Sobald Klarheit besteht, daß das Ladeöl den richtigen Weg im Schiff nimmt, kann die Laderate langsam auf die volle Kapazität, die bei 25 000 t/h und höher liegen kann, gebracht werden.

LOT-Verfahren (load on top). Hierzu wird verwiesen auf International Chamber of Shipping (ICS), „Clean Sea's Guide for Oiltankers, the Operation of Load on Top".

Selbstverständlich gibt es hierzu auch an Bord eines Tankers interne Anweisungen der Reederei.

Aufgrund der sehr unterschiedlichen Anordnung der Sloptanks, der Nachlenzsysteme und der Möglichkeiten zur Durchführung der Ölrückgewinnung, die von Schiff zu Schiff voneinander abweichen können, wird nachfolgend nur eine grundsätzliche Erklärung gegeben (siehe 3.1.1.3).

Seit Mitte der sechziger Jahre ist die Notwendigkeit immer stärker erkannt worden, die Ölverschmutzung der Meere durch das beim Waschen der Tanks anfallende Öl-Wasser-Gemisch, welches früher über Bord gepumpt wurde, zu unterbinden. Hieraus ist das Load-on-top-Verfahren (LOT) entstanden, das heutzutage von allen verantwortungsbewußten Tankerkapitänen und Tankerreedereien strikt angewandt wird.

Die Menge der in einem Sloptank befindlichen „Slops" (Ölrückstände aus der letzten Ladung) wird vor Ankunft im Ladehafen genau aufgemessen und berechnet und dem Ablader mitgeteilt. Die neue Ladung wird jetzt „on top" geladen, d.h., der Slop wird im Sloptank mit der neuen Ladung vermischt. Zuvor ist die aufgemessene Slopmenge vom Landinspektor nachgemessen worden. So werden Meinungsverschiedenheiten nach Ladeende über die Schiffsmenge und die Landmenge weitgehend vermieden.

3.1.2.5 Laden

Öffnen und Schließen der Ladeöltanks, Druckstöße. Bei Ladebeginn liegt der Tanker, der nur noch mit permanentem Ballast beladen ist, welcher mit der separaten Ballastpumpe während des Ladens gelenzt wird, mit mehr oder weniger starkem achterlastigem Trimm an der Pier. Bleiben alle Ladeöltanks von Anfang an voll zur Beladung geöffnet, so wird der achterlastige Trimm in unerwünscht und unzulässig starker Weise zunehmen, weil das Ladeöl in die tiefer liegenden Tanks stärker einströmt. Daher ist es erforderlich, bald nach Ladebeginn den stärkeren Zustrom des Ladeöles in die hinteren Tanks durch Schließen bzw. „Kneifen" (Teilschließen) der betreffenden Absperrschieber dafür zu sorgen, daß zunächst die vorderen Tanks mehr Ladung bekommen als die hinteren.

Ein Grundprinzip besteht darin, daß in jedem Fall nur so viele Tanks gleichzeitig beladen werden, daß sie vom Aufsichtspersonal sicher überblickt und gehandhabt werden können. Dies bedeutet, rechtzeitige Vorsorge zu treffen, daß gegen Ladeende die Tanks einen unterschiedlichen Füllstand aufweisen, damit ohne Zeitdruck ein Tank nach dem anderen abgetoppt werden kann.

Hierzu sind u. U. die Einzeltanks bei einem Ullage von 5′ bis 10′ unter dem Ziel-Ullage zu schließen. Dabei muß bedacht werden, daß erhebliche Druckstöße entstehen können, wenn eine in einer Rohrleitung strömende Flüssigkeit abgebremst wird.

Gefährlich hohe Druckstöße, die unter bestimmten Voraussetzungen so stark sein können, daß die Rohrleitungen, Schläuche und/oder die Verbindung am Manifold den auftretenden Drücken (bis zu mehr als 50 bar/cm^2) nicht standhalten, können auftreten, wenn z. B. das Manifold gegen den vollen Ladestrom geschlossen wird. Hohe Druckstöße können auch dann auftreten, wenn beim Laden mit hoher Laderate eine Tankabsperrung geschlossen wird, bevor die Absperrung des nächsten Tanks ganz geöffnet ist. Der Tankerseemann, besonders jedoch der verantwortliche Offizier, muß daher die Schließcharakteristik der Absperrklappen genau kennen.

Zu beachten ist, daß die Bremswirkung auf die Flüssigkeit beim Schließen einer Absperrklappe während der ersten drei Viertel des Schließweges relativ gering ist, sich jedoch während des Schließens des letzten Viertels sehr stark erhöht. Es ist daher außerordentlich wichtig, daß das letzte Viertel des Schließweges langsam zurückgelegt wird, möglichst in nicht weniger als 30 s, so daß starke Druckstöße sicher vermieden werden[10].

10 Hierzu findet sich eine Theorie im Anhang D des International Oil Tanker and Terminal Safety Guide.

Laufende Kontrolle des Füllstandes. An den Digitalanzeigegeräten im Ladekontrollraum werden die Füllstände der zur Beladung anstehenden Ladeöltanks ständig kontrolliert. Mit dieser Füllstandsanzeige reguliert der Wachoffizier durch entsprechende Bedienung der Klappenstellung den Zufluß des Ladeöles zu den Einzeltanks.

Abtoppen der Ladeöltanks. Unter „Abtoppen" wird auf Tankern das Schließen eines Tanks bei Erreichen des vorgesehenen Füllstandes verstanden; der betreffende Ladeöltank ist danach fertig beladen.

Rechtzeitig, bevor die Abtopp-Phase beginnt, ist dem Landinspektor eine Meldung zu machen, daß z.B. in 20 min das Abtoppen der Tanks beginnt.

Etwa 10 min vor Beginn des Abtoppens wird die volle Laderate von z.B. 25000 t/h auf z.B. 20000 t/h und danach langsam weiter gesenkt, so daß beim Abtoppen des ersten Tanks noch mit etwa 15000 t/h geladen wird.

Wenn die letzten 4 Tanks einschließlich des Resttanks zum Abtoppen anstehen, wird die Laderate von Land auf z.B. 10000 t/h gesenkt. Stehen nur noch 2 Tanks zum Abtoppen an, so wird die Laderate weiter gesenkt, so daß der letzte Tank nicht mehr als etwa 3000 bis maximal 5000 t/h aufzunehmen braucht. Spätestens 5 min vor dem Schließen des Resttanks wird die Laderate so weit gesenkt, daß keine gefährlichen Druckstöße entstehen können, wenn der letzte Tank geschlossen wird.

Es muß beim Abtoppen darauf geachtet werden, daß mindestens 2 Tanks voll geöffnet sind, solange die Laderate auf einem VLCC nicht weniger als 10000 t/h beträgt.

Beim Abtoppen des Resttanks ist zu berücksichtigen, daß nach dem Schließen der Landventile dieser Tank noch einmal geöffnet werden muß, damit die in den Schläuchen oder Chicksanarms und in den Oberdecksleitungen stehende Ölmenge in den Resttank ablaufen kann. Die hier noch zufließende Menge kann einen Umfang von mehr als 100 t erreichen.

Auch zu diesen Vorgängen findet der Tankerneuling an Bord entsprechende Anweisungen, die im Verein mit den Ratschlägen des erfahrenen Personals unbedingt beachtet werden müssen.

Ladeende. Unmittelbar nach Ladeende werden die Verbindungen der Ölübernahmeeinrichtung am Manifold gelöst, die Ladeschläuche oder Chicksanarms werden abgeschlagen, und die Ladeanschlüsse des Manifolds werden sofort danach wieder blindgeflanscht. Hierbei kann es durchaus eintreten, daß beim Lösen der Verbindungen eine mehr oder weniger geringe Ölmenge in die Leckwannen oder an Deck läuft. Diese Ölmengen sind sofort durch entsprechenden Einsatz von ölaufsaugendem Material (z.B. Sägespäne) zu beseitigen. Die Ölauffangwannen sind umgehend nach Ladeende zu entleeren. (Neue Tanker haben fest eingebaute Wannen mit Ablaufvorrichtung.)

Die Hochgeschwindigkeitsentlüfter sind zu schließen, damit die Inertgasanlage Inertgas nachdrücken kann, bis der erforderliche Inertgasdruck von 800 mmWS erreicht ist.

Der Tiefgang wird nach Möglichkeit an den Tiefgangsmarken vorn, hinten und mittschiffs an beiden Seiten abgelesen und mit den Werten verglichen, die durch die Tiefgangsmeßanlage und den Loadmaster-Computer angezeigt werden. Hiermit ist gleichzeitig eine gute Kontrollmöglichkeit der Geräte gegeben.

3.1.2.6 Abfertigung nach Ladeende

Ullages und Temperaturen. Jedem Ladeöltank sollte nach dem Abtoppen eine gewisse Zeitspanne gegeben werden zum Abklingen der im Ladeöl des Tanks vorhandenen Turbulenz, welche die Ullages u.U. verfälschen kann. Eine Viertelstunde wird als ausreichend angesehen.

Die Endullages werden am Füllstandsmeßgerät der Einzeltanks abgelesen. Sie dienen mit der etwa gleichzeitig gemessenen Temperatur des Ladeöles zur Berechnung der eingenommenen Ladungsmenge.

Zur Messung der Temperatur ist in jedem Tank ein Meßrohr vorhanden, welches an Oberdeck einen Schraubverschluß hat und bis etwa zur halben Tankhöhe in den Tank hinabreicht. Selbstverständlich dürfen nur diejenigen Rohre geöffnet werden, deren Ende im Tank in das Ladeöl eingetaucht ist, weil sonst die unter Druck stehende Tankatmosphäre austreten würde.

Durch Einführung der Meßsonde eines transportablen, elektronischen Thermometers werden jetzt in verschiedenen Tanktiefen die Temperaturen gemessen; der richtige Wert wird durch Interpolation ermittelt.

Liegen die Temperaturen in den einzelnen Tanks dicht beieinander, so kann für die Ladungsberechnung eine Temperatur zugrunde gelegt werden. Ist die Temperaturdifferenz in den einzelnen Tanks zu groß (mehr als ± 3 °F), so müssen die stark abweichenden Ladeöltanks einzeln berechnet werden. Dies ist auf Tankern eine Routineangelegenheit.

Es gibt natürlich auch fest installierte Fernthermometeranlagen, die jedoch infolge der hohen Kosten für den aufwendigen Einbau noch keinen allgemeinen Eingang in die Tankschiffahrt gefunden haben.

Ladungsberechnung. Wenn die Ullages der Einzeltanks und die Temperaturen der Ladung vorliegen, wird umgehend die Ladungsberechnung vorgenommen. Vorher muß jedoch das spezifische Gewicht der Ladung vom Terminal nochmals bestätigt werden.

Wie bereits in 3.1.2.2 beschrieben, liefern die Tankpeiltabellen (Tankinhaltstabellen) anhand der gemessenen Ullagewerte (siehe 3.1.2.2) den Tankinhalt unter Zugrundelegung der tatsächlichen Temperatur der Ladung in Gross-Barrels.

Zunächst wird die in den Leitungen stehende Ladungsmenge den Gross-Barrels zugeschlagen, um die tatsächlich übernommene Menge zu erhalten. Falls das Load-on-top-Verfahren durchgeführt wurde, muß die Slopmenge jetzt von der bordseitig aufgemessenen Menge abgezogen werden (siehe 3.1.2.4). Sodann wird mit dem aus der ASTM-Tafel 6 (u. U. auch P.M.T.: Petroleum-Measurement-Tafel genannt) der Temperaturumrechnungsfaktor ermittelt. Die Menge der Gross-Barrels wird beschickt auf das Volumen bei einer Temperatur von 60 °F, ausgedrückt in Net-Barrels.

Aus Tafel 11 der ASTM-Tafeln wird der Faktor zur Umrechnung der Net-Barrels in longtons entnommen. Wenn die longtons ermittelt sind, liegen natürlich damit unter Anwendung des entsprechenden Umrechnungsfaktors auch die metrischen Tonnen vor.

Bald erscheint der Landinspektor mit der landseitig ermittelten Ladungsmenge. Ergibt die Bordberechnung gegenüber der Landberechnung eine Differenz von weniger als 0,2 %, so wird die Ladungsmenge ohne Protest akzeptiert.

Abfertigung des Schiffes. Heutzutage wird in fast allen Tanker-Ladehäfen die sogenannte „Early Departure Procedure" praktiziert. Sie ermöglicht eine schnelle Abfertigung des Schiffes, indem die Ladungspapiere nicht mehr vom Kapitän gezeichnet zu werden brauchen. Sobald die Ladungsmengen verglichen und akzeptiert worden sind, wird das Schiff vom Ablader zum Auslaufen freigegeben, ohne auf die Ladungspapiere warten zu müssen. Dies bedeutet eine Zeitersparnis von 1 bis 2 h.

Mit der Auslaufgenehmigung werden die Blankoformulare der Ladungspapiere (Manifest, Konnossement) an Bord gebracht. Bald nach dem Auslaufen erhält das Schiff über Funk die genauen Werte der Ladung, die in die an Bord verbliebenen Blankodokumente eingesetzt werden. Die Agentur im Ladehafen wird per Funk von der Schiffsführung ermächtigt, die Ladungspapiere zu zeichnen, die danach per Luftpost zum Bestimmungshafen (Löschhafen) befördert werden.

Zweiter Ladehafen. In Al Bakr, dem zweiten Ladehafen des Schiffes, wiederholen sich weitgehend die für den ersten Ladehafen Ras Tanura beschriebenen Tätigkeiten. Lediglich bei den behördlichen Klarierungsformalitäten gibt es gewisse Unterschiede.

Beim Beladen im zweiten Ladehafen ist sorgfältig darauf zu achten, daß die in Ras Tanura in den Tanks

Nr. 1	Bb und Stb	29154 t
Nr. 2	Mitte	20012 t
Nr. 3	Mitte	9413 t
Nr. 4	Mitte	20100 t
Nr. 5	Mitte	28045 t
geladene Menge von		106724 t Arabian Light Crudeoil

(API 33,4) nicht mit der in Al Bakr zu übernehmenden Ladung in Berührung kommt. Hierbei spielen allerdings die in den Leitungen stehenden Restmengen hinsichtlich der Vermischung keine Rolle.

In Al Bakr werden die Tanks

Nr. 1	Mitte	20000 t
Nr. 2	Seiten	30030 t
Nr. 4	Seiten	31660 t
Nr. 5	Seiten	30948 t
Sloptanks		7180 t
mit insgesamt		119818 t Kirkuk-Crudeoil

(API 36,1) beladen.

Nach Kontrolle der vorausberechneten Kriterien hinsichtlich der Belastungszustände am Loadmaster-Computer und nach Erledigung der erforderlichen Abfahrtsformalitäten mit der Agentur und den Behörden tritt das Schiff mit einem Tiefgang von 66 Fuß 4 Zoll auf ebenem Kiel, entsprechend einem deadweight von 234245 t (metr.), hierin enthalten 6200 t Bunker, die Ladereise nach Wilhelmshaven an. Der Ankunftstiefgang in Wilhelmshaven ist auf 65 Fuß 4 Zoll beschränkt.

3.1.3 Reise Ladehafen – Löschhafen (Ladereise)

Tiefgang und Freibord. Bei einer Reisedauer von 35,6 Tagen, die sich aus der Gesamtdistanz von 11550 sm und einer Durchschnittsgeschwindigkeit von 13,5 sm/h ergibt, sowie bei einem täglichen Brennstoffverbrauch von etwa 120 t (rad. Leistung) und einer parallelen Tiefertauchung von ca. 356 t pro Zoll liegt das Schiff bei Ankunft in Wilhelmshaven auf dem maximalen Tiefgang für das Jadefahrwasser (65′ 4″).

Für diesen Tankertyp liegt der Tiefgang auf Sommerfreibord bei

$67' \, 8^7/_8'' = 20{,}648$ m mit einem Freibord von
$20' \, 6^1/_8'' = 6{,}250$ m.

Die Tragfähigkeit hierbei beträgt 240600 t (metr.).

Für den Tropenfreibord vergrößert sich der Tiefgang auf $69' \, 1^7/_8'' = 21{,}078$ m. Hieraus ergibt sich, daß in diesem Fall keine Rücksichten auf die jahreszeitlichen Freibordzonen genommen werden müssen.

Während der Ladereise zum Löschhafen können je nach Wetterlage viele Reparatur- und Instandhaltungsvorhaben verwirklicht werden.

Erhaltung des Inertgasdruckes. Der Reiseweg nach Europa um das Kap der Guten Hoffnung führt das Schiff durch tropische Gewässer. Starke Erhitzung über Tage führt sehr schnell zu einem steigenden Druck in den Tanks, während die entsprechende Abkühlung in der Nachtzeit einen Druckabfall verursacht. Die Erhaltung des Inertgasdruckes in den Tanks bedarf daher während der Ladereise ganz besonderer Aufmerksamkeit.

Die P/V-Ventile sorgen für das Ablassen des Überdruckes, wenn er 1400 mmWS übersteigt.

Bei Abkühlung während der Abend- und Nachtstunden fällt der Druck in den Ladeöltanks ab, und bei Unterschreitung eines Wertes von 400 mmWS würde der Inertgasalarm ausgelöst wegen zu niedrigen Druckes.

Verhindert werden muß auf jeden Fall, daß in den Tanks durch Abkühlung ein Unterdruck von mehr als −300 mmWS entsteht, weil dann über die P/V-Ventile Außenluft in die Tanks eingelassen wird, was u. U. die Tankatmosphäre in den explosiven Bereich führen kann. Es wird deshalb auf Tankern während der Abendstunden, wenn schon eine Abkühlung stattgefunden hat, jeweils so viel Inertgas nachgedrückt, daß während der Nachtzeit ein Druck von 400 mmWS nicht unterschritten wird. Bis zu welchem Tankdruck nachgedrückt werden muß (z.B. 1200 oder 1300 mmWS) und zu welchem Zeitpunkt dies am günstigsten vorgenommen wird, richtet sich nach der Bordpraxis.

Für den Fall, daß beim Ablassen des Überdruckes eine mögliche Vergiftungsgefährdung der Besatzung durch die sich bei ungünstigen Windverhältnissen bildende Gasglocke besteht, muß ggf. der Kurs kurzzeitig geändert werden.

Ladungsheizung. VLCCs sind mit Tankheizungen in den Ladetanks nicht mehr ausgerüstet, weil die meisten Rohölsorten eine Heizung während der Reise nicht erfordern. Tankheizungen sind nur noch vorhanden für die Sloptanks, um die Trennung von Öl und Wasser nach der Tankreinigung zu beschleunigen, und für die Bunkertanks, um das Pumpen des dickflüssigen Bunkeröles zu erleichtern.

3.1.3.1 Belastungsänderungen, Umpumpen von Bunker und/oder Ladung

Während der Ladereise ergibt sich durch den Bunkerverbrauch aus den achteren Bunkertanks eine stetige Vergrößerung des vorlastigen Trimms, der jedoch durch Umpumpen von Bunkeröl aus dem vorderen Heizöltieftank in die achteren Bunkertanks wieder ausgeglichen werden kann.

Hierdurch können sich die Biegemomente so weit zur ungünstigen Seite verändern, daß Ladung umgepumpt werden muß. Durch Eingabe der entsprechenden Mengen, die verlagert wurden bzw. verlagert werden sollen, in den Loadmaster-Computer, kann schnell herausgefunden werden, welche Mengen umgepumpt werden müssen, um die Biegemomente in den erforderlichen Grenzen zu halten und um einen gleichlastigen Trimm bei Ankunft des Schiffes im Löschhafen sicherzustellen.

Es muß daher bereits bei der Planung der Beladung berücksichtigt werden, daß die Resttanks für die Ladung bzw. für beide Ladungen so gewählt werden, daß das Umpumpen mit möglichst geringem Aufwand vorgenommen werden kann. Ist ein Resttank z.B. nur bis zur Hälfte gefüllt, so ist u.U. der Einsatz einer Ladeölpumpe überflüssig, weil das Ladeöl aus einem vollen Tank im Wege des Niveauausgleichs bei Öffnen der zugehörigen Absperrklappen von selbst „umlaufen“ wird. Ist der Freiraum im Resttank jedoch zur Aufnahme der erforderlichen Menge bis zum Niveauausgleich zu klein, so wird nach entsprechender Klarstellung des Leitungssystems eine Ladeölpumpe in Betrieb genommen, um den vorgesehenen Tank so weit zu füllen, wie es die Umstände erfordern.

Hierbei müssen sämtliche Leitungsverbindungen zu den Seeventilen und Ausgußleitungen geschlossen sein und die Ullages der übrigen Tanks an den Füllstandsmeßgeräten kontrolliert werden. Ölverschmutzungen und Ladungsverluste sowie Überpumpen eines nicht zum Umpumpen vorgesehenen Tanks — etwa weil z. B. eine falsche Absperrklappe geöffnet wurde — müssen unbedingt vermieden werden.

3.1.4 Löschen der Ladung

3.1.4.1 Anmeldung im Löschhafen, Vorbereitungen zum Crudewaschen

Der Zeitpunkt der ETA-Abgabe an den Agenten im Löschhafen ist in der Reiseorder der Reederei bzw. des Charterers festgelegt und erfolgt jeweils etwa 1 Woche sowie 3 Tage und 1 Tag vor Ankunft.

Seit VLCCs weitgehend mit Inertgasanlagen ausgerüstet sind, hat das sogenannte „Crudewaschen" Eingang in die Tankschiffahrt gefunden. Crudewaschen bedeutet das Waschen der Ladeöltanks während des Löschvorganges mit dem Ladeöl (Crudeoil: Rohöl).

Crudeoil wirkt, wenn es als Waschmittel eingesetzt wird, im Gegensatz zu Wasser als Lösungsmittel, wodurch ölige Rückstände und Sedimente (Ablagerungen) aus der Ladung weitgehend gelöst und mit der Ladung an Land gepumpt werden.

Es hat sich gezeigt, daß die Menge der sogenannten „umpumpbaren Rückstände" im Schiff bis zu 50% verringert werden kann, wenn während des Löschens mit Crudeoil gewaschen wird. Dadurch werden

- Ladungsverluste durch umpumpbare Rückstände vermindert,
- der Zeitaufwand für die Tankreinigung mit Wasser während der Ballastreise und vor einer Werftzeit verringert und
- die Ansammlung von Sedimenten herabgesetzt.

Als Nachteil ist der Zeitverlust beim Löschen der Ladung zu nennen (siehe 3.1.4.6).

Als erste Vorbereitungsmaßnahme zum beabsichtigten Crudewaschen muß telegrafisch ca. 1. Woche vor Ankunft im Löschhafen die Genehmigung hierzu von der Reederei und vom Löschterminal (Löschhafen) eingeholt werden, weil das Crudewaschen nur mit festinstallierten Tankwaschkanonen, mit festinstallierten zugehörigen Tankreinigungsleitungen und unter voll inertisierten Ladeöltanks durchgeführt werden darf.

Von der Reederei gibt es für die Erlaubnis zum Crudewaschen einen Fragenkatalog, der von der Schiffsleitung vor jedem beabsichtigten Crudewaschen telegrafisch mit der Ankündigung des Crudewaschens zu beantworten ist. Die Fragen lauten z. B.:

- Ist die Inertgasanlage getestet und voll betriebsfähig?
- Kann jeder Tank unter ausreichend hohem Inertgasdruck gehalten werden?
- Kann vom Ladekontrollraum aus ständig geprüft werden, ob der O_2-Gehalt des Inertgasanlagenausstoßes unter 5% bleibt, um bei Bedarf das Crudewaschen sofort abbrechen zu können?
- Ist das Personal des Ladekontrollraumes ständig über den Druck in den Ladeöltanks informiert?
- Besteht das Rohrsystem ausschließlich aus fest angebrachten Stahlrohren und wurde es für das Crudewaschen druckgeprüft?
- Arbeitet die Tankmeßanlage, so daß während des Crudewaschens alle Tanköffnungen geschlossen bleiben können?
- Wird der zum Crudewaschen erforderliche Druck durch Drosseln der Ventile des Schiffes erreicht?
- Kann eine Schiff-Land-Verbindung per UKW eingerichtet werden?
- Pumpen die Nachlenzejektoren die Rückstände des Crudewaschens in die Sloptanks, und wird der Inhalt der Sloptanks über die Hauptpumpen an Land gelöscht?

Das Telegramm an die Reederei kann folgenden Wortlaut haben:
„Beabsichtigen Crudewaschen in Wilhelmshaven stop alle Fragen ja".

Liegt die Genehmigung zum Crudewaschen vor, so werden die druckluftbetriebenen Antriebseinheiten für die Tankwaschkanonen überprüft, getestet und zum Gebrauch bereitgestellt.

Die Tankerreedereien haben für diesen Komplex sehr detaillierte Betriebsanweisungen erstellt, die unter Mitarbeit des fahrenden Personals fortlaufend ergänzt und verbessert werden.

Gemäß IMCO-Vorschriften sind neue und existierende Tanker über 20000 tdw ab Juni 1981 auszurüsten mit

Tanks für separates Ballastwasser	und/oder
(segregated ballast tanks — SBT),	Einrichtungen zum Crudewaschen
Tanks für sauberes Ballastwasser	(crude oil washing — COW)
(clean ballast tanks — CBT)	(COW siehe 3.1.4.6)[11].

3.1.4.2 Planung des Löschvorganges

Allgemeines. Beim Löschen der Ladung kommt die Vorausplanung bei der Übernahme der beiden getrennten Ladungen in Ras Tanura und Al Bakr zum Tragen, nach der sowohl die eine als auch die andere zuerst gelöscht werden kann, ohne daß die zulässigen Belastungsgrenzen der Biegemomente überschritten werden. Zur Sicherheit sollte jedoch vor Löschbeginn durch eine entsprechende Eingabe der Belastungsänderungen in den Loadmaster-Computer sichergestellt werden, daß keine unzulässigen Überschreitungen der Belastungsgrenzen eintreten werden. Daß der Löschbetrieb wegen der im Löschhafen stattfindenden Ablösungen, Reparaturarbeiten, Übernahme von Stores, Bunkerübernahme und Landgangsregelung für die Besatzung voll gewährleistet sein muß, ist selbstverständlich.

Ullages und Temperaturen vor Löschbeginn. Nach Ankunft im Löschhafen werden sofort wie im Ladehafen im Beisein eines Vertreters der Landanlage die Ullages und Temperaturen der Ladung in jedem einzelnen Tank festgestellt, um eindeutige Werte für die jetzt durchzuführende Ladungsberechnung zu haben (siehe 3.1.2.6). Es ist unvermeidbar, daß sich während der langen Seereise gewisse Bestandteile des Öles verflüchtigen. Je nach Beschaffenheit der Ladung ergibt sich daher eine größere oder kleinere negative Differenz zwischen der Ladungsmenge bei Abgang im Ladehafen und der Ladungsmenge bei Ankunft im Löschhafen.

Anschluß der Löscheinrichtung. Der Anschluß der Löscheinrichtung erfolgt in gleicher Weise wie zum Laden (siehe 3.1.2.4). Selbstverständlich kann es in den einzelnen Häfen Unterschiede geben, die jedoch keine grundsätzliche Bedeutung haben.

Klarstellen des Leitungssystems. Auch im Ladehafen müssen vor Löschbeginn alle Verbindungen zu den Seekästen und Ausgußleitungen in verschlossenem Zustand durch Plomben o.ä. gesichert werden. Die Saugerabsperrungen der Einzeltanks bleiben zunächst geschlossen. Zum Klarstellen des Leitungssystems werden die Saugeleitungen bis zu den Pumpen geöffnet. Die Verbindung zwischen den Druck- und den Saugeleitungen im Pumpenraum bleibt geschlossen, und die Druckleitung wird bis zur Manifold-Absperrung geöffnet. Es ist besonders darauf zu achten, daß die direkten Fülleitungen beim Löschen geschlossen sind, damit ein Pumpen „im Kreise" und ein damit u.U. drohender „Overflow" vermieden wird.

In dieser Zeit werden die Antriebsturbinen der Ladeölpumpen vorgewärmt, und die Inertgasanlage wird mit Rezirkulationsbetrieb angefahren. Darauf ist das Schiff klar zum Löschen. Während des Löschbetriebes wird die Kesselanlage auch im Hafenbetrieb

---

11 Näheres über Zeiträume der Nachrüsttoleranzen sind aus der IMCO-Veröffentlichung 1978 zu ersehen: „International Conference on Tanker Safety and Pollution Prevention 1978".

nahezu mit Vollast gefahren, weil bei vollem Pumpenbetrieb unter Einschluß der Ballastpumpe die aufgenommene Leistung bis nahe an die Leistungsaufnahme der Antriebsanlage während des Seebetriebes herankommt. Hierdurch steht genügend Inertgas zur Inertisierung der Ladeöltanks zur Verfügung.

Löschbeginn. Die Klarmeldung von seiten der Landanlage ist in jedem Fall abzuwarten, bevor mit dem Löschen begonnen wird.

Je nach der Länge der Landleitung bis zu den Vorratstanks wird eine mehr oder weniger große Ölmenge benötigt, um die Landleitung aufzufüllen, die mehrere Hundert Tonnen betragen kann. Es sollte daher stets mit dem Inspektor der Landanlage vor Löschbeginn abgesprochen werden, daß bei teilgefüllten Vorratstanks die Landleitung bis zum Manifold mit Öl von Land aufgefüllt wird. Läßt sich dies nicht einrichten, so wird die Landleitung mit dem Ladeöl vom Schiff gefüllt. Diese Menge — die bei der Aufmessung im Landtank nach Löschende nicht zur Anzeige kommt — muß der landseitigen Mengenrechnung zugeschlagen werden, um eine zu große Differenz zwischen Schiffsmenge vor Löschbeginn und der landseitig empfangenen Menge nach Löschende zu vermeiden.

Wenn die Klarmeldung von Land vorliegt, werden die Saugerabsperrungen derjenigen Ladeöltanks geöffnet, die zum Löschen vorgesehen sind. Gleichzeitig mit dem Anfahren der Ladeölpumpen werden die Manifold-Absperrungen geöffnet, und das Löschen beginnt. Dabei wird eine nochmalige Kontrolle vorgenommen, ob das Leitungssystem Leckagen aufweist. Danach werden die Ladeölpumpen langsam auf volle Leistung gebracht, wobei die Löschrate abhängig ist vom maximal erlaubten Gegendruck in bar oder PSi. Die Löschrate (max. ca. 12000 t/h) wird stündlich durch entsprechende Zwischenrechnungen überprüft (PSi: pounds per square inch, PSi $\times$ 0,070306 = bar). Mit dem Loadmaster-Computer werden die Biegemomente und Querkräfte, der mittlere Tiefgang und der Trimm überwacht.

Sicherheitsmaßnahmen. Die im Löschhafen notwendigen Sicherheitsvorkehrungen sind weitgehend die gleichen wie im Ladehafen (siehe 3.1.2.4).

Sehr häufig werden in den europäischen Löschhäfen durch Urlaubsablösungen usw. bedingte personelle Veränderungen vorgenommen, wobei oftmals neue Besatzungsmitglieder an Bord kommen, die mit der Tankschiffahrt nicht vertraut sind. Die neuen Leute müssen daher sofort nach dem Anbordkommen mit den Sicherheitsrichtlinien vertraut gemacht werden.

3.1.4.3 Inertisierung beim Löschen (siehe 3.1.1.7)

Bei Löschbeginn werden die Absperrklappen der Inertgaszweigleitungen zu den einzelnen zum Löschen anstehenden Ladeöltanks geöffnet, und die Inertgasanlage wird vom Rezirkulationsbetrieb zur Belieferung der Ladeöltanks mit Inertgas durch die entsprechende Klappenstellung umgeschaltet.

Der Inertgasdruck wird ständig auf 800 bis 1000 mmWS gehalten. Fällt der Inertgasdruck auf +500 mmWS, so gibt es im Maschinenkontrollraum Voralarm. Bei +300 mmWS werden die Ladeölpumpen durch Schnellschluß gestoppt. Der O_2-Gehalt des Inertgases wird im Maschinenkontrollraum (MKR) kontrolliert, er darf 5% nicht überschreiten.

3.1.4.4 Beballasten während des Löschens (siehe 3.1.1.2)

Wenn in einem Tidehafen mit großem Tidenhub gelöscht wird, kann es vorkommen, daß trotz der inzwischen gefüllten Tanks für permanenten Wasserballast das Schiff bei

Hochwasser gegenüber der Anschlußstation an Land so hoch aus dem Wasser ragt, daß die Schläuche oder Löscharme (Chicksanarms) den Höhenunterschied nicht überbrücken können. In diesem Falle muß das Löschen rechtzeitig unterbrochen werden, um fallenden Wasserstand abzuwarten oder — wenn Einzeltanks bereits leer sind — eine entsprechende Menge von schmutzigem Ballastwasser in die leeren Ladeöltanks nach Vereinbarung mit dem Landinspektor zu übernehmen.

Hierzu ist sicherzustellen, daß auf keinen Fall Öl ins Hafenwasser gelangen kann (siehe 3.1.2.3) und daß Ballastwasser nicht etwa in Tanks geleitet wird, die noch nicht vollständig gelöscht sind. Die Ladeölpumpen werden gestoppt, und das Leitungssystem wird umgestellt zur Übernahme von Ballastwasser in die vorgesehenen Tanks. Die Manifold-Absperrungen werden geschlossen, und das Ladeöl aus den Druckleitungen wird entleert in den Ladeöltank mit dem geringsten Füllstand. Die Absperrungen in den Druckleitungen werden geschlossen und die Verbindung zur Saugeleitung geöffnet. Hiernach wird die Verbindung der Ladeölpumpe für „Saugen aus See“ eingestellt. Die Absperrungen der für die Beballastung vorgesehenen Ladeöltanks werden geöffnet, und die Ladeölpumpe wird angefahren. Gleichzeitig mit dem Anfahren der Pumpe wird das zugehörige Seeventil geöffnet, die Einnahme von Ballastwasser beginnt, es wird Ballastwasser gepumpt.

Liegt das Schiff noch tief genug im Wasser, so besteht auch die Möglichkeit, das Ballastwasser unter Umgehung der Ladeölpumpe direkt durch Niveauausgleich laufen zu lassen. Da dieser Vorgang jedoch wesentlich längere Zeit in Anspruch nimmt, wird meistens die Benutzung einer Pumpe vorgezogen.

Bei diesem Vorgang sind die auftretenden Biegemomente anhand des Loadmaster-Computers zu kontrollieren und in den erlaubten Grenzen zu halten. Sobald das Schiff einen ausreichenden Tiefgang erreicht hat, wird das Beballasten eingestellt, und nach entsprechender Umstellung des Leitungssystems wird das Löschen fortgesetzt.

Die oben beschriebene Notwendigkeit der Beballastung während des Löschens kann sich auch ergeben, wenn z. B. die Wetterlage sich durch Sturm verschlechtert und deshalb der relativ große Windfang des Schiffes verringert werden muß.

Die Maßnahmen zur Beballastung sind im einzelnen mit dem Landinspektor abzusprechen.

3.1.4.5 Nachlenzen (Resten)

Ladeöltanks müssen so weit wie möglich trockengelenzt werden. Außer den sogenannten nicht pumpbaren Rückständen, z. B. Ölschlammablagerungen (Sedimente), muß die Menge des flüssigen Ladeöles, die im Tank zurückbleibt, so gering wie möglich gehalten werden. Um dies zu erreichen, sind Ladeölpumpen ohne entsprechende Zusatzeinrichtungen — z. B. eine Vacuumanlage — nicht geeignet. Auf jedem Tanker ist daher entweder ein separates Nachlenzsystem mit Kolbenpumpen oder eine Vacuumanlage — Vac-Strip-System —, welche den mit reduzierter Leistung laufenden Ladeölpumpen zugeschaltet wird, zum Nachlenzen eines jeden Einzeltanks vorhanden (siehe 3.1.1.6).

Der Löschvorgang wird als beendet angesehen, sobald eine Kontrolle aller Ladeöltanks zusammen mit dem Landinspektor vorgenommen worden ist. Hiernach stellt der Landinspektor eine Bescheinigung aus, daß die Ladung vollständig gelöscht wurde und die Tanks „leer und trocken“ sind. Erst dann darf mit der Endbeballastung begonnen werden. Die Löscheinrichtung am Manifold wird gelöst.

3.1.4.6 Vorgang des Crudewaschens (siehe 3.1.4.1)

Die Ladeölpumpen sollen gleichzeitig die Ladung löschen, die Nachlenzejektoren betreiben und die Tankwaschkanonen mit dem Waschmittel „Crudeoil“ versorgen.

Nachlenzejektoren und Tankreinigungskanonen benötigen zum optimalen Betrieb einen Mindestdruck von 10 bar. Der Gegendruck einer Landanlage wird hierzu nur selten ausreichen, deshalb muß der nötige Betriebsdruck durch Drosselung der Löschrate am Manifold durch vollständiges Schließen einer oder mehrerer Absperrungen an den Einzelanschlüssen des Manifolds erzeugt werden. Gleichzeitig wird im Pumpenraum die Verbindung von den Ladeöldruckleitungen zur Tankreinigungsleitung geöffnet, so daß unter Berücksichtigung des erforderlichen Mindestdruckes etwa 2 bis 4 Tankwaschkanonen in Betrieb genommen werden können.

Für die Durchführung des Crudewaschens können je nach den Erfordernissen des Löschbetriebes verschiedene Methoden angewendet werden. Die Löschleistung vermindert sich während des Crudewaschens entsprechend der Anzahl der eingesetzten Waschkanonen und der Drosselung des Manifolds. Falls nur eine Gesamtladung gelöscht wird, werden die Tankreinigungskanonen erst dann in Betrieb genommen, wenn der erste Einzeltank leer ist und wenn die Nachlenzejektoren das Waschmittel zusammen mit den aufgelösten Rückständen aus diesem Tank in den Sloptank befördern können. Es ist in diesem Fall dafür zu sorgen, daß der Sloptank gleich zu Beginn des Löschens etwa zur Hälfte abgepumpt (gelöscht) wird, damit genügend Platz für den Einsatz der Ejektoren vorhanden ist. Hierbei sollte der Trimm nicht weniger als 12′ bis 15′ sein, um ein ausreichendes Trockenlenzen des Tankbodens sicherzustellen. Wenn die Nachlenzejektoren nicht eingesetzt werden sollen, wird mit dem Crudewaschen begonnen, sobald der Tankinhalt bis etwa 3 m über dem Tankboden gelöscht ist. Die aufgelösten Ablagerungen und Rückstände von den Schotten und Verbänden werden dann von den Ladeölpumpen an Land befördert, wobei das Crudewaschen in diesem Tank zu beenden ist, wenn der Tankboden mit Ladeölpumpe und Vac-Strip-System ausreichend trockengelenzt ist.

Als weitere Methode gibt es das Crudewaschen in zwei Abschnitten, nämlich Topwaschen und Bodenwaschen (Bild 3.20).

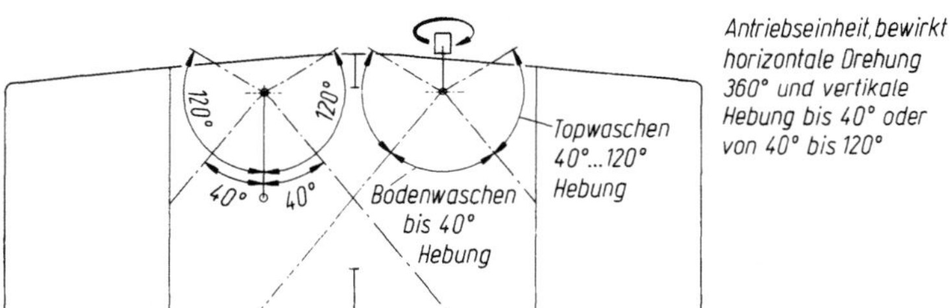

Bild 3.20. Abdeckung der Tanks beim Top- und Bodenwaschen mit Crudeoil

Topwaschen. Hierunter versteht man das Waschen des oberen Tankteiles, wobei die Antriebseinheiten der Waschkanonen so programmiert werden, daß die Hebung des Düsenarmes aus der Senkrechten nach unten zwischen 35° und 120° pendelt, während die Drehung die Waschkanone um die Senkrechte permanent im Uhrzeigersinn um 360° dreht. Mit dem Topwaschen wird begonnen, wenn der Füllstand im Ladeöltank noch etwa 5 m beträgt. Die durch das Topwaschen gelösten Ablagerungen werden mit der Restladung des Tanks an Land gepumpt.

Bodenwaschen. Auf das Topwaschen folgt als getrennter zweiter Abschnitt das Bodenwaschen, wobei die Tankwaschkanonen so programmiert werden, daß sie kontinuierlich bei gleichzeitiger Drehung um die Senkrechte in einem Bereich bis zu einer Hebung von 40° aus der Senkrechten auf und ab pendeln. Hiermit wird gegenüber dem

Topwaschen ein Überlappungsbereich von 5° erreicht, so daß das gesamte Tankinnere vom Ölstrahl erreicht wird.

Beim Bodenwaschen werden die Nachlenzejektoren eingesetzt, die das Waschmittel zusammen mit den Rückständen in den Sloptank befördern. Ein Nachlenzejektor erbringt bei einem Betriebsdruck von 10 bar eine Saugekapazität von etwa 400 t/h. Demgegenüber hat eine Tankwaschkanone bei diesem Betriebsdruck einen Durchsatz von etwa 175 t/h. Hieraus folgt, daß bei zwei in Betrieb befindlichen Nachlenzejektoren nicht mehr als 4 Tankwaschkanonen betrieben werden dürfen.

Die folgenden Kriterien müssen bei der Planung der Waschdauer berücksichtigt werden:
- Sedimente und Rost in den Tanks,
- Erfahrungen mit dem Sedimentgehalt der verschiedenen Ladungen,
- die Wascheffektivität der Kanonen in verschiedenen Tanks mit unterschiedlichen inneren Strukturen.

Nach bisherigen Erfahrungen genügen für das Topwaschen ein Umlauf der Tankwaschkanonen und für das Bodenwaschen drei volle Umläufe. Da die normale Besatzung im Hafen mit dem Löschen der Ladung und dem Betrieb des Schiffes beschäftigt ist, wird zum Crudewaschen zusätzliches Personal benötigt zum Überwachen und Programmieren sowie zur Koordination des Einsatzes der Antriebsmaschinen.

Hat das Schiff verschiedene Löschhäfen zu bedienen, so soll so viel wie möglich während der Passage zwischen den Häfen mit Crudeöl gewaschen werden, um Verzögerungen in den Häfen zu vermeiden. Die Lade- und Löschplanung ist auf diese Möglichkeit abzustimmen. Wird während der Passage mit Crudeöl gewaschen, können sich die Sedimente, die sonst an Land gepumpt werden, in den Sloptanks sammeln. Deshalb sollen, um die Sedimente wieder zu entfernen, die Sloptanks im Hafen sobald wie möglich mit Crudeöl gewaschen werden.

Beim Löschen von zwei verschiedenen Ladungspartien muß beim Crudewaschen so verfahren werden, daß die Tanks der zuerst zu löschenden Partie mit dem Crudeöl aus dieser Ladung durchgewaschen werden. Wenn die Sloptanks nicht zur Verfügung stehen, weil sie mit der anderen Partie beladen sind, genügt es, das Crudewaschen pro Tank in einem Arbeitsgang durchzuführen und die gelösten Sedimente mit den Ladeölpumpen nach Land zu resten. Für das Crudewaschen der zweiten Partie stehen die Sloptanks zur Verfügung, so daß hier Top- und Bodenwaschen zum Zuge kommen können. Selbstverständlich ist darauf zu achten, daß die Sloptanks ständig beobachtet und zu gegebener Zeit so weit gelöscht werden, daß ein Überpumpen durch die Ejektoren sicher vermieden wird.

Damit sichergestellt ist, daß innerhalb von etwa 2 bis 3 Reisen sämtliche Tanks einmal mit Crudeoil gewaschen wurden, sollte im Ladungsbuch stets vermerkt werden, welche Ladeöltanks wann mit welchem Erfolg crudegewaschen worden sind.

3.1.4.7 Reisebeballastung

Da ein VLCC nicht über so viel permanenten Wasserballast verfügt, daß allein damit eine Seereise angetreten werden kann, muß das Schiff vor dem Auslaufen durch Übernahme von Ballastwasser in schmutzige Ladeöltanks in einen ausreichend beballasteten und damit seetüchtigen Zustand versetzt werden. Hierfür ist nach Löschende ein Zeitraum von ca. 3 bis 5 h vorgesehen.

Je nach Wetterlage kann die Gesamtmenge des erforderlichen Ballastes bis zu 100000 t betragen. Die Verteilung des „schmutzigen" Ballastwassers wird mit dem Loadmaster-Computer ermittelt, damit keinesfalls die zulässigen Belastungsgrenzen der Schiffsverbände überschritten werden. Zu berücksichtigen ist bei der Ballastverteilung weiterhin, welche Ladeöltanks auf der bevorstehenden Ballastreise gereinigt werden sollen, die dann später mit sauberem Wasserballast zu füllen sind (Klarstellung des Leitungssystems siehe 3.1.4.4).

Sobald ein Tiefgang erreicht ist, der ein sicheres Manövrieren ermöglicht, wird — gutes Wetter vorausgesetzt — das Beballasten unterbrochen, und das Schiff tritt die Ballastreise an. Nach Verlassen des Hafens wird das Beballasten bis zur vorgesehenen Endmenge weitergeführt.

3.1.5 Ballstreise und Tankreinigung (siehe 3.1.1.8)

Vorbemerkung. Durch die Notwendigkeit der Tankreinigung zur Verhütung zu großer Ablagerungen, zur Übernahme von sauberem Ballastwasser und zur Durchführung von erforderlichen Tankbesichtigungen und Reparaturen im Tank, ist die Ballastreise eines Tankschiffes sehr arbeitsintensiv.

3.1.5.1 Besondere Gefahren beim Tankwaschen

Auf Großtankern ist eine der Hauptgefahren, nämlich die elektrostatische Aufladung und mögliche Zündung der im explosiven Bereich befindlichen Tankatmosphäre, mit Einführung der Inertgasanlage weitgehend ausgeschaltet (siehe 3.1.1.7, Allgemeines zur Inertisierung).

Ladeöltanks, die unter Inertgasdruck stehen, werden überwiegend mit den fest installierten Tankwaschkanonen gewaschen, so daß eine Gefährdung des Personals durch das Inertgas kaum besteht. Werden jedoch außerdem bei starker Verschmutzung auch transportable Waschmaschinen verwendet, so muß, um deren Einführung zu ermöglichen, der Ladeöltank drucklos gemacht werden. Hierbei sollte beim Einführen der transportablen Waschmaschine(n) in den Tank entsprechend vorsichtig verfahren werden, damit das Personal nicht mit dem Inertgas in Berührung kommt (siehe 3.1.1.8, Transportable Tankwaschmaschinen und deren Wasserversorgung).

3.1.5.2 Durchführung des Tankwaschens (siehe 3.1.1.8)[12]

Vor Beginn der Tankreinigung werden die Sloptanks bis zu etwa $^2/_3$ mit Seewasser gefüllt (siehe 3.1.1.3). Eine Ladeölpumpe saugt aus dem Stb-Sloptank und erzeugt den erforderlichen Druck zum Betrieb der Tankreinigungskanonen und -maschinen sowie für den Betrieb der Ejektoren. Letztere saugen das Waschwasser zusammen mit den abgespülten Ölresten aus dem zur Reinigung anstehenden Tank und drücken dieses Öl-Wasser-Gemisch in den Bb-Sloptank. Hieraus ergibt sich, daß die zur Reinigung eingesetzte Wassermenge stets etwas geringer sein muß als die Förderkapazität der Ejektoren.

Wenn z.B. der Wasserdurchsatz bei 4 Reinigungskanonen und einer transportablen Waschmaschine 780 m^3/h beträgt, so muß die Kapazität der Ejektoren abhängig vom Treibwasserdruck und von der Förderhöhe mindestens 800 m^3/h betragen. Es ist also nicht möglich, eine beliebige Anzahl von Tankreinigungsgeräten einzusetzen. Daher nimmt dieser Vorgang der Tankreinigung stets mehrere Tage in Anspruch.

Ausgehend davon, daß im Beispielfall die mit kathodischem Schutz versehenen Mitteltanks 1, 2 und 4 im Löschhafen mit schmutzigem Wasserballast gefüllt worden sind, werden zunächst sämtliche Seitentanks unter Einsatz der entsprechenden Anzahl von Tankwaschkanonen und transportablen Waschmaschinen nacheinander gewaschen, und

---

12 Hinweise zur Theorie im Hinblick auf die jeweilige Tankatmosphäre, die während der Tankreinigung ohne Anwendung von Inertgas angetroffen wird, finden sich in „Oil Tanker and Terminal Safety Guide, 2nd edn., chapt. 6.2, p 102ff.

zwar zuerst in der vorderen und danach in der hinteren Tankhälfte. Dieser Vorgang nimmt etwa 3 Tage und Nächte in Anspruch. Hierbei ist dem Schiff ein ausreichender achterlicher Trimm zu geben, damit das Waschwasser zusammen mit den abgespülten Sedimenten einen guten Zufluß zu den Saugern findet, die am hinteren Ende des Tanks installiert sind.

Beide Sloptanks — Bb und Stb — sind durch eine Balanceleitung miteinander verbunden, die in geöffnetem Zustand sicherstellt, daß sich das Niveau der Flüssigkeit in beiden Tanks ausgleicht. An der schematischen Darstellung in Bild 3.3 ist erkennbar, daß der Zulauf des Öl-Wasser-Gemisches von den Ejektoren im oberen Bereich des Bb-Sloptanks mündet, während der Überlauf durch die Balanceleitung in den Stb-Tank am Boden des Bb-Sloptanks abgenommen und wiederum in den oberen Bereich des Stb-Sloptanks geleitet wird. Aus dieser Anordnung ergibt sich, daß die erste Öltrennung bereits im Bb-Sloptank erfolgt, wenn das Öl-Wasser-Gemisch von den Ejektoren ankommt. Der Höhenunterschied zwischen der Zulauföffnung und dem Ablauf über die Balanceleitung nach Stb beträgt ca. 10 m.

Wenn die Sloptanks bei Reinigungsbeginn etwa zu $^2/_3$ mit sauberem Seewasser gefüllt sind, so fängt der Überlauf bei geöffneter Balanceleitung an, sobald sich der Flüssigkeitsspiegel im Bb-Sloptank gegenüber Stb erhöht. Es leuchtet ein, daß infolge des Abscheideeffektes das Öl an der Oberfläche des Bb-Tanks stehen bleibt, während im unteren Bereich nahezu sauberes Wasser nach Stb abfließt. Falls jedoch wirklich einmal ölhaltiges Wasser in den Stb-Tank gelangt, so wiederholt sich derselbe Vorgang, weil auch hier der Zulauf im oberen Bereich erfolgt.

Diese Methode des Tankwaschens entspricht dem geschlossenen Kreislauf, bei dem keine Leitung nach See offen ist. In der Praxis hat sich eine weitere Methode entwickelt, wobei die Ladeölpumpe das Waschwasser über das zugehörige Seeventil aus See ansaugt, so daß die Tankreinigungsleitungen und die Tankwaschkanonen nach der Tankreinigung sauber sind. Hierbei drückt der Ejektor das abgesaugte Öl-Wasser-Gemisch in den Bb-Sloptank. Über eine entsprechende Ablaufschaltung nach See ist man in der Lage, aus dem unteren Bereich der Sloptanks so viel Wasser (mit weniger als 100 ppm Öl) nach See ablaufen zu lassen, wie über die Ejektoren im oberen Bereich in den Bb-Sloptank gedrückt wird[13].

Um Ölverschmutzungen sicher auszuschließen, ist in Anlehnung an die IMCO-Empfehlungen ein Gerät entwickelt worden, welches in die Ausgußleitung installiert wird und auf Anzeigegeräten im Pumpenraum und im Ladekontrollraum die jeweilige Ölkonzentration in ppm (parts per million) sichtbar macht. Das Gerät kann auf zwei Bereiche geschaltet werden, nämlich auf 0 bis 250 oder 0 bis 1000 ppm. Mengen mit einer Ölkonzentration von weniger als 1000 ppm entsprechen der international zulässigen Grenze, wonach eine Ölbeimischung zum Ballastwasser von 60 l/sm in den dafür zulässigen Seegebieten noch gelenzt werden darf. Experimente auf See über einen Zeitraum von 3 Jahren haben gezeigt, daß das durch Schwerkraft getrennte Öl-Wasser-Gemisch (z.B. beim Tankreinigungsprozeß in den Sloptanks) weniger als 100 ppm Öl enthält[14].

Ein derartiges Gerät ist jedoch nur auf wenigen Tankern vorhanden, so daß die Bewertung des ablaufenden Ballastes meistens der subjektiven Einschätzung der Schiffsführung überlassen ist.

Wenn die Tankreinigung der Seitentanks beendet ist, die selbstverständlich unter Inertgasdruck vonstatten ging, werden je nach Bedarf die gereinigten Tanks entgast und bis zur Gasfreiheit belüftet, wenn eine Begehung der Tanks zwecks Besichtigung erforderlich ist (siehe 3.1.5.5). Ist eine Begehung nicht notwendig, so wird jetzt der Ballastwechsel vorgenommen (siehe 3.1.5.3).

---

13 Holzhausen: Maßnahmen zur Vermeidung von Ölverschmutzungsschäden und vorsorgliche Haftungsbeschränkung. Schiff und Hafen/Kommandobrücke (1979) Heft 4, S. 290 ff. Siehe auch Bd. 2, Kap. 3, Umweltschutz.

14 Coomber, R. S.: Petroleum Tanker Pollution Monitoring Unit. Marine Eng. Rev. (Juni 1971).

Sobald die dafür vorgesehenen Seitentanks mit sauberem Ballast gefüllt sind, wird die Tankreinigung der Mitteltanks in der gleichen Weise wie bei den Seitentanks fortgesetzt. Bis zum Ende der Waschperiode aller Mitteltanks vergehen weitere 4 Tage und Nächte. Für die Durchführung der Reinigung und für die endgültige Beballastung des Schiffes werden von den Pumpen etwa 250000 t Wasser gefördert.

3.1.5.3 Lenzen des schmutzigen Ballastwassers, Übernahme von sauberem Ballastwasser

Sobald die Reinigung der für sauberen Ballast vorgesehenen Seitentanks beendet ist, läßt man ohne Pumpeneinsatz das Wasser aus den mit schmutzigem Ballast gefüllten Tanks nach See ablaufen. Dieser Vorgang beinhaltet keine Ölverschmutzungsgefahr, weil sich das Öl im Verlauf der bisherigen Reise vom Wasser getrennt hat und in einer mehr oder weniger dicken Ölschicht auf der Wasseroberfläche schwimmt. Bis zum Niveauausgleich mit dem Wasserspiegel außenbords können die Mitteltanks daher ablaufen. Wenn dies geschehen ist, wird zunächst ohne Pumpenbetrieb durch entsprechende Schaltung des Leitungssystems sauberer Ballast in die Seitentanks durch Zulaufenlassen von See bis zum Niveauausgleich übernommen. Danach wird eine Ladepumpe zum Auffüllen der Seitentanks und zum Ablenzen der Mitteltanks angesetzt. Hierbei muß streng darauf geachtet werden, daß die Reste der Mitteltanks, in denen schmutziger Ballast war, in den Bb-Sloptank gefördert werden. Anschließend werden die Mitteltanks wie vorher die Seitentanks gewaschen, nachdem der Freiraum in den Mitteltanks unter Inertgasdruck mit einer O_2-Konzentration von weniger als 5 Vol.-% gesetzt wurde.

3.1.5.4 Gasfreimachen

Die sicherste Methode des Gasfreimachens besteht darin, die sauberen Ladeöltanks, die nach dem Waschen unter Inertgasdruck stehen, nach Öffnung der Tankluken bis zum Überlaufen mit sauberem Ballast zu füllen. Dies kann wegen des damit verbundenen Zeitaufwandes natürlich nicht für alle gereinigten Ladeöltanks in Frage kommen, sondern wird mit dem auf Frischluftbetrieb umgestellten Inertgasgebläse durchgeführt. Vor dem Gasfreimachen ist in jedem Fall sicherzustellen, daß der Hydrocarbonanteil der Tankatmosphäre weniger als 2 Vol.-% beträgt (zu magerer Bereich). Hierdurch wird erreicht, daß die explosive Zone zwischen minimal 2 Vol.-% und maximal 9 Vol.-% Hydrocarbongase in der Tankatmosphäre beim Gasfreimachen nicht durchwandert wird.

Unter diesen Bedingungen führt das Inertgasgebläse den Ladeöltanks über die Inertgasleitungen Frischluft zu. Einzelne Tanker verfügen über ein separates Frischluftgebläse, welches auf die Ladeölleitungen geschaltet werden kann und über die jeweiligen Sauger im Tank Frischluft einbläst. In diesem Fall sind die Tankdom- und die Tankreinigungsverschlüsse zu öffnen, um einen möglichst optimalen Durchlüftungseffekt zu erzielen.

Bei der Entgasung mit dem Inertgasgebläse ist der Durchlüftungseffekt um so besser, je weiter das Entlüftungsrohr (purgepipe) in den Tank hinabreicht (siehe Bild 3.12). Ist ein Entlüftungsrohr nicht vorhanden, so sind auch hier die Tankluken und die Reinigungslukenverschlüsse zu öffnen.

Besonders aus dem Bodenbereich zwischen den Bodenwrangen ist Inertgas und Hydrocarbongas (schwerer als Inertgas, Inertgas schwerer als Luft) nur durch intensives und langes Spülen mit Frischluft zu entfernen. Besonders in diesem Bereich muß daher auch nach dem Gasfreimachen stets mit einer nicht ganz homogenen Tankatmosphäre gerechnet werden.

3.1.5.5 Begehung des Ladeöltanks

Zu gewissen Zeitabständen müssen die gasfreien Ladeöltanks nach der Tankreinigung begangen werden, um

- den Abrostungszustand der Schotten und Verbände,
- die Beschaffenheit der Anoden und der Tankkonservierung,
- den Zustand der Leitungen und Sauger und
- den Zustand der Absperrklappen

festzustellen.

Vor jeder Tankbegehung ist mit einem Gasmeßgerät (gebräuchliche Bezeichnung an Bord: Explosimeter) der Anteil der brennbaren Gase in der Tankatmosphäre festzustellen. Der Meßbereich des Gerätes zeigt den Anteil der brennbaren Gase von 0 bis zur UEG (LEL) in Prozenten an, d. h., die Anzeige 100 bedeutet, daß ein Anteil von Hydrocarbongasen in Höhe von 2 Vol.-% vorhanden ist. Eine Tankbegehung wird nur dann vorgenommen, wenn der Zeiger in seiner Nullstellung stehen bleibt. Außerdem muß vorher sichergestellt sein, daß der Sauerstoffanteil mindestens 19 Vol.-% für eine Kurzinspektion (weniger als 10 min) und nicht weniger als 20,5 Vol.-% für Arbeiten im Tank beträgt. Zur Sicherheit wird während der Tankbegehung ein Sauerstoffmeßgerät mitgeführt, welches über eine Sonde eine ständige Kontrolle des Sauerstoffgehaltes der Umgebungsluft ermöglicht (Gerätbezeichnung: Bio-Marine).

Besondere Vorsicht ist in den Ecken und Winkeln geboten, die von Konstruktionsteilen gebildet werden. Hier sind u. U. noch Ölrückstände vorhanden, die weiterhin Hydrocarbongase an die Tankatmosphäre abgeben. Sind solche Stellen vorhanden und ist beabsichtigt, Reparatur- oder Instandhaltungsarbeiten auszuführen, so muß ggf. an dieser Stelle nochmals mit einer transportablen Waschmaschine nachgereinigt werden.

Die Tankbegehung ergibt, ob die durchgeführte Tankreinigung erfolgreich war bzw. ob während der nächsten Reinigung eine Änderung der Tankwaschkanonenanzahl und/oder der Waschzeit vorgenommen werden muß.

3.1.5.6 Ölrückgewinnung

Nach dem Ende der Tankreinigung gibt man dem Öl-Wasser-Gemisch in den Sloptanks genügend Zeit, daß sich Öl und Wasser voneinander trennen können. Sobald dies geschehen ist, wird mit einem Ölgrenzschichten-Meßgerät festgestellt, wieviel Wasser sich unter der mehrere Fuß dicken Ölschicht im Bb-Sloptank befindet.

Die Meßsonde des Gerätes wird bis auf den Tankboden hinabgelassen, wobei ein Pfeifton ertönt, sobald die Sondenspitze mit Wasser in Berührung kommt. Sobald die Sondenspitze den Tankboden berührt, wird am Maßkabel eine entsprechende Markierung vorgenommen. Danach wird die Sonde langsam hochgezogen, bis der Pfeifton verstummt. Diese Stelle wird ebenfalls am Meßkabel markiert. Aus dem Abstand der beiden Markierungen läßt sich unter Zuhilfenahme der Tankinhaltstabellen die unter dem Öl befindliche Wassermenge genau feststellen.

Zum Absaugen dieser Wassermenge wird eine Ladeölpumpe auf langsame Umdrehungen gebracht. Dies muß mit geringstem Saugeeffekt geschehen, weil sonst Verwirbelungen auftreten, welche die Trennung des Öles vom Wasser zunichte machen.

Nachdem die größte Wassermenge abgepumpt ist, kann der Trennungsprozeß durch Aufheizen der im Bb-Sloptank verbliebenen Restmenge beschleunigt werden. Ist das Wasser so weit wie möglich abgesaugt, wird das spezifische Gewicht des Slops durch Ausspindeln bestimmt und die Slopmenge berechnet.

Die Slopmenge wird nach dem Load on top (LOT)-Verfahren im nächsten Ladehafen nach Absprache mit dem Landinspektor und nochmaliger Aufmessung mit der neuen

Ladung vermischt und von der schiffsseitig berechneten Gesamtladungsmenge abgezogen (siehe 3.1.2.4, LOT-Verfahren).

3.2 Chemikalientankfahrt

3.2.1 Bauliche Besonderheiten

Der Bau von Chemikalientankern unterliegt besonderen Vorschriften der Klassifikationsgesellschaften, die ihrerseits weitgehend dem 1972 von der IMCO herausgegebenen „Code for the Construction and Equipment of Ships Carrying Dangerous Chemicals in Bulk" mit seinen Ergänzungen entsprechen. Dieser, in Kurzform „IMCO Bulk Chemicals Code", sieht für Chemikalientanker eine Aufteilung des Rumpfes in Doppelböden und Tanks vor, die ein Flottbleiben des Schiffes mit bestimmten, angenommenen Kollisions- oder Strandungsschäden garantiert. Hieraus und aus Erwägungen des Umweltschutzes werden drei Typen von Chemikalientankern unterschieden (Bild 3.21). Im gleichen Sinne werden im Code alle bisher bekannten chemischen Tankladungen klassifiziert mit dem Hinweis, welcher Schiffstyp für die jeweilige Ladung erforderlich ist. Für einige Ladungen werden sogar vom Schiffsrumpf unabhängige Tanks gefordert, die meist als feste Behälter an Deck installiert sind.

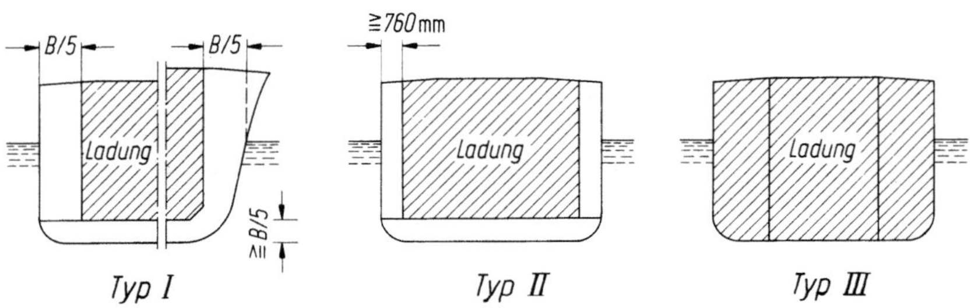

Bild 3.21. Typen von Chemikalientankern nach IMCO

Wegen der großen Dichte einiger Ladungen (z. B. Caustic Soda 1,4 t/m^3, Schwefelsäure 1,8 t/m^3, Trichlorethylen 1,45 t/m^3) sind häufig die Mitteltanks für schwere Ladungen ausgelegt. Angaben darüber finden sich in den Werftunterlagen. Chemikalientanker sollten zur Aufnahme von Ladungsresten nach dem Tankwaschen mit mindestens zwei unabhängigen Sloptanks ausgerüstet sein, die leicht zu reinigen sind. Doppelbodentanks sollten nicht als Sloptanks benutzt werden. Weiter benötigen Chemikalientanker zum Reinigen der Ladetanks in der Regel einen Frischwasservorrat von mehreren hundert Tonnen, der in Vorpiek, Kofferdämmen und Doppelbodentanks untergebracht sein kann. Dieser Waschwasservorrat ist streng von der Trinkwasserversorgung getrennt zu halten. Die Ladetanks sind in aller Regel beschichtet mit Epoxidharz oder Zinksilicat. Die glatten Mitteltanks werden oft mit einer Plattierung aus Chrom-Nickel-Stahl versehen. Die Hersteller der Beschichtungen geben detaillierte Informationen über die Verträglichkeit mit einzelnen Ladungen und Tankreinigungschemikalien heraus, an die man sich unbedingt halten muß, um Schäden an Schiff und Ladung zu vermeiden.

Die Ausstattung der Ladetanks mit Armaturen weist gegenüber derjenigen auf normalen Öltankern einige Besonderheiten auf. So dürfen die beim Laden giftiger Stoffe aus den Tanks entweichenden Gase nur über die dafür vorgesehenen Abblasemasten in die Atmosphäre geleitet werden. Die Höhe dieser Auslässe und ihr Abstand von

Öffnungen im Wohnbereich des Schiffes sind Vorschriften unterworfen, die allerdings bei ungünstigen Windverhältnissen nicht immer ausreichend sein müssen. Sehr giftige und zugleich flüchtige Ladungen (z.B. Acetoncyanhydrin, Acrylnitril, Phenol, Nitrobenzol, Anilin) sollte man, wenn möglich, mit einer Gasrückführleitung in den Landtank laden. Die auf allen Tankern wichtige Tankfüllstandsmessung kann auf Chemikalientankern bei weniger gefährlichen Ladungen per Hand in einem Peilrohr, muß sonst aber mit einer geschlossenen Vorrichtung (z.B. Schwimmersonde) vorgenommen werden. Nur bei relativ harmlosen Ladungen ist die „offene" Messung am Tankdom zulässig. Auskunft darüber gibt der IMCO Bulk Chemicals Code. Viele Ladungen müssen geheizt werden, damit sie pumpfähig bleiben. Daher sind häufig einige oder auch alle Tanks mit Heizschlangen versehen. Heizmedium ist noch vorwiegend Dampf. Jedoch wird zunehmend auch Thermoöl eingesetzt. Die Kontrolle und Pflege des Heizsystems ist von großer Bedeutung, da Leckagen zu gefährlichen Reaktionen oder kostspieligen Verunreinigungen der Ladung führen können.

Die Leitungssysteme auf Chemikalientankern sind oft umfangreicher, aber dennoch einfacher als auf Öltankern, besonders wenn aus Gründen der Ladungstrennung jeder Tank separat be- und entladen werden soll. Auf modernen Mehrzweckschiffen besitzt sogar jeder Tank seine eigene „Deepwell"-Pumpe an Deck (Bild 3.22). Damit entfallen auch die Pumpräume. Zur Einzelbe- und -entladung von Tanks werden überwiegend Schläuche eingesetzt. Ladeschläuche erfordern pflegliche Behandlung nach Anweisung des Herstellers und unterliegen regelmäßigen Besichtigungen und Tests.

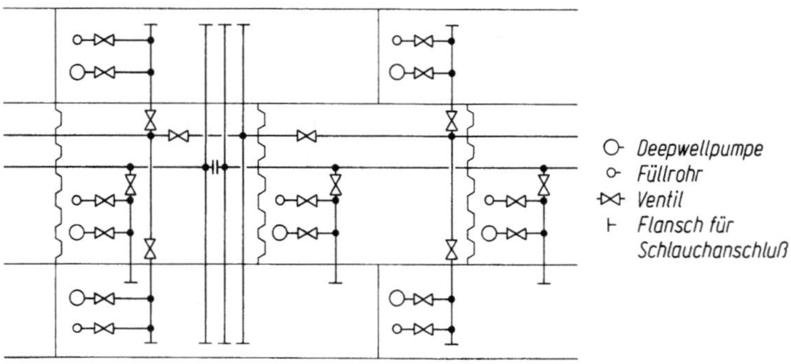

Bild 3.22. Leitungen und Pumpen an Deck eines Mehrzweckchemikalientankers

Entspricht ein Chemikalientanker in Bau, Einrichtung und Ausrüstung den Sicherheitsanforderungen des IMCO Bulk Chemicals Code, so wird von den zuständigen nationalen Behörden (SeeBG) ein „Certificate of Fitness" ausgestellt, dessen Gültigkeit nach jeweils zwei Jahren (Besichtigung der Ausrüstung) bzw. jeweils nach fünf Jahren (Besichtigung der Einrichtungen) zu erneuern ist. Dieses Zertifikat wird zunehmend weltweit anerkannt. Lediglich die US-Coast Guard nimmt bei Anlaufen eines US-Hafens eine zusätzliche Besichtigung vor und stellt ein „Letter of Compliance" von zwei Jahren Gültigkeit aus. Eine Angleichung der Prüfvorschriften der US-Behörden an den IMCO-Standard wird jedoch angestrebt.

3.2.2 Ladungsarbeiten

Bevor eine Ladung übernommen wird, muß man unbedingt zuverlässige Angaben über ihre Eigenschaften besitzen. Dies wird gelegentlich dadurch erschwert, daß neue Produkte in der Ladeorder nur mit ihrem Handelsnamen erscheinen. Auch bei angeblich harmlosen Stoffen ist eine restlose Klärung von Identität und Eigenschaften des Stoffes unabdingbar. Ist die chemische Bezeichnung bekannt, so wird zunächst anhand der dem Klassifikationszertifikat beiliegenden Liste geprüft, ob das Schiff diese Ladung überhaupt befördern darf. Die für den Transport wichtigen Eigenschaften, auch bezüglich des späteren Tankreinigens, sollten vom Ablader mitgeteilt werden. Notfalls kann man sich in geeigneten Nachschlagewerken[15] informieren.

Die Besatzung ist ständig durch Aushang und erforderlichenfalls mündliche Belehrung über die zu übernehmende Ladung, ihre Eigenschaften und entsprechende Verhaltensregeln zu unterrichten. Generell sollte der Ladungsbereich des Schiffes abgesperrt und nur von befugten Besatzungsmitgliedern betreten werden.

Bei der Ladungsverteilung müssen eine Reihe von Bedingungen beachtet und erfüllt werden: Günstiger achterlicher Trimm beim späteren Entladen, gewünschte Reihenfolge des Ladens und des Löschens, Trennung von reaktionsfähigen Ladungen durch Kofferdämme oder Tanks mit neutralen Ladungen (siehe: Guide to Compatibility of Chemicals von der US-Coast Guard), Trennung giftiger Ladungen von solchen, die zur Nahrungsmittelherstellung dienen, Verträglichkeit der Ladungen mit den Tankbeschichtungen, Trennung wärmeempfindlicher Ladungen (Neigung zum Polymerisieren) von solchen, die geheizt werden müssen. Auch sind die Vorladungen einzelner Tanks in Betracht zu ziehen, die trotz mehrerer Zwischenladungen und intensiver Tankwäsche noch Gerüche oder sonstige Reste (z.B. Blei aus Benzinladungen) zurückgelassen haben und bei bestimmten anderen Ladungen (z.B. Wein) zu gefährlichen Verunreinigungen führen können.

Reaktionen zwischen zwei Ladungen oder einer Ladung und Wasser können Wärme und hohen Druck erzeugen, so daß es zum Brechen von Tankabdeckungen und zum Austritt der Ladung kommt. Gefürchtet ist z.B. die Vermischung von konzentrierter Schwefelsäure mit Wasser oder das Zusammentreffen von sauerstoffreichen Verbindungen mit anderen reaktionsfreudigen Stoffen (z.B. Propylenoxid mit Acetaldehyd). Einige Kohlenwasserstoffverbindungen neigen zur Polymerisation, bei der sich unter starker Wärmeabgabe und Volumenzunahme bei gleichzeitiger Verfestigung die Moleküle zu Makromolekülen vernetzen. Auslösende Faktoren können Wärme, Licht, Sauerstoffzutritt oder sogar nur die Anwesenheit von Rost sein. Solche Stoffe müssen mit einem Inhibitionszusatz verschifft werden, der diese Reaktionsfreudigkeit für eine begrenzte Zeit beseitigt. Die Schiffsleitung muß über Beimengung und Wirkungsdauer eines Inhibitors ein Zertifikat verlangen.

Gefährlich ist auch Korrosion durch Säuren, die schon bei geringster Beschädigung der Edelstahlplattierung enorme Schäden an den inneren Schiffsverbänden, im Doppelboden oder gar an der Außenhaut anrichten. Besonders wichtig ist in diesem Zusammenhang auch eine ständige gründliche Wartung der Packungen in Flanschen, Ventilen und Pumpen. Bei Säureleckagen, die nicht abgedichtet werden können, hilft nur eine sofortige Entleerung des Tanks.

Vor der Übernahme einer Ladung werden Tanks und Leitungen nach Maßgabe der Charterparty oder aufgrund von Hafenvorschriften von einem unabhängigen Sachverständigen auf Sauberkeit überprüft und zur Beladung freigegeben. Bei Beginn der Beladung werden Ladungsproben aus der Übernahmeleitung genommen und mit einfachen Tests auf Einhaltung der in der Charterparty festgelegten Spezifikation geprüft. Dazu gehören je nach Ladung die Feststellung von Dichte, Temperatur, Geruch, Farbe bzw. Verfärbun-

15 International Chamber of Shipping: Tanker Safety Guide (Chemicals) Vol. 1, 2, 3. — Hommel, G.: Handbuch der gefährlichen Güter, 2. Aufl. 2 Bände. Berlin, Heidelberg, New York: Springer 1974.

gen durch Rost, Wasser und andere unerwünschte Beimengungen, die z.T. durch Beigabe von Reagenzien festgestellt werden, ferner Viskosität, Flammpunkt, Stockpunkt und pH-Wert. Bei empfindlichen Ladungen werden die Tests aus der Bodenfüllung jedes Tanks bei ca. 1 Fuß Füllhöhe wiederholt (Soak Test), um eventuell eingetretene Verunreinigungen festzustellen. Entsprechend wird auch beim Löschen der Ladung verfahren. Die Schiffsleitung sollte alle Tests überwachen und, falls es geraten erscheint, selbst Proben nehmen und diese versiegelt und sorgfältig beschriftet aufbewahren. Zur Aufbewahrung von Proben eignet sich ein dunkler, kühler Raum, der direkte Verbindung ins Freie hat.

Während des Ladungsumschlages sind folgende, grundlegende Sicherheitsvorkehrungen zu treffen: Nur befugtes Personal in vorschriftsmäßiger Schutzkleidung, erforderlichenfalls unter Atemschutz, darf das Deck betreten. Die Ausrüstung für Bergung von Personen und Erste Hilfe muß einsatzbereit sein. Dazu gehören auch die Duscheinrichtungen an Deck. Zur Bekämpfung von Entstehungsbränden muß geeignete Ausrüstung (Pulverlöscher, Schläuche unter Druck) bereitliegen. Für eine laufende Überwachung der Leinen ist zu sorgen. Der verantwortliche Offizier sollte ständig an Deck sein. Schnelle und sichere Kommunikation mit der Landstation muß gewährleistet sein. Bei feuergefährlichen Ladungen besteht absolutes Rauchverbot an Deck und auch im Wohnbereich. In vielen Häfen ist dies feste Vorschrift. Es dürfen nur zugelassene explosionsgeschützte Lampen benutzt werden.

Einige Ladungen bedürfen regelmäßiger Überwachung während der Reise. Besonders sind die Anweisungen in der Charterparty über Minimal- und Maximaltemperaturen zu beachten. Entsprechend ist das Heizsystem zu bedienen. Andere Ladungen werden zum Fernhalten von Sauerstoff unter einer Inertgasdecke gefahren, die in gewissen Zeitabständen zu erneuern ist. Phosphorsäure sollte ständig umgepumpt werden, um das Absinken der enthaltenen Sedimente (Gips) zu verringern.

Häufig müssen aus Gründen der Längsfestigkeit oder aus Gründen der Leckstabilität (siehe Werftunterlagen des Schiffes) einige Tanks mit Ballastwasser gefüllt werden. Es ist dabei zu bedenken, daß in vielen Fällen Seewasser und auch Hafen- oder Flußwasser durch den hohen Salzgehalt bzw. andere Verunreinigungen mit der Folgeladung nicht verträglich ist. Ladetanks, die mit Ballast gefüllt waren, müssen daher meist vor der Beladung mit Frischwasser ausgewaschen werden.

3.2.3 Tankreinigung

Die Methoden der Tankreinigung auf einem Chemikalientanker sind sehr vielfältig und richten sich grundsätzlich nach dem Produkt, das zuletzt im Tank war, während das zu ladende Produkt im wesentlichen den Grad der Sauberkeit und damit den Aufwand bestimmt. Wichtig ist zunächst ein gründliches Restentladen der Tanks und Ausblasen der Rohrleitungen mit Preßluft.

Sehr flüchtige Stoffe als Vorladungen (z.B. Aceton, Methanol, Toluol, Trichlorethylen) verdunsten bei guter Lüftung so gut, daß allenfalls ein abschließendes Ausdampfen des Tanks notwendig wird. Bei allen anderen Stoffen wird eine Vorwäsche mit Wasser (meist Seewasser) durchgeführt. Sind diese Stoffe gut wasserlöslich (z.B. Säuren, Basen, Alkohole), so genügt kaltes Wasser. Bei Schwerölen, Schmierölen, Schmieröladditiven und Pflanzenölen, die nicht zur Oxidation neigen, setzt man heißes Wasser von ca. 80 °C ein. Unbedingt kalt vorzuwaschen sind Tanks mit Resten von oxidierenden Pflanzenölen und Produkten, die zur Polymerisation neigen (z.B. Styrol-Monomer, Acrylnitril). Das Waschwasser wird mittels Tankwaschmaschinen (rotierende Düsenköpfe, die an Schläuchen in die Tanks gehängt werden) eingebracht. Wäscht man mit heißem Wasser, so wird ein Recycling (Kreislauf) des Waschwassers über den Sloptank bevorzugt. Ansonsten wäscht man von See über den Tank in den Sloptank. Konzentrierte Schwefelsäure als

Vorladung fordert den schnellen Einsatz von großen Wassermengen, um ein schnelles Ausspülen zu erreichen, da verdünnte Schwefelsäure sehr aggressiv ist.

Die Hauptwäsche wird häufig mit warmem Wasser durchgeführt, dem Zusätze beigemischt werden. Dies geschieht entweder mit einem Zumischer oder in einem Mischtank. Die Zusätze sind häufig alkalischer Natur (z. B. Caustic Soda) oder es handelt sich um Detergentien, Emulgatoren oder Lösungsmittel (Solvent Cleaners). Beim Umgang mit diesen Stoffen, die in Fässern an Bord mitgeführt werden, ist Vorsicht geboten. Besonders Caustic Soda ist stark ätzend. Zu beachten ist auch, daß eine Tankbeschichtung aus Zinksilicat nicht mit alkalischen Reinigern in Berührung kommen darf (vgl. Herstelleranweisungen). Eine moderne Form der Hauptwäsche besteht im manuellen Aufsprühen einer Reinigungschemikalie auf die Tankwände mittels einer Sprühlanze. Die ausführende Person muß dabei vollen Körper- und Atemschutz tragen. Nach ca. 30 min Einwirkzeit wird der Tank mit Waschmaschinen heiß ausgewaschen.

Die Schlußwäsche besteht bei vielen Vor- und Nachladungen im Ausspülen mit Frischwasser, wobei Nachladungen, die gegenüber Chloriden empfindlich sind, sogar ein Ausspülen mit destilliertem Wasser (Destillat) notwendig machen. Wenn es gilt, auch die letzten Spuren der Vorladung zu entfernen, z. B. Schmierölreste vor der Übernahme von Methanol, muß der Tank mit einem Lösungsmittel, vorzugsweise Toluol, ausgedampft werden. Damit im Tank dabei kein explosibles Gasgemisch entsteht, dürfen pro 100 m^3 Tankinhalt nicht mehr als 5 l Toluol eingesetzt werden. Man verdampft das Lösungsmittel, indem man den Boden des Tanks bis eben über die Heizschlangen mit Wasser füllt, das Lösungsmittel zugibt und das Wasser mit dem Heizsystem erhitzt. Eine andere Möglichkeit zur Beseitigung von feinsten Ölresten besteht darin, nach der Hauptwäsche etwa 2 Fuß hoch Toluol in den Tank zu füllen und diese Schicht mit Frischwasser langsam bis zur Tankdecke zu heben. Dabei werden alle Ölspuren an den Tankwänden gelöst. Anschließend wird die Toluolschicht durch Abpumpen des Wassers wieder abgesenkt und kann für weitere Tanks verwendet werden. Allerdings werden hierfür beträchtliche Mengen des Lösungsmittels benötigt sowie viel Zeit. Wegen der Gefahr statischer Aufladung der Toluolschicht gegenüber den Tankwänden soll dieses Verfahren nur unter Inertgasschutz durchgeführt werden.

Eine abschließende Tankbegehung, eventuell Aufnehmen von Wasserresten per Hand und Beseitigung von Rostspuren und Sedimenten ist in den meisten Fällen erforderlich. Bei sehr empfindlichen Folgeladungen ist sogar die Beseitigung von Gerüchen und Verfärbungen der Tankwände notwendig.

Eine sehr ausführliche Anleitung zum Reinigen von Tanks auf Chemikalientankern gibt der „Tankcleaning Guide" von Dr. A. Verwey, Chemical Laboratory, Coolhaven, Rotterdam.

Bei allen Tankreinigungsvorgängen ist die Gefahr der Explosion von brennbaren Gas-Luft-Gemischen im Tank zu beachten, wobei als Zündquelle im geschlossenen Tank Entladungsfunken aus statischer Aufladung, besonders beim Einblasen von Naßdampf, in Betracht kommen. Die sicherste Vorbeugung ist die Inertisierung der Tankatmosphäre, wobei aber die Reinheitsanforderung an das Inertgas bei einigen Folgeladungen sehr hoch sein kann. Eine andere Möglichkeit zur Vorbeugung gegen Explosionsgefahr beim Waschen besteht im „Gasfreimachen" vor dem Waschen. Dies geschieht am zuverlässigsten mit starken, transportablen Lüftern mit Wasser- oder Preßluftantrieb, deren Strahl frei, d.h. ohne Segeltuchröhre, den Tankboden erreicht und sich dort mit den meist schwereren Ladungsgasen mischt. Das Gas-Luft-Gemisch zirkuliert im Tank und entweicht durch die Abblasemasten oder, wenn ungiftig, durch in Lee befindliche Öffnungen an Deck. Sauglüfter erzeugen keine nennenswerte Zirkulation im Tank und sind deshalb nur unter besonderen Bedingungen (Saugschlauch bis zum Tankboden) einsetzbar. Bild 3.23 zeigt das Gasfreimachen nach dem Mischprinzip mit der theoretischen Verdünnungskurve (Restkonzentration als Funktion der Luftwechselzahl).

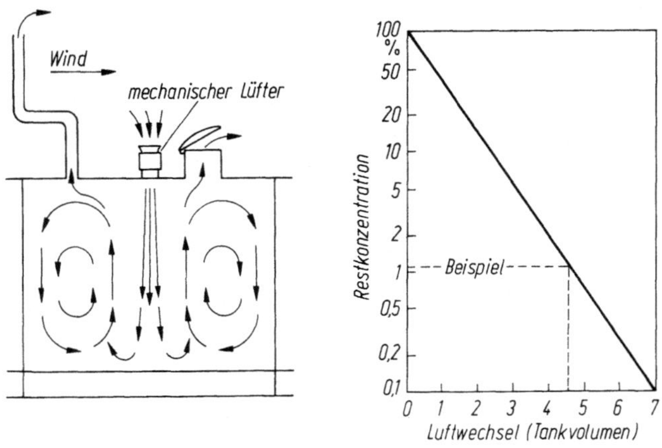

Bild 3.23. Gasfreimachen nach dem Mischprinzip. Anmerkung: Bei giftigen Gasen dürfen nur die Abblasemasten (mast-vents) benutzt werden

Beispiel: Ein Tank von 800 m^3 enthält 12% Kohlenwasserstoffgase. Man setzt einen Lüfter mit einer Förderleistung von 1200 m^3/h auf den Tank. Ein Luftwechsel dauert demnach 40 min. Nach 3 h Lüften (4,5 Luftwechsel) kann man mit einer Restkonzentration von 1,1% der ursprünglichen Gaskonzentration rechnen. Das bedeutet, daß der Tank im Mittel noch 0,13% Kohlenwasserstoffgase enthält. Je nach Nachgasung von den Tankwänden liegt der tatsächliche Wert (Messungen) etwas höher.

Während der Tankwaschvorgänge muß die Gaskonzentration durch periodische Messungen überwacht und bei Annäherung an 40% der unteren Explosionsgrenze (40%-Anzeige auf dem Explosimeter) wieder durch Lüften gesenkt werden. Weitere Hinweise zur Verhütung von Explosionen finden sich im „Tanker safety guide (chemicals)“ des International Chamber of Shipping.

Der Verbleib des Tankwaschwassers und der Sloptankinhalte wird derzeit durch das Internationale Übereinkommen zur Verhütung der Verschmutzung der See durch Öl von 1954 mit der Änderung von 1969 geregelt. Danach sind Einschränkungen für das Ablassen von Öl und Öl-Wasser-Gemischen zu beachten. Da diese Vorschriften für die Ladungsreste von Chemikalientankern völlig unzureichend sind, haben viele Staaten nationale Vorschriften für den Schutz ihrer Küstengewässer erlassen, die von der Schiffsleitung unbedingt zu befolgen sind. Dies gilt insbesondere für die Ostsee und das Mittelmeer. Noch nicht ratifiziert ist die International Convention on Marine Pollution von 1973 (MARPOL 73), in deren Annex II präzise Vorschriften für den Verbleib der Ladungsreste von Chemikalientankern enthalten sind. Danach werden alle Ladungen, die eine schädigende Wirkung auf die Meeresumwelt ausüben können, in die Kategorien A, B, C und D eingeteilt. Ladungen der Kategorie A erfordern die strengste Behandlung der Rückstände. Sie müssen praktisch vollständig an Land abgegeben werden. Ladungsreste der übrigen Kategorien können in vorgeschriebener Verdünnung und Gesamtmenge vom fahrenden Schiff im Abstand von 12 sm von der Küste bei mindestens 25 m Wassertiefe abgelassen werden. Einzelheiten darüber sind dem Annex II von MARPOL 73 zu entnehmen. Obwohl diese Regelungen noch nicht Gesetzeskraft haben, sollten sich die Schiffsleitungen nach ihnen richten, soweit die technischen Voraussetzungen gegeben sind (siehe Umweltschutz, Bd. 2, Kap. 3).

3.2.4 Schutz der Besatzung

Alle im Ladungsbereich tätigen Besatzungsmitglieder sind durch giftige oder ätzende Produkte gefährdet. Die Wirkung auf den Menschen kann dabei durch Einatmen von Dämpfen oder durch Hautkontakt mit Flüssigkeiten ausgehen. Besonders empfindlich sind die Augen. Die Langzeitverträglichkeit von Ladungsdämpfen wird für viele Stoffe durch den MAK-Wert (maximale Arbeitsplatzkonzentration) angegeben. Obwohl häufig bei kurzer Arbeitszeit höhere Konzentrationen vertragen werden, kann doch keine allgemein gültige Regel hierüber für alle Stoffe aufgestellt werden. Es wird daher dringend empfohlen, vollen Atemschutz (Preßluftatmer) einzusetzen, sobald der MAK-Wert überschritten ist. Gegen Hautkontakt hilft nur Schutzkleidung, die erforderlichenfalls auch in den Tropen getragen werden muß. Wegen der höheren körperlichen Beanspruchung sind dann entsprechend häufiger Erholpausen einzulegen. Volle Schutzkleidung besteht aus einem säurefesten Anzug, Stiefeln, Handschuhen, Gesichts- und Kopfschutz. Diese Gegenstände müssen in vorgeschriebener Anzahl vorrätig sein und bedürfen sorgfältiger Pflege. Weitere wichtige Ausrüstungsgegenstände sind: Schutzbrillen, chemikalienbeständige Sicherheitsgurte und -leinen, Gasspürgeräte, Gaskonzentrationsmeßgeräte, Sauerstoffanzeiger, Augenwaschgeräte, Sauerstoffwiederbelebungsgerät, Filtermasken für den Notgebrauch an Deck, spezielle Medikamente als Gegengifte (Antidotes).

Tanks, Pumpräume, Doppelböden und Kofferdämme sind gefährliche Räume im Sinne des § 69 der UVV. Die vorgeschriebenen Verhaltensregeln sind beim Betreten unbedingt zu befolgen (vgl. auch Richtlinien für Tankschiffe E 4 der SeeBG).

Vor dem Arbeiten an Flanschen, Ventilen und Schlauchkupplungen muß die betreffende Leitung unbedingt drucklos gemacht werden. Dies gilt besonders nach dem Durchblasen von Leitungen mit Preßluft. Auf Manometeranzeigen ist dabei kein Verlaß, vielmehr muß vorsichtig ein Druckausgleich zur Atmosphäre geschaffen werden (Probehahn).

Gemäß der Verordnung über gefährliche Arbeitsstoffe von 1975 sind bei Besatzungsmitgliedern, die bestimmten Arbeitsstoffen und Ladungen ausgesetzt sind, auf Veranlassung des Reeders ärztliche Vorsorgeuntersuchungen durchzuführen. Eine Reihe dieser Stoffe kommt auf Chemikalientankern als Ladung vor, z.B. Benzol, einige chlorierte Kohlenwasserstoffe, Phosphorsäureester.

Brandbekämpfung. Im Ladebereich eines Chemikalientankers stellt die Brandbekämpfung besondere Anforderungen an die Ausrüstung des Schiffes und deren Einsatz durch die Besatzung. Zusammen mit den vorerwähnten Ladungsinformationen müssen vor der Übernahme einer Ladung präzise Angaben über Brandverhalten (evtl. Giftgasentwicklung), das einzusetzende Löschmittel und die Brandabwehrtaktik vorliegen. Ein Brand an Deck kann als Flächenbrand (z.B. nach dem Bruch eines Übernahmeschlauches) oder als Fackelbrand (am Abgasstutzen oder sonstiger Gasleckage) auftreten. Fackelbrände können nur mit Löschpulver mit guter Aussicht auf Erfolg bekämpft werden. Flächenbrände können bei vielen Produkten mit Wasser gelöscht, bei stark flüchtigen Stoffen nur gekühlt werden (Sprühstrahl). Bei einigen Stoffen (konzentrierte Schwefelsäure) ist Vorsicht geboten. Schwerschaum ist als Löschmittel für Flächenbrände gut geeignet, jedoch ist bei einer Reihe von wasserlöslichen Ladungen (z.B. Alkohole, Aceton) alkoholbeständiger Schaum einzusetzen, da übliche Schäume aufgelöst werden. Auch Löschpulver aus stationären Anlagen ist für die Bekämpfung von Flächenbränden geeignet.

Zur sicheren Führung eines Chemikalientankers gehört umfangreiches Wissen und mehrjährige Erfahrung. Jungen Offizieren wird empfohlen, sich systematisch Aufzeichnungen über Eigenarten und Handhabung der beförderten Ladungen anzufertigen. Zur Einführung eignet sich das ausgezeichnete Handbuch „Sea Transport of Liquid Chemicals in Bulk“ von Bo Bengtson, Gothenburg, Schweden, Auflage 1977.

3.3 Gastankfahrt

3.3.1 Allgemeines

Nachdem jahrzehntelang die bei der Erdölförderung in überseeischen Ländern anfallenden Kohlenwasserstoffgase vor Ort abgefackelt worden sind, werden diese wertvollen Rohstoffe heute zunehmend künstlich verflüssigt und mit Gastankern in die Verbraucherländer transportiert. Zur Verschiffung gelangen in großer Menge Erdgas als sogenanntes LNG (liquefied natural gas), das überwiegend aus Methan (CH_4) besteht, ferner die höheren Erdölgase als sogenannte LPGs (liquefied petroleum gases) und schließlich eine Reihe von Flüssigchemikalien, deren Siedepunkt bei atmosphärischem Druck unter 45 °C liegt (z.B. Ammoniak, monomeres Vinyl Chlorid, Propylen Oxid). Diese Vielfalt der verflüssigten Gase hat bereits zu einer Spezialisierung unter den Gastankern geführt. Man unterscheidet:

- LNG-Tanker: Ladung bis −162 °C bei atmosphärischem Druck.
- LPG-Tanker: Ladung unter Druck bis ca. 20 bar bei Umgebungstemperatur oder gekühlt bis ca. −50 °C bei atmosphärischem Druck oder Mischformen, z.B. 7,5 bar bis −30 °C.

Jeder Gastanker wird für eine bestimmte, begrenzte Auswahl von Ladungen gebaut, ausgestattet und zugelassen.

3.3.2 Verflüssigung von Gasen

Kühlt man einen Stoff, der unter normalen Gegebenheiten gasförmig auftritt, bis zu seinem Siedepunkt ab, so beginnt er, sich zu verflüssigen. Das gleiche erreicht man, allerdings begrenzt, wenn man durch Druckerhöhung die Siedetemperatur heraufsetzt. Die Gastemperatur muß dabei unterhalb der sogenannten kritischen Temperatur (stoffkonstant) dieses Gases liegen. Liegt sie darüber, so ist eine Verflüssigung durch Druckerhöhung allein nicht möglich. Diese Zustandsänderungen lassen sich in einem sogenannten Druck-Enthalpie-Diagramm darstellen (Bild 3.24). Die Enthalpie ist gleich dem Energiegehalt des Stoffes pro Masseneinheit, gemessen in Kilo-Joule/kg (1 kJ = 0,239 kcal).

Beispiel (Bild 3.24): Nur zum Zwecke der Erklärung wird zunächst ein **offener** Tank angenommen, der mit flüssigem Propan mit einer Temperatur von −60 °C gefüllt ist. Der Druck ist 1 bar, die Umgebungstemperatur 20 °C. Die Enthalpie beträgt 281 kJ/kg (Punkt *A*). Der Flüssigkeit wird nun Wärme aus ihrer Umgebung zugeführt. Nach Aufnahme von 40 kJ/kg erreicht sie den Siedepunkt *B* mit einer Temperatur von −43 °C bei 1,0 bar. Bei weiterer Wärmezufuhr steigt die Temperatur nicht, solange das Propan nicht vollständig verdampft ist. Entsprechendes Verhalten ist allgemein von siedendem Wasser her bekannt. Der Dampf ist zwischen den Punkten *B* und *C* gesättigt (saturated vapour). Bei Punkt *C* ist das Sieden beendet und das Propan vollständig verdampft. Wegen der Temperaturdifferenz zur Umgebung (20 °C) erwärmt sich das Gas weiter und erreicht den Punkt *D*. Dort beträgt der Wärmeinhalt 845 kJ/kg. Bei Punkt *D* spricht man von überhitztem Dampf (superheated vapour).

In einem **geschlossenen** Behälter (Tank), der annähernd voll ist, würde das flüssige Propan, ausgehend von Punkt *B*, infolge von Wärmezufuhr aus der Umgebung den Punkt *E* mit 20 °C erreichen, da wegen der Verdampfung im verbliebenen Freiraum der Druck ansteigt. Es stellt sich ein Druck von ca. 8,3 bar absolut ein, wobei die Flüssigkeit schwach siedet. Wegen des Temperaturausgleichs mit der Umgebung bei Punkt *E* findet keine weitere Wärmezufuhr statt.

Die Ladung wird auf Gastankern stets im Siedebereich gefahren. Ein Unterkühlen der Ladung (subcooling) ist zwar möglich, aber im allgemeinen unwirtschaftlich. Im Siedebereich sind Druck und Temperatur streng miteinander gekoppelt. Bei der

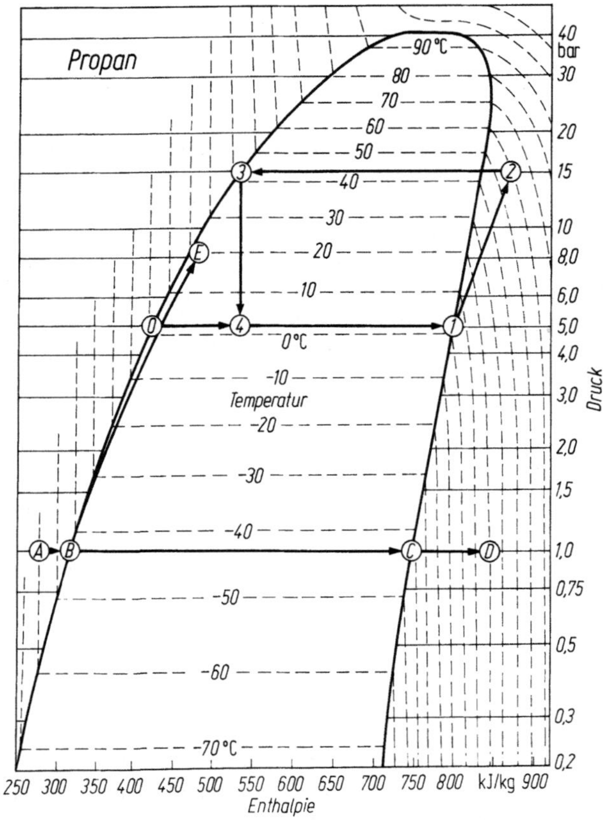

Bild 3.24. Druck-Enthalpie-Diagramm für Propan (vereinfacht)

Auslegung eines Schiffes für bestimmte Ladungen sind daher die Drücke und Temperaturen dieser Ladungen in ihren Siedezuständen ausschlaggebend.

Beispiel: Ein Schiff besitzt Tanks, die im Betrieb mit maximal 5,5 bar absolut belastet werden dürfen. Bei einer Marge von 0,5 bar darf Propan mit maximal 2 °C bei 5 bar gefahren werden. Diesem Zustand entspricht die Linie *0* bis *1* (Flüssigkeit und gesättigter Dampf) in Bild 3.24. Wegen der Temperaturdifferenz zur Umgebung nimmt die Ladung trotz Tankisolation ständig Wärme auf, so daß durch zunehmende Verdampfung Druck und Temperatur so lange steigen würden, bis der Abblasedruck der Sicherheitsventile erreicht ist. Dieser unerwünschte Vorgang wird durch den Einsatz einer Rückverflüssigungsanlage unterbunden. Der gesättigte Propandampf (Punkt *1*) wird am Tankdom von einem Kompressor abgesaugt, durch Überhitzung getrocknet und auf 15 bar komprimiert. Dabei erwärmt er sich auf 60 °C (Punkt *2*). In einem seewassergekühlten Wärmetauscher wird der überhitzte Dampf abgekühlt und bei 44 °C vollständig kondensiert (Punkt *3*). Schließlich wird der Druck an einem Expansionsventil von 15 bar auf 5 bar (Tankdruck) reduziert (Punkt *4*). Dabei verdampfen zwar ca. 30% der Flüssigkeit wieder, doch dieser Vorgang kühlt Flüssigkeit und Sattdampf auf die Ausgangstemperatur von 2 °C ab. Bei diesem hier etwas idealisiert dargestellten Kreisprozeß werden der Ladung je Zyklus 266 kJ/kg an Wärmemenge entzogen. Dies ergibt sich aus der Enthalpiedifferenz zwischen den Punkten *1* und *4*.

Neben der hier beschriebenen einstufigen, direkten Verflüssigung, bei der das Ladungsgas als Kältemittel eingesetzt wird, ist die zweistufige, direkte Verflüssigung auf LPG-Schiffen häufig anzutreffen (zwei Kompressorstufen mit Zwischenkühlung des vorkomprimierten Gases, Bild 3.30). Zum Erreichen sehr tiefer Temperaturen wird das zwei- oder dreistufige Kaskadenprinzip eingesetzt. Hierbei dienen neben dem Ladungsgas ein oder zwei weitere Gase in getrennten Kreisläufen für den Wärmetransport von der kalten

Ladung in das relativ warme Seewasser. Die Verflüssigung von Methan bei −162 °C wird u.a. mit einer dreistufigen Kaskade durchgeführt. Solche aufwendigen Verflüssigungsanlagen werden auf Schiffen nur selten installiert. Statt dessen nutzt man in der LNG-Fahrt das anfallende „Boil off"-Gas (ca. 0,25 % der Ladung pro Tag) in der Antriebsanlage des Schiffes (Motor oder Kessel) als Zusatzkraftstoff.

Für bestimmte Ladungen, deren Dämpfe wegen der Neigung zur Autoreaktion nicht komprimiert werden dürfen, kommen indirekte Kühlanlagen zum Einsatz, die meist mit einem Spezialkältemittel (z.B. Wasserstoff, Helium, Propan) betrieben werden.

Die spezifische Dichte von Flüssigkeit und gesättigtem Dampf läßt sich allein als Funktion der Temperatur angeben, während die spezifische Dichte des überhitzten Dampfes von Druck und Temperatur abhängig ist. Bild 3.25 zeigt die spezifischen Dichten von flüssigem und gasförmigem Propan.

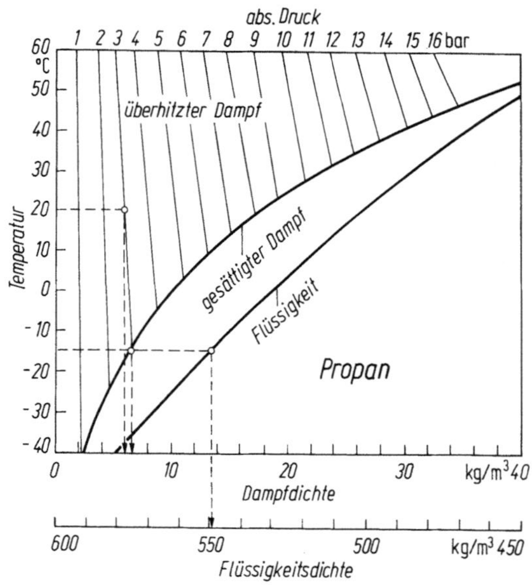

Bild 3.25. Spezifische Dichte von Propan in flüssigem und gasförmigem Zustand bei verschiedenen Temperaturen

Beispiel: In einem Tank befindet sich bei −14 °C flüssiges und gasförmiges Propan. Der Tankdruck beträgt demnach 3 bar. Nach Bild 3.25 ist die Dichte der Flüssigkeit 548 kg/m³ und die des Dampfes 6,6 kg/m³. Enthält der Tank nach dem Entladen nur noch gasförmiges Propan, so kann es unabhängig vom Tankdruck Wärme aufnehmen. Die Dichte von überhitztem Propan bei 20 °C und 3 bar beträgt nach Bild 3.25 ca. 6,0 kg/m³.

3.3.3 Bauliche Besonderheiten von Gastankern

Tankformen. Die Tanks auf Gastankern sind mit Rücksicht auf Druck und Temperatur der Ladung unterschiedlich konstruiert. Allein für den Transport von LNG bei −162 °C in dick isolierten Spezialtanks haben sich in der Praxis u.a. folgende Systeme bewährt:

1. System Conch: freistehender Aluminiumtank mit ebenen Wandungen; dichtes Längsschott und Querschlagschott; Versteifungen im Tank; Isolierung mit Balsaholz, Polyurethanschaum und Mineralwolle (Bild 3.26).
2. System Esso: freistehender Tank mit ebenen, doppelten Aluminiumwandungen; Zwischenraum inertisiert, Längs- und Querschotte; Isolierung wie unter 1.
3. System Kvaerner-Moss: selbsttragender, freistehender Kugeltank aus Nickelstahl oder Aluminium; Isolierung aus PU- oder PE-Schaum (Bild 3.27).

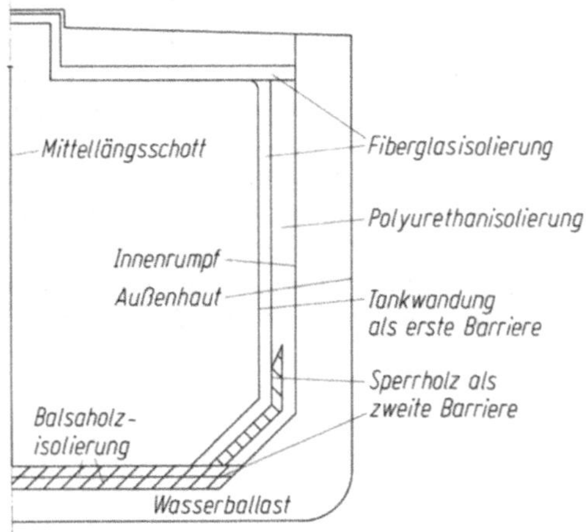

Bild 3.26. Freistehender Tank für den LNG-Transport nach dem System Couch

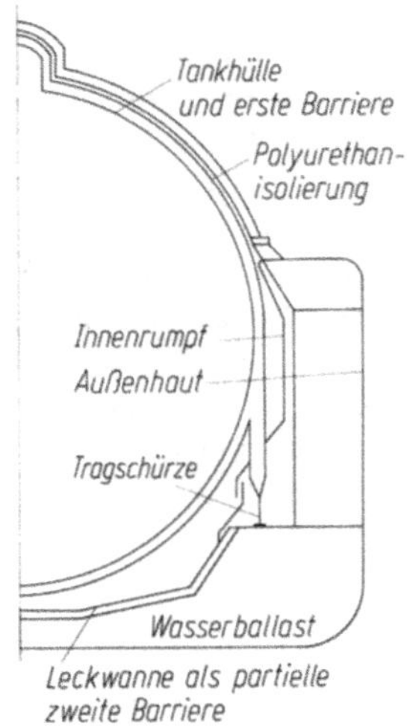

Bild 3.27. Kugeltank für den LNG-Transport nach dem System Kvaerner Moss

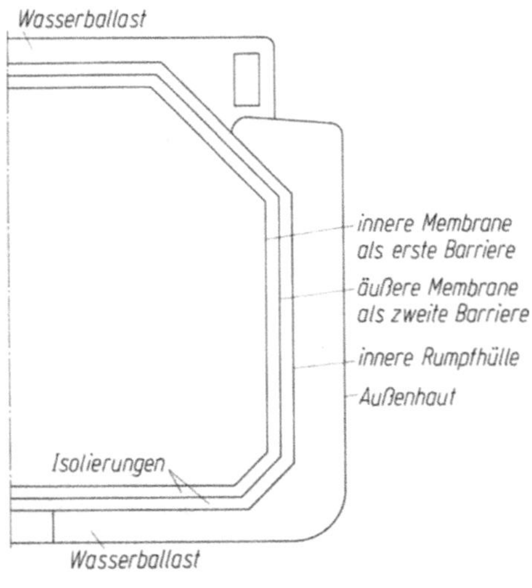

Bild 3.28. Membrantank für den LNG-Transport nach dem System Technigaz

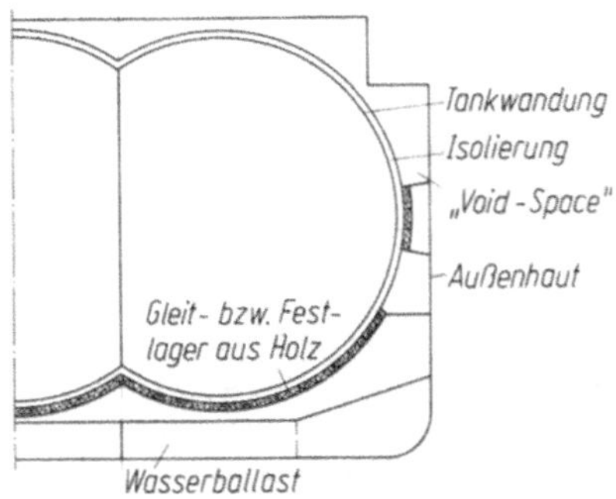

Bild 3.29. Zwillingstank für den Semidrucktransport von LPG

4. System Technigaz: Membrantank mit zwei korrugierten, dünnen CrNi-Stahlwänden, die sich über Sperrholzschichten und PVC-Schaumisolierung gegen tragende Stahlschotte abstützen (Bild 3.28).

LNG-Tanks sind für einen Dampfdruck von maximal 0,7 bar ausgelegt. Von großer Bedeutung ist bei den meisten Systemen, daß außer der Tankwandung, die der kalten Flüssigkeit direkt ausgesetzt ist (erste Barriere), eine weitere Hülle als zweite Barriere vorhanden ist, die im Falle einer Leckage der ersten Barriere das Flüssiggas für eine bestimmte Zeit (ca. 2 Wochen) von den Schiffsverbänden fernhalten soll, weil normaler Schiffbaustahl bei lokaler Abkühlung auf -162 °C sofort reißt.

Für den Transport von LPG in Druck- oder Semidrucktanks haben sich überwiegend zylindrische Einbautanks aus Speziallegierungen mit Außenisolierung bewährt (Bild 3.29). Auf allen Gastankern mit freistehenden Tanks existieren Hohlräume (void spaces, siehe Bilder 3.27 und 3.29), in denen bei einer Tankleckage sofort Ladungsgas auftreten würde. Daher setzt man diese Hohlräume generell unter Inertgas. Sie sind, wie auch andere Räume im Ladungsbereich, mit Gasdetektoren ausgerüstet, die in einer zentralen Meldeanlage Gasalarm auslösen. Da die Ladetanks für die Aufnahme von Ballastwasser zu empfindlich sind, besitzen Gastanker allgemein mehr Ballastkapazität in Doppelboden und Seitentanks als andere Tanker.

Gasschutz. Nahezu alle Ladungen auf Gastankern sind brennbar. Daher achtet man beim Entwurf streng auf räumliche Trennung solcher Bereiche, in denen mit dem Austritt von Gasen gerechnet werden muß, von anderen Bereichen, in denen Zündfunken entstehen können. Gasgefährdete Bereiche sind: die Void Spaces (inertisiert), das Deck im Bereich der Ladetanks (nur exgeschützte E-Anlagen), der Gasanlagenraum (Pumpen, Kompressoren, Wärmetauscher). Bereiche mit potentiellen Zündquellen sind: Der Wohnbereich, der Maschinenraum, der E-Raum an Deck (Antriebsmotore für die Gasanlage), die Back (wegen des Ankerspills) und Werkstatträume vorn und hinten. Um bei einem Gasausbruch an Deck das Eindringen von Gas in den E-Raum und in die Werkstatträume zu verhindern, sind für diese Räume Luftschleusen und eine Belüftung mit leichtem Überdruck vorgesehen. Außerdem kann die Belüftung des Wohnbereichs im geschlossenen Kreis betrieben werden. Diese Sicherheitseinrichtungen müssen durch die Schiffsleitung laufend überwacht und funktionsfähig gehalten werden.

Armaturen. Die wichtigsten Tankarmaturen sind Manometer, Thermometer und Füllstandsmesser. Da Druck und Temperatur einer siedenden Ladung voneinander abhängen, kann man Manometer- und Thermometerablesungen zur gegenseitigen Kontrolle heranziehen. Die Füllstandsmeßgeräte, die meist auf dem Schwimmerprinzip beruhen, sind mit Überfüllalarmen gekoppelt. Von großer Bedeutung sind die stets doppelt ausgeführten Sicherheitsventile, deren Ausblaseöffnungen in großvolumige Leitungen münden, die zum Mast führen. Das Rohrleitungssystem ist überwiegend mit fernbetätigten Ventilen (meist Kugelhähnen) versehen und besitzt an allen strategischen Punkten Anschlüsse für das Spülen mit Inertgas. Bei bestimmten Betriebsstörungen, z.B. Füllung eines Tanks über 98 %, werden neben Alarmauslösung alle Pumpen automatisch gestoppt und alle Ventile geschlossen. Dieses sogenannte Emergency-Shut-Down-System kann auch von Hand an verschiedenen Stellen an Deck ausgelöst werden.

Inertgas. Gastanker sind stets mit einem Inertgasgenerator ausgerüstet. In dieser Anlage wird schwefelarmes Dieselöl (Zertifikat) verbrannt und das Abgas getrocknet. Dabei entsteht in einer guten Anlage etwa folgendes Gasgemisch: 85 % N_2, knapp 15 % CO_2, maximal 0,1 % CO, etwa 0,2 % O_2 und ca. 20 ppm SO_2. Für den Einsatz in Tanks mit Ammoniakgas muß dieser Inertgasmischung noch das Kohlendioxid entzogen werden, sonst bildet sich Ammoniumcarbamat. CO_2-freies Inertgas wird ebenfalls bei Tanktemperaturen unter -80 °C verlangt, da CO_2 bei dieser Temperatur flüssig wird. Bei hohen Reinheitsanforderungen wird als Inertgas reiner Stickstoff verwendet, der meist von Land bezogen wird.

Pumpen. Zum Löschen der Ladung sind Gastanker in der Regel mit Deepwellpumpen und Boosterpumpen (beides Kreiselpumpen) ausgerüstet. Deepwellpumpen saugen tief unten im Tankbrunnen und vereinfachen somit das Restentladen. Auf Schiffen mit Drucktanks können Deepwellpumpen fehlen. Man setzt dann beim Löschen den Tank mit Hilfe von Ladungsverdampfer und Kompressor unter Druck und fördert so die flüssige Ladung zu den Boosterpumpen. Zum sicheren Betrieb müssen sich die verantwortlichen Offiziere mit den Eigenarten und Betriebsbedingungen der Pumpen vertraut machen.

Die obengenannten und weitere, ins einzelne gehende bauliche Besonderheiten sind im „Code for the Construction and Equipment of Ships Carrying Liquefied Gases in Bulk" der IMCO von 1976 niedergelegt. Sie finden sich außerdem nahezu gleichlautend in den Bauvorschriften der Klassifikationsgesellschaften. Entspricht ein Schiff diesen Anforderungen, so erhält es von der zuständigen nationalen Behörde ein „Certificate of Fitness", das durch periodische Besichtigungen erneuert werden muß. Dieses Zertifikat wird zunehmend weltweit anerkannt und gestattet es den jeweiligen Hafenbehörden, den Sicherheitsstandard der einlaufenden Gastanker zu beurteilen.

3.3.4 Ladungsarbeiten

Ladungsinformationen. Bevor eine Ladung übernommen wird, muß sich die Schiffsleitung zuverlässige Informationen über Eigenschaften und Handhabung des jeweiligen Stoffes verschaffen. Diese Angaben hat der Ablader zu liefern. Sie finden sich aber auch im „Tanker safety guide (liquefied gas) 1978" des International Chamber of Shipping, ferner im Betriebshandbuch des Herstellers der Gasanlage. Wichtig ist die Kenntnis der Ladetemperatur und der gewünschten Löschtemperatur. Diese Temperaturen müssen mit den zugehörigen Drücken im Auslegungsbereich des Schiffes liegen. Weiter ist bei Stoffen, die zur Polymerisation neigen (z. B. VCM, Butadien), ein Zertifikat über Beimengung und Wirkungsdauer eines reaktionshemmenden Inhibitors zu verlangen.

Wichtig für die Sicherheit der Besatzung ist die Kenntnis der Giftigkeit der Ladung. So gibt es neben der akuten, ätzenden Wirkung des Ammoniakdampfes auch chronische Wirkungen, z. B. bei VCM (Vinyl Chlorid Monomer). Die Besatzung ist durch Aushang und erforderlichenfalls mündliche Belehrung über die Gefahren aus der Ladung und über entsprechende Verhaltensregeln zu unterrichten.

Tankabnahme. Der Ablader nennt meist in einer Spezifikation die Zusammensetzung der Ladung, ihre Verträglichkeit mit anderen Stoffen und die notwendige Reinheit des Tanks, d. h. die maximalen Restkonzentrationen anderer Gase, z. B. Sauerstoff oder Gase aus der Vorladung. Der Tank wird dementsprechend von einem Surveyor untersucht und zur Beladung freigegeben. Entspricht die Tankatmosphäre nicht der Spezifikation, so muß nochmals, meist mit reinem Stickstoff, gespült werden. Vor Übernahme kalter Ladungen muß der Tank vorgekühlt werden (ca. 5 °C Abkühlung/h). Wichtig ist dabei, daß die Tankatmosphäre zuvor mit trockenem Stickstoff so weit wie nötig wasserdampffrei gespült worden ist, sonst kommt es zu Hydrat- und Eisbildung und damit zum Blockieren von Ventilen, Füllstandsmessern und Deepwellpumpen. Das Vorkühlen geschieht durch Einblasen von kaltem Ladungsdampf. In der reinen LNG-Fahrt bleiben die Tanks auch während der Ballastreise kalt, indem eine gewisse Restmenge der Ladung stets an Bord behalten wird.

Tankfüllung. Die maximale Füllung eines Tanks darf 98 % seines Fassungsvermögens nicht überschreiten. Dabei ist die höchste, während der Reise mögliche Ladungstemperatur maßgebend. Auf Schiffen ohne Rückverflüssigungsanlage ist dies die Temperatur, die dem Druck beim Abblasen der Sicherheitsventile entspricht. Ansonsten ist diese sogenannte „reference temperatur" die höchste Temperatur, die die Ladung mit Einsatz der Rückverflüssigungsanlage im Tank annehmen wird. Man erhält das Ladevolumen nach der Formel:

$$V_L = 0{,}98 \cdot V \cdot \frac{\varrho_R}{\varrho_L}.$$

V_L Ladevolumen; V Tankvolumen; ϱ_R Dichte bei der reference temperature; ϱ_L Dichte bei der Ladetemperatur.

Beispiel: Propan wird bei −43 °C und Atmosphärendruck geladen und soll während der Reise bis 0 °C aufgewärmt werden, da die Tanks im Löschhafen nicht aus kältebeständigem Material bestehen.

$$V = 650\ \text{m}^3;\ \varrho_R = 0{,}5299\ \text{t/m}^3 \text{ bei } 0\ °\text{C};\ \varrho_L = 0{,}5834\ \text{t/m}^3 \text{ bei } -43\ °\text{C};$$

$$V_L = 0{,}98 \cdot 650 \cdot \frac{0{,}5299}{0{,}5834} = 578{,}6\ \text{m}^3.$$

Der Tank darf also nur zu 89 % beladen werden.

Die IMCO empfiehlt, daß die maximalen Ladevolumina dem Kapitän für jeden Tank und jede zugelassene Ladung für die entsprechenden Temperaturbereiche mitgegeben werden.

Ladungsverteilung. Die Planung der Ladungsverteilung kann dann problematisch werden, wenn mehrere Partien nacheinander geladen oder gelöscht werden sollen. Da die Wahl des Tanks hauptsächlich vom Volumen der angedienten Partie bestimmt wird, müssen Stabilität, Trimm und Längsfestigkeit des Schiffes fast ausschließlich mit einer richtigen Verteilung des Ballastwassers gesichert werden. Besonders auf kleineren LPG-Tankern mit Decktanks ist auf die Stabilität zu achten. Sie darf auch im Hafen nicht zu klein werden, da das Schiff dann anfälliger gegen krängende Momente und freie Oberflächen ist. Krängung darf wegen der empfindlichen Landanschlüsse im Hafen keinesfalls auftreten.

Rückverflüssigen. Die beim Laden aus dem Tank gedrückten Gase (Inertgas, Stickstoff, Ladungsgas) werden entweder in einer separaten „Gaspendelleitung" in den Landtank zurückgeführt oder in der bordeigenen Rückverflüssigungsanlage verflüssigt, wobei die nichtkondensierbaren Anteile (Inertgas, Stickstoff) über einen sogenannten Fremdgasabscheider in die Atmosphäre geblasen werden (Bild 3.30). Da hierbei auch Spuren des Ladungsgases in die Atmosphäre gelangen, sollte bei giftigen Gasen (VCM, NH_3) stets mit einer Gaspendelleitung gearbeitet werden. Ist die Ladetemperatur etwas höher als die Sättigungstemperatur beim Einstelldruck der Sicherheitsventile, so kann die Ladung während der Übernahme gekühlt werden. Dazu muß allerdings die Rückverflüssigungsan-

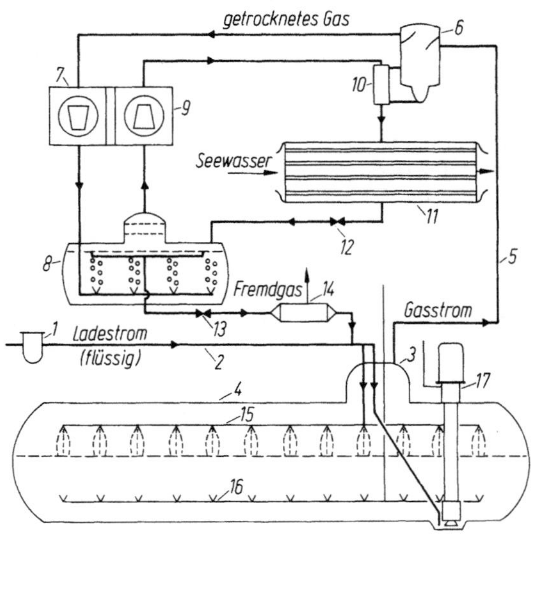

Bild 3.30. Laden von LPG mit zweistufiger Rückverflüssigung.
1 Filter in der Ladeleitung; *2* Ladeleitung; *3* Tankdom; *4* Ladetank; *5* Gasleitung; *6* Flüssigkeitsabscheider; *7* 1. Kompressorstufe; *8* Zwischenkühler (Mitteldruckflasche); *9* 2. Kompressorstufe; *10* Flüssigkeitsverdampfer; *11* Wärmetauscher (Kondensator); *12* 1. Expansionsventil; *13* 2. Expansionsventil; *14* Fremdgasabscheider; *15* obere Sprayleitung; *16* untere Sprayleitung; *17* Deepwellpumpe mit Löschleitung

lage mit voller Leistung arbeiten. Der Ladestrom ist so weit zu drosseln, daß die Sicherheitsventile nicht ansprechen.

Während der Reise wird, abgesehen von der reinen LNG-Fahrt, die Rückverflüssigungsanlage zum Konstanthalten der Tankdrücke eingesetzt. In bestimmten Fällen muß die Ladung nach Maßgabe der Charterparty während der Reise aufgewärmt werden (siehe Beispiel oben), wobei Druck und Volumen ansteigen. Verbietet dies der zulässige Tankdruck, so kann die Ladung erst während des Entladens aufgewärmt werden. In beiden Fällen wird die Ladung durch den seewasserbetriebenen Wärmetauscher gepumpt. Beim Aufwärmen während des Entladens besteht allerdings ein hoher Gegendruck im Landtank wegen der Temperaturdifferenz. Deshalb werden besonders dann Deepwellpumpen und Boosterpumpen in Serie geschaltet. Wegen der Gefahr des Einfrierens des Wärmetauschers ist auf die Kühlwasseraustrittstemperatur zu achten und der Ladungsdurchsatz entsprechend zu drosseln.

Entladen. Beim Entladen wird entweder mit einer Gaspendelleitung gearbeitet, oder ein Teil der Flüssigkeit wird in einem mit Seewasser oder Wasserdampf betriebenen Wärmetauscher verdampft und von den Kompressoren oben in den Tank gedrückt. Der letztgenannte Vorgang dient insbesondere beim Restentleeren zum Erreichen eines etwas höheren Druckes im Tank, der ein zu starkes Gasen der Flüssigkeit an der Saugseite der Deepwellpumpe verhindert. Nach dem Restentladen der Flüssigkeit wird auf Drucktankern noch meist mit einem der Kompressoren Gas aus dem Tank an Land gepumpt. Dabei fällt der Druck im Tank und sämtliche Restflüssigkeit verdampft, allerdings mit starker, lokaler Abkühlung. Auf diese Weise kann eine optimale Entladung erzielt werden.

3.3.5 Spülen der Tanks

Zwischen Löschen einer Ladung und Übernahme einer anderen Ladung muß der Tank in aller Regel gespült werden. Da hierbei nicht unbeträchtliche Gasmengen in die Atmosphäre gelangen, wird das Spülen grundsätzlich auf See durchgeführt. Als Spülgas kommt Inertgas zum Einsatz. Oft wird dann im Ladehafen mit reinem Stickstoff nachgespült.

Auf Schiffen mit Drucktanks wird zunächst ein leerer Tank mit Inertgas unter Druck gesetzt. Dadurch kondensiert der größte Teil des restlichen Ladungsgases und kann über Drainageleitungen aus dem Tank gedrückt werden. Anschließend wird das Inertgas im nächsten Tank dem gleichen Zweck zugeführt. Im ersten Tank wird nun bis ca. 0,5 bar Vacuum gezogen und dieser Unterdruck mit Inertgas wieder aufgefüllt. Auf diese Weise erhält man mit einem halben Tankvolumen Inertgas einen Verdünnungseffekt von 1:2. Wiederholt man diesen Vorgang n-mal, so ist die Gesamtverdünnung $1:2^n$. Mit vier Tankvolumen Inertgas läßt sich demnach eine Verdünnung der Ladungsgase um den Faktor 1:256 erzielen.

Eine andere Methode, die auch auf Schiffen mit drucklosen Tanks angewandt werden kann, basiert auf dem Dichteunterschied der beim Spülen beteiligten Gase. Ist das Inertgas spezifisch schwerer als das Ladungsgas, so wird es in den Tank durch die untere Sprühleitung eingeführt (Bild 3.30) und das Ladungsgas durch die obere Sprühleitung vom Tank zum Abblasemast geleitet. Im umgekehrten Fall wird das Inertgas von oben in den Tank geführt. Bei diesem Verfahren kommt man theoretisch mit einem Tankvolumen Inertgas für eine vollständige Spülung aus. Praktisch wird jedoch erheblich mehr benötigt.

Gasfreimachen und Re-Inertisieren. Sonderfälle des Spülens sind das Gasfreimachen und das Re-Inertisieren. Soll ein Tank zur Begehung zwecks Kontrolle oder Reparatur gasfrei gemacht, d.h. mit Frischluft gefüllt werden, so muß er zuvor mit Inertgas so weit gespült werden, daß beim anschließenden Einblasen von Luft kein explosibles Gemisch mit

Ladungsgasen entstehen kann. Dem gleichen Zweck dient das Re-Inertisieren vor der nächsten Beladung, abgesehen davon, daß einige Ladungen aus chemischen Gründen nicht mit Sauerstoff in Berührung kommen dürfen. In allen Fällen muß der Erfolg des Tankspülens durch Messungen festgestellt werden. An Bord wird hierzu ein von der SeeBG zugelassenes Gasspürgerät benutzt, während den Surveyors häufig Labors mit genaueren Analyseverfahren zur Verfügung stehen.

Eine weitere Besonderheit stellt das Spülen von Tanks nach einer Ammoniakladung dar. Da sich Ammoniakgas sehr schnell in Wasser löst, wäscht man den drucklos gemachten Tank mit reinem Frischwasser und einer üblichen Tankwaschmaschine aus. Durch die Lösung des Ammoniakgases kommt es zu rapider Volumenverringerung. Damit kein unzulässiger Unterdruck im Tank entsteht, muß zuvor unbedingt eine Verbindung zur Atmosphäre geschaffen werden.

Zur Einführung in Probleme des Gastankerbetriebes wird das Handbuch „Liquefied Petroleum Gas Tanker Practice“ von Capt. T. W. V. Woolcott empfohlen.

3.3.6 Sicherheit der Besatzung

Obwohl auf einem Gastanker grundsätzlich (Ausnahmen: Spülen, Fremdgasabscheiden) kein Gas aus dem geschlossenen System austreten soll, müssen doch ständig alle denkbaren Vorsichtsmaßnahmen zur Verhütung von Bränden getroffen werden. Dies gilt nicht nur für den Ladungsbereich, sondern für das ganze Schiff. Aus dem gleichen Grunde werden für Gastanker besondere navigatorische Vorkehrungen zur Kollisionsverhütung in engen Gewässern diskutiert und in einigen Nationen bereits praktiziert. An Bord muß strengstes Rauchverbot bestehen. Der Kapitän hat zu bestimmen, wann und in welchen Räumen geraucht werden darf. An Deck dürfen nur explosionssichere Taschenlampen benutzt werden. Das gleiche gilt für UKW-Sprechgeräte, Taschenrechner, Kassettenrecorder und Radios, auch wenn diese mit Batterien betrieben werden. Reparatur- und Wartungsarbeiten dürfen nur unter strengen Vorsichtsmaßnahmen (Belüftung, günstiger Wind) durchgeführt werden. Sogenanntes funkenfreies Werkzeug hat sich in gründlichen Untersuchungen als nicht funkensicher und bei entsprechend sorgloser Handhabung als überaus gefährlich erwiesen.

Gasbrände. Zur Brandbekämpfung im Decksbereich sind Gastanker zusätzlich zur üblichen Ausstattung mit festinstallierten Wassersprühanlagen (u.a. für Brückenfrontschott und Tankdome) und häufig mit stationären Löschpulveranlagen ausgerüstet. Ein Ladungsbrand im Decksbereich eines Gastankers ist immer ein Fackelbrand, der seine Umgebung durch Flammenkontakt und Wärmestrahlung stark aufheizt und so zur weiteren Gasentwicklung beiträgt. Es wird dringend empfohlen, eine solche Fackel nicht zu löschen, obwohl dies mit Löschpulver möglich wäre. Statt dessen soll die Gaszufuhr abgestellt werden, damit die Fackel von selbst erlischt. In vielen Fällen dürfte dies durch Betätigen des Emergency-Shut-Down-Systems gelingen. Solange die Fackel noch brennt, soll mit der Sprühanlage, unterstützt durch manuelle Sprühstrahlrohre, die Umgebung der Fackel gekühlt werden, vor allem Rohrleitungen und Armaturen. Löscht man die Fackel vorzeitig, so tritt weiter Gas aus der Leckage aus, und es kann durch Kontakt mit heißen Teilen zu einer Rückzündung kommen, die als Verpuffung über dem Deck größeren Schaden anrichtet als die Fackel zuvor. Dennoch sind Situationen denkbar, in denen das Ablöschen einer Fackel bei gleichzeitiger Kühlung unter günstigen Windverhältnissen gerechtfertigt erscheint, vor allem, wenn der Gasaustritt nicht gestoppt werden kann.

Gefährliche Räume. Der Ladungsbereich sollte nur von befugten Besatzungsmitgliedern betreten werden. Dies gilt besonders im Hafen. Vor dem Betreten des Gasanlagenraumes oder anderer Räume, in denen mit einer Ansammlung von Gas, auch Inertgas, gerechnet werden kann (void spaces, Doppelbodentanks, Kabelgatt) muß durch Belüftung und erforderlichenfalls Messung die Atembarkeit der Raumatmosphäre sichergestellt sein, oder es muß ein Atemschutzgerät angelegt werden (siehe auch UVV § 69). Daß diese selbstverständlichen Verhaltensregeln immer wieder mißachtet werden, beweisen die tödlichen Unfälle beim Betreten solcher Räume. Es wird empfohlen, während des Arbeitens in solchen Räumen transportable Gaswarngeräte aufzustellen.

Kälteunfall. Eine Besonderheit auf Gastankern stellt die Gefahr des Kälteunfalles dar. Beim Hautkontakt mit tiefkalter Flüssigkeit kommt es zu lokalen Erfrierungen, deren Behandlung u. a. im „Tanker Safety Guide (Liquefied Gas)" beschrieben wird. Auch die Lunge kann durch Einatmen kalten Gases schwer geschädigt werden. Dieser Unfall ist vor allem dann möglich, wenn warme, unter hohem Druck stehende Ladung austritt und dabei wegen des Druckabfalls schlagartig verdampft. Der Dampf kühlt sich dabei auf die Temperatur ab, die dem Umgebungsdruck entspricht (−43 °C bei Propan, siehe Bild 3.25). Um solche Unfälle zu verhindern, muß entsprechende Schutzkleidung getragen werden. Diese muß kälte- und chemikalienbeständig sein. Dringend empfohlen werden Anzug, Stiefel, Handschuhe, Gesichts- und Kopfschutz (siehe auch 3.2 und 1.2.2).

3.3.7 Gefahren für die Umwelt

Austreten von verflüssigten Gasen ergibt im allgemeinen keine Wasserverschmutzung (Ausnahmen: Ammoniak, Chlor), sondern wegen des niedrigen Siedepunktes restlose Verdampfung und damit eine Belastung der Atmosphäre, deren Spätwirkungen noch nicht hinreichend erforscht sind. Verbunden mit dem Austreten von Flüssiggas sind jedoch immer die akuten Gefahren der Gasexplosion und der Gasvergiftung im Bereich der mit Luft vermischten Gaswolke.

Selbst unter Einbeziehen üblicher Sicherheitsvorkehrungen beim Umschlag (automatische Notabschaltung, Schnellschluß) treten beim Brechen einer Übernahmeleitung mehrere Kubikmeter Flüssiggas aus. So bildet sich z. B. nach dem Austreten von 2 m^3 flüssigem Äthylen bei Windstille eine Gaswolke, die bis zu einem Abstand von 350 m von ihrem Ursprung explosionsfähig ist. Bei Zündung und Detonation der Wolke treten im Abstand von weiteren 120 m Überdrücke bis 0,2 bar auf, die zu starken Hausbeschädigungen und Platzen des Trommelfells führen können. Beim Austreten von 20 m^3 flüssigem Ammoniak lösen sich zwar ca. 60% dieses Stoffes im Hafenwasser. Der Rest verdampft und erzeugt Gaskonzentrationen, die je nach Wetterlage bis zu mehreren hundert Metern Abstand zum Tode oder zumindest zu schwerer Schädigung ungeschützter Personen führen. Windeinfluß kann die Gefahrenzone leewärts verlagern.

Im Falle einer Strandung könnte es ratsam sein, Flüssiggas absichtlich und kontrolliert abzulassen, um späteres unkontrolliertes Austreten zu verhindern. Großversuche mit flüssigem LNG (TS. Gadila, Juli 1973) haben gezeigt, daß dies unter bestimmten Bedingungen (Windverhältnisse, Ausstoßgeschwindigkeit) möglich ist. Es bildeten sich gut sichtbare Wolken aus LNG-Luft-Gemisch von über 2000 m Länge und ca. 12 m Höhe, die bis zu 20 min nach Ende des Ausstoßens explosibel blieben, sich dann aber schnell zur gefahrlosen Konzentration verdünnten. Für andere Gase ergeben sich mit Sicherheit andere Werte. Daraus folgt, daß ein Ablassen nur möglich ist, wenn das Gebiet in Lee von Mensch und Tier geräumt und absolut frei von Zündquellen ist. Ohne fachmännsiche Beratung sowie Unterstützung und Zustimmung der Behörden sollte kein Kapitän in der Nähe von Land oder Schiffsverkehr Flüssiggas aus dem Schiff pumpen.

Beim Austreten von Flüssiggas infolge einer Kollision sind mit Sicherheit Zündquellen gegeben, so daß es zu einem heftigen Brand, aber kaum zu größeren Explosionen kommt (z. B. Unfall der Yuyo Maru Nr. 10 in Japan 1974). Das Löschen eines solchen Brandes ist kaum möglich. Um die Umwelt zu schützen, muß das brennende Schiff an einen abgelegenen Platz geschleppt werden, wo die Ladung ausbrennen kann.

In allen hier beschriebenen Fällen steht das Schiff fast immer im Zentrum einer möglichen Katastrophe mit erheblichen Gefahren für die Besatzung. Dies sollte die Schiffsleitung bei der ladungstechnischen und navigatorischen Handhabung solcher Schiffe nie vergessen.

4 Einiges aus der Chemie für Nautiker

4.1 Allgemeine Grundbegriffe

Die Aufgabe der Chemie

Während die Physik sich nur mit den Zustandsänderungen (z. B. Festigkeit, Temperatur, Bewegung usw.) der Körper befaßt, durch die deren stoffliche Eigenart nicht verändert wird, ist es Aufgabe der Chemie, Stoffe und Stoffumwandlungen zu untersuchen und zu beschreiben. Arbeitsmethoden der Chemie sind die Analyse (Zerlegung der Stoffe) und Synthese (Aufbau neuer Stoffe aus vorhandenen).

Grundstoffe und Atome

Die unzähligen auf der Erde vorkommenden Stoffe lassen sich in wenige Grundstoffe (Elemente) zerlegen. Man kennt heute etwa 100 verschiedene Elemente, von denen 90 in der Natur vorkommen. Die anderen entstehen auf künstlichem Wege bei kernphysikalischen Prozessen. Die kleinsten Teilchen der Elemente sind die Atome. Die Atome der einzelnen Elemente unterscheiden sich durch ihr Gewicht (Masse). Zum Vergleich der Gewichte der verschiedenen Atome bedient man sich einer dimensionslosen Verhältniszahl. Diese Verhältniszahl ist das Atomgewicht (die Atommasse). Bei der Festlegung des Atomgewichtes bezieht man sich heute auf das Kohlenstoffisotop mit dem Atomgewicht 12 (C-12). Wasserstoff hat angenähert das Atomgewicht 1 (genauer Wert 1,00797), das Atomgewicht (die Atommasse) gibt also in erster Näherung an, wieviel mal schwerer ein Atom eines Elementes ist als ein Atom Wasserstoff.

Verbindungen und Gemische

Verbinden sich in einer chemischen Reaktion verschiedene Elemente zu einem neuen Stoff, so erhält man eine chemische Verbindung. Das kleinste Teilchen einer chemischen Verbindung nennt man Molekül. Ein Molekül besteht also aus mehreren Atomen. Häufig sind Stoffe Gemische aus verschiedenen Verbindungen. In einem Gemisch bleiben die Eigenschaften der einzelnen Bestandteile erhalten. Ist ein Gemisch ein gefährlicher Stoff, so werden die Eigenschaften des gefährlichsten Bestandteils den Vorschriften für seine Behandlung zugrunde gelegt. Während sich Gemische auf mechanischem Wege trennen lassen, erfolgt die Zerlegung einer chemischen Verbindung durch eine chemische Reaktion.

Symbole und Formeln

Um chemische Reaktionen genau und kurz beschreiben zu können, hat man für jedes Element ein besonderes Zeichen eingeführt. Diese Zeichen nennt man Symbole. Da man heute rund hundert verschiedene Elemente kennt, gibt es also auch die gleiche Anzahl verschiedener Symbole. Die Zusammensetzung einer chemischen Verbindung gibt man durch die chemische Formel an. Sie enthält Art und Anzahl der Symbole der am Aufbau des Moleküls beteiligten Atome, z. B. H_2O = Wasser bedeutet, 1 Molekül Wasser besteht aus 2 Atomen Wasserstoff und 1 Atom Sauerstoff. Die Formel der Schwefelsäure H_2SO_4 gibt an, daß 1 Molekül Schwefelsäure aus 2 Atomen Wasserstoff, 1 Atom Schwefel und 4 Atomen Sauerstoff zusammengesetzt ist.

Wertigkeit (Valenz)

Die Formel des Kohlendioxides ist CO_2; d.h., 1 Atom Kohlenstoff vermag 2 Atome Sauerstoff zu binden. Salzsäure hat die Formel HCl; d. h. ein Wasserstoffatom bindet ein Chloratom. Die Fähigkeit eines Elementes, eine bestimmte Anzahl von Atomen eines anderen Elementes zu binden, nennt man seine Wertigkeit. Wasserstoff ist immer einwertig. Die Wertigkeit eines Elementes gibt an, mit wievielen Atomen Wasserstoff oder eines anderen einwertigen Elementes sich ein Atom dieses Elementes binden kann. Bei einer chemischen Verbindung müssen alle Wertigkeiten abgesättigt sein. Reagiert zum Beispiel 5wertiger Phosphor mit 2wertigem Sauerstoff, so binden 2 Phosphoratome 5 Sauerstoffatome. Die Formel des entstehenden Phosphoroxides ist P_2O_5. Je nach den Reaktionsbedingungen haben manche Elemente verschiedene Wertigkeiten. Einige der wichtigsten Elemente, ihre chemischen Zeichen, Atomgewichte (abgerundet) und Wertigkeiten sind:

Element	Zeichen	Atom-gewicht	Wertigkeit	Element	Zeichen	Atom-gewicht	Wertigkeit
Wasserstoff	H	1	I.	Chrom	Cr	52	II.–VI.
Helium	He	4	0	Eisen	Fe	56	II. III. VI.
Kohlenstoff	C	12	II. IV.	Nickel	Ni	59	II. IV.
Stickstoff	N	14	II.–V.	Kupfer	Cu	64	I. II.
Sauerstoff	O	16	II.	Zink	Zn	65	II.
Natrium	Na	23	I.	Silber	Ag	108	I.
Magnesium	Mg	24	II.	Zinn	Sn	119	II. IV.
Aluminium	Al	27	III.	Platin	Pt	195	II. IV.
Phosphor	P	31	III. V.	Gold	Au	197	I. III.
Schwefel	S	32	II. IV. VI.	Quecksilber	Hg	201	I. II.
Chlor	Cl	35	I. V. VII.	Blei	Pb	207	II. IV.
Kalium	K	39	I.	Uran	U	238	III. IV. VI.

Die Valenz gibt auch Auskunft darüber, wie viele H-Atome oder Atome eines anderen einwertigen Elementes in einer Verbindung durch Atome eines anderen Elementes ersetzt werden können. Bringt man z. B. zweiwertiges Calcium (Ca) mit Schwefelsäure (H_2SO_4) in Berührung, so werden beide einwertigen H-Atome durch ein Ca-Atom ersetzt; es bildet sich $CaSO_4$ (Gips), und die beiden H-Atome werden frei.

Chemische Gleichungen

Chemische Reaktionen werden durch chemische Gleichungen beschrieben. Auf der linken Seite der Gleichung stehen die Formeln der Ausgangsstoffe, auf der rechten die der entstehenden Stoffe. Dabei muß die Summe aller Atome auf der linken Seite gleich der Summe der Atome auf der rechten Seite der Gleichung sein. Zum Beispiel:

$$\underset{\text{Natronlauge}}{2\,NaOH} + \underset{\text{Wasser}}{2\,H_2O}. \rightarrow \underset{\text{Schwefelsäure}}{H_2SO_4} + \underset{\text{Natriumsulfat}}{Na_2SO_4}$$

Dabei bedeutet die Zahl vor einer Formel die Anzahl der umgesetzten Moleküle.

Aus der chemischen Gleichung lassen sich auch die Mengen der umgesetzten Stoffe entnehmen. Für die Gewichtsverhältnisse bei chemischen Reaktionen gilt: Die Elemente verbinden sich im Verhältnis ihrer Atomgewichte oder in ganzzahligen Vielfachen davon miteinander. Zum Beispiel sind im CO (Kohlenmonoxid) Kohlenstoff und Sauerstoff im Verhältnis 12:16 miteinander verbunden. Im CO_2 (Kohlendioxid) ist das Verhältnis von Kohlenstoff zu Sauerstoff 12:32. Die Summe der Atomgewichte der am Aufbau eines Moleküls beteiligten Atome ist das Molekulargewicht. CO_2 hat also das Molekulargewicht $12 + 2 \cdot 16 = 44$. Da Atom- und Molekulargewicht Verhältniszahlen sind, kann man sie vor jede beliebige Masseneinheit setzen (z.B. mg, g, kg). Das Atomgewicht in Gramm nennt man ein Grammatom, das Molekulargewicht in Gramm ist ein Mol. Ein Mol CO_2 sind also 44 g. Die mengenmäßige Bedeutung der obigen Gleichung ist dann: 2 Mol (80 g) Natronlauge reagieren mit 1 Mol (98 g) Schwefelsäure unter Bildung von 1 Mol Natriumsulfat (142 g) und 2 Mol Wasser (36 g). Die Summe der Massen der Ausgangsstoffe ist immer gleich der Summe der Massen der entstehenden Stoffe (Gesetz von der Erhaltung der Masse). Die quantitative rechnerische Behandlung chemischer Vorgänge nennt man Stöchiometrie.

Volumenberechnungen bei Gasen

Molvolumen. Ein Mol eines Gases nimmt bei Normbedingungen (Druck 760 Torr = 1013 mbar; Temperatur 0 °C) den Raum von 22,4 l ein.

Beispiel: Wasserstoff, Formel H_2, 1 Mol = 2 g Wasserstoff, Vol. = 22,4 l
Methan, Formel CH_4, 1 Mol = 16 g Methan, Vol. = 22,4 l
Sauerstoff, Formel O_2, 1 Mol = 32 g Sauerstoff, Vol. = 22,4 l.

Problem: Wieviel Sauerstoff wird zur vollständigen Verbrennung von 1 m³ Methan benötigt? Gleichung für die Reaktion:

$$\underset{1\text{ Mol}}{CH_4} + \underset{2\text{ Mol}}{2\,O_2} \rightarrow \underset{1\text{ Mol}}{CO_2} + \underset{2\text{ Mol}}{2\,H_2O}$$

Da ein Mol eines Gases immer den gleichen Raum einnimmt, ergibt sich aus der Gleichung, daß für eine Volumeneinheit Methan zwei Volumeneinheiten Sauerstoff benötigt werden, zur Verbrennung von 1 m³ Methan also 2 m³ Sauerstoff. Da die Luft rund $^1/_5$ Sauerstoff enthält (genau 20,9 Vol.-% bei trockener Luft), ist der Luftverbrauch 10 m³.

Das Volumen einer Gasmenge bei gegebenen Verhältnissen erhält man durch Umrechnung nach folgender Formel:

$$Vt = \frac{V_0 \cdot p_0 \cdot T}{T_0 \cdot p_t}$$

V_0 Gasvolumen bei 1013 mbar; p_0 1013 mbar; T_0 absolute Temperatur in K (273 K); p_t gemessener Druck in mbar; T gemessene Temperatur in K (K = °C + 273,15).

Beispiel: 10 m³ Luft entsprechen bei einem Luftdruck von 1000 mbar und einer Temperatur von 22 °C folgendem Volumen:

$$V_t = \frac{10 \cdot 1013 \cdot 295{,}15}{273{,}15 \cdot 1000}\,\text{m}^3 = 10{,}946\ \text{m}^3.$$

4.2 Die Chemie der Verbrennung

Oxidation

Die trockene Luft ist ein Gemisch aus 20,9 Vol.-% Sauerstoff, 78,1 Vol.-% Stickstoff, 0,03 Vol.-% Kohlendioxid und ungefähr 1 Vol.-% Edelgasen (Neon, Argon, Krypton,

Xenon). Der Sauerstoff ist der zur Verbrennung erforderliche Teil der Luft. Der restliche Teil der Luft nimmt an der Verbrennung nicht teil und muß als Ballast mit erwärmt werden. In reinem Sauerstoff verlaufen Verbrennungen daher wesentlich schneller als in Luft. Die Reaktion eines Stoffes mit Sauerstoff bezeichnet man als Oxidation. Jede Verbrennung ist eine Oxidation. Endprodukte der Verbrennung sind die Oxide, z. B. Kohlendioxid CO_2.

Schnelle Verbrennungen erfolgen unter Wärme- und Lichtentwicklung. Im weiteren Sinne bezeichnet man auch langsame Oxidationsvorgänge als Verbrennungen (stille Verbrennung), z. B. das Rosten von Eisen oder Atmungsvorgänge.

Verbrennungswärme

Chemische Vorgänge sind nicht nur mit Stoffumsetzungen, sondern auch mit Energieumsetzungen verbunden. Bei einer Verbrennung wird Energie in Form von Wärme frei. Chemische Reaktionen, bei denen Wärme frei wird, bezeichnet man als exotherme Reaktionen. Oxidationsreaktionen sind exotherme Reaktionen. Auch bei langsamen Oxidationen entsteht Wärme, die jedoch so langsam frei wird, daß man die mit dem Freiwerden von Wärme verbundene Temperaturerhöhung meist nicht bemerkt. Die Verbrennungswärme wird in kJ/mol angegeben.

Beispiel: $C + O_2 \rightarrow CO_2 + 395\ kJ$
Bei der Verbrennung von 1 Mol (12 g) Kohlenstoff werden 395 kJ frei.

Flammpunkt. Bei Flüssigkeiten unterscheidet man Flammpunkt und Brennpunkt. Der Flammpunkt ist die Temperatur, bei der eine Flüssigkeit kurz aufflammt, wenn eine Zündflamme darüber geführt wird. Nach Erreichen des Brennpunktes bleibt die Flamme nach Entzündung durch die Zündflamme bestehen. Der Flammpunkt ist ein Maß für die Feuergefährlichkeit einer brennbaren Flüssigkeit und damit von Bedeutung für Lagerung und Transport dieser Substanzen.

Die Unterteilung der Klasse 3 (entzündbare Flüssigkeiten) der GGV-See in die drei Unterklassen erfolgt nach dem Flammpunkt der Flüssigkeiten.

Zündtemperatur (Zündpunkt). Die Temperatur, bei der eine Verbrennung eintritt, auch ohne Zündung durch eine offene Flamme, ist die Zündtemperatur. Sie ist keine Stoffkonstante, sondern hängt von speziellen Bedingungen ab (z. B. Dauer der Erwärmung, Sauerstoffgehalt der Luft, bei festen Stoffen vom Grad der Verteilung, katalytisch wirkenden Beimengungen).

Katalysatoren sind Stoffe, die die chemische Verbindung zweier anderer Stoffe durch ihre bloße Gegenwart einleiten oder beschleunigen. So vermag z. B. Platin in feiner Verteilung Verbrennungsvorgänge sehr stark zu beschleunigen.

Explosionsgrenzen

Flüssigkeiten mit einem niedrigen Dampfdruck geben leicht brennbare Dämpfe ab. Diese Dämpfe bilden mit Luft Gemische, die explosionsartig verbrennen. Die Explosion erfolgt jedoch nur, wenn die Konzentration der brennbaren Dämpfe in der Luft innerhalb bestimmter Grenzen liegt. Unterhalb der Explosionsgrenze ist das Gemisch zu mager, oberhalb zu fett. Ist der Bereich zwischen unterer und oberer Explosionsgrenze groß, so ist die Wahrscheinlichkeit der Bildung explosiver Gemische ebenfalls größer. Entspricht die Zusammensetzung des Gas-Luft-Gemisches ungefähr dem stöchiometrischen Mischungsverhältnis, d. h., ist so viel Sauerstoff vorhanden, wie zur vollständigen Verbrennung des

Gases erforderlich ist, so erfolgt die Explosion besonders heftig. Beispiele für Explosionsgrenzen und -bereiche:

Substanz	Explosionsgrenzen Vol.-%	Explosionsbereich %
Methan	5,0–15	10
Propan	1,9– 9,5	7,6
Benzin	0,7– 8,0	7,3
Leuchtpetroleum	0,7– 5,0	4,3
Erdöl	0,7– 5,0	4,3
Benzol	0,8– 8,6	7,8
Azetylen (Äthin)	1,5–80,5	79
Kohlenmonoxid	12,5–75	62,5

Sauerstoffträger

Sauerstoffträger sind chemische Verbindungen, die leicht Sauerstoff abgeben, sie wirken also oxidierend. Auf brennbare Stoffe können sie entzündend wirken. Haben sich brennbare Stoffe im Gemisch mit Sauerstoffträgern entzündet, so geht die Verbrennung wie in reinem Sauerstoff sehr heftig vor sich, u. U. kann sie explosionsartig verlaufen.

Wichtige Sauerstoffträger sind:

Nitrate, z. B. Kaliumnitrat KNO_3. Sie geben beim Erhitzen Sauerstoff ab.

Chlorate, z. B. Kaliumchlorat $KClO_3$. Chlorate sind in reiner Form beständig, geben ihren Sauerstoff aber leicht ab, wenn sie mit brennbaren Stoffen in Berührung sind. Mit leicht brennbaren Stoffen wie Phosphor und Schwefel reagieren sie beim Verreiben explosiv.

Wasserstoffperoxid H_2O_2. Eine wäßrige Lösung mit mehr als 65 % H_2O_2 kann brennbare Stoffe entzünden. Entzündungsgefahr besteht aber auch schon bei geringeren Konzentrationen, vor allem dann, wenn brennbare Stoffe vorliegen, die zur Selbstentzündung neigen.

Natriumperoxid Na_2O_2 ist eine gelbliche feste Substanz, die bei Zutritt von Feuchtigkeit unter Wärmeentwicklung Sauerstoff abgibt. Die frei werdende Wärme führt sehr schnell zur Entzündung brennbarer Stoffe.

Salpetersäure HNO_3 raucht an der Luft, wenn sie konzentrierter als 70% ist. Die rauchende Salpetersäure kann Holz entzünden.

Selbstentzündung

Alle brennbaren Stoffe verbinden sich auch bei niedrigen Temperaturen mit dem Sauerstoff der Luft, jedoch geht diese Oxidation im allgemeinen sehr langsam vor sich. Die frei werdende Wärme wird meist durch Leitung oder Strömung an die Umgebung abgegeben, so daß man keine Temperaturerhöhung beobachten kann. Ist jedoch die an die Umgebung abgegebene Wärmemenge kleiner als die im gleichen Zeitraum entstehende Wärmemenge (Wärmestau), so kommt es zu einem Temperaturanstieg. Eine Temperaturerhöhung um 10 °C vergrößert die Geschwindigkeit der Oxidation um das 2- bis 3fache, d.h., daß sich in der gleichen Zeit die 2- bis 3fache Menge des brennbaren Stoffes mit Sauerstoff verbindet. Dabei entsteht auch entsprechend mehr Wärme, und die Temperatur steigt schneller an. Mit dem weiteren Anstieg der Temperatur nimmt der Stoffumsatz weiter zu, die Temperatur steigt immer schneller an, bis schließlich die Zündtemperatur des Stoffes erreicht wird und Selbstentzündung eintritt. Die Zeit bis zum Eintritt der Selbstentzündung ist sehr unterschiedlich und hängt von mehreren Faktoren ab. Diese Anlaufzeit kann Stunden (Leinöl), Tage (Nitrolack), Wochen (Heu) und Monate (Braunkohle) betragen. Während dieser Anlaufzeit liegt die Temperatur bei 50 bis 80 °C, dann erfolgt ein plötzlicher Anstieg. Bei 90 °C besteht akute Brandgefahr. Bei pflanzlichen Stoffen kann die Tätigkeit von Bakterien und Pilzen die Ursache der Selbsterhitzung und eventuell der Selbstentzündung sein. Feinverteilte Stoffe, die an ihrer Oberfläche Sauerstoff adsorbieren können, neigen besonders zur Selbstentzündung. Bei tierischen und pflanzlichen Ölen wird die Tendenz, mit Sauerstoff zu reagieren, durch die Jodzahl angegeben. Die Jodzahl gibt die Menge Jod in Gramm an, die von 100 g des Öles gebunden werden können. Öle mit hoher Jodzahl, z.B. Leinöl, Hanföl, Lebertran und Sojaöl, neigen in feiner Verteilung (ölgetränkte Lappen) zur Selbstentzündung. Brennbare Stoffe, die Öle enthalten (Fischmehl, Preßrückstände von Ölsamen, Kopra), entzünden sich leicht von selbst.

4.3 Wasser

Chemisch reines Wasser ist eine geruch- und geschmacklose Flüssigkeit, die in dünnen Schichten farblos, in dicken (6 bis 8 m) rein blau ist. Bei 0 °C geht die Flüssigkeit in den festen Aggregatzustand über (Eis, Schnee, Hagel usw.), bei 100 °C und 1 atm Druck in den gasförmigen Zustand (Wasserdampf). In Berührung mit Luft verdampft Wasser bei jeder Temperatur (Verdunstung). Bei steigendem Druck erniedrigt sich der Gefrierpunkt und erhöht sich der Siedepunkt. H_2O hat bei +4 °C seine größte Dichte, also sein kleinstes Volumen. Das in der Natur vorkommende Wasser ist nie chemisch rein, sondern enthält verschiedene gelöste Stoffe und Gase. Ein größerer Gehalt von Calcium-, Eisen- und Magnesiumsalzen macht das Wasser „hart“. Kalkfreies Wasser nennt man „weich“. Kesselstein ist eine Ablagerung von Calciumcarbonat ($CaCO_3$) an den Kesselwänden.

Trinkwasser soll geruch- und farblos sein und eine Temperatur von 8 bis 12 °C haben. Sein Geschmack wird durch Salze und freie Kohlensäure stark beeinflußt.

Kesselspeisewasser muß weich und salzarm sein, da sonst die Kesselwände angegriffen werden und sich Kesselstein bildet. Zur Beseitigung der durch gelöstes Calciumhydrogencarbonat verursachten „vorübergehenden Härte“ wird dem Speisewasser Trinatriumphosphat zugesetzt.

Meerwasser enthält im Mittel 3,5 % gelöste Salze. Den Hauptanteil bildet das Kochsalz mit 77,6 % der gelösten Salzmenge. Durch diesen Salzgehalt liegt das Dichtemaximum bei −3,5 °C und sein Gefrierpunkt bei −1,9 °C. Im Gegensatz zum Süßwasser friert das Seewasser daher nicht von oben her zu. Seewasser ist als Trinkwasser ungeeignet. Durch Destillation kann man es von den gelösten Salzen trennen (Süßwassergewinnung durch Seewasserverdampfer an Bord).

Zusammensetzung

Wasser ist eine Verbindung der Elemente Wasserstoff und Sauerstoff. Es hat die Formel H_2O. Durch Elektrolyse (Laden von Akkumulatoren) wird das Wasser in seine Bestandteile zerlegt. Das entstehende Gemisch der beiden Gase Wasserstoff und Sauerstoff ist sehr explosiv (Knallgas). Einige Stoffe sind in der Lage, dem Wasser den

Sauerstoff zu entziehen. Den Entzug von Sauerstoff nennt man Reduktion, z.B. entreißt glühendes Magnesium dem Wasser den Sauerstoff, dabei wird Wasserstoff frei. Wasser eignet sich daher nicht zum Löschen von Magnesiumbränden. Ähnlich verhalten sich andere Leichtmetalle. Die Alkalimetalle reagieren schon in der Kälte mit dem Wasser. Natrium und Kalium dürfen daher nicht mit Wasser in Berührung kommen. Mit Calciumcarbid bildet Wasser Acetylen (Äthin C_2H_2), das mit Luft ein äußerst explosives Gemisch bildet. Mit Phosphiden bildet sich äußerst giftiger Phosphorwasserstoff.

4.4 Säuren, Basen, Salze

Säuren haben die Eigenschaft, blauen Lackmusfarbstoff rot zu färben. Sie lösen unedle Metalle unter Wasserstoffentwicklung und Bildung eines Salzes. Sie enthalten alle Wasserstoff. Beim Auslösen in Wasser zerfallen sie in Wasserstoffionen und Säurerestionen. (Ionen sind positiv oder negativ geladene Atome oder Atomgruppen.) Die Stärke einer Säure wird durch ihren Gehalt an Wasserstoffionen angegeben. Das Maß für die Wasserstoffionenkonzentration ist der pH-Wert. Neutrales Wasser hat den pH-Wert 7. Ist der pH-Wert kleiner als 7, liegt eine saure Lösung vor. Dabei bedeutet pH = 1 eine starke Säure.

Basen. Ein pH-Wert größer als 7 bedeutet, die Lösung ist alkalisch (basisch). pH = 14 gibt eine starke Lauge (Base) an. Basen (Laugen) sind Verbindungen, die Lackmus blau färben. Sie sind Verbindungen eines Metalles mit der einwertigen OH-Gruppe (Hydroxylgruppe).

Beispiele für Säuren und Basen:

HCl	Salzsäure	NaOH	Natronlauge (Natriumhydroxid)
HNO_3	Salpetersäure	KOH	Kalilauge (Kaliumhydroxid)
H_3PO_4	Phosphorsäure	$Ca(OH)_2$	Calciumhydroxid
H_2SO_4	Schwefelsäure		

Bei Verladung von Säuren ist große Vorsicht geboten (siehe 2.8). Verdünnte Säuren, besonders Schwefelsäure, wirken oft auf Metalle stärker ein als konzentrierte. Salpetersäure entwickelt beim Heißwerden bräunliche Dämpfe (Stickoxide), die stechend riechen und zuerst nicht unangenehm empfunden werden, aber nach einiger Zeit schwere innere Erkrankungen, sogar den Tod herbeiführen können. Einige Säuren und einige Basen greifen die Haut an, sie gehören daher zu den ätzenden Stoffen.

Manche Stoffe können mit Säuren in gefährlicher Weise reagieren. So entweicht z.B. hochgiftiges Cyanwasserstoffgas (Blausäuregas), wenn ein Cyanid (z.B. Natriumcyanid, Cyannatrium) mit Säuren, auch stark verdünnten, zusammenkommt.

Salze erhält man, wenn in einer Säure der Wasserstoff durch ein Metall ersetzt wird. Salze bestehen also immer aus einem Metall und einem Säurerest. (Ausnahme: Ammoniumsalze, hier tritt die NH_4-Gruppe an die Stelle eines Metalls.) Der Säurerest verleiht dem Salz typische Eigenschaften und gibt ihm den Namen. So heißen z.B. die Salze der Salpetersäure Nitrate. Sie haben die Eigenschaft, sehr stark brandfördernd zu wirken.

Die Namen der Salze. Der Name eines Salzes ist aus dem Namen des Metalls und dem Namen des Säurerestes zusammengesetzt. Den Namen des Säurerestes erhält man aus dem Namen des säurebildenden Elementes und einer charakteristischen Endung: Sauerstofffreie Reste erhalten die Endung „id“, sauerstoffhaltige Reste die Endung „it“ oder, wenn mehr Sauerstoff enthalten ist, die Endung „at“. Ist eine weitere Unterteilung erforderlich, so werden die Vorsilben „hypo“ für weniger und „per“ für mehr verwendet.

Beispiele

Säure		Salz	
Formel	Name	Formel	Name
HCl	Chlorwasserstoffsäure	$NaCl$	Natriumchlorid
$HClO$	unterchlorige Säure	$Ca(ClO)_2$	Calciumhypochlorit
$HClO_2$	chlorige Säure	$NaClO_2$	Natriumchlorit
$HClO_3$	Chlorsäure	$KClO_3$	Kaliumchlorat
$HClO_4$	Perchlorsäure	$KClO_4$	Kaliumperchlorat
H_2S	Schwefelwasserstoffsäure	FeS	Eisensulfid
H_2SO_3	schweflige Säure	$CaSO_3$	Calciumsulfit
H_2SO_4	Schwefelsäure	$CuSO_4$	Kupfersulfat
HNO_2	salpetrige Säure	$NaNO_2$	Natriumnitrit
HNO_3	Salpetersäure	KNO_3	Kaliumnitrat
HCN	Blausäure	KCN	Kaliumcyanid
H_2CO_3	Kohlensäure	$CaCO_3$	Calciumcarbonat

Neutralisation

Läßt man eine Säure und eine Lauge aufeinander wirken, so verbinden sich das H der Säure und das OH der Lauge zu H_2O sowie das Metall der Base und der Säurerest zu einem Salz (Neutralisation). So ergibt z.B.

Schwefelsäure	+	Calciumhydroxid	=	Wasser	+	Calciumsulfat (Gips)
(giftig)		(giftig)				(ungiftig)
H_2SO_4	+	$Ca(OH)_2$	=	$2\,H_2O$	+	$CaSO_4$

Säuren können auch durch Oxide oder Carbonate (Soda) neutralisiert werden. Hat man z.B. Salzsäure oder Schwefelsäure verschluckt, so nimmt man Magnesiumoxid (MgO = Magnesia), denn

$$MgO + 2\,HCl = MgCl_2 + H_2O \text{ (Magnesiumchlorid + Wasser).}$$

Alle Säuren, Laugen und Salze leiten in wäßriger Lösung den elektrischen Strom. Diese Eigenschaft wird z.B. beim Anschütz- und Plath-Kreiselkompaß verwendet (s. Bd. 1, Kreiselkompaß).

4.5 Korrosion

Als Korrosion bezeichnet man die Zerstörung von Werkstoffen durch chemische oder elektrochemische Vorgänge. Dabei geht das Metall aus seinem elementaren Zustand in eine chemische Verbindung über. Ursache der elektrochemischen Korrosion ist die Bildung galvanischer Elemente. Diese entstehen, wenn zwei verschiedene Metalle in die Lösung eines Elektrolyten (Säure, Base oder Salz) tauchen und miteinander elektrisch verbunden sind. Dabei bildet das unedlere Metall die Lösungselektrode, die Anode, das edlere Metall bildet die Kathode. Ist z.B. Eisen mit Kupfer leitend verbunden und taucht die Verbindungsstelle in Seewasser ein, so wird das Eisen zur Anode und zeigt starke Korrosionserscheinungen. Korrosionselemente können auch gebildet werden, wenn gleiche Metalle an verschiedenen Stellen unterschiedlich belüftet werden (Belüftungselemente, Tanks), durch Gebiete unterschiedlicher Verformungszustände am gleichen Metall, aus den Gefügebestandteilen einer Legierung, aus Deckschicht und Grundmetall

(Walzhaut und Eisen) u.a. An der Kathode scheidet sich beim Korrosionsvorgang Wasserstoff ab. Diese Wasserstoffabscheidung kann allerdings auch durch Legierung des Metalls mit edleren Metallen stark gehemmt werden. Dann wird die Korrosion stark verzögert (Edelstahl). Der Sauerstoff begünstigt die Abscheidung von Wasserstoff (Polarisation) und damit die Korrosion. Beim Korrosionsvorgang fließt im Metall ein elektrischer Strom von den anodischen zu den kathodischen Bereichen.

Korrosionsschutz. Am weitesten verbreitet ist der Korrosionsschutz durch Deckschichten (Farben, metallische Überzüge), die das Metall vor dem Angriff von Elektrolyten und Sauerstoff schützen. Vor Aufbringung der Deckschichten muß die Oberfläche des Metalls sorgfältig von Rost befreit werden. Neben mechanischen Verfahren (Drahtbürste, Sandstrahlen) werden heute Rostumwandler verwendet. Das sind chemische Verbindungen (freie Phosphorsäure), welche die Reste des festhaftenden Rostes in unschädliche Verbindungen umwandeln. Bei Verletzung der Deckschichten tritt die Spaltkorrosion auf, die Korrosion breitet sich unter der Deckschicht aus. Bringt man ein unedleres Metall elektrisch leitend auf die Oberfläche, so wird dieses Metall zur Anode, also zur Lösungselektrode (Opferanoden aus Zink auf dem stählernen Unterwasserschiff), das edlere Metall (im vorliegenden Fall das Eisen) wird zur Kathode und damit vor der Korrosion geschützt. Ein kathodischer Schutz ist ebenfalls gegeben, wenn man das zu schützende Metall mit dem negativen Pol einer Gleichstromquelle verbindet. Der positive Pol liegt an Kohleelektroden, die sich im Elektrolyten befinden (Kathodischer Schutz von Hafenanlagen durch Fremdstrom). Liegt das Schiff an einer Hafenanlage, die durch Fremdstrom geschützt ist, so muß es durch Drähte mit der Hafenanlage leitend verbunden sein, da sonst vermehrte Korrosion auftritt.

4.6 Kohlenstoff

Kohlenstoff kommt in elementarer Form als Ruß, Graphit und Diamant vor. Mit Sauerstoff bildet Kohlenstoff 2 Oxide. Kohlendioxid entsteht bei vollständiger Verbrennung von Kohlenstoff oder von kohlenstoffhaltigen Verbindungen. Es ist schwerer als Luft und löst sich unter Druck in Wasser (Selterswasser). CO_2 läßt sich bei 20 °C unter Druck (56,5 bar) verflüssigen. Die Kohlendioxidflaschen an Bord enthalten flüssiges Kohlendioxid. Solange noch etwas flüssiges CO_2 in den Flaschen ist, bleibt der Druck konstant. Er nimmt erst ab, wenn der letzte Rest flüssigen Kohlendioxides in der Flasche verdampft ist. Der Druck zeigt also nicht, im Gegensatz zu Sauerstoffflaschen, die noch in der Flasche vorhandene CO_2-Menge an. Verdampft flüssiges Kohlendioxid an der Luft, so entsteht Trockeneis. Trockeneis vergast an der Luft, ohne zu schmelzen, bei einer Temperatur von −78,5 °C. Es darf nicht mit bloßen Händen angefaßt werden, da die tiefe Temperatur zu Verletzungen der Haut führt.

Eine CO_2-Konzentration bis zu 2,5 % wird vom Menschen im allgemeinen ohne große Schädigungen vertragen. Steigt die Konzentration jedoch auf 4 %, so tritt nach längerem Einatmen Bewußtlosigkeit auf. Eine CO_2-Konzentration von 8 % wirkt nach 30 bis 40 min tödlich. Da bei dieser Konzentration eine brennende Kerze erlischt, läßt sich eine gefährliche CO_2-Ansammlung in Räumen leicht nachweisen (Sicherheitslampe). Kohlendioxid trennt das Brenngut vom Luftsauerstoff und wirkt daher feuererstickend. Kohlendioxid eignet sich nicht zur Bekämpfung von Leichtmetallbränden. Die Metalle Natrium, Kalium, Magnesium, Aluminium entreißen in glühendem Zustand dem CO_2 den zur Verbrennung erforderlichen Sauerstoff.

Bei unvollständiger Verbrennung (Luftmangel) entsteht Kohlenmonoxid, CO. Es ist brennbar und bildet mit der Luft explosive Gemische. CO ist giftig. Enthält die Luft 0,01 %

CO, so treten die ersten Vergiftungserscheinungen auf. Eine CO-Konzentration von 0,4 % wirkt nach einer Stunde tödlich. Gegenmittel: Einatmen von reinem O_2.

4.7 Organische Chemie

Die organische Chemie ist die Chemie der Kohlenwasserstoffe und der Verbindungen, die aus den Kohlenwasserstoffen durch Ersatz von Wasserstoffatomen durch andere Atome oder Atomgruppen entstehen.

Die einfachsten organischen Verbindungen sind die Kohlenwasserstoffe. Die Kohlenstoffatome können Ketten bilden, dadurch entstehen große Moleküle. Die Eigenschaften einer organischen Verbindung hängt nicht nur von der Art und Anzahl, sondern auch von der Anordnung der Atome im Molekül ab. Zur Kennzeichnung organischer Verbindungen verwendet man daher die Strukturformeln, z.B.

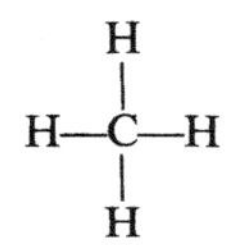

Methan CH_4

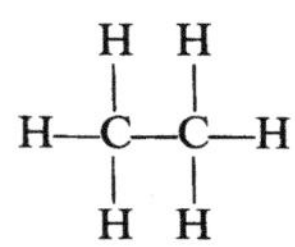

Äthan C_2H_6

Ungesättigte Kohlenwasserstoffe enthalten im Molekül Doppelbindungen:

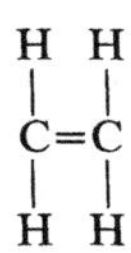

Äthen (Äthylen) C_2H_4

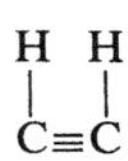

Äthin (Acethylen) C_2H_2

Die Kohlenstoffatome können sich zu Ketten miteinander verbinden. Dadurch entstehen größere Moleküle als bei Verbindungen der anorganischen Chemie.

Moleküle mit Mehrfachbindungen sind sehr reaktionsfähig. Unter Aufspaltung der Doppelbindung können sich andere Stoffe anlagern. Denkt man sich in einem Kohlenwasserstoff ein oder mehrere Wasserstoffatome durch andere Atome oder Atomgruppen ersetzt, so erhält man Stoffe mit neuen Eigenschaften, die Derivate der Kohlenwasserstoffe. Aromatische organische Verbindungen enthalten im Molekül den Benzolring, eine Ringverbindung aus sechs Kohlenstoff- und sechs Wasserstoffatomen:

Aromatische Verbindungen enthalten den Benzolring:

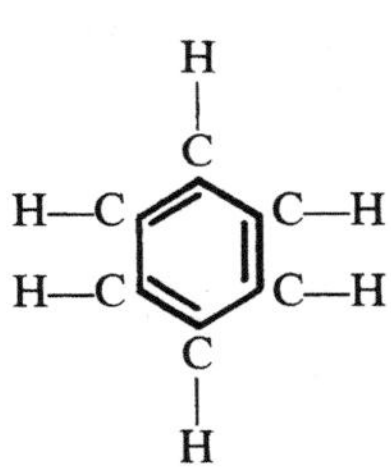

C_6H_6 (Benzol)

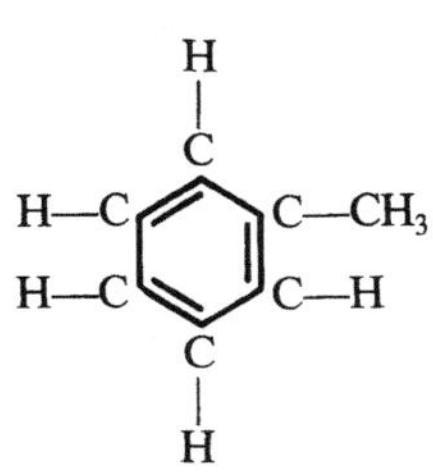

$C_6H_5CH_3$ (Toluol)

Erdöl

Erdöl ist ein Gemisch aus verschiedenen Kohlenwasserstoffen. Erdöl der verschiedenen Fundorte hat unterschiedliche Zusammensetzung und damit verschiedenes Aussehen. Es kann hellbraun bis pechschwarz sein. In geringen Mengen findet man Sauerstoff-, Stickstoff- und Schwefelverbindungen im Erdöl. In Raffinerien wird das Erdöl durch Destillation in verschiedene Fraktionen zerlegt:

Siedebereich	Name der Fraktion	Verwendung
40– 70 °C	Petroläther	Lösungsmittel für Fette, Öle und Harze
60–110 °C	Leichtbenzin	Lösungsmittel in Wäschereien, Motorentreibstoff
100–180 °C	Schwerbenzin (Ligroin)	Lackbenzin, Terpentinölersatz, Testbenzin
150–300 °C	Petroleum	Heizöl, Beleuchtung, Treibstoff für Strahltriebwerke
170–350 °C	Gasöl	Dieseltreibstoff, Heizöl für Zentralheizungen
> 350 °C	Schmieröl	Schmieren von Lagern
	Schweröl	Heizöl für Schiffskessel, Schiffsmotorentreibstoff
	Asphalt	Straßenbau

Die angegebenen Siedebereiche sind keine absoluten Werte, sie sollen nur einen ungefähren Überblick geben. Die genannten Fraktionen sind meist keine Endprodukte, sie werden für die verschiedenen Verwendungszwecke weiterverarbeitet.

Je länger die Kette eines Kohlenwasserstoffes ist, um so höher liegen sein Siedepunkt und sein Flammpunkt; dagegen sinkt der Zündpunkt mit zunehmender Kohlenstoffzahl. Dieselöl hat also einen höheren Flammpunkt, aber einen niedrigeren Zündpunkt als Benzin.

Rohöl enthält niedrigsiedende Kohlenwasserstoffe, die beim Transport nach und nach entweichen. Diese Kohlenwasserstoffe bilden mit Luft explosive Gemische. Je niedriger der Flammpunkt eines Öles ist, um so leichter bilden sich brennbare Dämpfe.

Flammpunkt	Entzündbare flüssige Stoffe
< 21 °C	Roherdöl und leichtflüchtige Destillationsprodukte, Benzol, Toluol
21– 55 °C	mittelschwere Destillationsprodukte des Erdöles, Schwerbenzin, Petroleum
55–100 °C	schwere Erdöldestillate, Heizöl, Dieselöl

In der Praxis werden Öle mit einem Flammpunkt über 65 °C als nichtflüchtige Öle bezeichnet.

Kühlmittel sind Stoffe, die leicht verdampfen und sich bei Zimmertemperatur unter Druck verflüssigen lassen. Als Kühlmittel kommen flüssiges SO_2, flüssiges Ammoniak und Fluor-Chlor-Kohlenwasserstoffe in Frage. Diese halogenierten Kohlenwasserstoffe sind unter verschiedenen Handelsnamen bekannt, z.B. Frigene, Freone, Algofrene, Arcton u.a. Frigen 12 ist z.B. Difluordichlormethan CCl_2F_2 mit einem Siedepunkt von −29,8 °C. Frigene sind unbrennbar und bilden im Gegensatz zu Ammoniak mit Luft keine explosiven Gemische. Die Treibmittel der Aerosol Bombs (Sprühflaschen) sind ebenfalls Frigene.

Schreibweise organischer Formeln. Da in der organischen Chemie Stoffe mit der gleichen Anzahl von Atomen, also der gleichen Summenformel, bei unterschiedlicher Anordnung der Atome im Molekül verschiedene Eigenschaften haben (Isometrie), wird zur eindeutigen Kennzeichnung eines Stoffes die Strukturformel angegeben.

Beispiel:

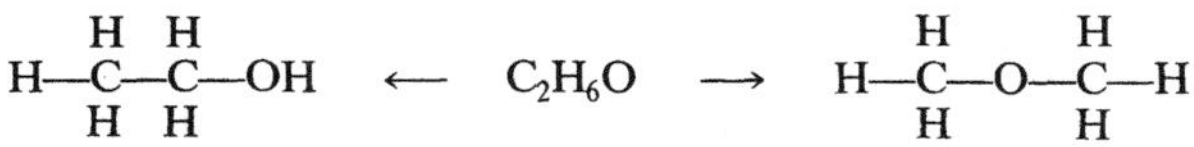

Äthanol — Summenformel beider Stoffe — Dimethyläther

In den rationellen Formeln werden die an ein Kohlenstoffatom gebundenen H-Atome zusammengefaßt, der Bau des Moleküls ist dabei erkennbar:

CH_3–CH_2OH $\qquad$ CH_3–O–CH_3

Wenn möglich, werden diese Formeln weiter vereinfacht:

C_2H_5OH	$(CH_3)_2O$
Äthanol	Dimethyläther

Auf den Stoffseiten des IMDG-Code wird die vereinfachte Schreibweise für organische Formeln verwendet.

Namen organischer Verbindungen. Den wissenschaftlichen Namen kann man den Bau des Moleküls entnehmen. Diese Namen sind daher oft lang und schwer zu handhaben. Für viele Verbindungen ist deshalb auch heute noch die Verwendung sogenannter Trivialnamen üblich. Diese Namen deuten auf Eigenschaften oder Vorkommen in der Natur hin, z. B. Zitronensäure oder Methylorange. Diese Namen sind richtige technische Namen im Sinne der Transportvorschriften. Handelsnamen sind dagegen oft reine Kunstnamen und Markenbezeichnungen der Firmen; sie sollen nicht verwendet werden.

4.8 Kunststoffe

Kunststoffe sind chemische Verbindungen, die sich aus sehr großen Molekülen zusammensetzen. Halbsynthetische Kunststoffe entstehen durch chemische Veränderung von Naturprodukten wie Zellulose oder Eiweiß. Es entstehen Stoffe wie Zelluloid oder Galalith. Bei der Herstellung vollsynthetischer Kunststoffe werden aus Stoffen mit niedrigem Molekulargewicht durch Polymerisation, Polykondensation oder Polyaddition Stoffe mit sehr hohem Molekulargewicht hergestellt. Die Eigenschaften der so gewonnenen Makromoleküle können in weiten Grenzen variieren, so daß man Kunststoffe für die verschiedensten Verwendungszwecke herstellen kann.

Beispiel einer Polymerisation: Aus Äthylen entsteht durch Vereinigung sehr vieler Einzelmoleküle das Polyäthylen

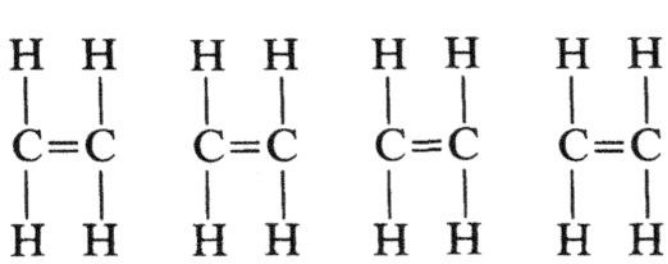

Einzelne Äthylenmoleküle

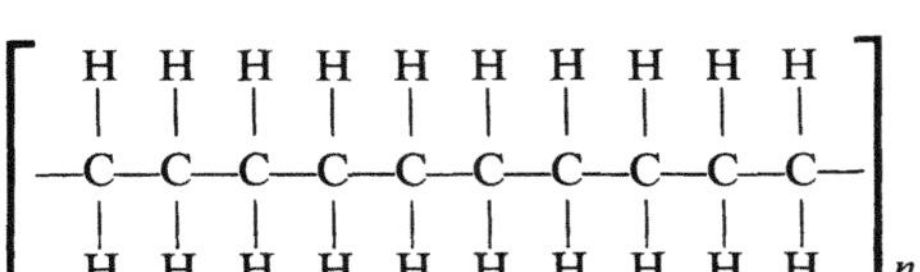

Teil des Polyäthylenmoleküls

Nach ihrem Verhalten beim Erwärmen unterscheidet man Thermoplaste und Duroplaste. Thermoplaste werden beim Erwärmen weich und lassen sich geschmolzen in jede Form bringen. Duroplaste sind nicht schmelzbar. Schaumstoffe entstehen, indem man in die Kunststoffe Verbindungen einarbeitet, die in der Wärme verdampfen oder ein Gas bilden. Zur Wärmeisolierung von Schiffen wird häufig geschäumtes Polystyrol verwendet, dessen Brennbarkeit durch den Zusatz von flammhemmenden Stoffen verringert wurde. Ungesättigte Polyesterharze sind härtbare Kunststoffe. Bei der Verarbeitung wird ein Vorfabrikat, die Komponente A, mit einer polymerisationsfähigen Substanz, der Komponente B, zu einer gieß- oder streichfähigen Masse vermischt. Durch die chemische Reaktion der beiden Komponenten erfolgt die Aushärtung des Kunstharzes (Zweikomponentenfarbe für Schiffsböden). Durch Verarbeiten mit Glasfasern läßt sich die mechanische Festigkeit der Polyesterharze wesentlich erhöhen. Man mischt die Komponenten A und B und spritzt diese Masse auf Glasfasermatten oder zusammen mit Stapelfasern aus Glas gegen eine Form (Bootsbau). Kunststoffleinen stellt man aus Fasern aus Polyäthylen, Polypropylen, Polyestern, Polyamiden (Nylon, Perlon) und Gemischen dieser Fasern her. So wie diese Fasertypen sich in ihren Eigenschaften unterscheiden, zeigt auch Tauwerk aus dem verschiedenen Material unterschiedliches Verhalten. Alle genannten Tauwerkfasern gehören zu den Thermoplasten, sie erweichen also beim Erwärmen. Die niedrigste Erweichungstemperatur haben Polyäthylenleinen, die höchste Polyesterleinen. Die Polyamidleinen haben die größte Festigkeit, aber auch den größten Reck. Polypropylenfasern sind empfindlich gegen die UV-Strahlung des Sonnenlichtes. Sie werden daher in der Faser dunkel gefärbt. Alle Kunststoffleinen sind beständig gegen Fäulnis. Polypropylenleinen und Polyäthylenleinen sind leichter als Wasser, sie schwimmen also (Rettungsleinen).

Sachverzeichnis

Müller/Krauß

Handbuch für die Schiffsführung

Fortgeführt von
M. Berger, W. Helmers,
K. Terheyden

8., neubearbeitete und erweiterte Auflage
In 3 Bänden

Band 2

Schiffahrtsrecht und Manövrieren

Herausgeber: M. Berger, W. Helmers

Unter Mitarbeit von R. Amersdorffer, F. van Dieken, J. Froese, W. Huth

1979. 70 Abbildungen, 22 Tabellen. XV, 365 Seiten
Gebunden DM 88,–
ISBN 3-540-08820-2

Inhaltsübersicht: Schiffahrtsrecht: Zur Seestraßenordnung (SeeStrO). Wichtiges zur Seeschiffahrtsstrassenordnung (SeeSchStr.O). Umweltschutz. Sicherung der Seefahrt. Zum Recht auf Hoher See und Anhalten. Untersuchung von Seeunfällen. Besatzungsangelegenheiten. Fahrgastangelegenheiten. Schiffstagebuch und Nebengebiete. Papiere, Gesetze und Bücher an Bord. Zollvorschriften. Behörden, Gerichte, Organisationen. Verklarung und Seeprotest. Seefrachtgeschäft. Havarie. Schiffsrat. Zusammenstoß. Bergung und Hilfeleistung. Schiffsgläubigerrechte, Verjährung und Sicherung von Forderungen. Haftungsbeschränkung des Reeders im In- und Ausland. Seeversicherung. Schleppbedingungen. Werftbedingungen. Geschäftliche Angelegenheiten. – Manövrieren: Wirkungsweise der Manövriereinrichtungen. Wichtige Manövriereigenschaften. Manöver in verschiedenen Situationen. Handhabung des Schiffes in schwerem Wetter.

Für die 8. Auflage wurde das bewährte **Handbuch für die Schiffsführung** völlig neu bearbeitet und auf den neuesten Stand gebracht. Infolge des erheblich erweiterten Umfangs wird das Werk in drei Bänden erscheinen.

Der zuerst erscheinende Band 2 behandelt das öffentliche und private Schiffahrtsrecht, wobei bereits auf die zu erwartenden Änderungen im Seefrachtrecht eingegangen wird. Zudem enthält der Band das "Manövrieren", das bei der Anwendung des Seeverkehrsrechts eine erhebliche Rolle spielt.

Springer-Verlag
Berlin
Heidelberg
New York

GPSR Compliance

The European Union's (EU) General Product Safety Regulation (GPSR) is a set of rules that requires consumer products to be safe and our obligations to ensure this.

If you have any concerns about our products, you can contact us on ProductSafety@springernature.com

In case Publisher is established outside the EU, the EU authorized representative is:

Springer Nature Customer Service Center GmbH
Europaplatz 3
69115 Heidelberg, Germany

Batch number: 10683525

Printed by Printforce, the Netherlands